萬物超圖解大百科

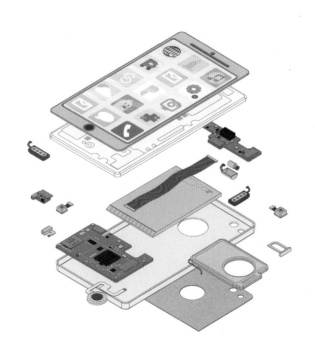

英國 DK 公司　編著

狄逸煥　劉雪雁　牟文婷　商陸　張彤彤　譯

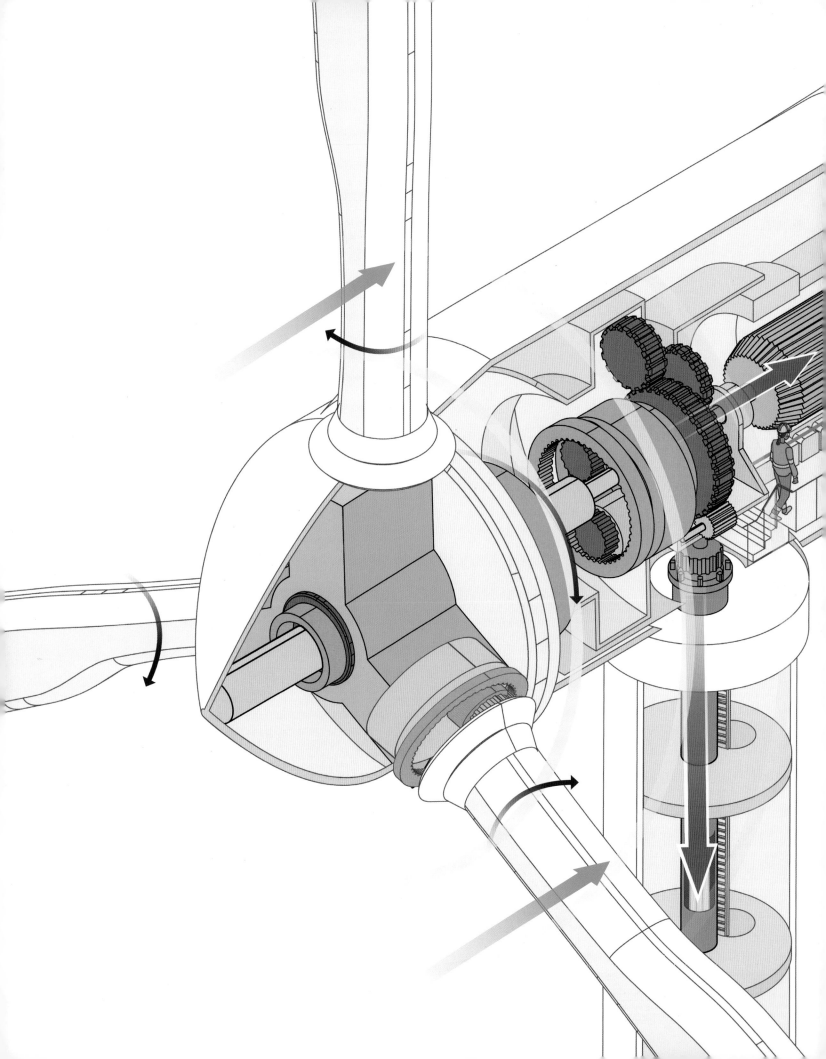

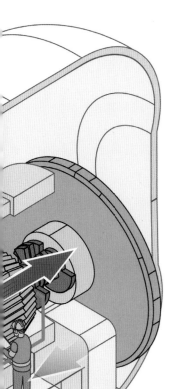

STEM 新思維培養

萬物超圖解大百科

HOW EVERYTHING WORKS

責任編輯：林雪伶
裝幀設計：趙穎珊
排　　版：肖　霞
印　　務：龍寶祺

萬物超圖解大百科

編　　著：英國 DK 出版社
譯　　者：狄逸煥　劉雪雁　牟文婷　商　陸　張彤彤
出　　版：商務印書館（香港）有限公司
　　　　　香港筲箕灣耀興道 3 號東滙廣場 8 樓
　　　　　http://www.commercialpress.com.hk
發　　行：香港聯合書刊物流有限公司
　　　　　香港新界荃灣德士古道 220-248 號荃灣工業中心 16 樓
版　　次：2024 年 6 月第 1 版第 1 次印刷
　　　　　© 2024 商務印書館（香港）有限公司
　　　　　ISBN 978 962 0706 31 8
　　　　　Published in Hong Kong, SAR. Printed in China.
　　　　　版權所有　不得翻印

目錄

生活世界

如你細心閱讀，
將會有意想不到的發現！

穿過人類皮膚表層，氧氣和營養正頻繁地運送到身體各個細胞。細胞內的物質，例如 DNA 和蛋白質，掌管着身體各方面功能，令我們可以跑跳、唱歌和操作各種工具。

人類

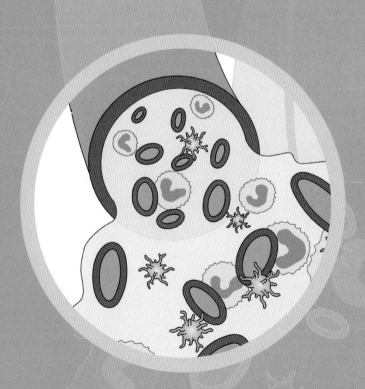

人類身體有六成是水份

細胞、組織和器官

細胞是人體的基本組成單位。人體內約有 200 種不同的細胞,它們具有不同的功能。功能相似的細胞構成了組織;而不同組織所構成的有特定功能的結構單位被稱為器官;當不同的器官與組織聯合起來,去執行某些特定工作時,就構成了系統。

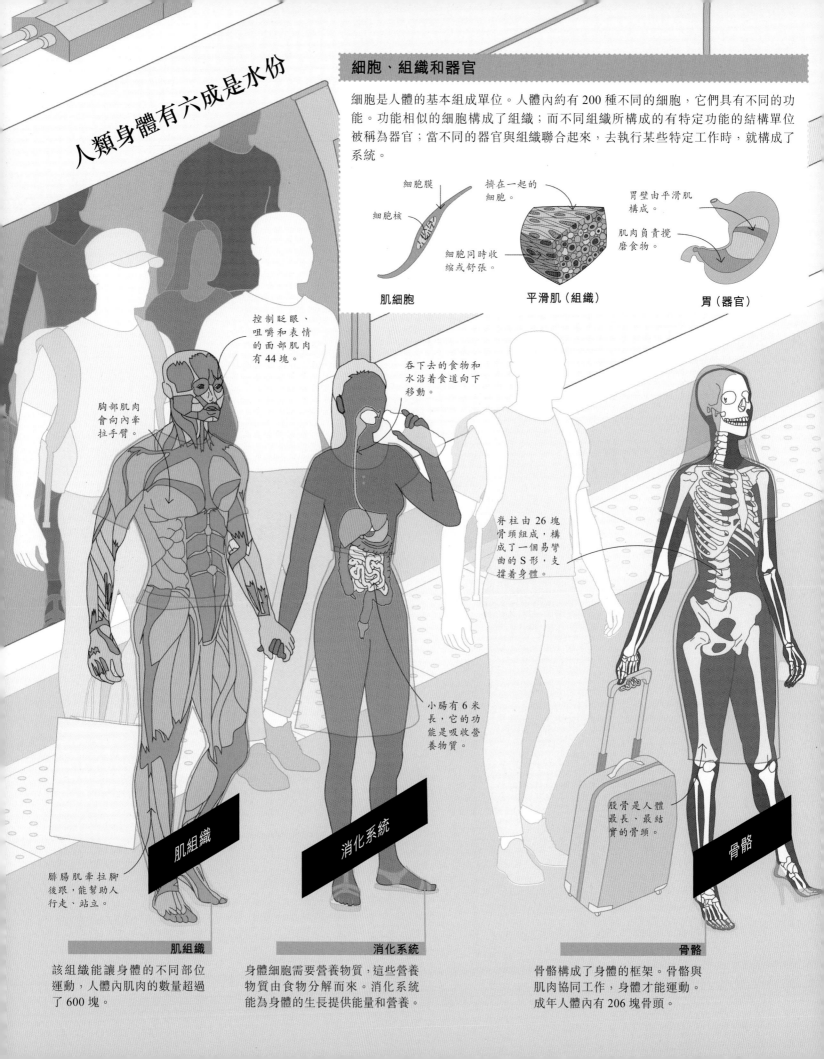

細胞膜

細胞核

擠在一起的細胞。

細胞同時收縮或舒張。

肌細胞

胃壁由平滑肌構成。

肌肉負責攪磨食物。

平滑肌(組織)

胃(器官)

控制眨眼、咀嚼和表情的面部肌肉有 44 塊。

吞下去的食物和水沿着食道向下移動。

胸部肌肉會向內牽拉手臂。

脊柱由 26 塊骨頭組成,構成了一個易彎曲的 S 形,支撐着身體。

小腸有 6 米長,它的功能是吸收營養物質。

腓腸肌牽拉腳後跟,能幫助人行走、站立。

股骨是人體最長、最結實的骨頭。

肌組織

消化系統

骨骼

肌組織

該組織能讓身體的不同部位運動,人體內肌肉的數量超過了 600 塊。

消化系統

身體細胞需要營養物質,這些營養物質由食物分解而來。消化系統能為身體的生長提供能量和營養。

骨骼

骨骼構成了身體的框架。骨骼與肌肉協同工作,身體才能運動。成年人體內有 206 塊骨頭。

人體的基礎結構

人體內有好幾個系統，它們之間彼此協調。每個系統都有自己的工作。例如，呼吸系統會從空氣中吸收氧氣，並將氧氣運輸到體內的各個血管。每個系統都有組織和器官，它們相互協調，共同完成系統的任務。

人在子宮裏從單細胞開始發育，到出生時，體內已有 260 億個細胞。成人體內的細胞數量約有 37 萬億。

成長與發展

皮膚（器官）

皮膚能讓身體免受外界傷害。毛髮、指甲等是皮膚的附屬器官。

生殖系統

生殖系統負責孕育新生兒。要想繁殖後代，就需要男性和女性的生殖系統。

脊髓將大腦和其餘的神經連接起來。

膈是一塊比較大的肌肉，能幫助肺部呼吸。

坐骨神經是人體最粗大的神經，從脊髓延伸至腳底。

血管將氧氣和營養物質運送到全身各處，除此之外，它們還會運送身體代謝的廢物。

神經系統

皮膚（器官）

生殖系統

循環系統

呼吸系統

循環系統

循環系統由心臟和血管等組成。心臟將血液泵送到全身各處的器官和組織。

呼吸系統

呼吸系統會將氧氣吸入肺部，進入肺部的氧氣再被血液吸收。呼吸過程中產生的二氧化碳氣體（廢物），會經肺部再排出體外。

神經系統

神經系統感知着周圍的世界，並控制着身體。大腦會接收感覺神經傳遞來的信號，並向肌肉發送控制信號。

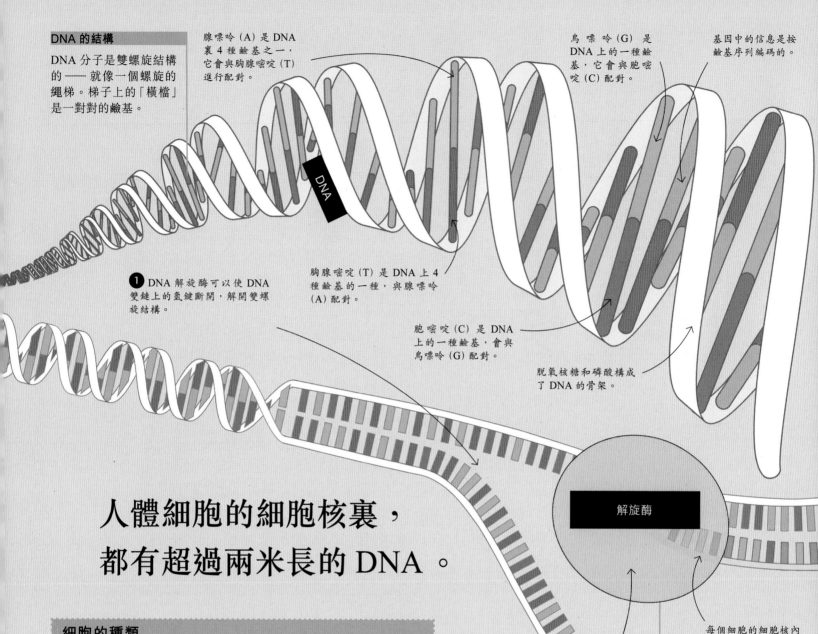

DNA 的結構

DNA 分子是雙螺旋結構的 —— 就像一個螺旋的繩梯。梯子上的「橫檔」是一對對的鹼基。

腺嘌呤（A）是 DNA 裏 4 種鹼基之一，它會與胸腺嘧啶（T）進行配對。

鳥嘌呤（G）是 DNA 上的一種鹼基，它會與胞嘧啶（C）配對。

基因中的信息是按鹼基序列編碼的。

❶ DNA 解旋酶可以使 DNA 雙鏈上的氫鍵斷開，解開雙螺旋結構。

胸腺嘧啶（T）是 DNA 上 4 種鹼基的一種，與腺嘌呤（A）配對。

胞嘧啶（C）是 DNA 上的一種鹼基，會與鳥嘌呤（G）配對。

脫氧核糖和磷酸構成了 DNA 的骨架。

DNA

解旋酶

人體細胞的細胞核裏，都有超過兩米長的 DNA。

每個細胞的細胞核內發生着基因的複製。

❷ 解旋酶會讀取遺傳密碼，並合成一條信使 RNA。RNA 是一種與 DNA 密切相關的分子。

基因是一段 DNA 序列，由成百上千至數百萬個 DNA 鹼基對組成（基因的長度特指解旋後的長度）。

細胞的種類

絕大多數體細胞內都含有相同的 DNA —— 整套 DNA 被稱為基因組。人類基因組中大約包含了 30 億對鹼基。人體的細胞種類約 200 種。雖然它們擁有相同的基因，但卻分化出了不同的細胞，原因在於，每個細胞內都進行着分子調控。在調控下，有些基因得以「表達」，有些基因則選擇「沉默」。

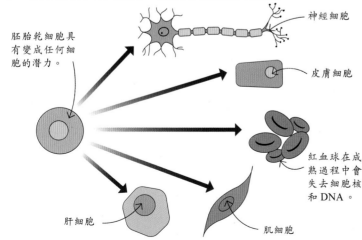

胚胎乾細胞具有變成任何細胞的潛力。

神經細胞

皮膚細胞

紅血球在成熟過程中會失去細胞核和 DNA。

肝細胞

肌細胞

基因複製

在合成蛋白質的過程中，細胞核內的 DNA 雙螺旋首先要解旋，然後要複製 DNA，合成一條單鏈的 RNA（核糖核酸）分子 —— 信使 RNA。

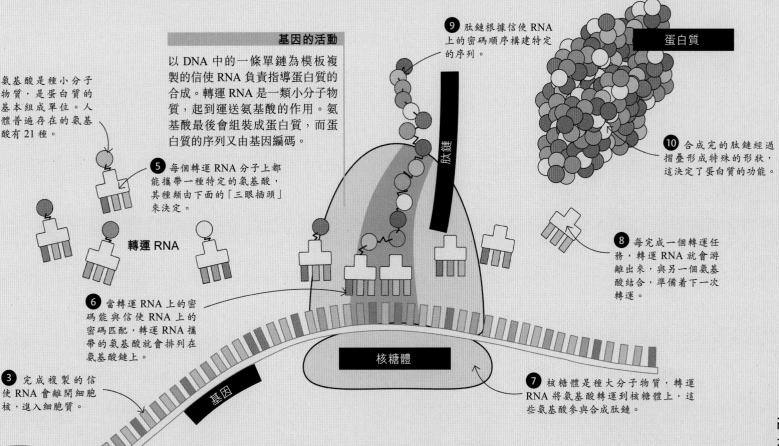

氨基酸是種小分子物質，是蛋白質的基本組成單位。人體普遍存在的氨基酸有 21 種。

基因的活動

以 DNA 中的一條單鏈為模板複製的信使 RNA 負責指導蛋白質的合成。轉運 RNA 是一類小分子物質，起到運送氨基酸的作用。氨基酸最後會組裝成蛋白質，而蛋白質的序列又由基因編碼。

9 肽鏈根據信使 RNA 上的密碼順序構建特定的序列。

蛋白質

10 合成完的肽鏈經過摺疊形成特殊的形狀，這決定了蛋白質的功能。

5 每個轉運 RNA 分子上都能攜帶一種特定的氨基酸，其種類由下面的「三眼插頭」來決定。

肽鏈

轉運 RNA

8 每完成一個轉運任務，轉運 RNA 就會游離出來，與另一個氨基酸結合，準備着下一次轉運。

6 當轉運 RNA 上的密碼能與信使 RNA 上的密碼匹配，轉運 RNA 攜帶的氨基酸就會排列在氨基酸鏈上。

核糖體

3 完成複製的信使 RNA 會離開細胞核，進入細胞質。

基因

7 核糖體是種大分子物質，轉運 RNA 將氨基酸轉運到核糖體上，這些氨基酸參與合成肽鏈。

RNA 裏沒有胸腺嘧啶，它被尿嘧啶取代了。

DNA 和基因

每個細胞的細胞核中都含有 DNA（脫氧核糖核酸），它是一種化學物質。DNA 又細又長，上面攜帶着遺傳信息。基因是 DNA 上的特殊序列 —— 人類細胞所攜帶的基因約有 2 萬個。大多數情況下，基因上的信息是用來製造蛋白質的 —— 人體內的每種蛋白質都有不同的功能。某些遺傳特徵之所以能代代相傳，原因就是在繁殖過程中，父母會各自貢獻出一半的 DNA 給下一代。

4 一旦完成 DNA 複製，連接酶就會將兩條 DNA 鏈再次連接起來恢復雙螺旋結構。

由基因（見左圖）指導合成的蛋白質能決定一些簡單的特徵，比如眼睛的顏色，也能決定一些複雜的特徵，例如對疾病的易感性、運動能力，甚至在某種程度上決定了你是否能像右圖一樣捲舌。當然，後天的學習和訓練也會對這些特徵產生影響。

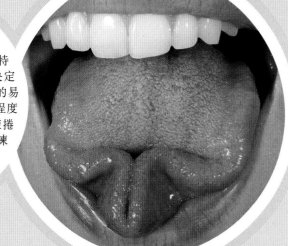

基因的能力

纖維關節處的纖維很結實（裏面主要是膠原蛋白），它們負責連接骨頭，顱骨處的 23 塊骨頭都是由纖維連接的。

保護

有些骨骼具有保護作用——顱骨負責保護大腦，肋骨負責保護內臟。

骨骼

人體在嬰兒時期有多達 305 塊骨頭；步入成年後有 206 塊骨頭。骨骼既輕盈又堅固，對身體具有支撐和保護的作用；除此之外，它還兼具賦予形狀和運動能力。位於關節處的骨骼常常由堅韌的結締組織、弦狀韌帶或軟骨連接。

假肢

當人們的身體出現殘缺時，可以選擇假肢。假肢能在一定的程度（支撐性、靈活度和運動能力）上代替四肢。

人體約一半的骨頭都在手上和腳上

顱骨

鎖骨

鬆質骨多孔（裏面滿是孔洞）且富含血管，往往位於長骨（如肱骨）的末端。

身體大部分的骨骼外層都覆蓋着堅硬的密質骨。

鬆質骨中的血管能為其提供氧氣和營養物質。

成年人體內的有些骨頭中含有黃骨髓，它們的作用是儲存脂肪，但它們也會在必要的情況下轉化為紅骨髓。

肩胛骨

屈戎關節像鉸鏈一樣，能開合，它們位於手指、腳趾和肘部。

橈骨

尺骨

椎骨

脊柱由 26 塊椎骨組成。

軟骨關節需要可活動的骨頭。它們與軟骨相連，軟骨屬於結締組織，結實而富有彈性。

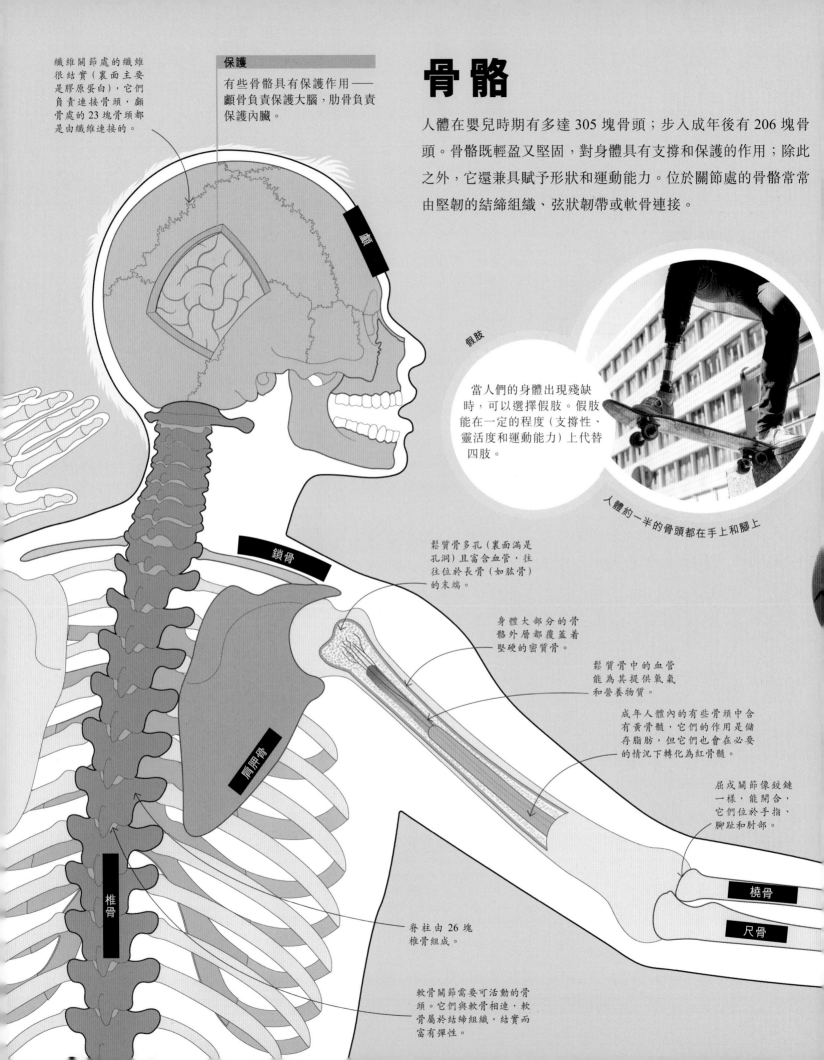

骨折的種類

骨頭雖然很結實,但只要外力過大它們就會折斷。以下列出了幾種骨折方式,小到折而不斷的青枝骨折,大到撕裂肌膚的開放性骨折。幸運的是,新的骨細胞總會填補老的骨細胞,所以骨頭不會總斷着——但在癒合時,需要用夾板或石膏來進行固定。

閉合性骨折　　開放性骨折　　無移位骨折　　移位骨折

粉碎性骨折　　嵌插骨折　　青枝骨折　　應力骨折

韌帶
軟骨
滑膜
滑液
肌肉

人體大部分關節處的骨頭末端上都包裹着堅韌的軟骨,它們被一團被稱作「滑液」的液體隔開。這種液體能把潤滑關節,讓運動變得更平穩。

滑膜關節

不規則骨指形狀不規則的骨頭,如上頜骨和椎骨等。

紅血球的產生

人體的大部分骨頭裏都含有紅骨髓,它們能製造紅血球,每天會製造數十億個紅血球。

軟骨是種結實而富有彈性的組織,位於關節、鼻子、耳朵、氣管和肋骨中。人在幼年時期,體內的很多骨頭都是軟骨,隨着年齡的增長,軟骨會逐漸變硬。

長骨的末端比中間寬,如肱骨(上臂)。

扁骨是指像胸骨和頂骨這樣扁平的骨頭。

 肱骨

籽骨是一種嵌入肌腱裏的小骨頭,常出現在手腕、腳踝和膝蓋處。

賦形與支撐

骨骼賦予身體形狀,支撐身體,從而讓身體保持直立狀態,為肌肉和其他組織提供附着點。

肋骨

堅實的胸腔保護着心臟和肺。

關節是兩塊或多塊骨頭的連接點。關節有三種類型:滑膜關節、纖維關節和軟骨關節。

短骨多是圓形或方形的,多位於手腕和足踝。主要由鬆質骨構成。

盆骨

滑膜關節位於自由活動的骨頭之間,例如胳膊和腿部的關節。關節的骨頭間有一個囊,裏面裝滿了滑液,它能起到緩衝作用。

股骨

球窩關節位於髖部和肩部,長骨的圓形末端卡在一塊骨頭的杯狀凹槽內,長骨可以自由旋轉。

柔韌的脊柱

脊柱的結構令人難以置信，這根細長的柱子不僅支撐了頭部，保護了脊髓，還充當了四肢和肋骨的框架。它由 24 塊骨頭組成，彼此之間由韌帶固定。椎間盤位於相鄰的椎骨間，它們既能起到減震的作用，又能讓椎骨在不摩擦的情況下隨意轉動。椎間盤由纖維環和髓核構成，纖維環包裹着果凍狀的髓核，它們富有彈性，能夠承受壓力。我們能夠通過鍛煉的方式來增強脊柱肌肉的力量，從而保持脊柱的靈活性，防止疼痛，避免受傷。

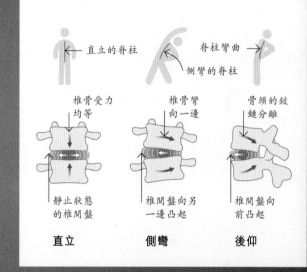

直立的脊柱 → ← 脊柱彎曲
側彎的脊柱 →

椎骨受力均等	椎骨彎向一邊	骨頭的鉸鏈分離
靜止狀態的椎間盤	椎間盤向另一邊凸起	椎間盤向前凸起
直立	**側彎**	**後仰**

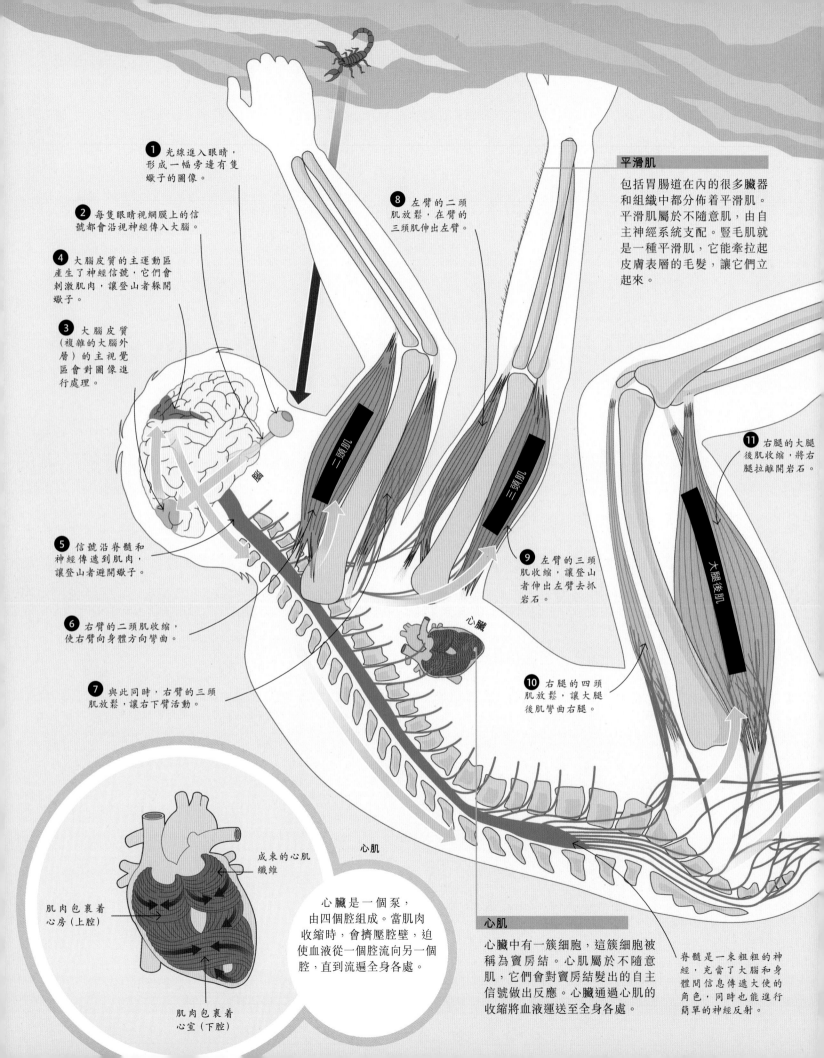

1 光線進入眼睛，形成一幅旁邊有隻蠍子的圖像。

2 每隻眼睛視網膜上的信號都會沿視神經傳入大腦。

4 大腦皮質的主運動區產生了神經信號，它們會刺激肌肉，讓登山者躲開蠍子。

3 大腦皮質（複雜的大腦外層）的主視覺區會對圖像進行處理。

5 信號沿脊髓和神經傳遞到肌肉，讓登山者避開蠍子。

6 右臂的二頭肌收縮，使右臂向身體方向彎曲。

7 與此同時，右臂的三頭肌放鬆，讓右下臂活動。

8 左臂的二頭肌放鬆，在臂的三頭肌伸出左臂。

9 左臂的三頭肌收縮，讓登山者伸出左臂去抓岩石。

10 右腿的四頭肌放鬆，讓大腿後肌彎曲右腿。

11 右腿的大腿後肌收縮，將右腿拉離開岩石。

腦

二頭肌

三頭肌

大腿後肌

心臟

平滑肌

包括胃腸道在內的很多臟器和組織中都分佈着平滑肌。平滑肌屬於不隨意肌，由自主神經系統支配。豎毛肌就是一種平滑肌，它能牽拉起皮膚表層的毛髮，讓它們立起來。

心肌

成束的心肌纖維

肌肉包裹着心房（上腔）

肌肉包裹着心室（下腔）

心臟是一個泵，由四個腔組成。當肌肉收縮時，會擠壓腔壁，迫使血液從一個腔流向另一個腔，直到流遍全身各處。

心肌

心臟中有一簇細胞，這簇細胞被稱為竇房結。心肌屬於不隨意肌，它們會對竇房結髮出的自主信號做出反應。心臟通過心肌的收縮將血液運送至全身各處。

脊髓是一束粗粗的神經，充當了大腦和身體間信息傳遞大使的角色，同時也能進行簡單的神經反射。

運動量過大會造成肌肉的損傷，在身體的修復過程中，肌纖維會融合在一起，肌肉圍度也會增大。正是基於這一原理，健美運動員才能在日常的訓練中實現增肌的夢想，令肌肉圍度達到驚人的尺寸。

健身

肌肉系統

肌肉系統由骨骼肌、平滑肌和心肌組成。肌肉會消耗大量的能量，因此會產生熱量，從而維持身體的溫度。靠近身體表面的肌肉為淺層肌肉，靠近骨骼和內臟器官的肌肉為深層肌肉。

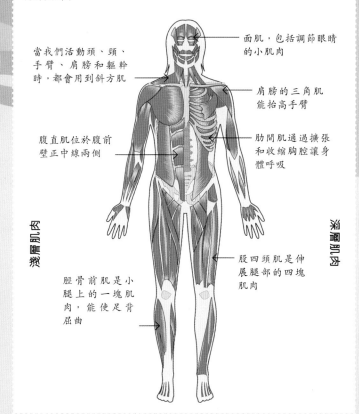

當我們活動頭、頸、手臂、肩膀和軀幹時，都會用到斜方肌

面肌，包括調節眼睛的小肌肉

肩膀的三角肌能抬高手臂

腹直肌位於腹前壁正中線兩側

肋間肌通過擴張和收縮胸腔讓身體呼吸

脛骨前肌是小腿上的一塊肌肉，能使足背屈曲

股四頭肌是伸展腿部的四塊肌肉

淺層肌肉

深層肌肉

骨骼肌外包裹着一層保護性的結締組織，即肌外膜。

肌纖維束外面包裹着一層堅韌的膜，即肌束膜。

肌纖維就是單個的肌細胞，又細又長。

肌原纖維是肌纖維內的一種結構，當肌肉被激活時，肌原纖維就會收縮。

肌纖維

骨骼肌由成百上千個圓柱形的肌纖維束組成，單個纖維束的直徑僅有0.02~0.08毫米。

人體有接近
700 塊骨骼肌

肌肉

從擠壓心臟的心肌，再到手臂皮膚下的豎毛肌，肌肉是能讓身體運動的組織。除了心肌，每塊肌肉都會受到大腦信號的刺激。這些信號沿着神經傳遞並刺激肌肉收縮，從而讓身體運動。

成對的拮抗肌，當一塊肌肉處於收縮狀態時，另一塊肌肉就會處於放鬆狀態。

12 左腿的四頭肌收縮，伸展左腿，為下一個動作做好準備。

13 左腿的大腿後肌放鬆，使左腿伸展。

四頭肌

骨骼肌

骨骼肌由長纖維組成，通過肌腱附着在骨骼上。骨骼肌屬於隨意肌，受大腦意識的支配。骨骼肌的主要作用就是牽拉骨骼產生運動。

肌腱屬於結締組織，它能將骨骼肌牢牢地連接在骨骼上。

神經和腦

脊髓會穿過脊椎上的空心骨，它們是腦和身體其他部位的電信號傳遞大使。每條神經都是一束神經元。信號從感官傳遞到腦，腦傳出的信號能讓身體移動，這些信號又分為條件反射和非條件反射，比如控制呼吸的無意識信號。

連接脊髓的神經有很多分支，離脊髓越遠，神經越細小，數量越多，因此，它們得以進入身體的各個器官和組織。這些神經會聚集在一起形成更粗的神經束，然後再通過椎骨間的縫隙連接到脊髓。

大腦中的每條神經元都能和上萬條神經元進行交流。

樹突與其他神經元的軸突相連

軸突是一種長神經纖維，能傳遞電信號

細胞核

神經元胞體

每個神經元都有一個帶有細胞核的胞體，上面的分支被稱為樹突，能傳入信號；「尾巴」被稱為軸突，能傳出信號。

神經元

腦和脊髓構成了中樞神經系統

成對的神經沿着大腦和脊髓依次展開

感覺神經和運動神經有很多分支

體內神經構成了周圍神經系統

❶ 手上的感覺感受器產生了觸摸信號，它會沿着感覺神經傳遞。

周圍神經系統將信號傳遞到脊髓和腦，再將脊髓和腦發出的信號傳出。

❷ 感覺神經會把感覺信號傳遞到腦，例如撫摸貓咪的感覺。

❸ 當運動信號傳遞到前臂肌肉後，長長的肌腱會操控手指撫摸小貓。

腦神經的總長度達到 500,000 公里

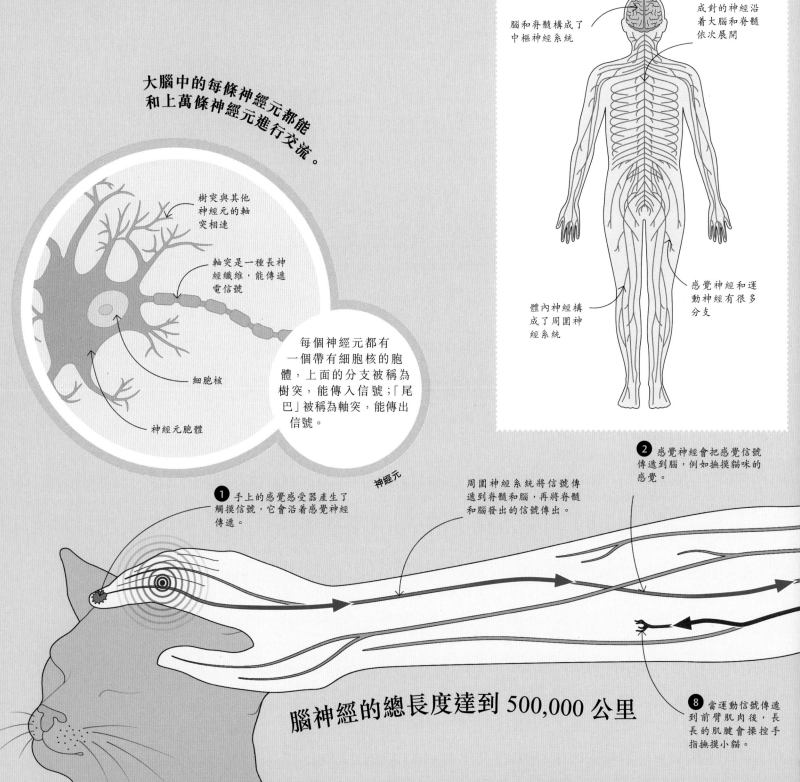

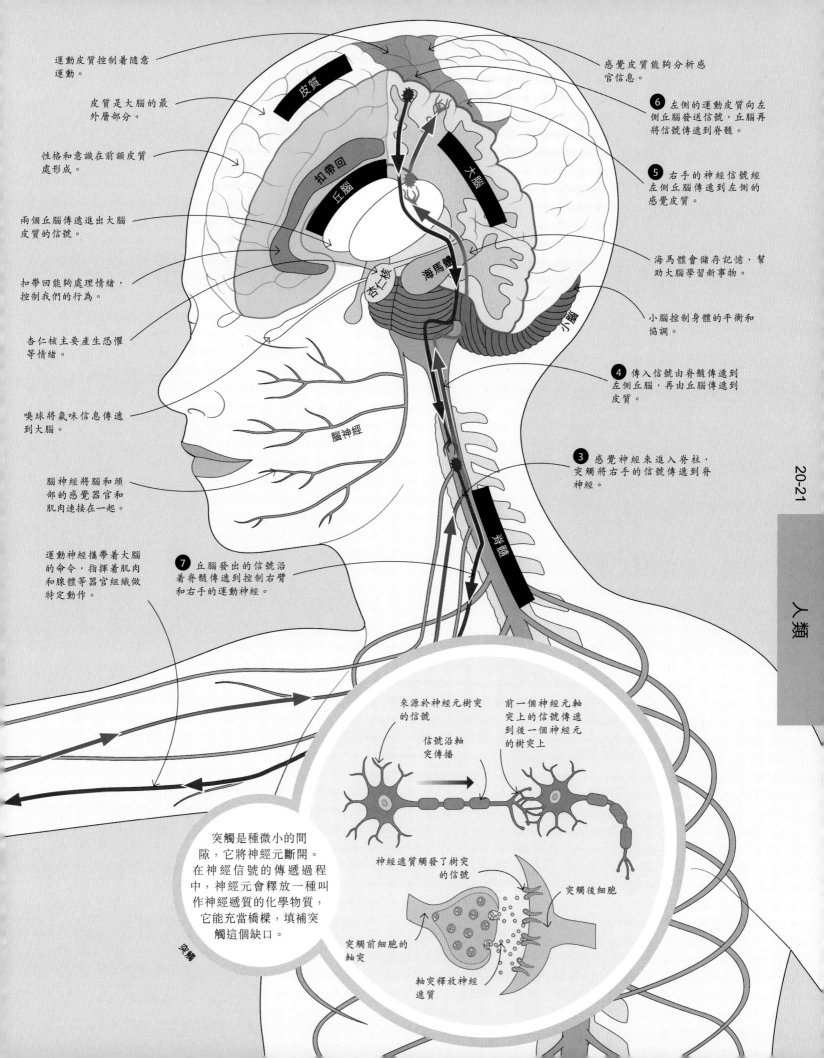

運動皮質控制着隨意運動。

皮質是大腦的最外層部分。

性格和意識在前額皮質處形成。

兩個丘腦傳遞進出大腦皮質的信號。

扣帶回能夠處理情緒，控制我們的行為。

杏仁核主要產生恐懼等情緒。

嗅球將氣味信息傳遞到大腦。

腦神經將腦和頭部的感覺器官和肌肉連接在一起。

運動神經攜帶着大腦的命令，指揮着肌肉和腺體等器官組織做特定動作。

皮質

扣帶回

丘腦

杏仁核

海馬體

大腦

小腦

腦神經

脊髓

感覺皮質能夠分析感官信息。

6 左側的運動皮質向左側丘腦發送信號，丘腦再將信號傳遞到脊髓。

5 右手的神經信號經左側丘腦傳遞到左側的感覺皮質。

海馬體會儲存記憶，幫助大腦學習新事物。

小腦控制身體的平衡和協調。

4 傳入信號由脊髓傳遞到左側丘腦，再由丘腦傳遞到皮質。

3 感覺神經束進入脊柱，突觸將右手的信號傳遞到脊神經。

7 丘腦發出的信號沿着脊髓傳遞到控制右臂和右手的運動神經。

突觸是種微小的間隙，它將神經元斷開。在神經信號的傳遞過程中，神經元會釋放一種叫作神經遞質的化學物質，它能充當橋樑，填補突觸這個缺口。

突觸

來源於神經元樹突的信號

信號沿軸突傳播

前一個神經元軸突上的信號傳遞到後一個神經元的樹突上

神經遞質觸發了樹突的信號

突觸後細胞

突觸前細胞的軸突

軸突釋放神經遞質

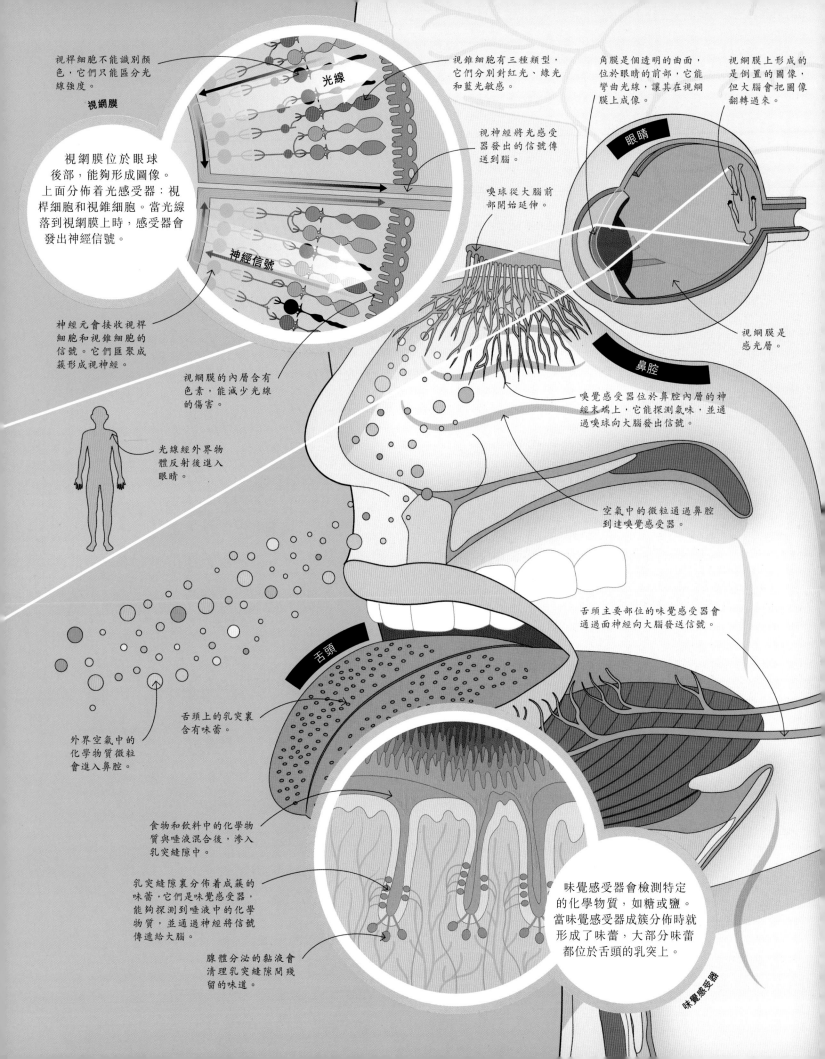

視桿細胞不能識別顏色，它們只能區分光線強度。

視網膜

視網膜位於眼球後部，能夠形成圖像。上面分佈着光感受器：視桿細胞和視錐細胞。當光線落到視網膜上時，感受器會發出神經信號。

神經元會接收視桿細胞和視錐細胞的信號。它們匯聚成簇形成視神經。

視網膜的內層含有色素，能減少光線的傷害。

光線經外界物體反射後進入眼睛。

光線

神經信號

視錐細胞有三種類型，它們分別對紅光、綠光和藍光敏感。

視神經將光感受器發出的信號傳送到腦。

嗅球從大腦前部開始延伸。

角膜是個透明的曲面，位於眼睛的前部，它能彎曲光線，讓其在視網膜上成像。

視網膜上形成的是倒置的圖像，但大腦會把圖像翻轉過來。

眼睛

視網膜是感光層。

鼻腔

嗅覺感受器位於鼻腔內層的神經末端上，它能探測氣味，並通過嗅球向大腦發出信號。

空氣中的微粒通過鼻腔到達嗅覺感受器。

外界空氣中的化學物質微粒會進入鼻腔。

舌頭主要部位的味覺感受器會通過面神經向大腦發送信號。

舌頭

舌頭上的乳突裏含有味蕾。

食物和飲料中的化學物質與唾液混合後，滲入乳突縫隙中。

乳突縫隙裏分佈着成簇的味蕾，它們是味覺感受器，能夠探測到唾液中的化學物質，並通過神經將信號傳遞給大腦。

腺體分泌的黏液會清理乳突縫隙間殘留的味道。

味覺感受器會檢測特定的化學物質，如糖或鹽。當味覺感受器成簇分佈時就形成了味蕾，大部分味蕾都位於舌頭的乳突上。

味覺感受器

① 耳廓幫助人體捕捉聲音，判斷聲音的來源。

內耳能處理聲音信息，裏面的微型結構能感知轉彎、重力和加速。

前庭有感知重力和加速的感受器。

半規管裏有轉彎感受器。

耳廓

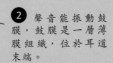

② 聲音能振動鼓膜，鼓膜是一層薄膜組織，位於耳道末端。

③ 聽小骨由三塊骨頭組成，它們能把鼓膜的振動傳到耳蝸。

④ 耳蝸是個盛滿液體的螺旋管。振動波沿着耳蝸傳播，受體細胞感到振動並向大腦發送信號。

面神經

舌咽神經

內耳

舌後部味覺感受器上的信號由舌咽神經進行傳遞。

視網膜上大約有9500萬個光敏感受器細胞。

兒童大約有 10,000 個味蕾，而老年人的味蕾還不到 5,000 個。

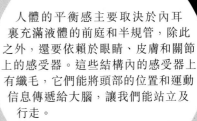

人體的平衡感主要取決於內耳裏充滿液體的前庭和半規管，除此之外，還要依賴於眼睛、皮膚和關節上的感受器。這些結構內的感受器上有纖毛，它們能將頭部的位置和運動信息傳遞給大腦，讓我們能站立及行走。

平衡

感官

我們的感官有視覺、聽覺、味覺、嗅覺和觸覺，大腦通過它們來了解周圍的環境。每種感覺都有自己的感受器，就位於神經的末端。當感受器受到光、熱、聲音或化學物質的刺激時，就會向大腦發出神經電信號。因此，大腦會通過這些感官信息構建出自己對世界的認知。

了解一切

感受器產生的信號會沿着神經傳遞到大腦，並在丘腦處相遇（詳見第 21 頁），身體的左右兩側各有一個丘腦。丘腦會將感官信號傳遞到大腦皮質的相應區域。大腦皮質會處理這些感覺信號，讓我們感知到周圍的世界。

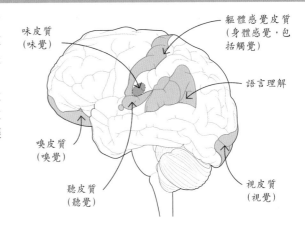

味皮質（味覺）

軀體感覺皮質（身體感覺，包括觸覺）

語言理解

嗅皮質（嗅覺）

聽皮質（聽覺）

視皮質（視覺）

第六感

本體感覺有時也被稱為第六感，它能讓身體感知到各個部位所處的位置以及人體在空中的運動軌跡。肌肉、皮膚和關節處的傳感器，以及眼睛和耳朵裏的平衡器，它們會一同向大腦發送信息。然後，大腦再向身體發送指令，讓其改變姿勢或停止運動。

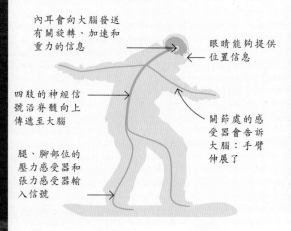

內耳會向大腦發送有關旋轉、加速和重力的信息

眼睛能夠提供位置信息

四肢的神經信號沿脊髓向上傳遞至大腦

關節處的感受器會告訴大腦：手臂伸展了

腿、腳部位的壓力感受器和張力感受器輸入信號

無意識的認知

身體會通過不斷地調整姿勢來維持平衡。大多數情況下，我們並沒有意識到這一點。

心臟和肺

當我們還是胎兒的時候，心臟就開始一刻不停地跳動，生命才得以維持。心臟是個肌肉泵，由四個腔室組成。隨着心跳，血液會沿着封閉的血管網湧向全身。血液將肺部從空氣中吸收的氧氣運送到身體細胞內，同時運出二氧化碳，然後再由肺部呼出。

血液循環

毛細管是種微小的血管，身體各部位在毛細管的作用下，形成了一個龐大的血管網。血液中的氧氣會通過薄薄的細胞壁進入附近的細胞組織中，細胞代謝後的二氧化碳也由血液來運輸。除此之外，血液還能運送從消化的食物中吸收的營養物質。

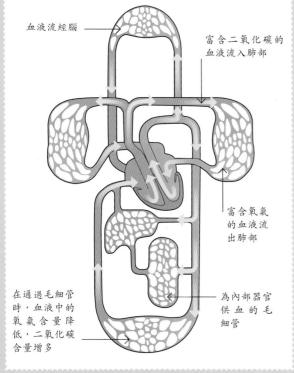

血液流經腦

富含二氧化碳的血液流入肺部

富含氧氣的血液流出肺部

在通過毛細管時，血液中的氧氣含量降低，二氧化碳含量增多

為內部器官供血的毛細管

人體每年的心跳總數
超過了 3600 萬次

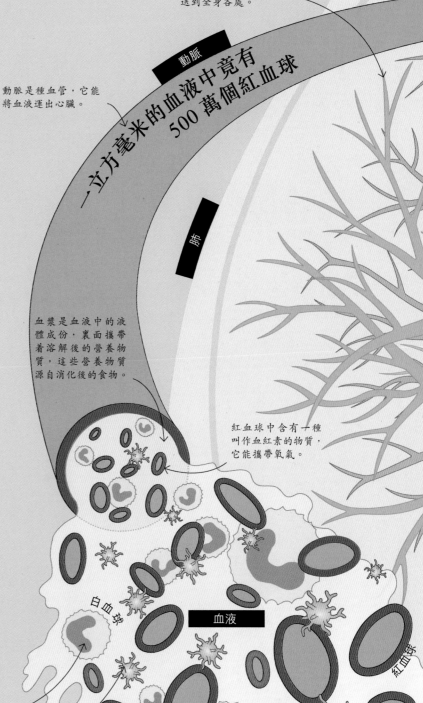

吸氣時，肺部會從外界吸入富含氧氣的空氣；呼氣時，再排出富含二氧化碳的氣體。

靜脈是種血管，負責向心臟運輸血液。

毛細管是一種極微小的血管，能將血液運送到全身各處。

動脈是種血管，它能將血液運出心臟。

一立方毫米的血液中竟有 500 萬個紅血球

動脈

肺

血漿是血液中的液體成份，裏面攜帶着溶解後的營養物質，這些營養物質源自消化後的食物。

紅血球中含有一種叫作血紅素的物質，它能攜帶氧氣。

白血球

血液

紅血球

血小板

白血球是免疫系統的重要組成部分，能夠抵禦疾病。

當身體出現傷口時，血小板會讓此處的血液變稠凝結。

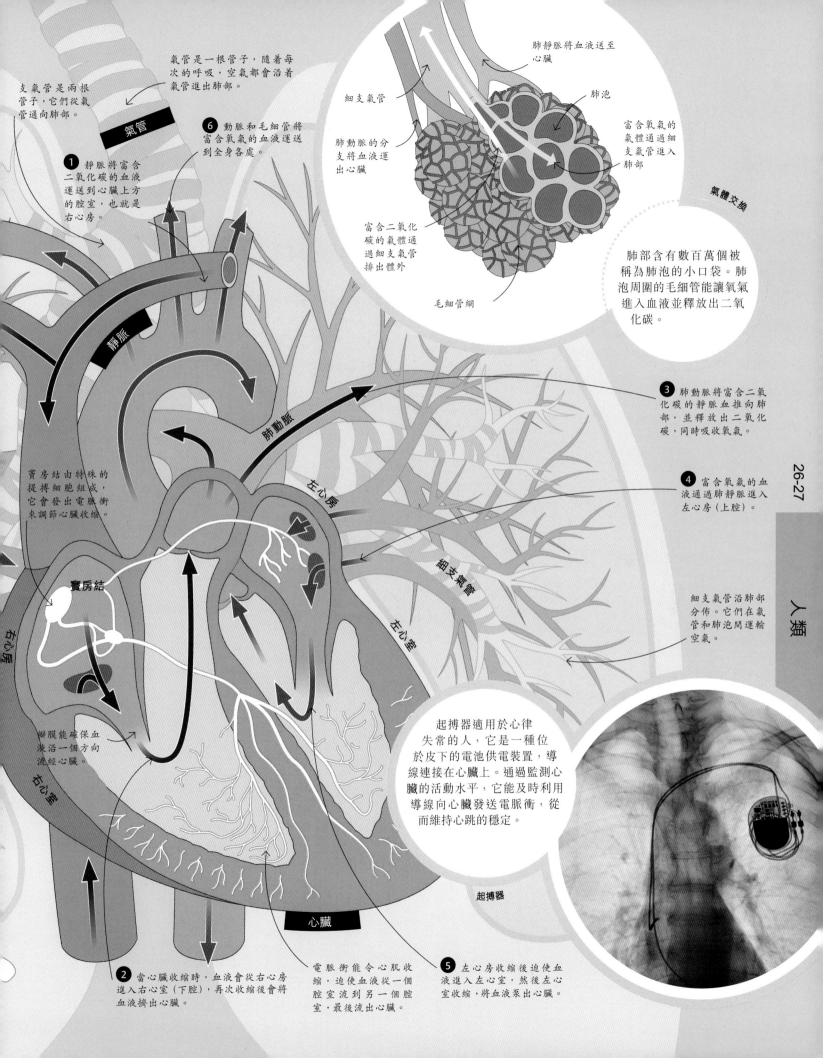

支氣管是兩根管子，它們從氣管通向肺部。

氣管是一根管子，隨着每次的呼吸，空氣都會沿着氣管進出肺部。

氣管

❶ 靜脈將富含二氧化碳的血液運送到心臟上方的腔室，也就是右心房。

❻ 動脈和毛細管將富含氧氣的血液運送到全身各處。

肺靜脈將血液送至心臟

細支氣管

肺動脈的分支將血液運出心臟

肺泡

富含氧氣的氣體通過細支氣管進入肺部

富含二氧化碳的氣體通過細支氣管排出體外

毛細管網

氣體交換

肺部含有數百萬個被稱為肺泡的小口袋。肺泡周圍的毛細管能讓氧氣進入血液並釋放出二氧化碳。

靜脈

肺動脈

竇房結由特殊的提搏細胞組成，它會發出電脈衝來調節心臟收縮。

左心房

❸ 肺動脈將富含二氧化碳的靜脈血推向肺部，並釋放出二氧化碳，同時吸收氧氣。

❹ 富含氧氣的血液通過肺靜脈進入左心房（上腔）。

細支氣管

26-27

人類

竇房結

右心房

左心室

細支氣管沿肺部分佈。它們在氣管和肺泡間運輸空氣。

瓣膜能確保血液沿一個方向流經心臟。

右心室

起搏器適用於心律失常的人，它是一種位於皮下的電池供電裝置，導線連接在心臟上。通過監測心臟的活動水平，它能及時利用導線向心臟發送電脈衝，從而維持心跳的穩定。

起搏器

心臟

❷ 當心臟收縮時，血液會從右心房進入右心室（下腔），再次收縮後會將血液擠出心臟。

電脈衝能令心肌收縮，迫使血液從一個腔室流到另一個腔室，最後流出心臟。

❺ 左心房收縮後迫使血液進入左心室，然後左心室收縮，將血液泵出心臟。

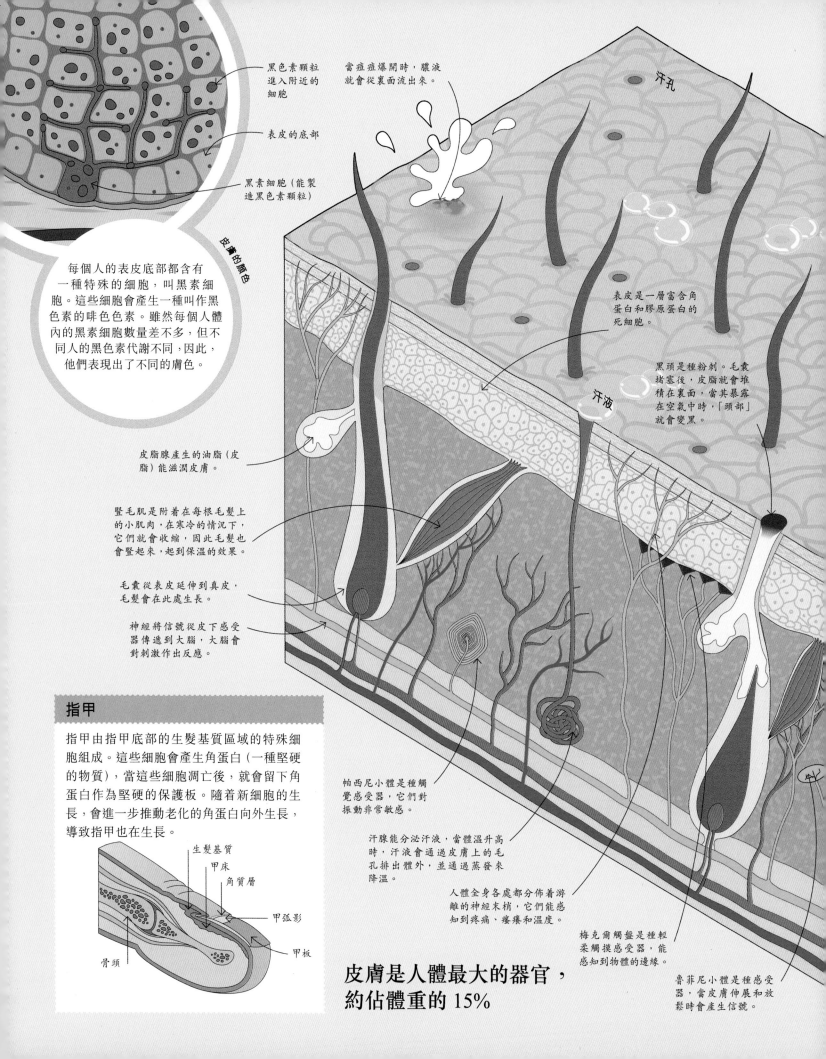

黑色素顆粒進入附近的細胞

表皮的底部

黑素細胞（能製造黑色素顆粒）

當痘痘爆開時，膿液就會從裏面流出來。

汗孔

皮膚的顏色

每個人的表皮底部都含有一種特殊的細胞，叫黑素細胞。這些細胞會產生一種叫作黑色素的啡色色素。雖然每個人體內的黑素細胞數量差不多，但不同人的黑色素代謝不同，因此，他們表現出了不同的膚色。

表皮是一層富含角蛋白和膠原蛋白的死細胞。

黑頭是種粉刺。毛囊堵塞後，皮脂就會堆積在裏面，當其暴露在空氣中時，「頭部」就會變黑。

汗液

皮脂腺產生的油脂（皮脂）能滋潤皮膚。

豎毛肌是附着在每根毛髮上的小肌肉，在寒冷的情況下，它們就會收縮，因此毛髮也會豎起來，起到保溫的效果。

毛囊從表皮延伸到真皮，毛髮會在此處生長。

神經將信號從皮下感受器傳遞到大腦，大腦會對刺激作出反應。

指甲

指甲由指甲底部的生髮基質區域的特殊細胞組成。這些細胞會產生角蛋白（一種堅硬的物質），當這些細胞凋亡後，就會留下角蛋白作為堅硬的保護板。隨着新細胞的生長，會進一步推動老化的角蛋白向外生長，導致指甲也在生長。

生髮基質
甲床
角質層
骨頭
甲弧影
甲板

帕西尼小體是種觸覺感受器，它們對振動非常敏感。

汗腺能分泌汗液，當體溫升高時，汗液會通過皮膚上的毛孔排出體外，並通過蒸發來降溫。

人體全身各處都分佈着游離的神經末梢，它們能感知到疼痛、瘙癢和溫度。

梅克爾觸盤是種輕柔觸摸感受器，能感知到物體的邊緣。

魯菲尼小體是種感受器，當皮膚伸展和放鬆時會產生信號。

皮膚是人體最大的器官，約佔體重的 15%

皮膚、毛髮和指甲

皮膚、頭髮和指甲是隔絕外界的屏障。皮膚不僅能保護身體免受傷害（高溫、光線和外傷），還能感知到壓力及溫度的變化。皮膚和毛髮會讓身體維持在恰當的體溫，寒冷的時候，身體會通過毛髮將更多的空氣固定在皮膚周圍來保溫；炎熱的時候，身體又會通過排汗來降溫。

毛幹從毛囊延伸到表皮外。

① 細菌會通過傷口進入身體，這可能會引起嚴重的感染，因此，免疫系統（詳見 38~39 頁）會迅速行動起來消除威脅。

毛髮

切開皮膚

毛囊阻塞後會形成白頭，它是種粉刺。皮脂、皮膚細胞和細菌堆積在一起形成了膿液，形成了腫脹的白頭。

表皮

真皮

皮下組織

微靜脈是種小血管，它們能帶走二氧化碳和其他廢物。

皮膚由三層組成：表皮、真皮和皮下組織。

微動脈是種小血管，它們能為皮膚帶來氧氣和營養物質。

② 當附近的細胞發現入侵者時（非人體細胞），便會分泌一種名為細胞因子的化學物質，隨後，細胞因子就會擴散到附近的組織中。

③ 細胞因子能擴張周圍的血管（出現紅腫）並吸引白血球，包括嗜中性白血球和巨噬細胞，它們會攻擊細菌。

④ 巨噬細胞和嗜中性白血球會吞噬並殺滅細菌，從而減緩或阻止感染。

邁斯納小體是種神經末梢，它能感知到非常輕微的壓力。

這張圖可以看出，睫毛蟎的尾巴從宿主的毛囊裏鑽了出來。睫毛蟎是種微小的蛛形綱動物，它們無害地生活在人體睫毛的毛囊裏，通常凋亡的皮膚細胞就是睫毛蟎的食物。

睫毛蟎

人類

毛髮的生長

毛髮是由角蛋白構成的毛幹從真皮處的毛囊裏生長出來的。毛髮的生長分為三個階段。生長期是最活躍的階段，頭頂處的毛髮會多年都在生長期。

毛幹會從毛囊底部長出

生長期

根部細胞迅速分裂，將原來的毛髮向外推。

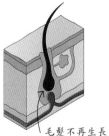

毛髮不再生長

退行期

毛幹從毛囊底部脫落。

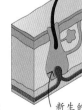

新生的毛髮

休止期

毛髮準備脫落。

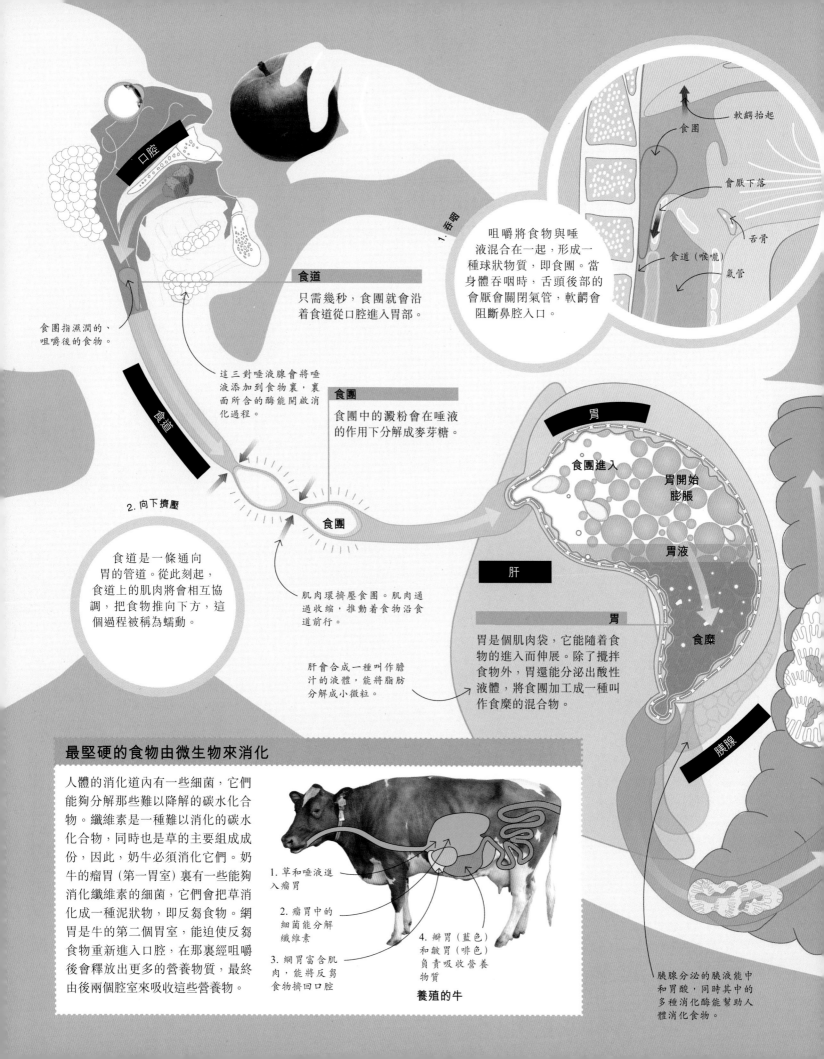

口腔

咀嚼將食物與唾液混合在一起，形成一種球狀物質，即食團。當身體吞嚥時，舌頭後部的會厭會關閉氣管，軟齶會阻斷鼻腔入口。

1. 吞嚥

軟齶抬起

食團

會厭下落

舌骨

食道（喉嚨）

氣管

食道

只需幾秒，食團就會沿着食道從口腔進入胃部。

食團指濕潤的、咀嚼後的食物。

這三對唾液腺會將唾液添加到食物裏，裏面所含的酶能開啟消化過程。

食團

食團中的澱粉會在唾液的作用下分解成麥芽糖。

食道

2. 向下擠壓

食道是一條通向胃的管道。從此刻起，食道上的肌肉將會相互協調，把食物推向下方，這個過程被稱為蠕動。

食團

肌肉環擠壓食團。肌肉通過收縮，推動着食物沿食道前行。

肝會合成一種叫作膽汁的液體，能將脂肪分解成小微粒。

胃

食團進入

胃開始膨脹

胃液

肝

胃

食糜

胃是個肌肉袋，它能隨着食物的進入而伸展。除了攪拌食物外，胃還能分泌出酸性液體，將食團加工成一種叫作食糜的混合物。

胰腺

最堅硬的食物由微生物來消化

人體的消化道內有一些細菌，它們能夠分解那些難以降解的碳水化合物。纖維素是一種難以消化的碳水化合物，同時也是草的主要組成成份，因此，奶牛必須消化它們。奶牛的瘤胃（第一胃室）裏有一些能夠消化纖維素的細菌，它們會把草消化成一種泥狀物，即反芻食物。網胃是牛的第二個胃室，能迫使反芻食物重新進入口腔，在那裏經咀嚼後會釋放出更多的營養物質，最終由後兩個腔室來吸收這些營養物。

1. 草和唾液進入瘤胃

2. 瘤胃中的細菌能分解纖維素

3. 網胃富含肌肉，能將反芻食物擠回口腔

4. 瓣胃（藍色）和皺胃（啡色）負責吸收營養物質

養殖的牛

胰腺分泌的胰液能中和胃酸，同時其中的多種消化酶能幫助人體消化食物。

胃蛋白酶能分解蛋白分子

黏液能保護胃黏膜

分泌胃蛋白酶

胃黏膜會分泌出一種強酸，能殺滅細菌；除此之外，還能分泌胃蛋白酶，把蛋白質分解成肽（一種小分子物質）。

氨基酸和肽（源自白蛋質）

糖（源自碳水化合物）

4. 營養物質的吸收

絨毛是腸壁上的微小突起

食物在歷經了口腔、胃和胰腺分泌的酶的消化後，大部分營養物質都會被小腸上的絨毛吸收。

脂肪酸（源自脂肪）

毛細血液中的營養物質

大腸

食糜中難以消化的殘留物會進入 1.5 米長的大腸裏。它們最終將以糞便的形式沿直腸排出體外。

大腸

經過大腸需要花耗 3~10 小時。

身體消化系統所排出的大部分氣體，都是我們吞下的空氣

5. 大腸內部

大腸裏的細菌會釋放出臭氣，並與吞咽時進入消化道的氣體混合在一起。

氣體

直腸

糞便

小腸吸收了大部分的營養物質。大腸主要負責吸收水分，細菌會把複雜的碳水化合物分解成小分子的可吸收物質。

大腸壁

細菌

複雜的碳水化合物

小分子進入血液

糞便的主要成份是未消化的食物、細菌和水。

小腸

食糜會緩慢地通過 6 米長的小腸。身體所需的大部分營養物質都在此處被吸收。

難以消化的殘留物會通過小腸進入大腸。

殘留物

盲腸

消化系統

人體的消化系統是一個約 9 米長的管道，食物在肌肉的收縮下移動。消化系統會分泌酶，它們能把食物分解成小分子物質，接下來，這些小分子物質會穿過消化系統，進入循環系統及血液中。

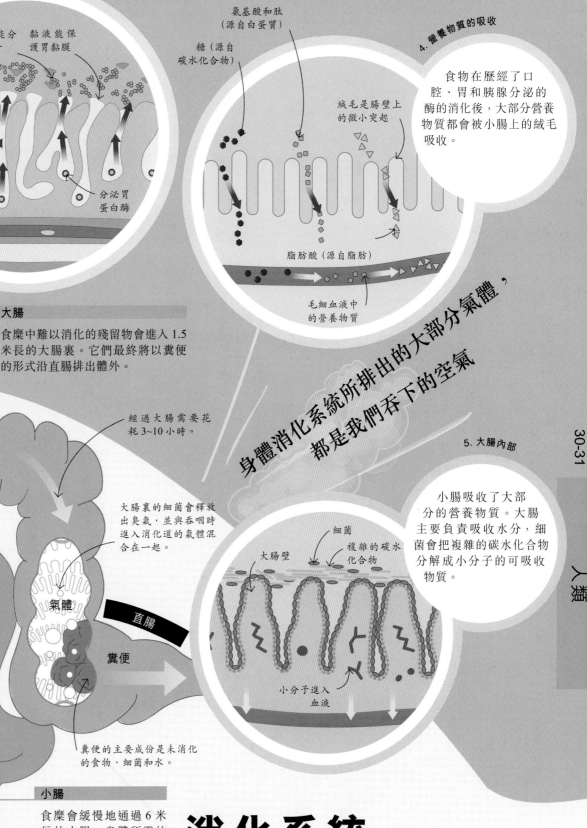

完全分解

食物先在口腔中被咀嚼，然後進入胃，和胃酸一起進行攪拌，最後再進入腸道徹底分解。小腸壁上覆蓋着數千萬個絨毛，即肉狀小凸起。雖然每個絨毛只有 0.5~1.6 毫米長，但它們的數量卻非常多，因此極大地增加了腸道的表面積。絨毛間的凹陷處能分泌酶，它們能將各種各樣的食物分解成最基礎的分子。接下來這些分子就會穿過小腸的絨毛壁，再通過循環系統到達它們該去的地方。

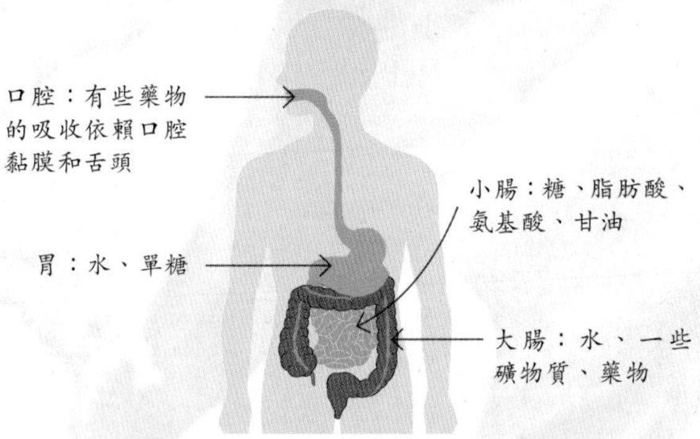

口腔：有些藥物的吸收依賴口腔黏膜和舌頭

小腸：糖、脂肪酸、氨基酸、甘油

胃：水、單糖

大腸：水、一些礦物質、藥物

不同部位所吸收的營養物質

有些食物從進入口腔的那一刻就開始消化，要想徹底地將食物分解，平均耗時都在 24~72 小時。

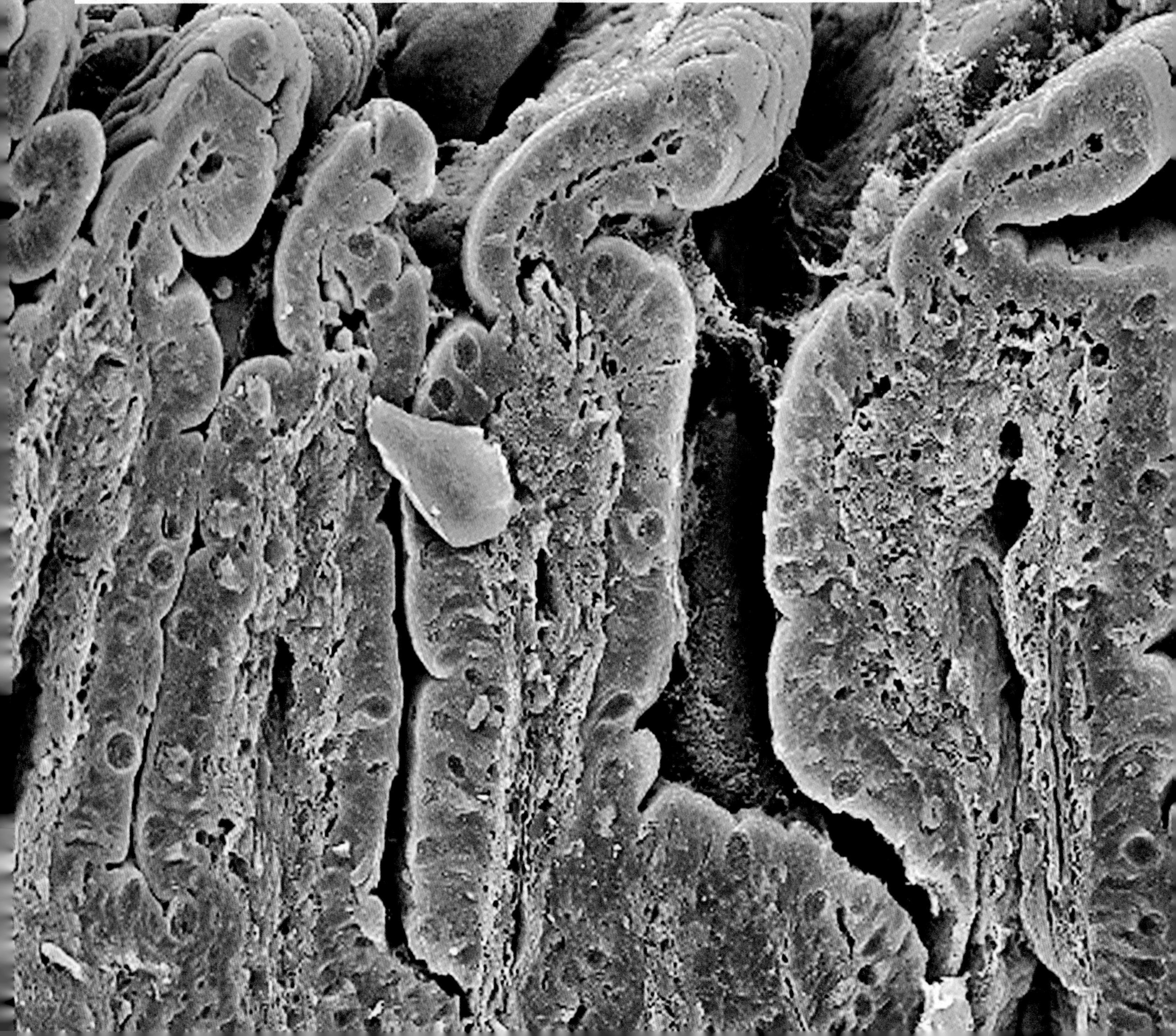

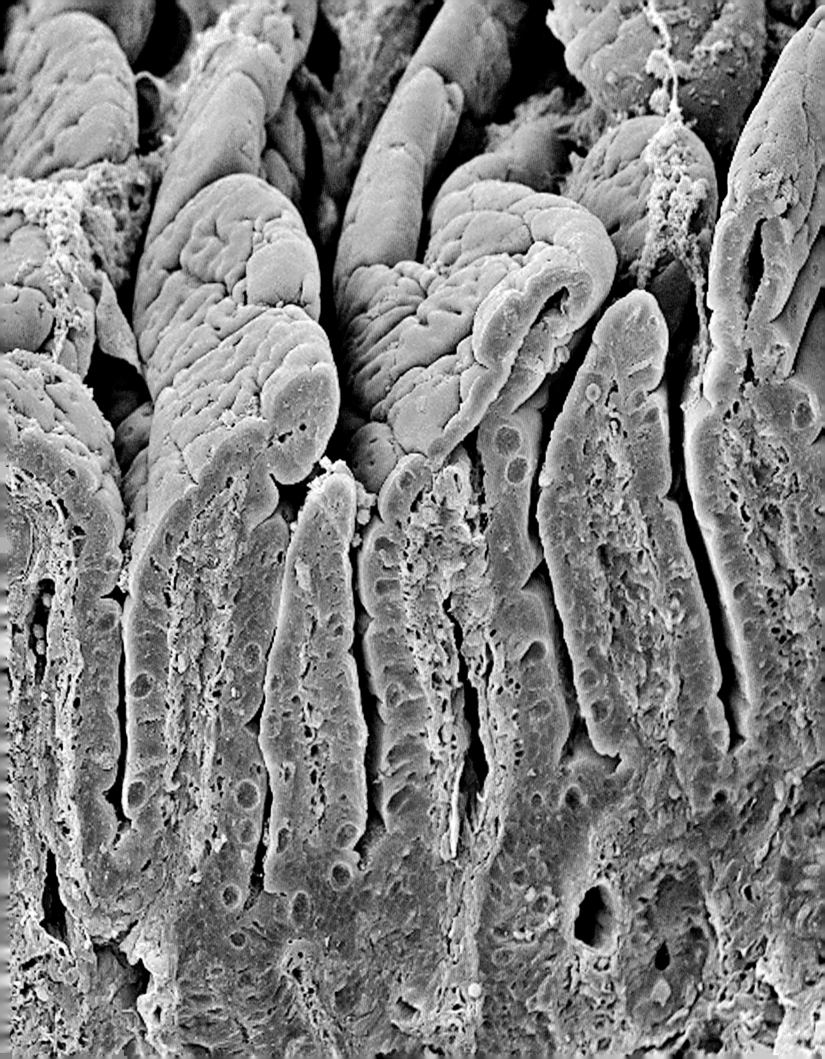

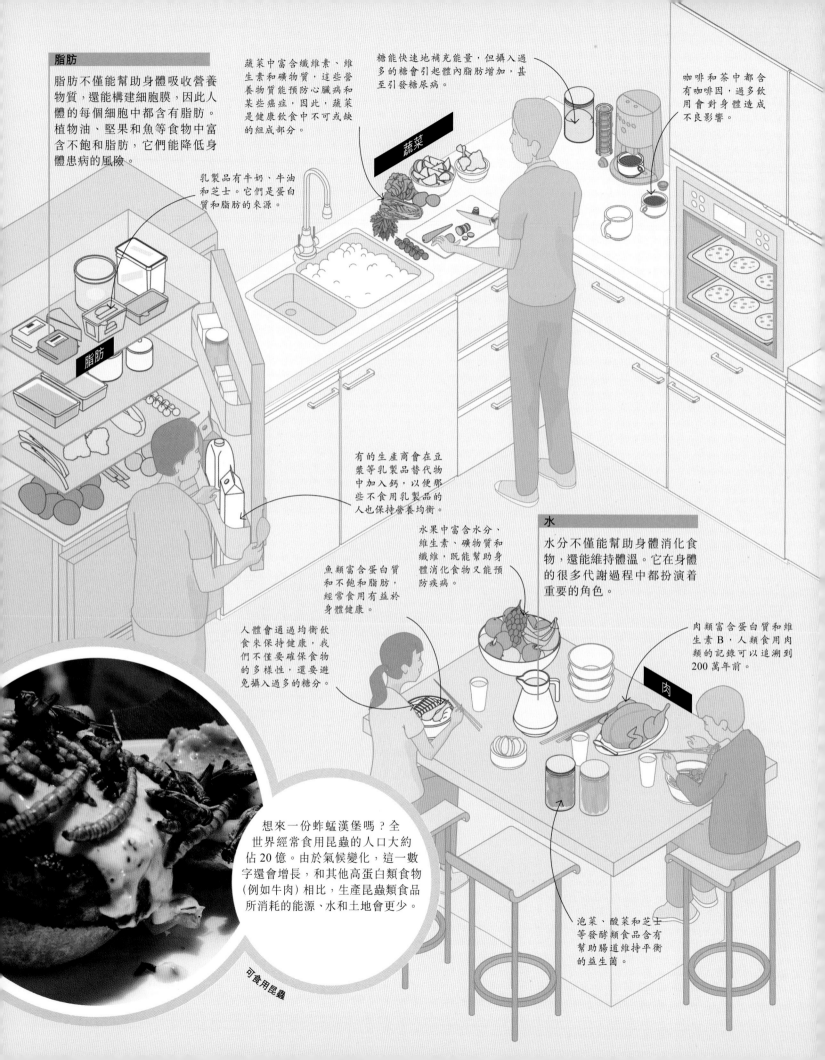

脂肪

脂肪不僅能幫助身體吸收營養物質，還能構建細胞膜，因此人體的每個細胞中都含有脂肪。植物油、堅果和魚等食物中富含不飽和脂，它們能降低身體患病的風險。

乳製品有牛奶、牛油和芝士。它們是蛋白質和脂肪的來源。

蔬菜中富含纖維素、維生素和礦物質，這些營養物質能預防心臟病和某些癌症，因此，蔬菜是健康飲食中不可或缺的組成部分。

蔬菜

糖能快速地補充能量，但攝入過多的糖會引起體內脂肪增加，甚至引發糖尿病。

咖啡和茶中都含有咖啡因，過多飲用會對身體造成不良影響。

有的生產商會在豆漿等乳製品替代物中加入鈣，以便那些不食用乳製品的人也保持營養均衡。

魚類富含蛋白質和不飽和脂，經常食用有益於身體健康。

水果中富含水分、維生素、礦物質和纖維，既能幫助身體消化食物又能預防疾病。

水

水分不僅能幫助身體消化食物，還能維持體溫。它在身體的很多代謝過程中都扮演着重要的角色。

肉類富含蛋白質和維生素 B，人類食用肉類的記錄可以追溯到 200 萬年前。

人體會通過均衡飲食來保持健康，我們不僅要確保食物的多樣性，還要避免攝入過多的糖分。

肉

想來一份蚱蜢漢堡嗎？全世界經常食用昆蟲的人口大約佔 20 億。由於氣候變化，這一數字還會增長，和其他高蛋白類食物（例如牛肉）相比，生產昆蟲類食品所消耗的能源、水和土地會更少。

泡菜、酸菜和芝士等發酵類食品含有幫助腸道維持平衡的益生菌。

可食用昆蟲

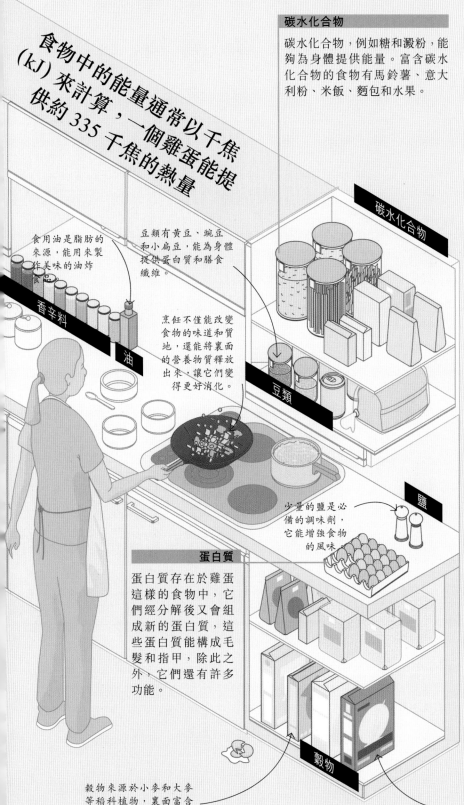

食物中的能量通常以千焦（kJ）來計算，一個雞蛋能提供約 335 千焦的熱量

碳水化合物

碳水化合物，例如糖和澱粉，能夠為身體提供能量。富含碳水化合物的食物有馬鈴薯、意大利粉、米飯、麵包和水果。

食用油是脂肪的來源，能用來製作美味的油炸食品。

豆類有黃豆、豌豆和小扁豆，能為身體提供蛋白質和膳食纖維。

烹飪不僅能改變食物的味道和質地，還能將裏面的營養物質釋放出來，讓它們變得更好消化。

香辛料

油

碳水化合物

豆類

少量的鹽是必備的調味劑，它能增強食物的風味。

鹽

蛋白質

蛋白質存在於雞蛋這樣的食物中，它們經分解後又會組成新的蛋白質，這些蛋白質能構成毛髮和指甲，除此之外，它們還有許多功能。

穀物來源於小麥和大麥等稻科植物，裏面富含碳水化合物。

穀物

纖維素是種身體難以消化的碳水化合物，它們能確保消化系統的健康。

食物和營養

人體攝入的食物能確保身體的正常運轉、促進傷口的癒合和增強疾病的抵抗力。食物能為身體補充兩種營養物質：宏量營養素（如碳水化合物、蛋白質和脂肪）和微量營養素（如維生素和礦物質）。

維生素和礦物質

雖然人體所需的維生素和礦物質都非常少，但從身體健康的角度來講，它們卻非常重要。一旦缺乏這些營養素，就會引起疾病，如壞血病和佝僂病。

維生素 A

對於免疫系統而言，非常重要。

維生素 B

一組八種維生素，功能各異。

維生素 C

有很多用途，比如促進傷口癒合。

維生素 D

能確保骨骼和肌肉的健康。

維生素 E

能確保皮膚和眼睛的健康，幫助身體抵禦疾病。

鈣

能確保骨骼的健康，維持肌肉正常工作。

碘

會參與某些激素合成。

鐵

它是製造紅血球所需的元素。

鋅

有很多用途，比如促進傷口癒合及細胞增生。

脂肪細胞

當人體攝入過多的碳水化合物時，身體就會將它們轉化為脂肪。食物中多餘的脂肪會和這些脂肪一起儲存在皮下和肝臟的脂肪細胞中。當食物短缺或人體活動量增大時，它們就會成為重要的儲備能量，幫助身體維持體溫。

脂肪細胞

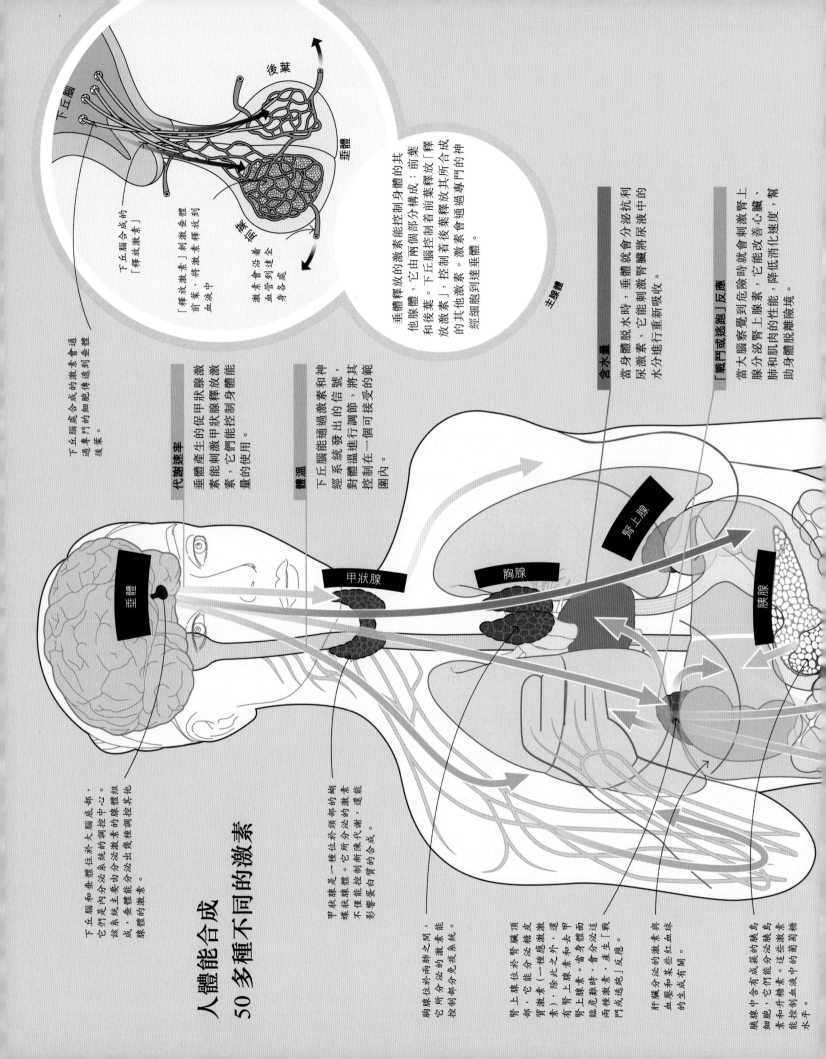

人體能合成 50多種不同的激素

下丘腦和垂體位於大腦底部,它們是內分泌系統的調控中心。該系統主要由分泌激素的腺體組成,垂體能分泌出幾種調控其他腺體的激素。

下丘腦
後葉
垂體

下丘腦合成的「釋放激素」

「釋放激素」刺激垂體前葉,將激素釋放到血液中

激素會沿着血管到達到身各處

垂體

下丘腦合成的激素會通過專門的細胞傳遞到垂體後葉。

垂體釋放的激素能控制身體的其他腺體,它由兩個部分構成:前葉和後葉。下丘腦控制着前葉「釋放激素」,控制着後葉釋放其所合成的其他激素。激素會通過專門的神經細胞到達垂體。

主腺體

代謝速率
垂體產生的促甲狀腺激素能刺激甲狀腺釋放激素,它們能控制身體能量的使用。

體溫
下丘腦能通過激素和神經系統發出的信號,對體溫進行調節,將其控制在一個可接受的範圍內。

含水量
當身體脫水時,垂體就會分泌抗利尿激素,它能刺激腎臟將尿液中的水分進行重新吸收。

「戰鬥或逃跑」反應
當大腦察覺到危險時就會刺激腎上腺分泌腎上腺素,它能改善心臟、肺和肌肉的性能,降低消化速度,幫助身體脫離腺境。

垂體

甲狀腺

胸腺

腎上腺

胰腺

甲狀腺是一種位於頸部的蝴蝶狀腺體。它所分泌的激素不僅能控制新陳代謝,還能影響蛋白質的合成。

胸腺位於兩肺之間,它所分泌的激素能控制和分泌免疫系統。

腎上腺位於腎臟頂部。它能分泌皮質激素(一種應激激素),除此之外,還有腎上腺素和去甲腎上腺素。當身體面臨危難時,會產生「戰鬥或逃跑」反應。這兩種激素與

肝臟分泌的激素和某些血壓和紅血球的生成有關。

胰腺中含有成為胰島的細胞,它們能分泌胰島素和升糖素。這些激素能控制血液中的葡萄糖水平。

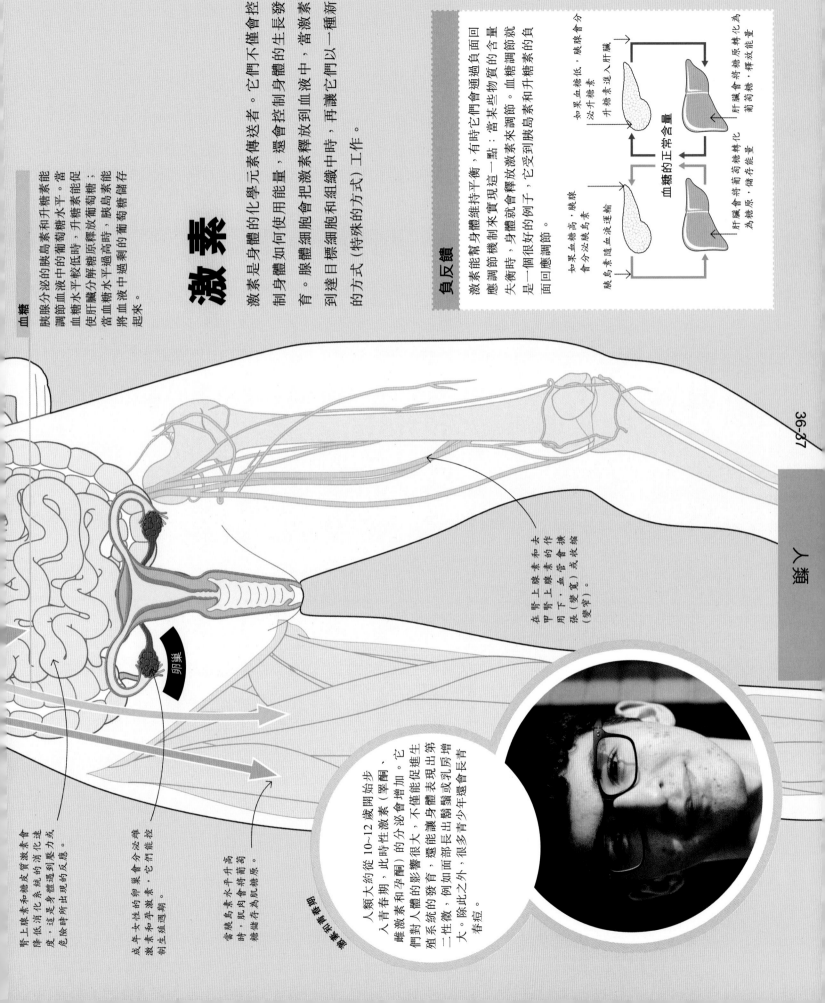

血糖

胰腺分泌的胰島素和升糖素能
調節血液中的葡萄糖水平。當
血糖水平較低時，升糖素能促
使肝臟分解糖原釋放葡萄糖；
當血糖水平過高時，胰島素能
將血液中過剩的葡萄糖儲存
起來。

激素

激素是身體的化學元素傳送者。它們不僅會控
制身體如何使用能量，還會控制身體的生長發
育。腺體細胞會把激素釋放到血液中，當激素
到達目標細胞和組織中時，再讓它們以一種新
的方式（特殊的方式）工作。

負反饋

激素能幫助身體維持平衡，有時它們會通過負面回
應調節機制來實現這一點：當某些物質來調節
失衡時，身體就會釋放激素。血糖調節就
是一個很好的例子，它受到胰島素和升糖素的負
面回應調節。

血糖的正常含量

如果血糖高，胰腺
會分泌胰島素

胰島素隨血液速輸

肝臟會將葡萄糖轉化為
糖原，儲存能量

如果血糖低，胰腺會分
泌升糖素

升糖素進入肝臟

肝臟會將糖原轉化為
葡萄糖，釋放能量

腎上腺素和腎皮質素會
降低消化系統的消化速
度，這是身體遇到壓力或
危險時所出現的反應。

成年女性的卵巢會分泌雌
激素和孕激素，它們能控
制生殖週期。

當胰島素水平升高
時，肌肉會將葡萄
糖儲存為肌糖原。

青春期

人類大約從 10~12 歲開始步
入青春期，此時性激素（睾酮、
雌激素和孕酮）的分泌會增加。它
們對人體的影響很大，不僅能促進生
殖系統的發育，還能讓身體表現出第
二性徵，例如面部長出鬍鬚或乳房增
大。除此之外，很多青少年還會長青
春痘。

卵巢

在腎上腺素和去
甲腎上腺素的作
用下，血管會擴
張（變寬）或收縮
（變窄）。

病毒的工作原理

病毒是一種比細菌還小的微生物。它們不具備細胞結構卻含有 DNA 或 RNA——這是一種化學物質，上面攜帶了基因，病毒能以此進行自我複製。病毒會控制身體自身細胞的複製過程（該過程發生在細胞核內），從而自我複製。當子代病毒離開宿主細胞後，就會感染其他細胞，並不斷複製。

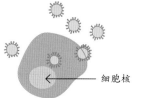

← 細胞核

1. 病毒入侵
病毒先附着在體細胞上，然後再侵入體細胞。

病毒基因釋放

2. 脫去病毒衣殼
細胞內發生的反應會脫去病毒的蛋白質衣殼。

病毒基因複製

3. 複製
病毒利用細胞核複製自己的遺傳物質，同時表達自己基因控制細胞製造衣殼。

細胞破裂，釋放出子代病毒

4. 釋放
遺傳物質和衣殼會組裝成子代病毒，然後細胞破裂，釋放大量病毒。

細菌是一種病原體或微生物。

巨噬細胞

❶ 一種叫作巨噬細胞（也就是「大胃王」的意思）的白血球，它們能通過細胞膜將有害菌吞噬，以此來攻擊病菌。

抗原

抗原能引起免疫反應。它們不僅位於病毒和細菌表面，某些食物和毒液中也會出現抗原。

❷ 細菌在巨噬細胞內分解，分離出抗原。

❸ 巨噬細胞將抗原表達在細胞膜上，並將其呈遞給其他白血球，即 T 細胞和 B 細胞。

白血球

人體內含有幾種不同類型的白血球，包括巨噬細胞、B 細胞（它們一直在巡邏）和 T 細胞（它們不僅能刺激 B 細胞，還能殺死受損或感染的體細胞）。

---

❹ 與呈遞抗原特異結合的 T 細胞被激活，分化出四類不同的 T 細胞。

每個 T 細胞上都有獨特的表面受體，它們能與特定的抗原結合。

T 細胞

輔助性 T 細胞能記住曾經侵入過人體的病原體。

輔助性 T 細胞

來自巨噬細胞的抗原。

❺ 輔助性 T 細胞能釋放細胞因子，它們能激活與抗原特異性結合的 B 細胞。

來自巨噬細胞的抗原。

B 細胞

❻ 與抗原特異性結合的 B 細胞被激活，並分化出兩種不同的 B 細胞：記憶性 B 細胞和漿細胞（效應 B 細胞）。

先天免疫系統

人體內存在着先天免疫系統（非特異性免疫系統），只要某一分子被識別為外來入侵者，就會成為免疫系統的目標。先天免疫系統由免疫應答（如炎症），體液因子（如黏液和淚液）和天然屏障（如皮膚和氣道中的小纖毛，它們能捕捉吸入的病原體，如圖所示）組成。

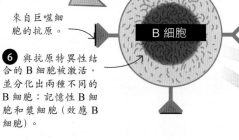

免 疫 系 統

一旦身體受到了病原體（細菌或病毒等）的感染，免疫系統就會迅速行動起來，抵禦外來入侵者。免疫系統是一個大型團隊，裏面有很多特別的細胞，它們會一起工作，抵禦外敵。白血球和抗體是整個系統的核心，抗體能應對特定的病原體。

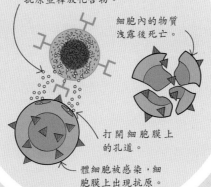

記憶 T 細胞

殺傷 T 細胞也被稱為細胞毒性 T 細胞，它們能消滅身體內已受損或已感染的細胞。

調節性 T 細胞

當感染消退時，調節性 T 細胞能幫免疫系統產生抑製作用。

殺傷 T 細胞

與抗原特異性結合的記憶 T 細胞能存活數年，如果同一病原體再次侵入人體，它們便能更快地做出免疫應答。

殺傷性 T 細胞

抗原會出現在已感染的體細胞上。殺傷性 T 細胞能識別抗原並與之結合，然後再釋放出化合物，打開細胞通道，引起體細胞死亡。

人體內每天會產生 1,000 億個白血球

殺傷性 T 細胞能識別出抗原並釋放化合物。

細胞內的物質洩露後死亡。

打開細胞膜上的孔道。

體細胞被感染，細胞膜上出現抗原。

病原體

病原體是指細菌等能引起感染的東西。它們能導致包括普通感冒在內的多種疾病，並且在你體內大量複製，然後當你在別人身邊打噴嚏時感染其他人。

細菌

這些病原體能導致肺炎、霍亂和破傷風。

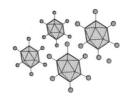

病毒

能引起流感和水痘。

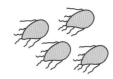

原生生物

這些單細胞生物可致導瘧疾等疾病。

真菌

腳癬是由真菌感染引起的。

與抗原特異性結合的 B 細胞經分化後會生成記憶 B 細胞，它們會在體內存活數年，能對再次發生的感染做出應答。

記憶 B 細胞

人體會生成數百萬個不同的 B 細胞，所以針對每個不同的抗原都有一種能與之特異性結合的 B 細胞。

8 有些抗體會附着在細菌（或其他病原體）上，讓它們聚積在一起，失去活性。

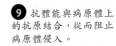

9 抗體能與病原體上的抗原結合，從而阻止病原體侵入。

細菌

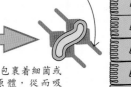

體細胞

7 漿細胞釋放出大量的抗體。

漿細胞

抗體

漿細胞能針對特定的病原體產生抗體。

抗體能攻擊病原體，它們先將病原體標記，然後再由白血球來消滅。當人體被感染後，抗體會在血液中維持很長時間（幾個月至數年）。

10 抗體包裹着細菌或其他病原體，從而吸引巨噬細胞將標記的病原體清除。

病原體的中和

當抗體結合在病原體上時，就有可能會「中和」它們——防止它們引發感染。例如，被中和的病原體無法附着在體細胞上。

11 巨噬細胞吞噬細菌的過程被稱為吞噬作用，意思是「細胞吞食」。

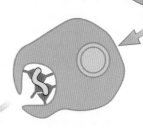

13 巨噬細胞釋放出的被殺死的病原體，現在的它們已無法繁殖，也無法在感染體細胞了。

12 巨噬細胞將細菌圍起來，並將其包裹在吞噬泡裏，細菌在此被分解。

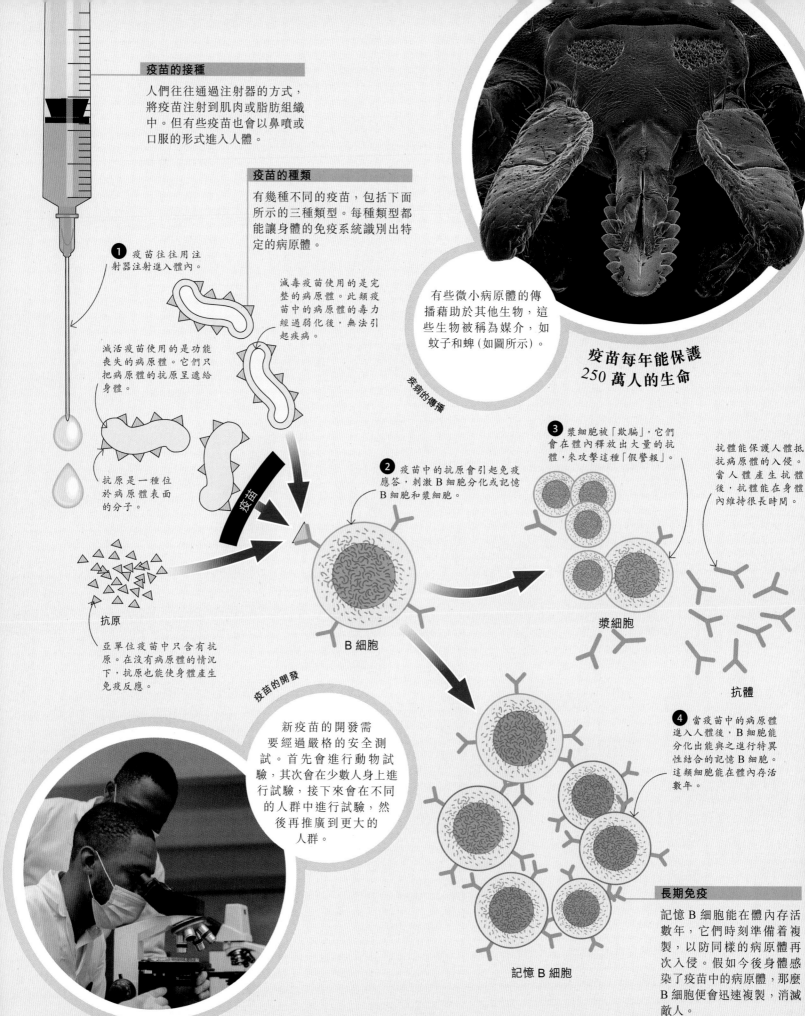

疫苗的接種

人們往往通過注射器的方式，將疫苗注射到肌肉或脂肪組織中。但有些疫苗也會以鼻噴或口服的形式進入人體。

疫苗的種類

有幾種不同的疫苗，包括下面所示的三種類型。每種類型都能讓身體的免疫系統識別出特定的病原體。

① 疫苗往往用注射器注射進入體內。

減毒疫苗使用的是完整的病原體。此類疫苗中的病原體的毒力經過弱化後，無法引起疾病。

減活疫苗使用的是功能喪失的病原體。它們只把病原體的抗原呈遞給身體。

抗原是一種位於病原體表面的分子。

亞單位疫苗中只含有抗原。在沒有病原體的情況下，抗原也能使身體產生免疫反應。

抗原

疾病的傳播

有些微小病原體的傳播藉助於其他生物，這些生物被稱為媒介，如蚊子和蜱（如圖所示）。

疫苗每年能保護 250 萬人的生命

② 疫苗中的抗原會引起免疫應答，刺激 B 細胞分化或記憶 B 細胞和漿細胞。

B 細胞

③ 漿細胞被「欺騙」，它們會在體內釋放出大量的抗體，來攻擊這種「假警報」。

抗體能保護人體抵抗病體的入侵。當人體產生抗體後，抗體能在身體內維持很長時間。

漿細胞

抗體

疫苗的開發

新疫苗的開發需要經過嚴格的安全測試。首先會進行動物試驗，其次會在少數人身上進行試驗，接下來會在不同的人群中進行試驗，然後再推廣到更大的人群。

④ 當疫苗中的病原體進入人體後，B 細胞能分化出能與之進行特異性結合的記憶 B 細胞。這類細胞能在體內存活數年。

記憶 B 細胞

長期免疫

記憶 B 細胞能在體內存活數年，它們時刻準備着複製，以防同樣的病原體再次入侵。假如今後身體感染了疫苗中的病原體，那麼 B 細胞便會迅速複製，消滅敵人。

群體免疫

當人們在面對天花、破傷風、流感、麻疹等傳染病的威脅時，每年進行的疫苗接種卻能保護數百萬人遠離危險。當人群中的絕大多數人接種了疫苗之後，就能讓整個人群獲得「群體免疫」，這能阻止那些沒有接種疫苗的人感染病原體。一旦沒有了可供感染的新宿主，病原體就會消失。

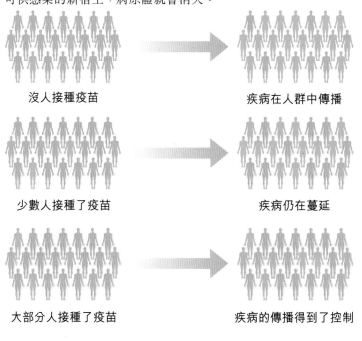

沒人接種疫苗 　　 疾病在人群中傳播

少數人接種了疫苗 　　 疾病仍在蔓延

大部分人接種了疫苗 　　 疾病的傳播得到了控制

圖例　　未接種疫苗的病　　未接種疫苗的　　接種疫苗的
　　　　人，有傳染性　　　健康人群　　　　健康人群

疫苗

病原體（細菌）會造成傳染病。為了阻止感染，身體內的免疫系統（見 38~39 頁）會迅速地產生抗體。有些免疫細胞能在體內存活數年，以確保未來也能抵禦該種疾病。疫苗，刺激身體產生這種免疫反應，從而獲得免疫力讓人體不必生病。

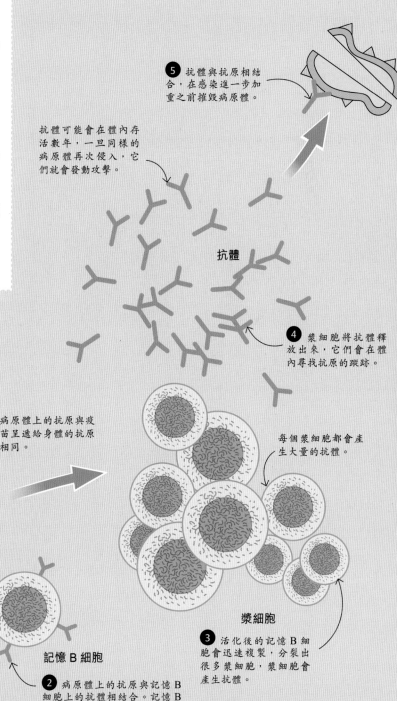

5 抗體與抗原相結合，在感染進一步加重之前摧毀病原體。

抗體可能會在體內存活數年，一旦同樣的病原體再次侵入，它們就會發動攻擊。

抗體

4 漿細胞將抗體釋放出來，它們會在體內尋找抗原的蹤跡。

**20 世紀，天花奪走了地球上的
3 億人的生命，直到 1980 年
才被徹底消滅**

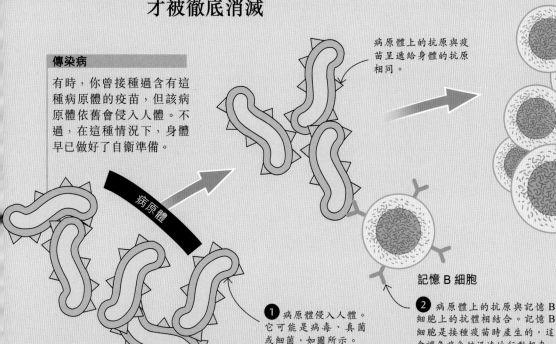

傳染病

有時，你曾接種過含有這種病原體的疫苗，但該病原體依舊會侵入人體。不過，在這種情況下，身體早已做好了自衛準備。

病原體

病原體上的抗原與疫苗呈遞給身體的抗原相同。

每個漿細胞都會產生大量的抗體。

漿細胞

3 活化後的記憶 B 細胞會迅速複製，分裂出很多漿細胞，漿細胞會產生抗體。

記憶 B 細胞

1 病原體侵入人體。它可能是病毒、真菌或細菌，如圖所示。

2 病原體上的抗原與記憶 B 細胞上的抗體相結合。記憶 B 細胞是接種疫苗時產生的，這會讓免疫系統迅速地行動起來。

人類

生殖

人類的生命以生殖過程為起點，來自女性的卵細胞與來自男性的精子細胞相融合，完成受精。受精卵在女性的子宮中發育，經歷大約 9 個月的時間，受精卵發育成嬰兒。

3. 細胞球

桑葚胚中所有的細胞都是相同的，能發育成人體的任何一種細胞。5 天之內，它們就會分化成不同的細胞類型。

細胞外層

多細胞

全球每年誕生的新生兒約有 1.4 億

1 受精指精子細胞進入卵細胞的時候。

2 卵裂指受精卵分裂成兩個完全相同的細胞。

3 桑葚胚指受精卵分裂 3 天後形成的細胞球，包含 16 個細胞。

受精卵

桑葚胚

輸卵管

卵巢

2. 二細胞期（卵裂）

卵細胞一旦受精就會成為受精卵，它會進行第一次細胞分裂，變成兩個細胞。在受精過程中，精子只留下了含有 DNA 的細胞核。它與卵細胞的細胞核相融合。在人類的誕生過程中，精子和卵細胞各貢獻了一半的 DNA。

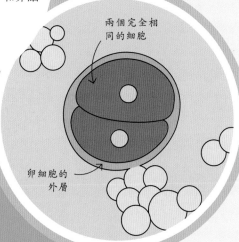

兩個完全相同的細胞

卵細胞的外層

男性生殖系統

精子來源於男性，在受精過程中，能進入卵細胞的精子僅佔百萬分之一。男性的睪丸裏每天都有數百萬個精母細胞在發育。在性交過程中，精子通過輸精管與精囊和前列腺中的精漿混合而成精液，讓其更易前行，最後再通過射精管和尿道排出體外。

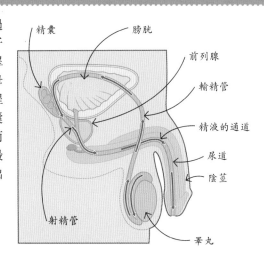

精囊

膀胱

前列腺

輸精管

精液的通道

尿道

陰莖

射精管

睪丸

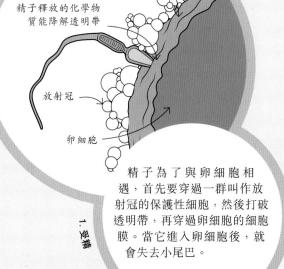

透明帶

精子釋放的化學物質能降解透明帶

放射冠

卵細胞

1. 受精

精子為了與卵細胞相遇，首先要穿過一群叫作放射冠的保護性細胞，然後打破透明帶，再穿過卵細胞的細胞膜。當它進入卵細胞後，就會失去小尾巴。

胎兒的生長

囊胚內的細胞球會變成胚胎，大約 10 周後，胚胎就能發育成胎兒，就像這個 10 周大的胎兒一樣。它具備了嬰兒的基本特徵，但還不到一個梨子大。胎兒在充滿液體的羊膜中生長和發育，這樣可以保護胎兒。從受精卵到胎兒降生，大約需要經歷 9 個月的時間。

剛出生的女嬰，其體內有成千上萬個未成熟的卵泡。進入青春期後，這些卵泡便開始一個接一個地成熟

卵泡內的卵細胞開始成熟

接近成熟的卵泡

卵巢

破裂的卵泡釋放出一個成熟的卵細胞——這個過程被稱為排卵。

女性體內有兩個卵巢，每個卵巢內都含有許多未成熟的卵泡。卵巢中的卵泡每個月都會發育並釋放出一個成熟的卵細胞。

卵細胞的發育

輸卵管是卵子從卵巢出發與通過陰道進入的精子相遇的地方。

子宮是胚胎發育的場所。

子宮

肌層是子宮壁的肌肉層。

囊胚

輸卵管傘是一種指狀突起物，能將卵細胞掃進輸卵管。

卵巢固有韌帶連接着卵巢和子宮。

卵巢是個器官，卵細胞會在此處發育成熟。

4 囊胚是個充滿液體的細胞球，由桑葚胚發育而來，並在子宮壁着床。

子宮內膜是子宮的最內層，這裏的供血非常充足，能滋養胚胎。

子宮頸是子宮的頸部。這個圓柱體的組織連接了陰道和子宮。

子宮頸

陰道是個有彈性的圓柱體肌肉，也是胎兒的分娩通道。

陰道

4. 受精卵在子宮着床

受精卵大約經過 6 天的時間發育成囊胚，之後在子宮壁上着床。囊胚內部的細胞團發育成胚胎，能分化成身體所需的各種細胞。外層是滋養層，它們會與母體的複雜結構交織在一起，形成胎盤，為生長中的胎兒提供營養。

新生兒體內的細胞數超過了 1 萬億

細胞不再完全相同

內部的細胞團變成胚胎

子宮壁

滋養層

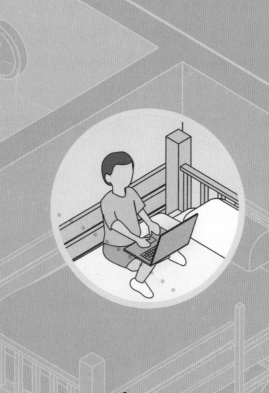

房屋

不同國家的房屋不僅看起來千差萬別,功能也不完全一樣。但是,很多房屋都有以下特點:它們應用了大量技術,為住戶提供了遮風擋雨、做飯洗衣、愉悅身心、與外界相聯繫的空間。

木結構房屋

木材是一種較輕而強度高的建築材料，在自然界中廣泛存在。木結構房屋的建造速度很快。木材易切割、易塑形、易連接，且木結構非常堅固，能將建築物的重量傳遞給地基。人們可以通過種植樹木來獲得木材，因此木材是種可再生資源。另外，木材還能回收利用。每年建造的木結構房屋不計其數。

預製房屋

預製房屋是在工廠裏組裝的。先鋪地板並完成牆體部分，然後鋪設電路和水管，接着安裝窗戶，再完成天花板部分和房屋保溫，最後是屋頂和房屋的外層材料。預製好的房屋用平板貨車運到施工現場，然後安裝在打好的地基上。

屋頂橫樑非常結實，由木頭或者鋼製成，能夠承受屋頂的重量。

排水立管能將浴室和浴室產生的污水排入下水道。室內的異味也能從排水立管頂部的排風口排出室外。

棚架由鋼架結構和工作平台組成，便於工人完成房屋高處的施工工作。

棚架

屋頂橫樑

樓板橫樑

木製牆體立柱

開窗是牆體施工的步驟之一，意思是在牆體中預留洞口，為以後安裝窗戶留好位置。

建築工人在施工全過程中要隨時檢查房屋是否與建造計劃一致。

地面層通常由混凝土板製成。房屋建築施工基本完成後，一般會使用瓷磚、木板或地毯等材料蓋在混凝土板的上面。

排水管從房屋基礎中穿過，能將污水排放至污水系統。

地基

地板

混凝土板

龍骨

磚砌圍牆

地基

先在地面挖一個基槽，基槽挖好後，就可以砌磚，安裝龍骨及其他組成部分。

公用設施包括電、水、燃氣等設施。房屋基礎中埋設着電纜和管道，能夠將電、水和燃氣輸送到房屋內部。

龍骨支撐着地面層地板和保溫層的重量。

水平儀用於判斷房屋的基礎是否水平。

磚砌的基礎圍牆將房屋的重量分散到較大的面積上，從而防止房屋沉降。

地面保溫層由木材和膠合板（用膠黏劑將多層木材黏在一起形成的多層板狀材料）製成，附於混凝土板下面，能夠減少空氣流動及熱量散失。

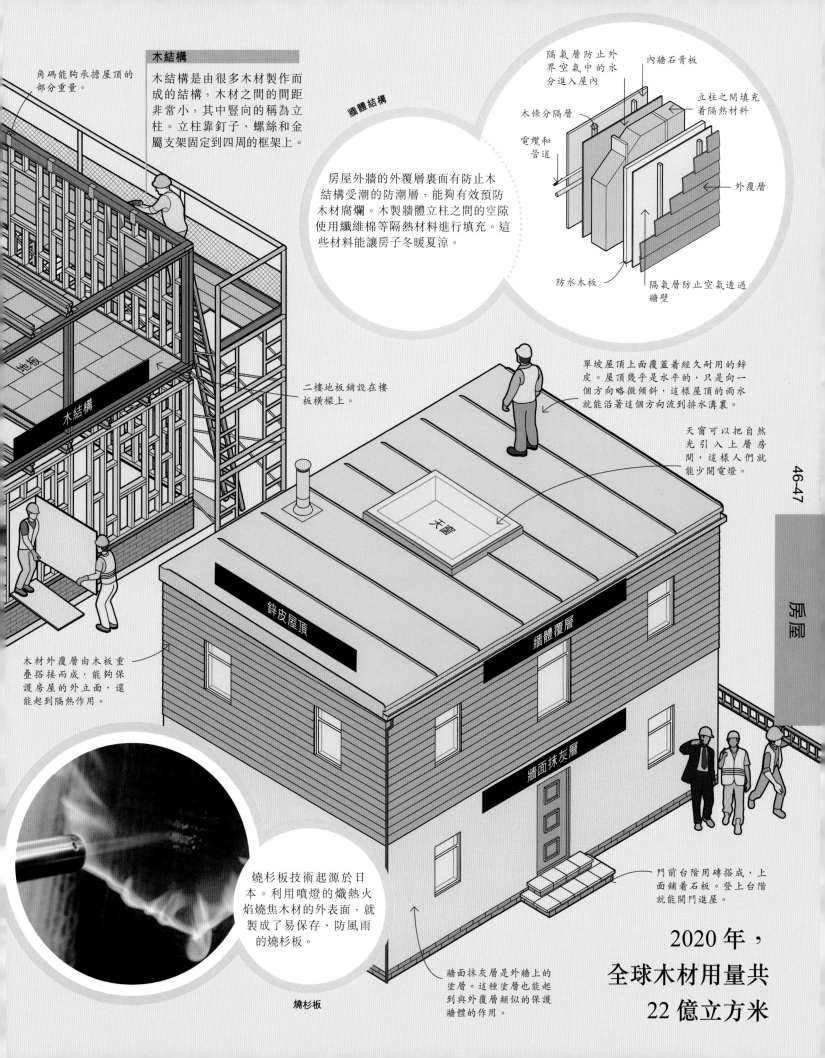

木結構

木結構是由很多木材製作而成的結構,木材之間的間距非常小,其中豎向的稱為立柱。立柱靠釘子、螺絲和金屬支架固定到四周的框架上。

角碼能夠承擔屋頂的部分重量。

牆體結構

房屋外牆的外覆層裏面有防止木結構受潮的防潮層,能夠有效預防木材腐爛。木製牆體立柱之間的空隙使用纖維棉等隔熱材料進行填充。這些材料能讓房子冬暖夏涼。

隔氣層防止外界空氣中的水分進入屋內

內牆石膏板

立柱之間填充着隔熱材料

木條分隔層

電纜和管道

外覆層

防水木板

隔氣層防止空氣透過牆壁

地板

木結構

二樓地板鋪設在樓板橫樑上。

木材外覆層由木板重疊搭接而成,能夠保護房屋的外立面,還能起到隔熱作用。

單坡屋頂上面覆蓋着經久耐用的鋅皮。屋頂幾乎是水平的,只是向一個方向略微傾斜,這樣屋頂的雨水就能沿著這個方向流到排水溝裏。

天窗可以把自然光引入上層房間,這樣人們就能少開電燈。

鋅皮屋頂

天窗

牆體覆層

牆面抹灰層

燒杉板技術起源於日本。利用噴燈的熾熱火焰燒焦木材的外表面,就製成了易保存、防風雨的燒杉板。

門前台階用磚搭成,上面鋪着石板。登上台階就能開門進屋。

燒杉板

牆面抹灰層是外牆上的塗層。這種塗層也能起到與外覆層類似的保護牆體的作用。

2020年,全球木材用量共22億立方米

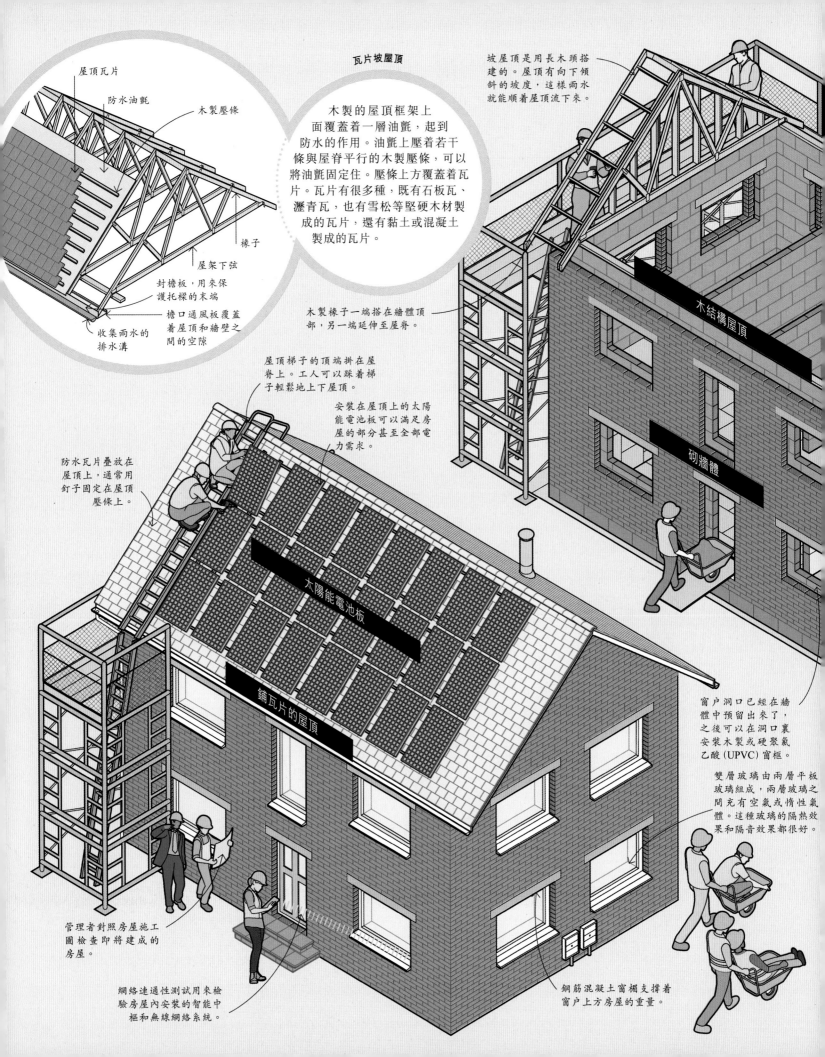

瓦片坡屋頂

屋頂瓦片
防水油氈
木製壓條
木製的屋頂框架上面覆蓋着一層油氈，起到防水的作用。油氈上壓着若干條與屋脊平行的木製壓條，可以將油氈固定住。壓條上方覆蓋着瓦片。瓦片有很多種，既有石板瓦、瀝青瓦，也有雪松等堅硬木材製成的瓦片，還有黏土或混凝土製成的瓦片。

椽子
屋架下弦
封檐板，用來保護托樑的末端
檐口通風板覆蓋着屋頂和牆壁之間的空隙
收集雨水的排水溝

坡屋頂是用長木頭搭建的。屋頂有向下傾斜的坡度，這樣雨水就能順着屋頂流下來。

木製椽子一端搭在牆體頂部，另一端延伸至屋脊。

木结構屋頂

屋頂梯子的頂端掛在屋脊上。工人可以踩着梯子輕鬆地上下屋頂。

安裝在屋頂上的太陽能電池板可以滿足房屋的部分甚至全部電力需求。

砌牆體

防水瓦片疊放在屋頂上，通常用釘子固定在屋頂壓條上。

太陽能電池板

鋪瓦片的屋頂

窗户洞口已經在牆體中預留出來了，之後可以在洞口裏安裝木製或硬聚氯乙酸(UPVC)窗框。

雙層玻璃由兩層平板玻璃組成，兩層玻璃之間充有空氣或惰性氣體。這種玻璃的隔熱效果和隔音效果都很好。

管理者對照房屋施工圖檢查即將建成的房屋。

網絡連通性測試用來檢驗房屋內安裝的智能中框和無線網絡系統。

鋼筋混凝土窗楣支撐着窗户上方房屋的重量。

內牆是房屋內部的牆體，起到將不同房間分隔開的作用。內牆一般是單層磚牆，磚塊外側貼着一層石膏板。

建築工人用射釘槍將二樓的地板固定在樑上。

棚架

建造房屋與環境

為了減少建造房屋對環境的影響，許多建築商用回收的木材、磚塊、鋼材和塑膠來建造新式房屋（如圖所示）。還有一些建築商正逐漸減少水泥和化石燃料等不可持續材料的使用量，並引入可持續的新材料作為替代，其中包括麻類、竹子、樹皮等取自植物的材料。麻類與石灰和水混合，經過塑形，能製成一種特殊的麻製混凝土磚塊。

磚結構房屋

磚房結實耐用，防腐性能比較好。磚房不能預製，只能在現場施工建造。打好牢固的基礎後，磚匠就可以開始砌牆了。他們先調好砂漿，再用砂漿把磚塊一層一層地疊起來。很多磚房的牆體是雙層結構的，內牆用輕質的磚砌成。內外牆之間有一定的空隙，形成了一個空腔，空腔內用隔熱材料填充。

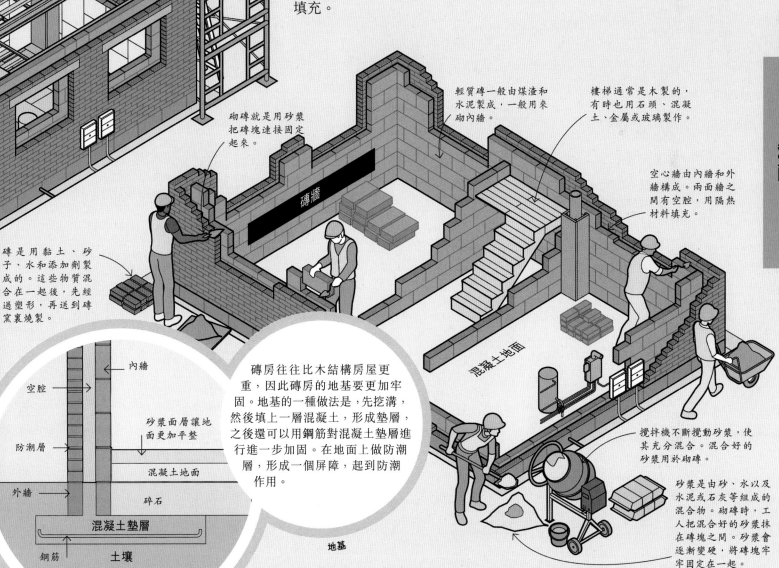

輕質磚一般由煤渣和水泥製成，一般用來砌內牆。

樓梯通常是木製的，有時也用石頭、混凝土、金屬或玻璃製作。

砌磚就是用砂漿把磚塊連接固定起來。

空心牆由內牆和外牆構成。兩面牆之間有空腔，用隔熱材料填充。

磚牆

磚是用黏土、砂子、水和添加劑製成的。這些物質混合在一起後，先經過塑形，再送到磚窯裏燒製。

混凝土地面

內牆

空腔

砂漿面層讓地面更加平整

防潮層

混凝土地面

外牆

碎石

混凝土墊層

鋼筋　土壤

磚房往往比木結構房屋更重，因此磚房的地基要更加牢固。地基的一種做法是，先挖溝，然後填上一層混凝土，形成墊層，之後還可以用鋼筋對混凝土墊層進行進一步加固。在地面上做防潮層，形成一個屏障，起到防潮作用。

地基

攪拌機不斷攪動砂漿，使其充分混合。混合好的砂漿用於砌磚。

砂漿是由砂、水以及水泥或石灰等組成的混合物。砌磚時，工人把混合好的砂漿抹在磚塊之間。砂漿會逐漸變硬，將磚塊牢牢固定在一起。

岩洞居住者

土耳其卡帕多西亞地區以建造在岩石洞穴裏的房屋而聞名。這些房屋的歷史已經有兩千多年了。當地的岩石是一種質地鬆軟的火山岩,名叫熔結凝灰岩。經過常年的風吹雨淋,這些岩石逐漸被侵蝕,如今看起來就像高高的煙囪一樣。當地人發現,直接開鑿岩石比在岩石上面建造房屋更加容易,因此他們掏空石柱,修建了居住區、儲物區、動物養殖區,甚至教堂。當地人還在地面下挖出了房間和通道,還建成了一些小型城鎮。最深的地下城是德林庫尤地下城,距離地面 85 米深,居住着 22,000 餘人。

現代房屋
馬廄
廚房
生活區
教堂
通風口和水井
地下水

德林庫尤地下城

浴室

浴室通常是整個房屋中最小的房間,但裏面應用的技術卻不少。浴室是用水量最多的房間,洗手盆、馬桶、浴缸或淋浴都會用到水,而水能導電,因此浴室裏使用的電器要遵循嚴格的安全規範。

抽氣扇將室內的蒸氣排出室外。

拉繩控制抽氣扇的開關,也可以控制熱水器電源的開關。

暖氣

從熱水器中流出的水沿着水管流到花灑,然後從花灑中流出來,供人們洗澡。

電熱水器

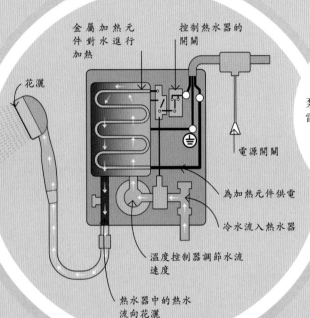

金屬加熱元件對水進行加熱

控制熱水器的開關

花灑

電源開關

為加熱元件供電

冷水流入熱水器

溫度控制器調節水流速度

熱水器中的熱水流向花灑

冷水流入電熱水器,被加熱元件加熱。增壓花灑與泵相連,泵能增加通過花灑的水流量。電熱水器並不是家家必備的家用電器。一些房屋的淋浴間與整個房屋的熱水系統相連,可以直接使用熱水系統裏的熱水。

暖氣管裏流着熱水,可使搭在上面的毛巾變得溫暖。

防水音響可以貼在淋浴房的玻璃上,這樣人們就能在淋浴過程中安全地享受音樂。

置物架安裝在牆上,可以放置肥皂、洗髮水等洗浴用品。

水管供應冷水。

高科技馬桶

高科技馬桶源於日本,具有多種高端功能,比如馬桶圈可加熱,馬桶蓋在馬桶使用完畢後可以自動關閉,自動清洗功能等。有些馬桶還帶有空氣乾燥器和空氣淨化器,能夠有效祛除異味。只要按下控制面板上的功能按鈕,就能使用這些功能。

排水口位於淋浴房底部。淋浴產生的污水流到排水口裏,然後排入排污管。

排污管將室內的污水排出。

淋浴房排污管上有一截U型管,可以防止異味順着管道進入淋浴房內。

防滑墊防止人們走出淋浴房時因腳底沾水而滑倒。

淋浴房

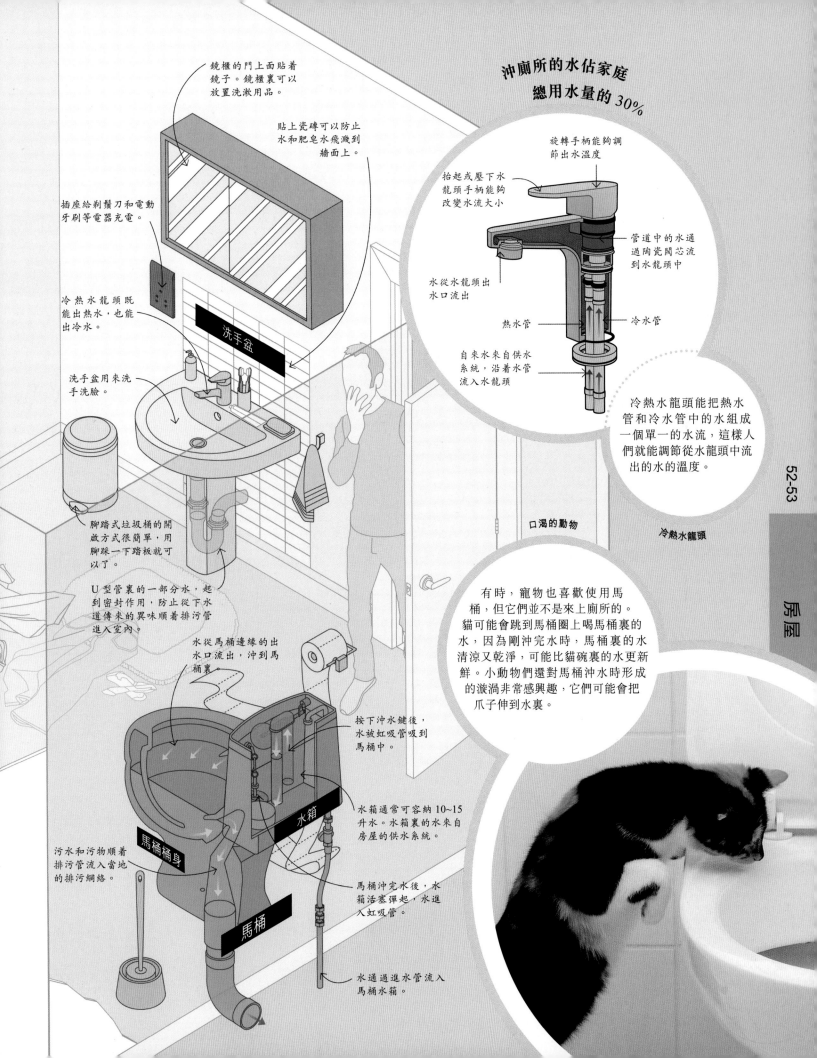

鏡櫃的門上面貼著鏡子。鏡櫃裏可以放置洗漱用品。

貼上瓷磚可以防止水和肥皂水飛濺到牆面上。

插座給剃鬚刀和電動牙刷等電器充電。

冷熱水龍頭既能出熱水，也能出冷水。

洗手盆用來洗手洗臉。

腳踏式垃圾桶的開啟方式很簡單，用腳踩一下踏板就可以了。

U型管裏的一部分水，起到密封作用，防止從下水道傳來的異味順著排污管進入室內。

洗手盆

水從馬桶邊緣的出水口流出，沖到馬桶裏。

按下沖水鍵後，水被虹吸管吸到馬桶中。

水箱通常可容納 10~15 升水。水箱裏的水來自房屋的供水系統。

水箱

馬桶桶身

污水和污物順著排污管流入當地的排污網絡。

馬桶沖完水後，水箱活塞彈起，水進入虹吸管。

馬桶

水通過進水管流入馬桶水箱。

沖廁所的水佔家庭總用水量的 30%

旋轉手柄能夠調節出水溫度

抬起或壓下水龍頭手柄能夠改變水流大小

管道中的水通過陶瓷閥芯流到水龍頭中

水從水龍頭出水口流出

熱水管　　　冷水管

自來水來自供水系統，沿著水管流入水龍頭

冷熱水龍頭能把熱水管和冷水管中的水組成一個單一的水流，這樣人們就能調節從水龍頭中流出的水的溫度。

口渴的動物

冷熱水龍頭

有時，寵物也喜歡使用馬桶，但它們並不是來上廁所的。貓可能會跳到馬桶圈上喝馬桶裏的水，因為剛沖完水時，馬桶裏的水清涼又乾淨，可能比貓碗裏的水更新鮮。小動物們還對馬桶沖水時形成的漩渦非常感興趣，它們可能會把爪子伸到水裏。

老鼠會攜帶沙門氏菌等致病原。千萬不要吃它們接觸過的食物。

老鼠是廚房的常客，因為廚房溫暖又安全，還有很多食物。我們要蓋好廚房垃圾桶的蓋子，還要及時清潔使用過的鍋碗瓢盆，不給老鼠等嚙齒動物在廚房裏大吃特吃的機會。此外，廚房牆上的洞、裂縫以及管道周圍的縫隙都要密封好，才能更好地將老鼠擋在廚房外面。

英文的「廚房 (kitchen)」一詞來自拉丁語詞彙 *coquere*，意思是「烹飪」

焗爐的加熱元件是電阻。

蒸發器

6. 整個冷卻循環完成後，製冷劑沿着管道返回壓縮機。

5. 抽氣扇將冷卻後的空氣送入雪櫃內部。

4. 蒸發器盤管吸收雪櫃內部的熱量，使雪櫃內部保持較低的溫度。

3. 液態製冷劑從壓縮機流向蒸發器盤管的過程中，體積膨脹，溫度下降。

雪櫃內部溫度保持在 4℃ 左右。這樣的溫度能夠更好地保存食物，並抑制細菌的生長和繁殖。

洗碗機內部裝有噴淋臂。噴淋臂能夠旋轉並噴出熱水進行清洗。

雪櫃

洗碗機

1. 壓縮機把溫度較低的氣態製冷劑轉化為溫度更高的高壓液體。

冷凝器盤管

2. 通過冷凝器盤管時，製冷劑放出的熱量被空氣帶走。

洗碗機排水口可以排放污水、洗滌劑和食物殘渣。

廚房

廚房非常重要，是儲存食物、準備飯菜的地方。很多家庭還會在廚房裏用餐。廚房裏有很多節省勞力的設備，讓煮食、清洗和儲存食物變得更加簡單。許多廚房設備包含加熱元件或電子設備，因此必須要通電才能使用。例如，雪櫃要通電才能降低雪櫃內部的溫度，從而更好地保存食物。

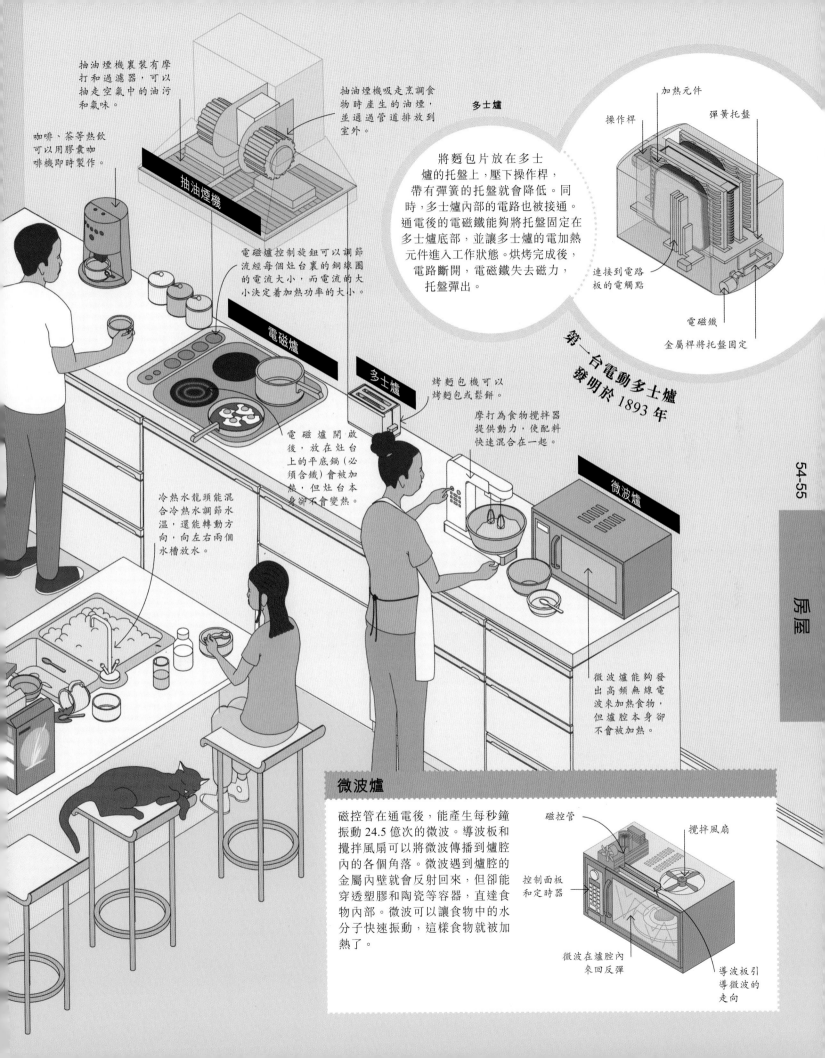

抽油煙機裏裝有摩打和過濾器，可以抽走空氣中的油污和氣味。

咖啡、茶等熱飲可以用膠囊咖啡機即時製作。

抽油煙機吸走烹調食物時產生的油煙，並通過管道排放到室外。

多士爐

加熱元件
操作桿
彈簧托盤

將麵包片放在多士爐的托盤上，壓下操作桿，帶有彈簧的托盤就會降低。同時，多士爐內部的電路也被接通。通電後的電磁鐵能夠將托盤固定在多士爐底部，並讓多士爐的電加熱元件進入工作狀態。烘烤完成後，電路斷開，電磁鐵失去磁力，托盤彈出。

連接到電路板的電觸點

電磁鐵

金屬桿將托盤固定

抽油煙機

電磁爐控制旋鈕可以調節流經每個灶台裏的銅線圈的電流大小，而電流的大小決定着加熱功率的大小。

電磁爐

多士爐

烤麵包機可以烤麵包或鬆餅。

摩打為食物攪拌器提供動力，使配料快速混合在一起。

第一台電動多士爐發明於 1893 年

電磁爐開啟後，放在灶台上的平底鍋（必須含鐵）會被加熱，但灶台本身卻不會變熱。

微波爐

冷熱水龍頭能混合冷熱水調節水溫，還能轉動方向，向左右兩個水槽放水。

微波爐能夠發出高頻無線電波來加熱食物，但爐腔本身卻不會被加熱。

微波爐

磁控管在通電後，能產生每秒鐘振動 24.5 億次的微波。導波板和攪拌風扇可以將微波傳播到爐腔內的各個角落。微波遇到爐腔的金屬內壁就會反射回來，但卻能穿透塑膠和陶瓷等容器，直達食物內部。微波可以讓食物中的水分子快速振動，這樣食物就被加熱了。

磁控管

攪拌風扇

控制面板和定時器

微波在爐腔內來回反彈

導波板引導微波的走向

熱傳遞

熱量會從溫度較高的區域傳遞到溫度較低的區域。不同的菜餚需要使用不同的烹調方式。烹調方式的加熱原理一般是以下三種熱傳遞方式之一。

熱輻射

烹飪中的熱輻射多是以紅外線的形式將熱量從明火、烤架、烤爐等熱源傳遞到食物上的加熱方式。

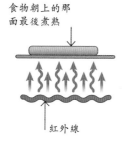

食物朝上的那面最後煮熱

紅外線

熱傳導

熱量在直接接觸的物質之間，會從溫度較高處向溫度較低處轉移，所以鍋中的沸水能夠加熱並煮熟生冷食物。

鍋裏的水被加熱

沸水加熱食物

平底鍋直接放在爐灶上

熱對流

熱量通過食物周圍的液體或氣體來傳遞。例如，用蒸鍋烹飪食物時，水蒸氣和熱空氣會加熱食物。

熱蒸氣以熱對流的方式加熱食物

線圈將水加熱至變成水蒸氣

烹飪

烹飪的方法多種多樣，但原理都是通過加熱來改變食物的質地、味道和外觀。在烹飪的過程中，醬汁會變稠，蔬菜會變軟，也更容易消化。烹飪還能去除有害細菌，並通過化學反應使不好吃的成份變成美食。

使用電磁爐烹調食物

電磁爐裏有線圈和電阻，在組件的共同作用下能夠產生適度的熱量，加熱爐灶上的鍋體。

溫度旋鈕可以調節通過電磁爐線圈的電流，進而調節產熱量。

各種食用油不僅可以將熱量從鍋中傳導到食物上，還能防止黏鍋。

電磁爐

爐灶的金屬線圈可以用一層陶瓷或玻璃覆蓋起來，這樣鍋底的受熱就會更加均勻。

烹飪肉類

肉類的主要組成成份是蛋白質和脂肪。烹調肉類時，蛋白質和脂肪會發生一系列變化。蛋白質改變，肌肉纖維收縮，水和汁液從肉中流出，肉的質地也會相應改變。此時，肉中的氨基酸和糖反應，發出香氣，肉的顏色變成啡色，這就是梅納反應。

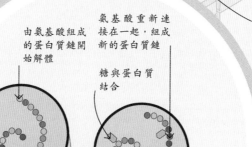

由氨基酸組成的蛋白質鏈開始解體

氨基酸重新連接在一起，組成新的蛋白質鏈

糖與蛋白質結合

上面還是生的

下面已經熟了

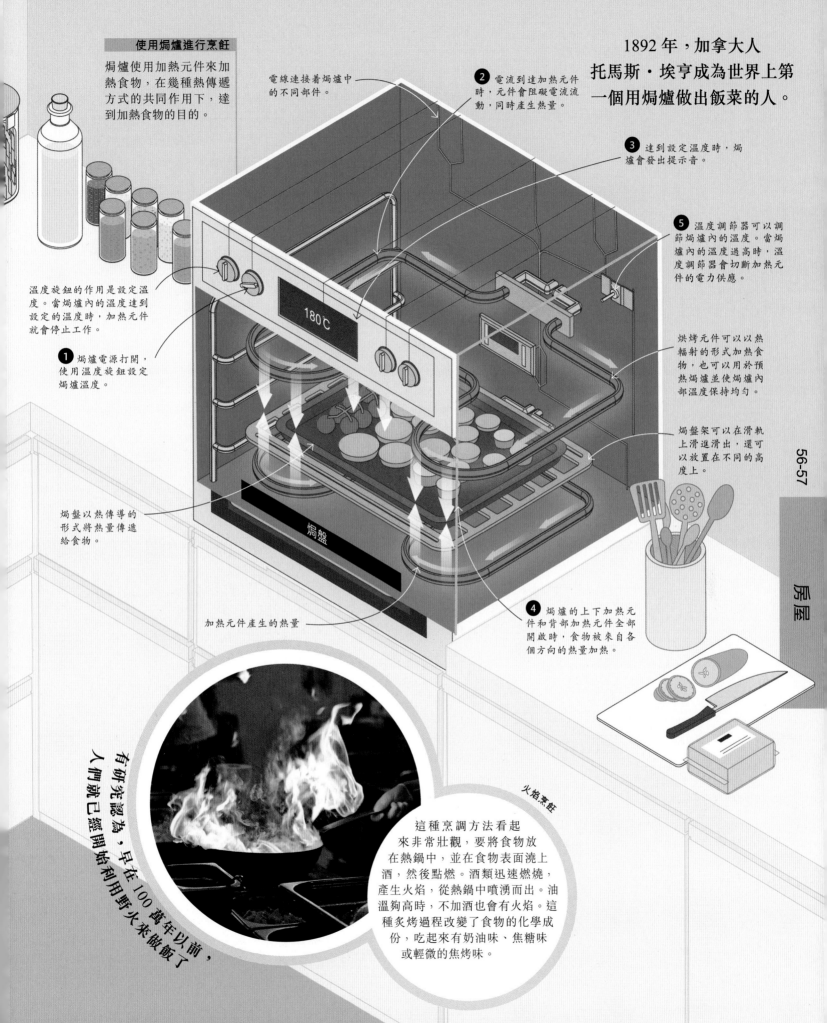

使用焗爐進行烹飪

焗爐使用加熱元件來加熱食物，在幾種熱傳遞方式的共同作用下，達到加熱食物的目的。

電線連接着焗爐中的不同部件。

❷ 電流到達加熱元件時，元件會阻礙電流流動，同時產生熱量。

1892 年，加拿大人托馬斯·埃亨成為世界上第一個用焗爐做出飯菜的人。

❸ 達到設定溫度時，焗爐會發出提示音。

❺ 溫度調節器可以調節焗爐內的溫度。當焗爐內的溫度過高時，溫度調節器會切斷加熱元件的電力供應。

溫度旋鈕的作用是設定溫度。當焗爐內的溫度達到設定的溫度時，加熱元件就會停止工作。

❶ 焗爐電源打開，使用溫度旋鈕設定焗爐溫度。

180℃

烘烤元件可以以熱輻射的形式加熱食物，也可以用於預熱焗爐並使焗爐內部溫度保持均勻。

焗盤架可以在滑軌上滑進滑出，還可以放置在不同的高度上。

焗盤以熱傳導的形式將熱量傳遞給食物。

焗盤

❹ 焗爐的上下加熱元件和背部加熱元件全部開啟時，食物被來自各個方向的熱量加熱。

加熱元件產生的熱量

有研究認為，早在 100 萬年以前，人們就已經開始利用野火來做飯了

火焰烹飪

這種烹調方法看起來非常壯觀，要將食物放在熱鍋中，並在食物表面澆上酒，然後點燃。酒類迅速燃燒，產生火焰，從熱鍋中噴湧而出。油溫夠高時，不加酒也會有火焰。這種炙烤過程改變了食物的化學成份，吃起來有奶油味、焦糖味或輕微的焦烤味。

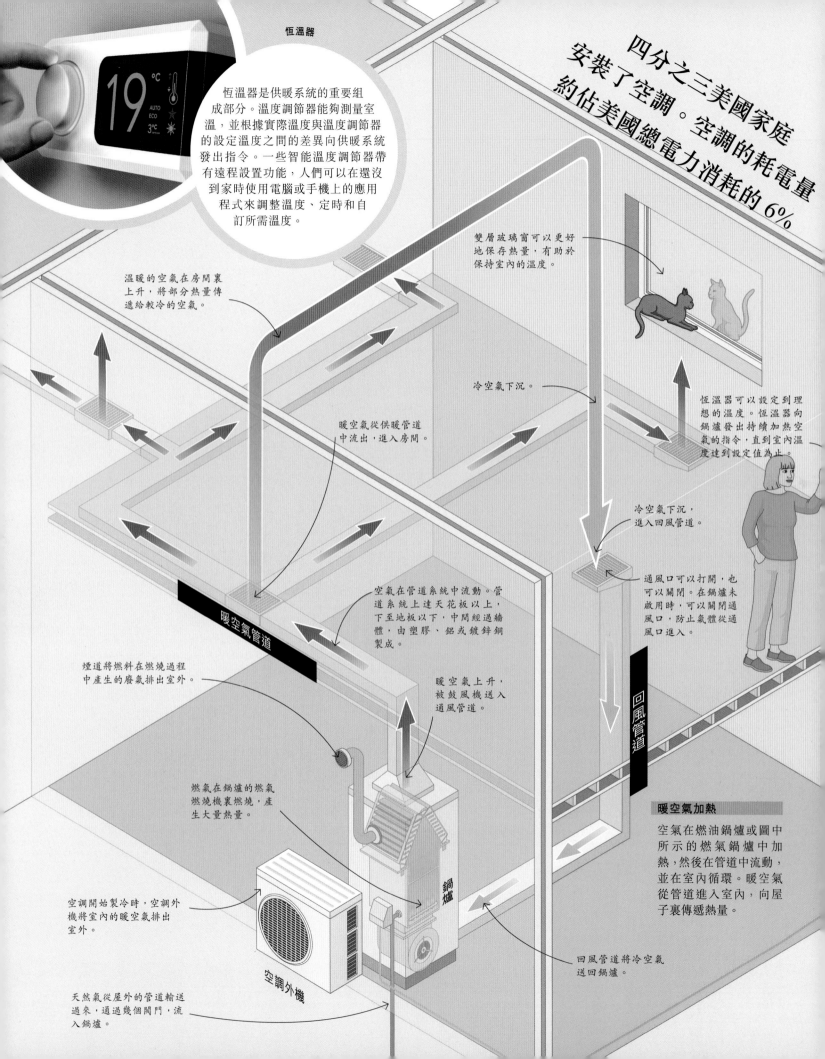

恆溫器

恆溫器是供暖系統的重要組成部分。溫度調節器能夠測量室溫，並根據實際溫度與溫度調節器的設定溫度之間的差異向供暖系統發出指令。一些智能溫度調節器帶有遠程設置功能，人們可以在還沒到家時使用電腦或手機上的應用程式來調整溫度、定時和自訂所需溫度。

四分之三美國家庭安裝了空調。空調的耗電量約佔美國總電力消耗的 6%

溫暖的空氣在房間裏上升，將部分熱量傳遞給較冷的空氣。

雙層玻璃窗可以更好地保存熱量，有助於保持室內的溫度。

冷空氣下沉。

暖空氣從供暖管道中流出，進入房間。

恆溫器可以設定到理想的溫度。恆溫器向鍋爐發出持續加熱空氣的指令，直到室內溫度達到設定值為止。

冷空氣下沉，進入回風管道。

空氣在管道系統中流動。管道系統上達天花板以上，下至地板以下，中間經過牆體，由塑膠、鋁或鍍鋅鋼製成。

通風口可以打開，也可以關閉。在鍋爐未啟用時，可以關閉通風口，防止氣體從通風口進入。

暖空氣管道

煙道將燃料在燃燒過程中產生的廢氣排出室外。

暖空氣上升，被鼓風機送入通風管道。

回風管道

暖空氣加熱

空氣在燃油鍋爐或圖中所示的燃氣鍋爐中加熱，然後在管道中流動，並在室內循環。暖空氣從管道進入室內，向屋子裏傳遞熱量。

燃氣在鍋爐的燃氣燃燒機裏燃燒，產生大量熱量。

鍋爐

空調開始製冷時，空調外機將室內的暖空氣排出室外。

回風管道將冷空氣送回鍋爐。

空調外機

天然氣從屋外的管道輸送過來，通過幾個閥門，流入鍋爐。

熱風供暖和空調

居家住房、辦公室等建築物的內部溫度可以通過加熱或冷卻空氣，促進空氣的流通來調節。熱風供暖系統能夠加熱建築物內部的空氣，而空調還能夠降低空氣溫度、控制氣體流動並調節空氣質量。熱風供暖系統和空調的能耗都很高，可以考慮使用恆溫器和隔熱材料來降低能耗。

保溫

每當有溫度差異時，熱量就會從溫度較高的地方流向溫度較低的地方。為了減少建築物的能耗，可以在建築物表面增加泡沫或纖維材料的保溫層。保溫層可以保持室內溫度，減少熱量從牆壁和房頂處流失。

空調不僅能調節溫度，還能除濕

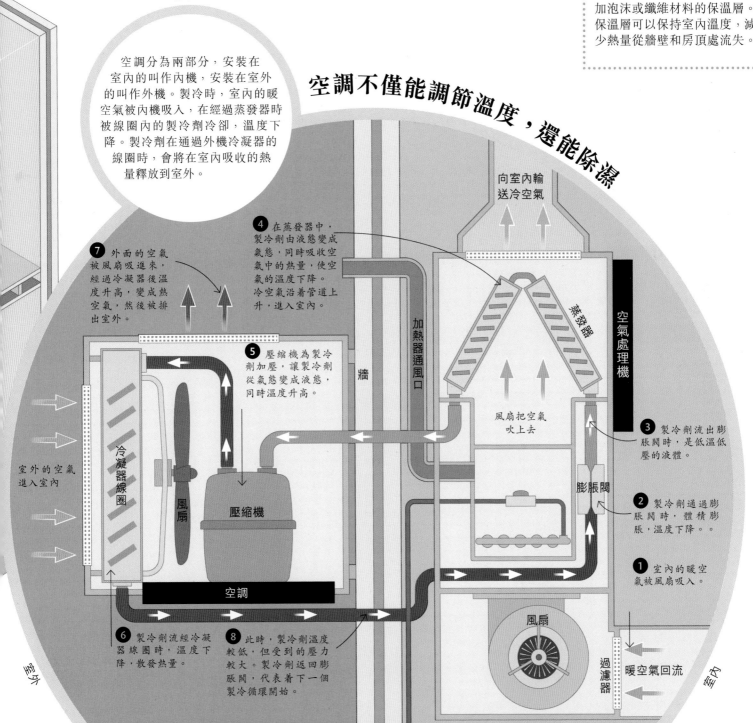

空調

空調分為兩部分，安裝在室內的叫作內機，安裝在室外的叫作外機。製冷時，室內的暖空氣被內機吸入，在經過蒸發器時被線圈內的製冷劑冷卻，溫度下降。製冷劑在通過外機冷凝器的線圈時，會將在室內吸收的熱量釋放到室外。

7 外面的空氣被風扇吸進來，經過冷凝器後溫度升高，變成熱空氣，然後被排出室外。

4 在蒸發器中，製冷劑由液態變成氣態，同時吸收空氣中的熱量，使空氣的溫度下降。冷空氣沿着管道上升，進入室內。

向室內輸送冷空氣

5 壓縮機為製冷劑加壓，讓製冷劑從氣態變成液態，同時溫度升高。

室外的空氣進入室內

冷凝器線圈

風扇

壓縮機

牆

加熱器通風口

蒸發器

空氣處理機

風扇把空氣吹上去

3 製冷劑流出膨脹閥時，是低溫低壓的液體。

膨脹閥

2 製冷劑通過膨脹閥時，體積膨脹，溫度下降。

1 室內的暖空氣被風扇吸入。

空調

6 製冷劑流經冷凝器線圈時，溫度下降，散發熱量。

8 此時，製冷劑溫度較低，但受到的壓力較大。製冷劑返回膨脹閥，代表着下一個製冷循環開始。

風扇

過濾器

暖空氣回流

室外

室內

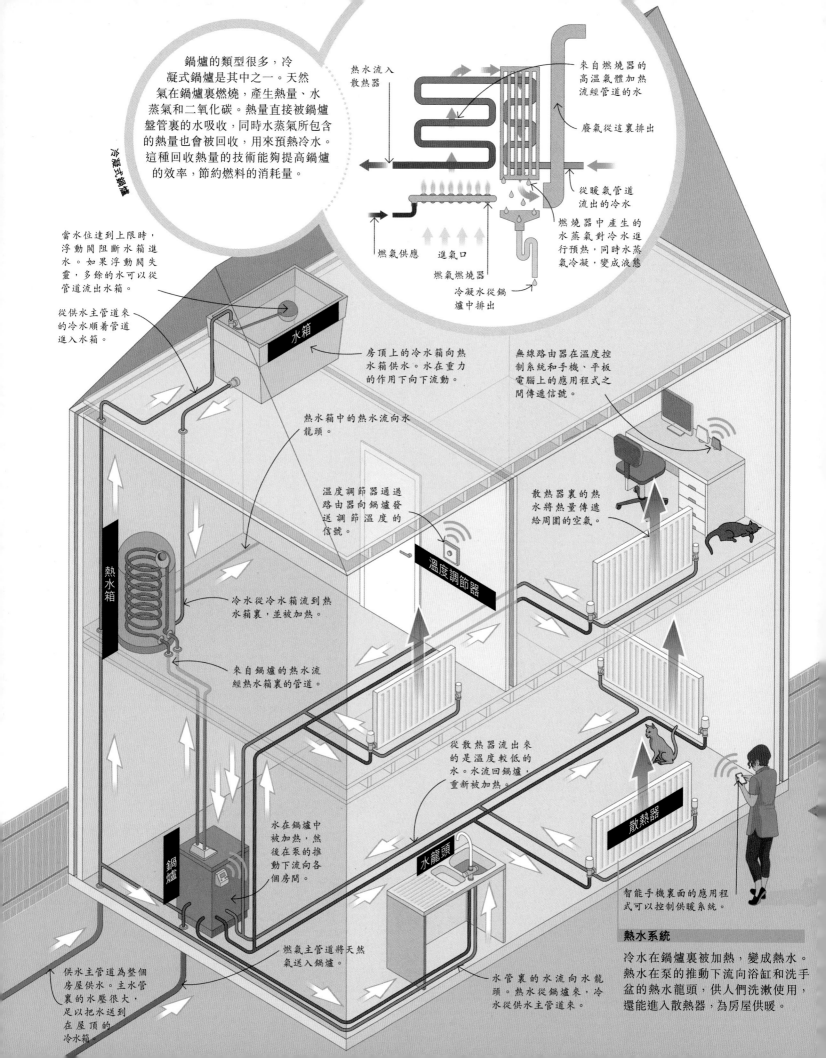

鍋爐的類型很多，冷凝式鍋爐是其中之一。天然氣在鍋爐裏燃燒，產生熱量、水蒸氣和二氧化碳。熱量直接被鍋爐盤管裏的水吸收，同時水蒸氣所包含的熱量也會被回收，用來預熱冷水。這種回收熱量的技術能夠提高鍋爐的效率，節約燃料的消耗量。

冷凝式鍋爐

熱水流入散熱器

來自燃燒器的高溫氣體加熱流經管道的水

廢氣從這裏排出

從暖氣管道流出的冷水

燃燒器中產生的水蒸氣對冷水進行預熱，同時水蒸氣冷凝，變成液態

燃氣供應　進氣口

燃氣燃燒器

冷凝水從鍋爐中排出

當水位達到上限時，浮動閥阻斷水箱進水。如果浮動閥失靈，多餘的水可以從管道流出水箱。

從供水主管道來的冷水順着管道進入水箱。

水箱

房頂上的冷水箱向熱水箱供水。水在重力的作用下向下流動。

熱水箱中的熱水流向水龍頭。

無線路由器在溫度控制系統和手機、平板電腦上的應用程式之間傳遞信號。

熱水箱

溫度調節器通過路由器向鍋爐發送調節溫度的信號。

散熱器裏的熱水將熱量傳遞給周圍的空氣。

冷水從冷水箱流到熱水箱裏，並被加熱。

溫度調節器

來自鍋爐的熱水流經熱水箱裏的管道。

從散熱器流出來的是溫度較低的水。水流回鍋爐，重新被加熱。

智能手機裏面的應用程式可以控制供暖系統。

水在鍋爐中被加熱，然後在泵的推動下流向各個房間。

鍋爐

水龍頭

散熱器

燃氣主管道將天然氣送入鍋爐。

供水主管道為整個房屋供水。主水管裏的水壓很大，足以把水送到屋頂的冷水箱。

水管裏的水流向水龍頭。熱水從鍋爐來，冷水從供水主管道來。

熱水系統

冷水在鍋爐裏被加熱，變成熱水。熱水在泵的推動下流向浴缸和洗手盆的熱水龍頭，供人們洗漱使用，還能進入散熱器，為房屋供暖。

熱水和熱泵

在家居住房中，熱水既能泡澡、淋浴，還能在供暖系統中循環流動，起到提高室內溫度的作用。化石燃料燃燒在產生熱量的同時，會對生態環境造成負面影響。如今，為了減少這種不良影響，人們更多地採用了可再生能源供暖。有一種可持續的供暖方式需要用到熱泵設備。熱泵可以從地面和室外空氣中持續吸收熱量。

熱泵產生的熱量比它消耗的電能更多，因此熱泵的性能較高

熱泵系統

地源熱泵系統中包含埋在房屋底下的管道迴路。水在管道中循環流動時，能捕獲周圍土壤的熱量。

管道中的熱水向外散發熱量。熱量先傳遞給地板，再傳到室內。

地源熱泵將溫度較低的液體（水和防凍劑的混合物）通過管道送到地下，同時將吸收土壤熱量後溫度變高的液體送回房屋地板下的地暖盤管。

地暖盤管鋪設在保溫層上面，裏面流動着熱水。

地下管道系統中流動的液體吸收土壤中的熱量。

地源熱泵

地板採暖系統

管道中的液體在返回熱泵時溫度較低。

地下管道系統

地源熱泵系統包含兩個熱交換器，一個是蒸發器，另一個是冷凝器。水經過埋地管道時，會吸收土壤中的熱量。溫度較高的水流過蒸發器時，會與丙烷等製冷劑換熱，此時液態的製冷劑受熱變成氣態。然後，氣態製冷劑流過壓縮機，體積減小、溫度升高。高溫高壓的氣態製冷劑在冷凝器中加熱地板盤管中的水，此時製冷劑溫度降低，變回液態。

熱泵

2. 在第一個熱交換器（蒸發器）中，吸收土壤熱量後的液體放熱；液態製冷劑吸熱，變為氣態

1. 泵將液體運送到地下管道中。液體吸收土壤的熱量，最終達到與土壤相同的溫度

3. 製冷劑被壓縮，溫度升高

6. 下一個循環開始

5. 製冷劑通過膨脹閥後，溫度會降低到土壤溫度以下，這樣就可以吸收更多熱量

4. 在第二個熱交換器（冷凝器）中，氣態製冷劑放熱，變回液態；水吸熱，然後流入地暖盤管

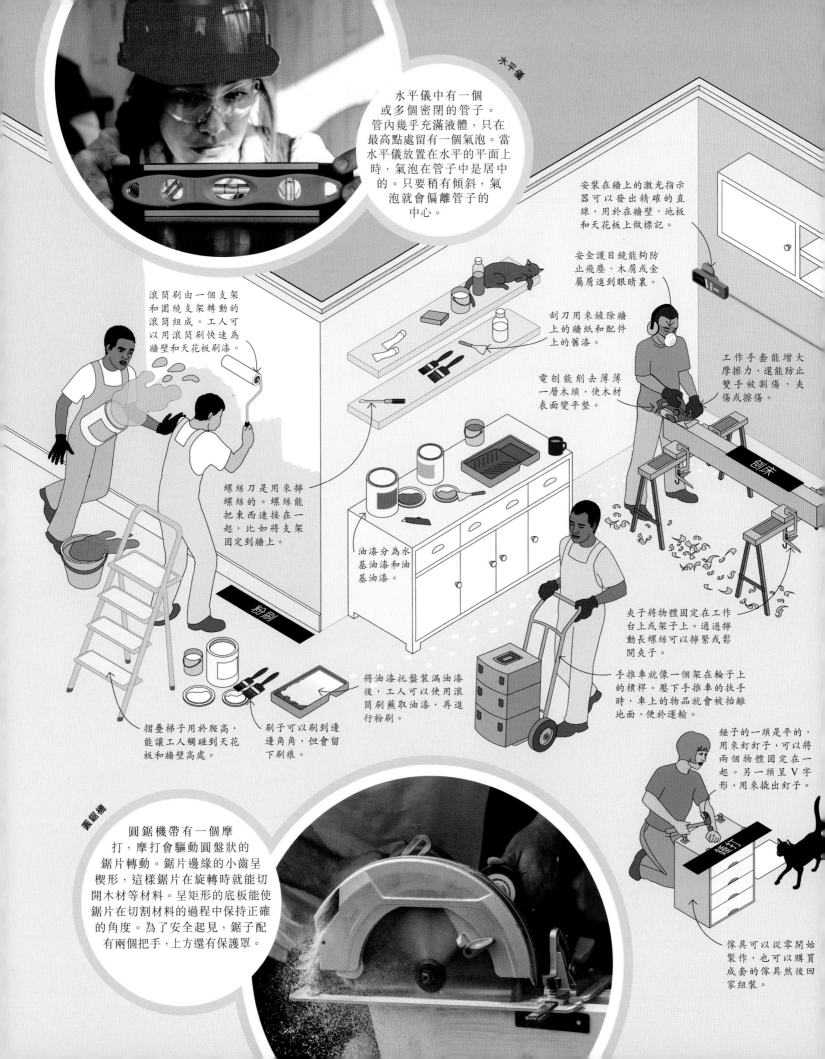

水平儀

水平儀中有一個或多個密閉的管子。管內幾乎充滿液體，只在最高點處留有一個氣泡。當水平儀放置在水平的平面上時，氣泡在管子中是居中的。只要稍有傾斜，氣泡就會偏離管子的中心。

安裝在牆上的激光指示器可以發出精確的直線，用於在牆壁、地板和天花板上做標記。

安全護目鏡能夠防止飛塵、木屑或金屬屑進到眼睛裏。

滾筒刷由一個支架和圍繞支架轉動的滾筒組成。工人可以用滾筒刷快速為牆壁和天花板刷漆。

刮刀用來鏟除牆上的牆紙和配件上的舊漆。

電刨能削去薄薄一層木頭，使木材表面變平整。

工作手套能增大摩擦力，還能防止雙手被割傷、夾傷或擦傷。

刨床

螺絲刀是用來擰螺絲的。螺絲能把東西連接在一起，比如將支架固定到牆上。

油漆分為水基油漆和油基油漆。

夾子將物體固定在工作台上或架子上。通過擰動長螺絲可以擰緊或鬆開夾子。

手推車就像一個架在輪子上的槓桿。壓下手推車的扶手時，車上的物品就會被抬離地面，便於運輸。

粉刷

摺疊梯子用於爬高，能讓工人觸碰到天花板和牆壁高處。

刷子可以刷到邊邊角角，但會留下刷痕。

將油漆托盤裝滿油漆後，工人可以使用滾筒刷蘸取油漆，再進行粉刷。

錘子的一頭是平的，用來釘釘子，可以將兩個物體固定在一起。另一頭呈 V 字形，用來撬出釘子。

圓鋸機

圓鋸機帶有一個摩打，摩打會驅動圓盤狀的鋸片轉動。鋸片邊緣的小齒呈楔形，這樣鋸片在旋轉時就能切開木材等材料。呈矩形的底板能使鋸片在切割材料的過程中保持正確的角度。為了安全起見，鋸子配有兩個把手，上方還有保護罩。

釘

傢具可以從零開始製作，也可以購買成套的傢具然後回家組裝。

室內裝修

裝修小到重新粉刷牆壁，大到改變房間的佈局設計，可簡可繁。裝修工具有很多種。錘子就是一種簡單的裝修工具，歷史已經相當悠久了。還有一些工具帶有摩打、激光器等裝置，能提高作業速度或準確性。

如今，電子化、智能化家居走進了千家萬戶。到 2025 年，全球約有 5 億個家庭選用智能化家居

在所有涉及手工的裝修項目中，木工活是最容易造成人身傷害的

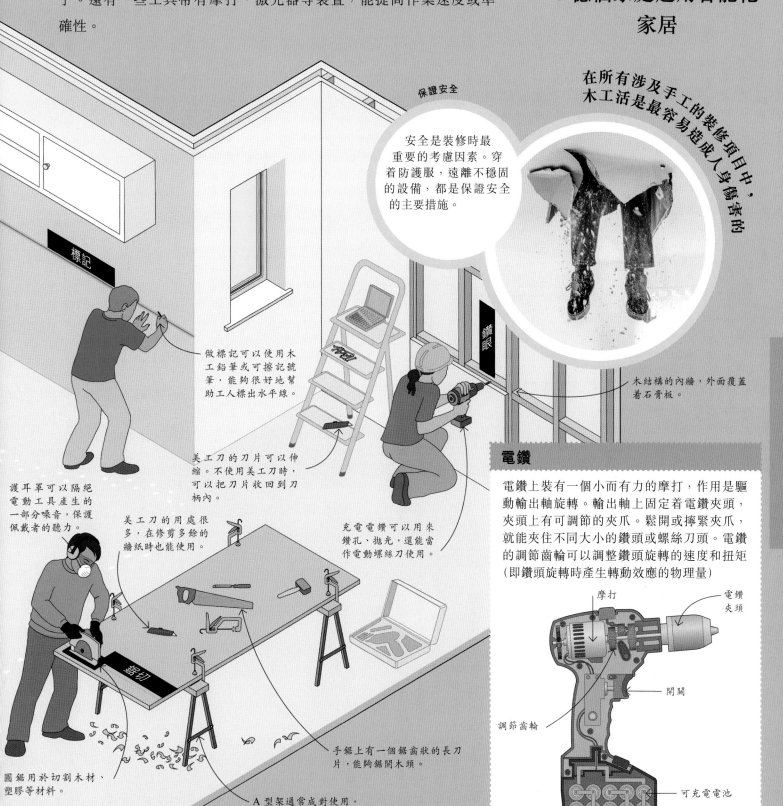

保證安全

安全是裝修時最重要的考慮因素。穿着防護服，遠離不穩固的設備，都是保證安全的主要措施。

標記

做標記可以使用木工鉛筆或可擦記號筆，能夠很好地幫助工人標出水平線。

美工刀的刀片可以伸縮。不使用美工刀時，可以把刀片收回到刀柄內。

護耳罩可以隔絕電動工具產生的一部分噪音，保護佩戴者的聽力。

美工刀的用處很多，在修剪多餘的牆紙時也能使用。

圓鋸用於切割木材、塑膠等材料。

鋸切

鑽眼

木結構的內牆，外面覆蓋着石膏板。

充電電鑽可以用來鑽孔、拋光，還能當作電動螺絲刀使用。

手鋸上有一個鋸齒狀的長刀片，能夠鋸開木頭。

A 型架通常成對使用，能夠支撐木板、門或其他正在加工的部件。

電鑽

電鑽上裝有一個小而有力的摩打，作用是驅動輸出軸旋轉。輸出軸上固定着電鑽夾頭，夾頭上有可調節的夾爪。鬆開或擰緊夾爪，就能夾住不同大小的鑽頭或螺絲刀頭。電鑽的調節齒輪可以調整鑽頭旋轉的速度和扭矩（即鑽頭旋轉時產生轉動效應的物理量）

摩打

電鑽夾頭

開關

調節齒輪

可充電電池

生態友好型建築

人們一般認為高層建築不太環保。現在，開發商致力於建造更節能、更節水的建築，使用可持續材料，甚至通過打造景觀陽台來改善當地的生物多樣性。

陽光

樹木吸收二氧化碳並釋放氧氣

室內溫度

30°C

二氧化碳

氧氣

21°C

室外溫度

枝葉既能抗風，又能防塵

樹蔭

循環水

城市綠洲

意大利的建築「垂直森林 (Bosco Verticale)」被數不清的樹木和地被植物所覆蓋。這些植物可以改善空氣質量，還能利用建築裏的循環水。

智能家居

房屋中可以配備幾十種智能設備。它們可以是獨立運作，或是能夠連接到家庭電腦網絡來共享數據。用戶可以通過發出語音命令，或是使用智能手機和平板電腦裏安裝的應用程式來控制這些智能設備。智能設備可以節省人們的時間和精力。

廚房

智能洗衣機可以通過智能手機應用程式進行遠程控制。

人工智能助理

連接到網絡以後，人工智能助理可以播放音樂、回答問題，或根據命令作出回應。

溫度調節器可以遠程調節溫度。

電腦可以與其他設備連接，如鐳射打印機或掃描儀等。

餐廳

電腦

洗衣機

觸摸屏平板電腦的屏幕更大，且處理能力通常比智能手機更強。

路由器發出的無線電信號能讓設備以無線方式連接到互聯網。

觸摸屏

觸摸屏裏有很多導線，這些導線橫豎交錯，構成了很多細小的網格。手指觸碰到電容式觸摸屏時，會擾亂流經網格的電流。電流的變化可以反應出觸摸的持續時間和位置。

助理

平板電腦

傳感導線

傳感導線檢查觸摸情況的頻率高達每秒鐘100次

觸摸屏網格

無線路由器

攝像頭

可視門鈴能將門外的實時圖像發送到室內的屏幕上。

壓力測量點

控制器芯片

WI-FI 信號

路由器的天線能夠發送並接收無線電信號。設備能夠利用這些無線電信號發送數據並彼此連接。

智能門鎖可以用數字密碼、指紋打開，也可以用智能手機發出的信號打開。

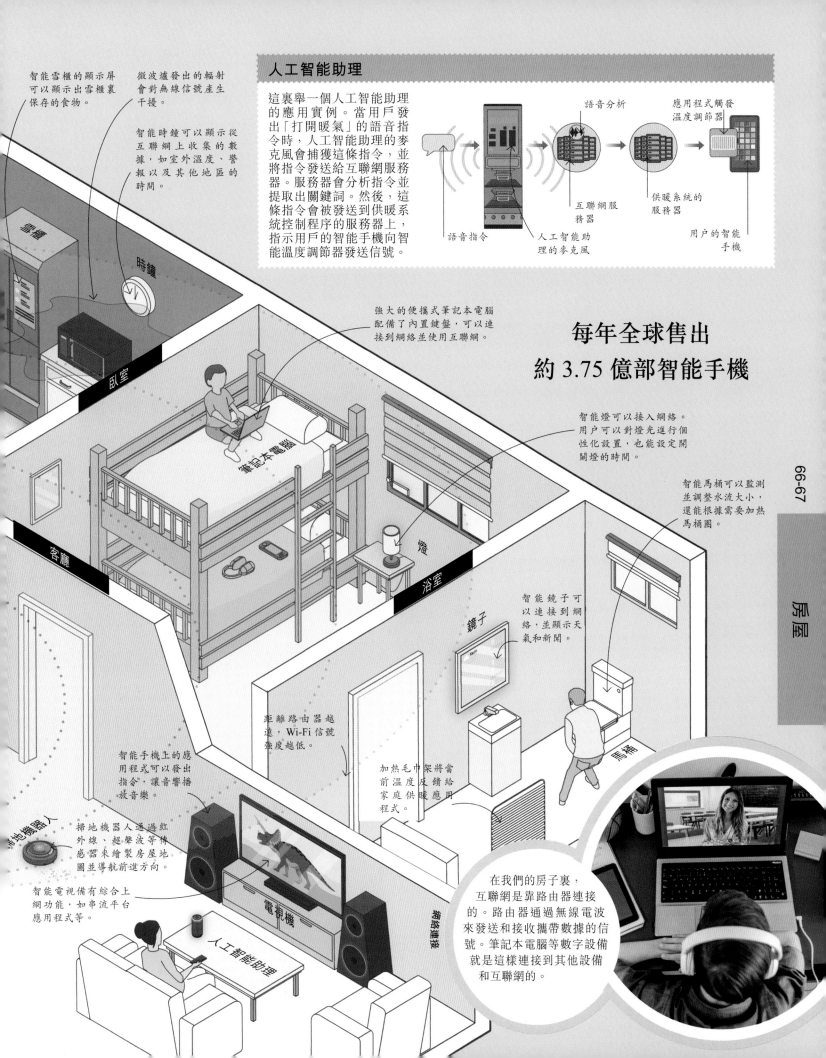

智能雪櫃的顯示屏可以顯示出雪櫃裏保存的食物。

微波爐發出的輻射會對無線信號產生干擾。

智能時鐘可以顯示從互聯網上收集的數據，如室外溫度、警報以及其他地區的時間。

雪櫃

時鐘

臥室

客廳

人工智能助理

這裏舉一個人工智能助理的應用實例。當用戶發出「打開暖氣」的語音指令時，人工智能助理的麥克風會捕獲這條指令，並將指令發送給互聯網服務器。服務器會分析指令並提取出關鍵詞。然後，這條指令會被發送到供暖系統控制程序的服務器上，指示用戶的智能手機向智能溫度調節器發送信號。

語音分析

應用程式觸發溫度調節器

語音指令

人工智能助理的麥克風

互聯網服務器

供暖系統的服務器

用戶的智能手機

強大的便攜式筆記本電腦配備了內置鍵盤，可以連接到網絡並使用互聯網。

每年全球售出
約 3.75 億部智能手機

智能燈可以接入網絡。用戶可以對燈光進行個性化設置，也能設定開關燈的時間。

智能馬桶可以監測並調整水流大小，還能根據需要加熱馬桶圈。

筆記本電腦

燈

浴室

鏡子

智能鏡子可以連接到網絡，並顯示天氣和新聞。

距離路由器越遠，Wi-Fi 信號強度越低。

加熱毛巾架將當前溫度反饋給家庭供暖應用程式。

智能手機上的應用程式可以發出指令，讓音響播放音樂。

掃地機器人

掃地機器人通過紅外線、超聲波等傳感器來繪製房屋地圖並導航前進方向。

智能電視備有綜合上網功能，如串流平台應用程式等。

電視機

人工智能助理

馬桶

網絡連接

在我們的房子裏，互聯網是靠路由器連接的。路由器通過無線電波來發送和接收攜帶數據的信號。筆記本電腦等數字設備就是這樣連接到其他設備和互聯網的。

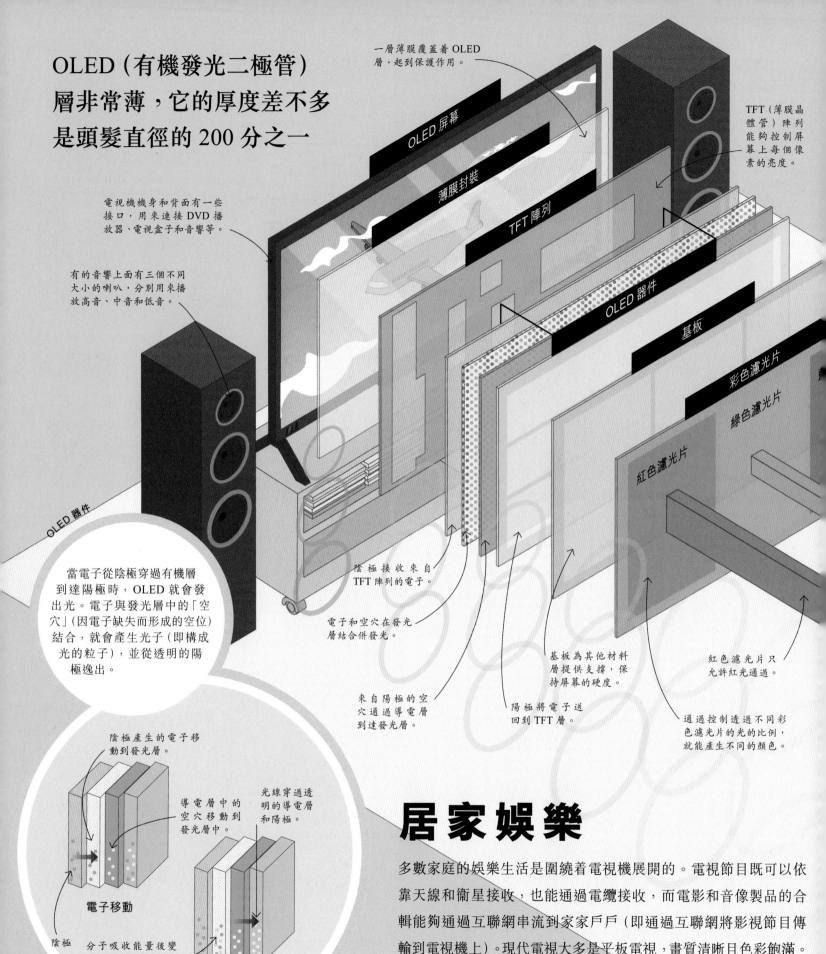

OLED（有機發光二極管）層非常薄，它的厚度差不多是頭髮直徑的 200 分之一

一層薄膜覆蓋着 OLED 層，起到保護作用。

OLED 屏幕

薄膜封裝

TFT 陣列

OLED 器件

基板

TFT（薄膜晶體管）陣列能夠控制屏幕上每個像素的亮度。

彩色濾光片

綠色濾光片

紅色濾光片

電視機機身和背面有一些接口，用來連接 DVD 播放器、電視盒子和音響等。

有的音響上面有三個不同大小的喇叭，分別用來播放高音、中音和低音。

OLED 器件

當電子從陰極穿過有機層到達陽極時，OLED 就會發出光。電子與發光層中的「空穴」（因電子缺失而形成的空位）結合，就會產生光子（即構成光的粒子），並從透明的陽極逸出。

陰極接收來自 TFT 陣列的電子。

電子和空穴在發光層結合併發光。

基板為其他材料層提供支撐，保持屏幕的硬度。

紅色濾光片只允許紅光通過。

來自陽極的空穴通過導電層到達發光層。

陽極將電子送回到 TFT 層。

通過控制透過不同彩色濾光片的光的比例，就能產生不同的顏色。

陰極產生的電子移動到發光層。

導電層中的空穴移動到發光層中。

光線穿過透明的導電層和陽極。

電子移動

陰極

分子吸收能量後變成激發態。激發態不穩定，很容易返回到原始狀態，並伴隨着發光現象。

發出的光

居家娛樂

多數家庭的娛樂生活是圍繞着電視機展開的。電視節目既可以依靠天線和衛星接收，也能通過電纜接收，而電影和音像製品的合輯能夠通過互聯網串流到家家戶戶（即通過互聯網將影視節目傳輸到電視機上）。現代電視大多是平板電視，畫質清晰且色彩飽滿。

無線路由器

路由器通過無線信號發射器和接收器將家庭網絡與互聯網連接起來。在信號覆蓋範圍內的設備都能利用無線電波與路由器通信。

當屏幕上產生橙色像素時，藍色濾光片沒有透過任何光線。

玻璃層

像素

如果濾光片讓全部紅光和一半綠光通過而不允許藍光通過，就能得到橙色的像素。

玻璃保護脆弱的 OLED 屏幕。

數位聲音

聲音是種模擬信號，但如今用來播放聲音的媒體和設備往往使用的是數位信號。模數轉換器能夠將模擬信號轉換為數位信號，並編碼為一長串二進制數字（0 和 1）。然後，電腦會處理數位信號，並打包發送出去。最後，數位信號再轉換回模擬信號，就可以播放了。

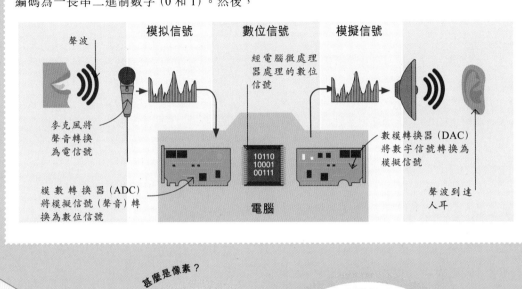

聲波

模擬信號

數位信號

模擬信號

麥克風將聲音轉換為電信號

經電腦微處理器處理的數位信號

10110
10001
00111

數模轉換器（DAC）將數字信號轉換為模擬信號

模數轉換器（ADC）將模擬信號（聲音）轉換為數位信號

聲波到達人耳

電腦

甚麼是像素？

像素是數字圖像的基本單位，是屏幕上一個一個的小點。像素的數量決定了屏幕的分辨率和圖像的清晰度。

遙控器通過發射紅外脈衝信號來控制電視。

高分辨率的 8K 屏幕有多達 33,177,600 萬個像素

遊戲

玩遊戲是世界上最流行的居家休閒方式之一。近年來，遊戲技術一直在發展和進步。遊戲既可以一人獨享，也能多人同玩。手機、平板電腦、桌上電腦和專門的遊戲機都能讓玩家盡情享受遊戲帶來的樂趣。最新款式的遊戲機性能十分強大，運行流暢、分辨率高，帶有立體環繞音效，還能提供真實的虛擬體驗。

平板電腦也可以用來玩遊戲。玩家可以在應用程式商店裏購買並下載遊戲。

平板電腦

頭戴設備能夠顯示 VR 圖像，讓玩家置身於 3D 虛擬世界中。

玩家向一側偏頭時，加速傳感器能夠監測到頭戴設備的橫向指示。此外，加速傳感器還能監測到俯仰角和偏航角。

上下移動頭部能改變頭戴設備的俯仰角，從而改變玩家在遊戲中的視野。

玩家左右轉頭時，頭戴設備能監測到偏航角。

運動控制器將玩家雙手的動作轉換為遊戲世界中的 3D 動作。

無線路由器能夠在無線手柄和控制台之間建立連接並通信，還能將一些控制台連接到互聯網。

虛擬現實（VR）

路由器

耳機內置了揚聲器，能夠給玩家更真實的遊戲體驗。耳機還配有一個麥克風，可以接收玩家的語音指令。

> 1958 年，美國人威廉·希金博特姆開發出世界首個帶有可移動圖像的電腦遊戲，名字叫作《雙人網球》

虛擬世界

VR 頭戴設備的左右眼視圖有少許不同，這會給玩家一種視野出現深度的錯覺。當設備檢測到頭部活動時，控制台就會調整視圖，這樣玩家就會感覺自己身處 3D 虛擬世界，可以到處探索。再加上能將手部動作同步到遊戲中的體感遊戲手柄上，這能給玩家帶來一種令人難以置信的真實感。

頭戴設備內置立體聲揚聲器，能夠發出來自四面八方不同的聲音。

左眼顯示的是虛擬世界的一個視圖。

右眼的視圖與左眼稍有不同。左右眼結合在一起，形成一個 3D 場景。

遊戲耳機

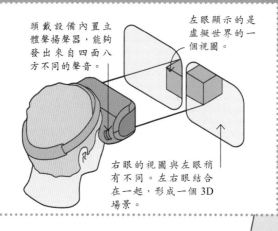

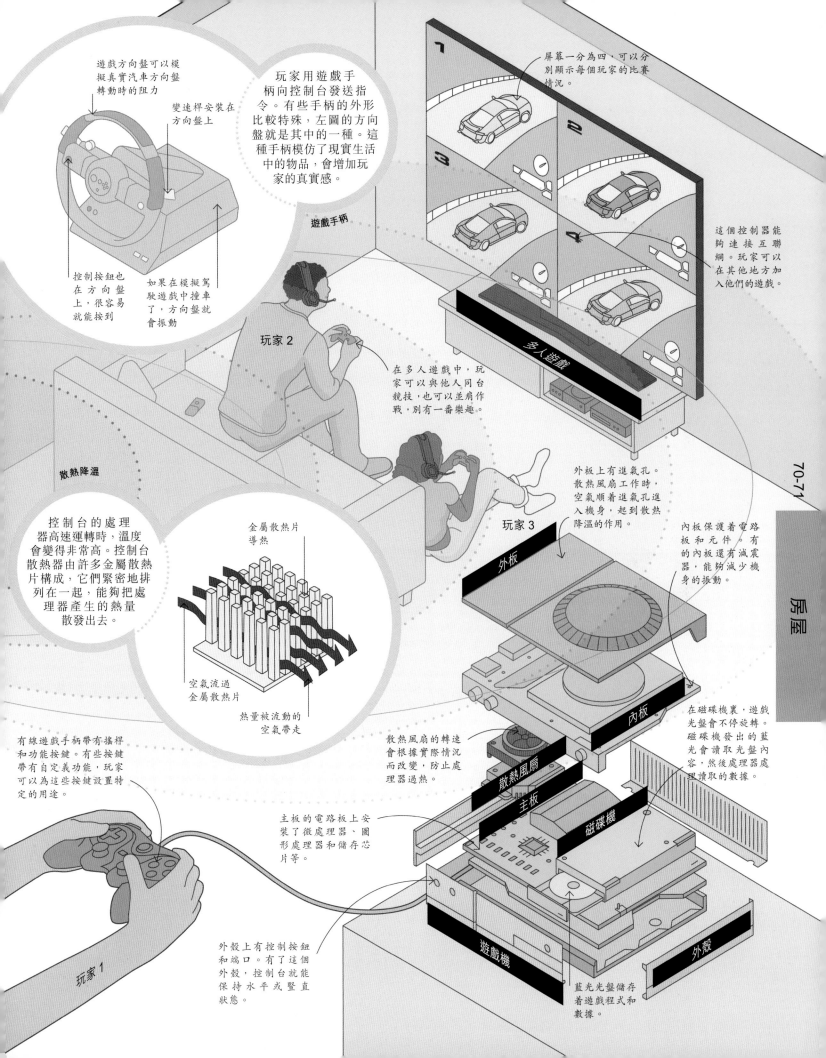

遊戲方向盤可以模擬真實汽車方向盤轉動時的阻力

變速桿安裝在方向盤上

玩家用遊戲手柄向控制台發送指令。有些手柄的外形比較特殊，左圖的方向盤就是其中的一種。這種手柄模仿了現實生活中的物品，會增加玩家的真實感。

屏幕一分為四，可以分別顯示每個玩家的比賽情況。

1

2

3

4

這個控制器能夠連接互聯網。玩家可以在其他地方加入他們的遊戲。

控制按鈕也在方向盤上，很容易就能按到

如果在模擬駕駛遊戲中撞車了，方向盤就會振動

遊戲手柄

玩家2

多人遊戲

在多人遊戲中，玩家可以與他人同台競技，也可以並肩作戰，別有一番樂趣。

外板上有進氣孔。散熱風扇工作時，空氣順着進氣孔進入機身，起到散熱降溫的作用。

散熱降溫

玩家3

內板保護着電路板和元件。有的內板還有減震器，能夠減少機身的振動。

控制台的處理器高速運轉時，溫度會變得非常高。控制台散熱器由許多金屬散熱片構成，它們緊密地排列在一起，能夠把處理器產生的熱量散發出去。

金屬散熱片導熱

外板

空氣流過金屬散熱片

熱量被流動的空氣帶走

在磁碟機裏，遊戲光盤會不停旋轉。磁碟機發出的藍光會讀取光盤內容，然後處理器處理讀取的數據。

有線遊戲手柄帶有搖桿和功能按鍵。有些按鍵帶有自定義功能，玩家可以為這些按鍵設置特定的用途。

散熱風扇的轉速會根據實際情況而改變，防止處理器過熱。

內板

散熱風扇

主板

磁碟機

主板的電路板上安裝了微處理器、圖形處理器和儲存芯片等。

玩家1

遊戲機

外殼

外殼上有控制按鈕和端口。有了這個外殼，控制台就能保持水平或豎直狀態。

藍光光盤儲存着遊戲程式和數據。

城市和工業

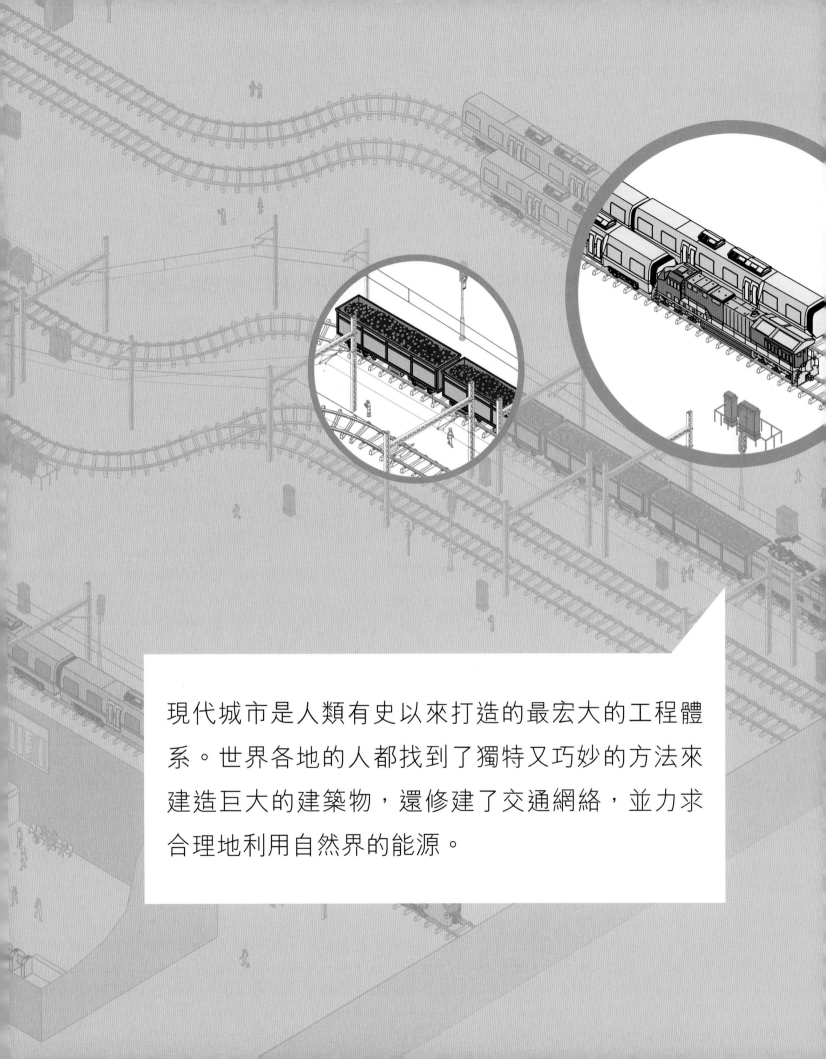

現代城市是人類有史以來打造的最宏大的工程體系。世界各地的人都找到了獨特又巧妙的方法來建造巨大的建築物，還修建了交通網絡，並力求合理地利用自然界的能源。

施工現場

不論是蓋樓房還是建造橋樑、道路、隧道等，都對數據的精確性、團隊合作和專業設備有很高的要求。建築工程的規模有大有小，小至個人住宅，大至超大型購物中心和摩天大廈，可謂應有盡有。有時候，一部分建築工程是在施工現場完成的，還有一些部分是提前製造好，再運輸到施工現場進行安裝的。

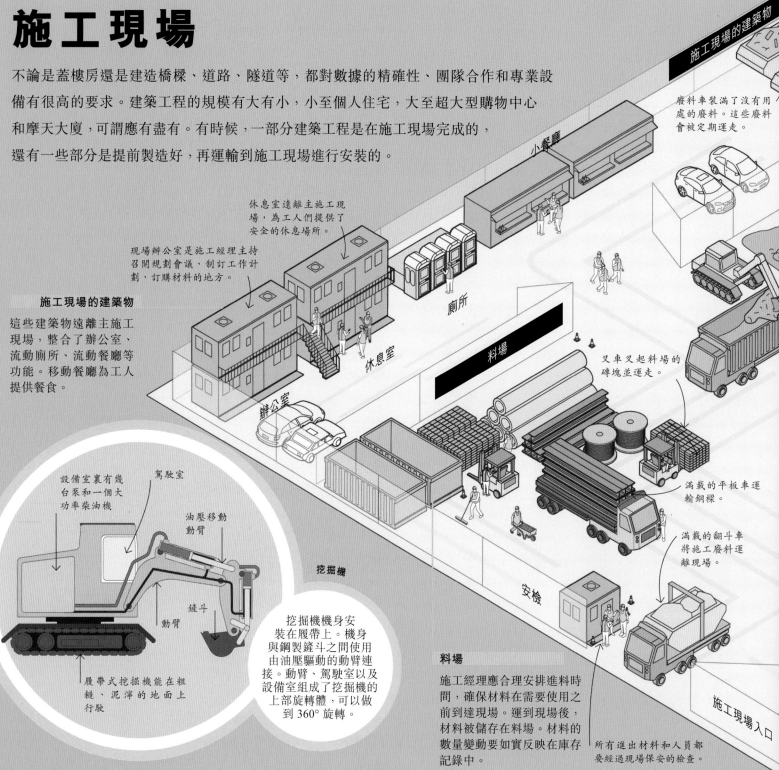

廢料車裝滿了沒有用處的廢料。這些廢料會被定期運走。

休息室遠離主施工現場，為工人們提供了安全的休息場所。

現場辦公室是施工經理主持召開規劃會議、制訂工作計劃、訂購材料的地方。

小餐廳

廁所

休息室

料場

施工現場的建築物

這些建築物遠離主施工現場，整合了辦公室、流動廁所、流動餐廳等功能。移動餐廳為工人提供餐食。

叉車叉起料場的磚塊並運走。

辦公室

滿載的平板車運輸鋼樑。

滿載的翻斗車將施工廢料運離現場。

設備室裏有幾台泵和一個大功率柴油機

駕駛室

油壓移動動臂

挖掘機

鏟斗

動臂

履帶式挖掘機能在粗糙、泥濘的地面上行駛

挖掘機機身安裝在履帶上。機身與鋼製鏟斗之間使用由油壓驅動的動臂連接。動臂、駕駛室以及設備室組成了挖掘機的上部旋轉體，可以做到 360° 旋轉。

安檢

料場

施工經理應合理安排進料時間，確保材料在需要使用之前到達現場。運到現場後，材料被儲存在料場。材料的數量變動要如實反映在庫存記錄中。

所有進出材料和人員都要經過現場保安的檢查。

施工現場入口

重要角色

測量員

負責測量、標記等工作，確保建築與設計圖紙相符。

建築工人

在施工現場從事體力勞動，如搬運材料、挖溝等。

焊工

使用工具來切割和連接主體結構中的鋼材。

主管

由經驗豐富的建築工人擔任，負責監督現場工人的工作。

瓦工

使用磚頭和砂漿砌牆。

全世界每年使用 330 億噸混凝土，相當於帝國大廈重量的 9.1 萬倍

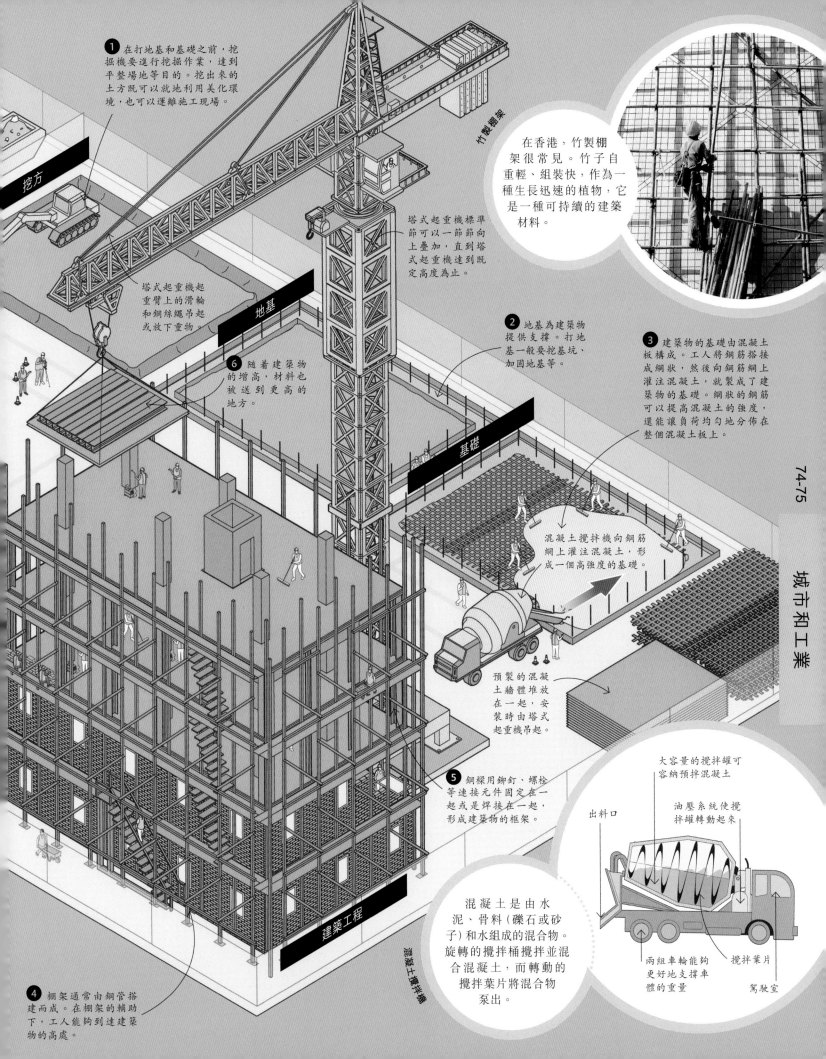

❶ 在打地基和基礎之前，挖掘機要進行挖掘作業，達到平整場地等目的。挖出來的土方既可以就地利用美化環境，也可以運離施工現場。

挖方

竹製棚架

塔式起重機標準節可以一節節向上疊加，直到塔式起重機達到既定高度為止。

塔式起重機起重臂上的滑輪和鋼絲繩吊起或放下重物。

在香港，竹製棚架很常見。竹子自重輕、組裝快，作為一種生長迅速的植物，它是一種可持續的建築材料。

地基

❷ 地基為建築物提供支撐。打地基一般要挖基坑、加固地基等。

❻ 隨着建築物的增高，材料也被送到更高的地方。

❸ 建築物的基礎由混凝土板構成。工人將鋼筋搭接成網狀，然後向鋼筋網上灌注混凝土，就製成了建築物的基礎。網狀的鋼筋可以提高混凝土的強度，還能讓負荷均勻地分佈在整個混凝土板上。

基礎

混凝土攪拌機向鋼筋網上灌注混凝土，形成一個高強度的基礎。

預製的混凝土牆體堆放在一起，安裝時由塔式起重機吊起。

❺ 鋼樑用鉚釘、螺栓等連接元件固定在一起或是焊接在一起，形成建築物的框架。

大容量的攪拌罐可容納預拌混凝土

油壓系統使攪拌罐轉動起來

出料口

建築工程

混凝土攪拌機

❹ 棚架通常由鋼管搭建而成。在棚架的輔助下，工人能夠到達建築物的高處。

混凝土是由水泥、骨料（礫石或砂子）和水組成的混合物。旋轉的攪拌桶攪拌並混合混凝土，而轉動的攪拌葉片將混合物泵出。

兩組車輪能夠更好地支撐車體的重量

攪拌葉片

駕駛室

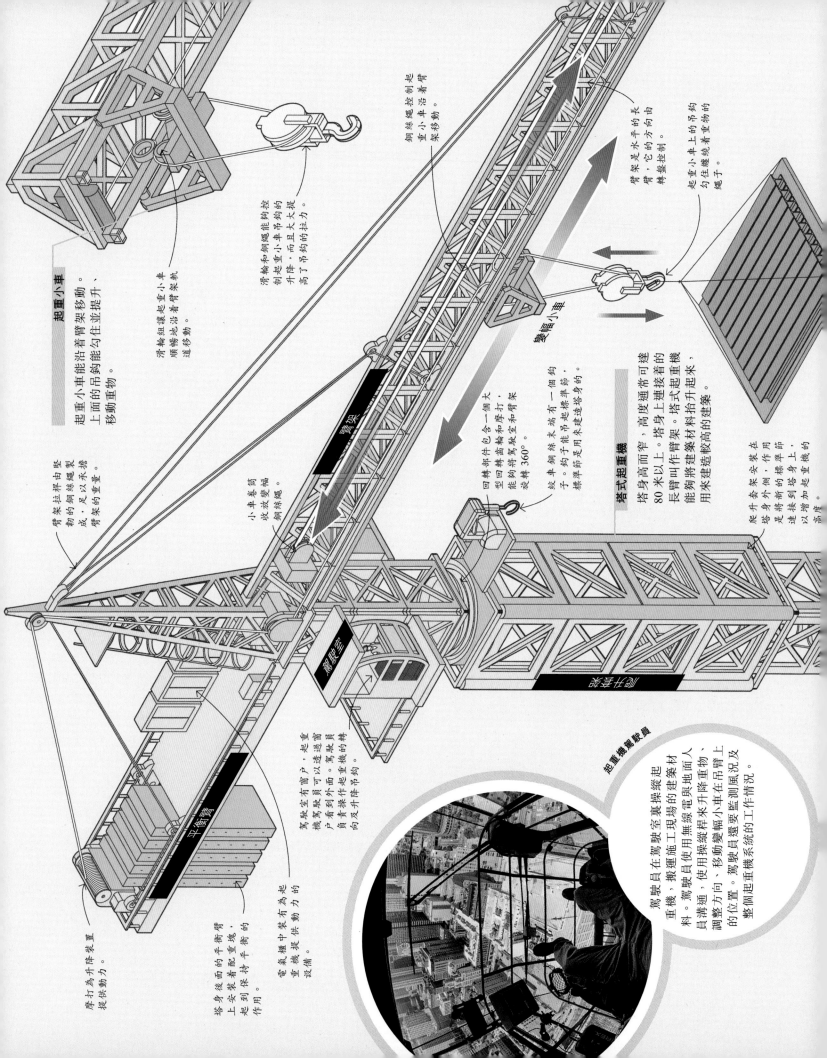

起重小車 起重小車能沿着臂架移動。上面的吊鈎能勾住並提升、移動重物。

臂架拉桿由堅韌的鋼絲繩製成，足以承擔臂架移動的重量。

滑輪組讓起重小車順暢地沿着臂架移動。

滑輪和鋼繩能夠控制起重小車吊鈎的升降，而且大大提高了吊鈎的拉升。

鋼絲繩控制起重小車沿着臂架移動。

臂架是水平的長臂，它的方向由轉盤控制。

起重小車上的吊鈎的吊重物的。

起重小車上往復纏繞着重物的繩子。

變幅小車

臂架

小車卷筒收放鋼絲繩。

回轉部件包含一個大型回轉齒輪和摩室，能夠將駕駛室和臂架旋轉360°。

絞車鋼絲末端有一個鈎子。鈎子能吊起標準節，標準節是用來建造塔身的。

塔式起重機 塔身高而窄，高度通常可達80米以上。塔身上連接着的長臂叫作臂架。塔式起重機能夠將建築材料拾高，用來建造較高的建築。

爬升套架安裝在塔身外側，作用是將新的標準節連接到塔身上，以增加起重機的高度。

駕駛室

平衡臂

塔身標準節

摩打為升降裝置提供動力。

塔身後面的臂上安裝着配重塊，起到保持平衡的作用。

電氣櫃中裝有為起重機提供動力的設備。

駕駛室有窗戶，起重機駕駛員可以透過窗戶看到外面。駕駛員負責操作起重機吊鈎向及升降吊鈎。

起重機操作員 駕駛員在駕駛室裏操作起重機。駕駛員使用無線電與地面人員溝通。駕駛員使用操縱桿升降重材、搬運施工現場的建築材料。駕駛員使用操縱桿來升降重物、移動變幅小車在吊臂上的位置。駕駛員還要監測風況及整個起重機系統的工作情況。

起重機

起重機是一種複雜機械，分為許多種類，能夠利用滑輪和纜繩將重物提升至高處。起重機通常用於港口、工廠等地，在建築施工現場更是常見。在修建超高的酒店、住宅和辦公大樓時，會應用到大型塔式起重機。

起重機的安裝方法

塔式起重機的前幾節安裝在地面上或是能移動的底盤上。如果這幾節的高度不夠，就要在塔身上安裝由油壓系統驅動的爬升套架，這樣架和其他高處的部位就能被運送上去。新的標準節在地面完成組裝，然後由起重機的吊鈎吊起至指定位置。

爬升套架的準備吊鈎向任何上吊起準備。逆向節達到指定位置後，接接，用螺栓固定在塔身上。

爬升套架的油壓千斤頂將起重機的頂端部分向上抬起，為新的標準節空出位置

爬升套架安裝在上塔塔身外側

標準節鋼樑

世界上最大的起重機是「大卡爾」，最大起吊高度達 250 米

流動式起重機

小型流動式起重機利用由油壓裝置驅動的伸縮臂提升重物。機身則依靠自重保持平衡。

地面上的工人沿著塔身內部的梯子爬到起重機駕駛室。

塔身部分由高強度的鋼框架製成，並一節節安裝在一起。

起重臂配重

塔身標準節

卡車上的流動式起重機移動方便。

在油壓系統的驅動下，起重機的起重吊鈎和吊臂起重量大。

塔腳將起重機固定在混凝土製成的較深的基礎上。硬土基礎保起重機穩定。

塔身基礎牢牢固定在腳柱上。

地基

摩天大廈

城市在不斷向外擴張，城市裏的大樓也建得越來越高了。摩天大廈往往是城市中最高的建築，通常指 150 米以上的建築物。摩天大廈的絕大多數樓層被用作辦公室、酒店和住宅。隨着設計能力、材料性能和建築技術的逐步提升，摩天大廈建得越來越高，數量也越來越多了。

有酒店和豪宅的摩天大廈上經常會建有屋頂游泳池。

天窗由玻璃或透明塑膠製成。太陽光透過天窗，照射到樓房高層。

摩天大廈常使用鋼結構，因為鋼結構組裝速度快，而且能達到一定高度。

太陽能玻璃裏面放置了光電池，能夠利用太陽光發電。

擦窗工人乘坐升降吊船到達指定位置，進行高空清潔作業。起重機固定在房頂，控制升降吊籃的升降。

架在空中的走廊或天橋將兩幢樓連接在一起，這樣人們就可以輕鬆地往返於兩幢樓之間了。

一些摩天大廈是混凝土結構的，可以建造成不規則的形狀。混凝土結構不僅牢固，而且可能比鋼結構更便宜。

混凝土結構

鋼結構

太陽能玻璃

生態牆

人們利用建築物外牆上的空間種植植物，打造垂直花園。垂直花園可以吸收一部分空氣污染物。

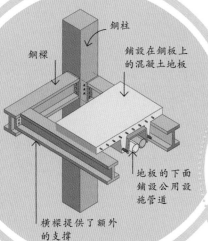

鋼柱

鋼樑

鋪設在鋼板上的混凝土地板

鋼樑

地板的下面鋪設公用設施管道

橫樑提供了額外的支撐

許多摩天大廈的中心結構由混凝土製成，但其餘結構都是鋼製的。鋼很堅韌，能承受較大的荷載。多根鋼樑用螺栓互相連接或與鋼柱連接在一起。鋼柱則將房屋的重量轉移到地基上。四邊的鋼樑固定在鋼柱上，鋼樑之間還有若干橫樑，能提供額外的支撐力。

鋼結構

扭曲的設計能夠減小漩渦脫落，也就是大風產生的吸力。漩渦脫落可能會導致建築物來回搖擺和晃動。

建築物的外層玻璃稱為玻璃幕牆，可以減小風霜雨雪對建築物產生的影響。

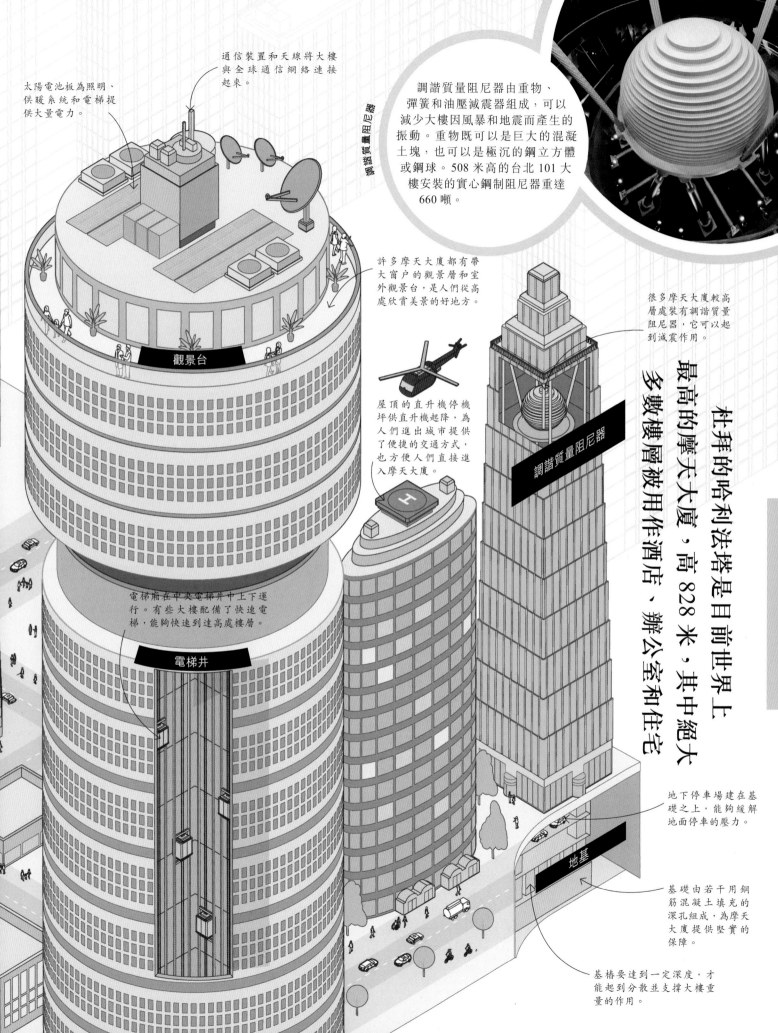

太陽電池板為照明、供暖系統和電梯提供大量電力。

通信裝置和天線將大樓與全球通信網絡連接起來。

鋼制質量阻尼器

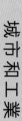

調諧質量阻尼器由重物、彈簧和油壓減震器組成,可以減少大樓因風暴和地震而產生的振動。重物既可以是巨大的混凝土塊,也可以是極沉的鋼立方體或鋼球。508 米高的台北 101 大樓安裝的實心鋼制阻尼器重達 660 噸。

杜拜的哈利法塔是目前世界上最高的摩天大廈,高 828 米,其中絕大多數樓層被用作酒店、辦公室和住宅

許多摩天大廈都有帶大窗戶的觀景層和室外觀景台,是人們從高處欣賞美景的好地方。

很多摩天大廈較高層處裝有調諧質量阻尼器,它可以起到減震作用。

調諧質量阻尼器

觀景台

屋頂的直升機停機坪供直升機起降,為人們進出城市提供了便捷的交通方式,也方便人們直接進入摩天大廈。

電梯廂在中央電梯井中上下運行。有些大樓配備了快速電梯,能夠快速到達高處樓層。

電梯井

地下停車場建在基礎之上,能夠緩解地面停車的壓力。

地基

基礎由若干用鋼筋混凝土填充的深孔組成,為摩天大廈提供堅實的保障。

基樁要達到一定深度,才能起到分散並支撐大樓重量的作用。

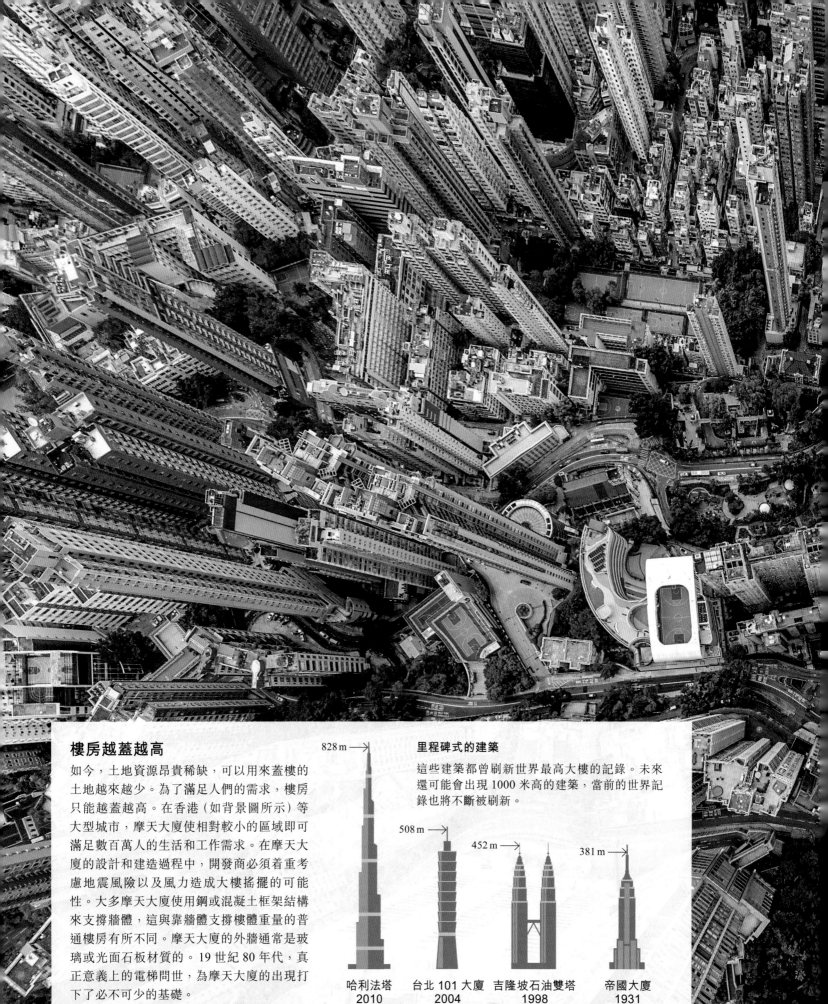

樓房越蓋越高

如今，土地資源昂貴稀缺，可以用來蓋樓的
土地越來越少。為了滿足人們的需求，樓房
只能越蓋越高。在香港（如背景圖所示）等
大型城市，摩天大廈使相對較小的區域即可
滿足數百萬人的生活和工作需求。在摩天大
廈的設計和建造過程中，開發商必須着重考
慮地震風險以及風力造成大樓搖擺的可能
性。大多摩天大廈使用鋼或混凝土框架結構
來支撐牆體，這與靠牆體支撐樓體重量的普
通樓房有所不同。摩天大廈的外牆通常是玻
璃或光面石板材質的。19 世紀 80 年代，真
正意義上的電梯問世，為摩天大廈的出現打
下了必不可少的基礎。

里程碑式的建築

這些建築都曾刷新世界最高大樓的記錄。未來
還可能會出現 1000 米高的建築，當前的世界記
錄也將不斷被刷新。

828 m →

508 m →

452 m →

381 m →

哈利法塔	台北 101 大廈	吉隆坡石油雙塔	帝國大廈
2010	2004	1998	1931

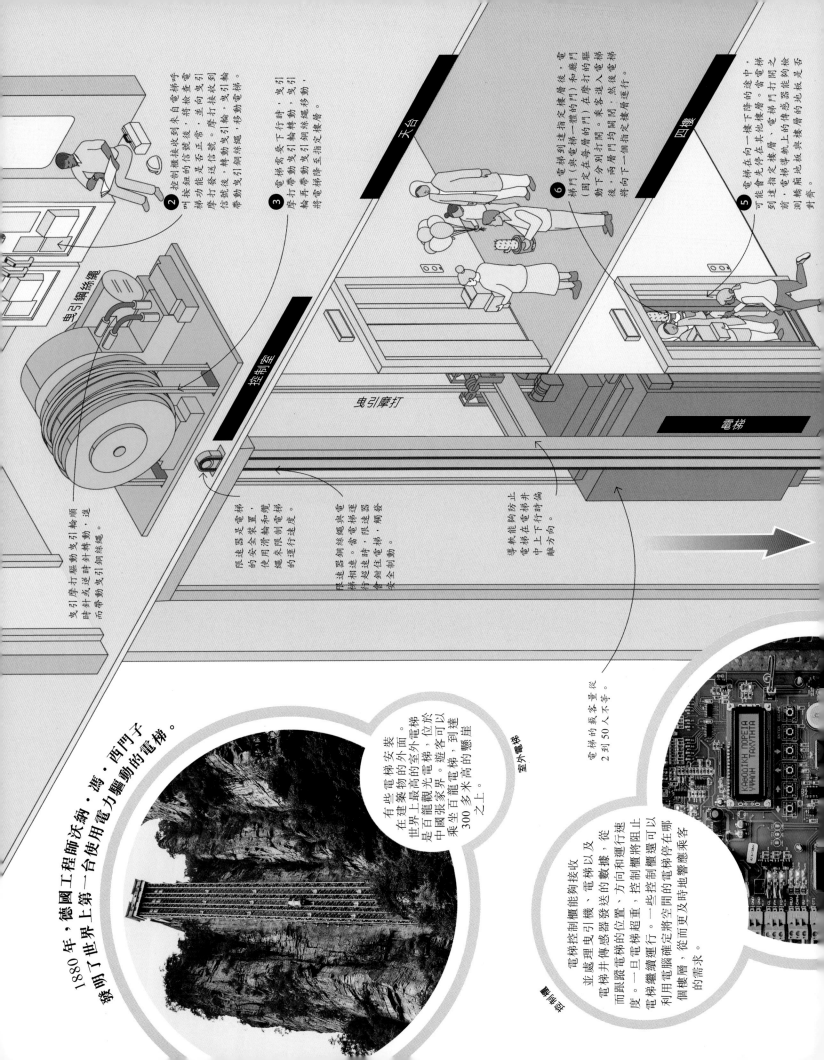

❷ 控制箱接收到來自電梯呼叫按鈕的信號後，將檢查電梯功能是否正常，並向曳引摩打發送信號。摩打接收到信號後，轉動曳引輪，曳引輪帶動曳引鋼絲繩，移動電梯。

❸ 電梯需要下行時，曳引摩打帶動曳引輪將轉動曳引輪再帶動曳引鋼絲繩移動，將電梯降至指定樓層。

曳引鋼絲繩

天台

控制室

❻ 電梯到達指定樓層後，電梯門（與電梯一體的門）和廳門（固定在每層的門）在摩打的驅動下分別打開，乘客進入電梯。然後，兩層門內閉，電梯門打開，電梯導軌上的傳感器能夠檢測，將向下一個指定樓層運行。

四樓

❺ 電梯在向一樓下降的途中，可能會停在其他的樓層。當電梯到達指定樓層，電梯門打開之前，電梯導軌上的傳感器能夠檢測樓廂地板與樓層的地板是否對齊。

曳引摩打

電梯

曳引摩打驅動曳引輪順時針或逆時針轉動，進而帶動曳引鋼絲繩。

限速器是電梯的安全裝置，使用滑輪和纜繩來限制電梯的運行速度。

限速器鋼絲繩與電梯連動。當電梯運行超速時，限速器會鎖住電梯，觸發安全制動。

導軌能夠防止電梯在電梯井中上下行時偏離方向。

1880 年，德國工程師沃納·馮·西門子發明了世界上第一台使用電力驅動的電梯。

室外電梯

有些電梯安裝在建築物的室外面。世界上最高的室外電梯，位於中國張家界。遊客可以乘坐百龍電梯，到達 300 多米高的懸崖之上。

電梯的載客量從 2 到 50 人不等。

輕鐵

電梯控制櫃能夠接收電引機、電梯以及並處理曳引傳感器發送的數據，從電梯井跟隨電梯的位置、方向和運行速度。一旦電梯繼續運行，控制櫃將阻止電梯運行。一些控制櫃的電梯選可以利用電腦確定將在哪個樓層，從而更及時地響應乘客的需求。

電梯

電梯可以搭載乘客上下樓，也能在不同樓層之間運送貨物。一小部分電梯是油壓驅動的，但大多數電梯都是繩傳動電梯，即利用滑輪和繩索升降電梯轎箱。高速又安全的電梯解決了高層建築的上下樓問題。

緩衝器是電梯的最後一道安全保護措施。當其他安全裝置均發生故障，電梯墜落到井底時，安裝在電梯井底部的緩衝器就會發揮作用，緩衝電梯下墜產生的衝擊力。

可以水平移動的電梯

如今，既能上下運行，也能水平移動的新型電梯已經問世。這種電梯系統沒有曳引鋼絲繩，而是採用了與磁懸浮列車相同的電磁軌道技術（見第113頁），讓電梯沿著鋼軌運行。這種電梯可運行可以容納可以容納多個電梯系統的井道可以容納多個電梯，提高了電梯的運行效率。

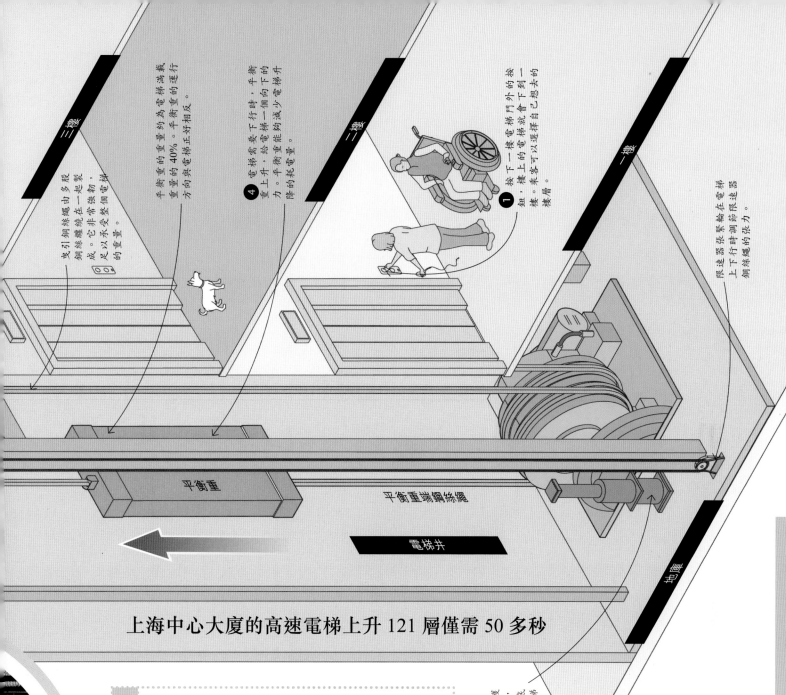

上海中心大廈的高速電梯上升 121 層僅需 50 多秒

曳引鋼絲繩由多股鋼絲纏繞在一起製成。它非常堅韌，足以承受整個電梯的重量。

平衡重的重量約為電梯滿載重量的40%。平衡重的運行方向與電梯正好相反。

④ 電梯需要下行時，平衡重向下的力，給電梯一個向下的力。平衡重能夠減少電梯升降的耗電量。

① 按下一樓電梯門外的按鈕，樓上的電梯就會下到一樓。乘客可以這樣到自己想去的樓層。

限速器張緊輪在電梯上下行時調節限速器鋼絲繩的張力。

三樓

二樓

一樓

平衡重

電梯井

平衡重導軌鋼絲繩

地面

醫院

醫院為人們提供各種醫療保健服務，既能根據病人的症狀做出診斷，也能進行複雜的手術。此外，急症病人也會被送到醫院進行緊急救治。病人到達醫院後，醫院的工作人員會根據病人的情況安排病人就醫，這個過程稱為分流。一些病人當天就能回家，但也有一些人要在醫院病房裏待上幾天甚至更久。

藥房

藥房工作人員負責管理、檢查、發放藥品。藥劑師還負責複查醫生處方等工作。

定期清潔能夠減少疾病的傳播。

門診部

有健康問題但毋須住院的病人在門診部接受診斷和治療。

急症室

急症室為患者或遭遇嚴重事故的人提供緊急救治。

急症室

接待處

候診區

主接待處

商店

咖啡廳

藥房

接待處

主入口

清潔工

門診部

候診區

門診部

醫務室

病房

理療室

出口

這些儀器能夠測量並顯示病人的心率、脈搏、呼吸、體溫和血壓等。

生命體徵監視器

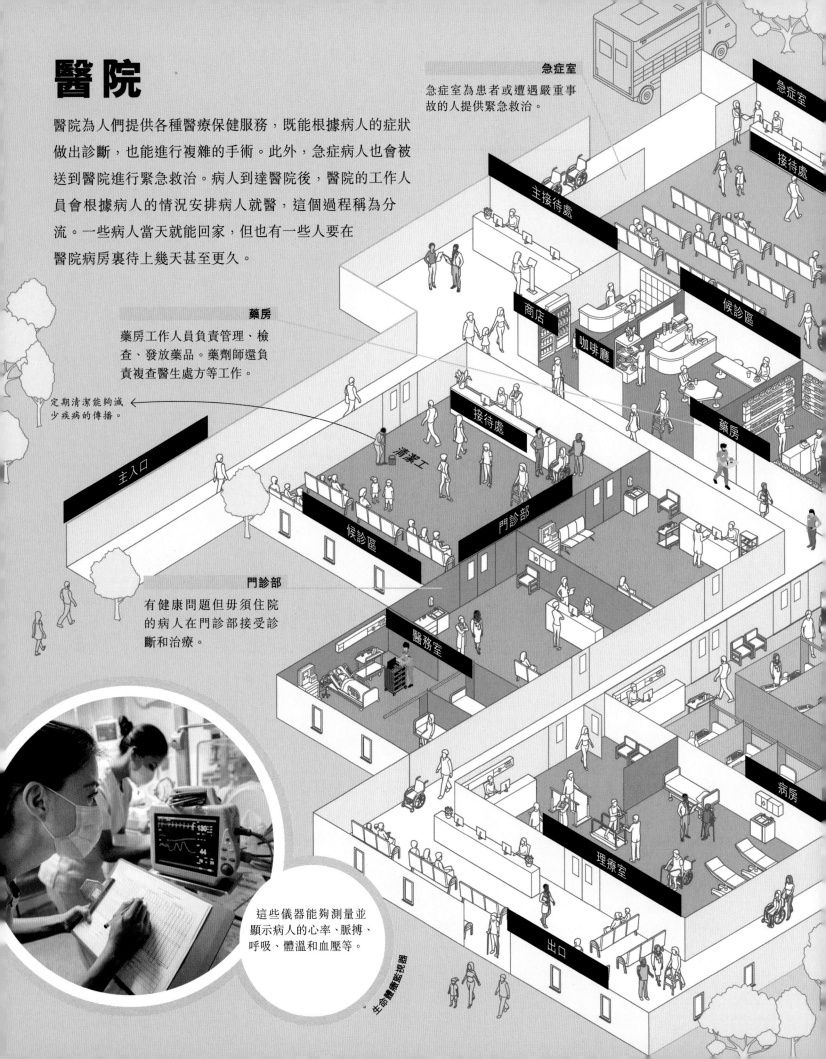

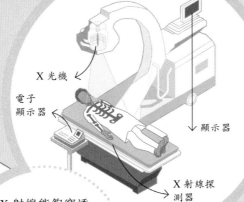

治療室

分流

X光機

電子顯示器

顯示器

X射線探測器

磁力共振成像掃描儀

磁力共振成像掃描儀能夠產生強大的磁場,從而改變人體內原子核的移動,這樣無線電波就能檢測到了。

X射線能夠穿透皮膚和其他柔軟的身體部位,但骨骼和軟骨會吸收部分X射線,所以它們在X光片上是白色的。

射頻線圈發射並檢測無線電波

磁鐵將電磁鐵產生的磁場集中起來

電磁鐵

病人躺在電動床上,然後被送到儀器裏

X光室

放射科

X光機

骨科

手術室

日間手術室

外科醫生

城市和工業

骨折

X光片可以顯示出骨骼的斷裂處。醫生通常會用石膏固定住骨頭,直到斷裂處癒合。

影像科

使用X光機、超聲波儀器及磁力共振成像掃描儀等設備檢查身體內部情況,對疾病診斷至關重要。

日間手術室

比較簡單的扁桃體切除術等耗時較短的小手術在日間手術室進行。患者通常在手術當天就能回家,毋須住院。

病房

需要住院的病人住在病房裏。一些病房為患者提供專科護理,如兒童在兒科病房接受治療。

醫院常見工作人員

醫生

診斷疾病並提出治療建議。

藥劑師

管理並發放藥品。

外科醫生

對患者進行手術治療。

化驗師

採集並分析樣本。

護士

為病人提供醫療保健和護理等服務。

清潔工

確保醫院環境和設備的乾淨衛生。

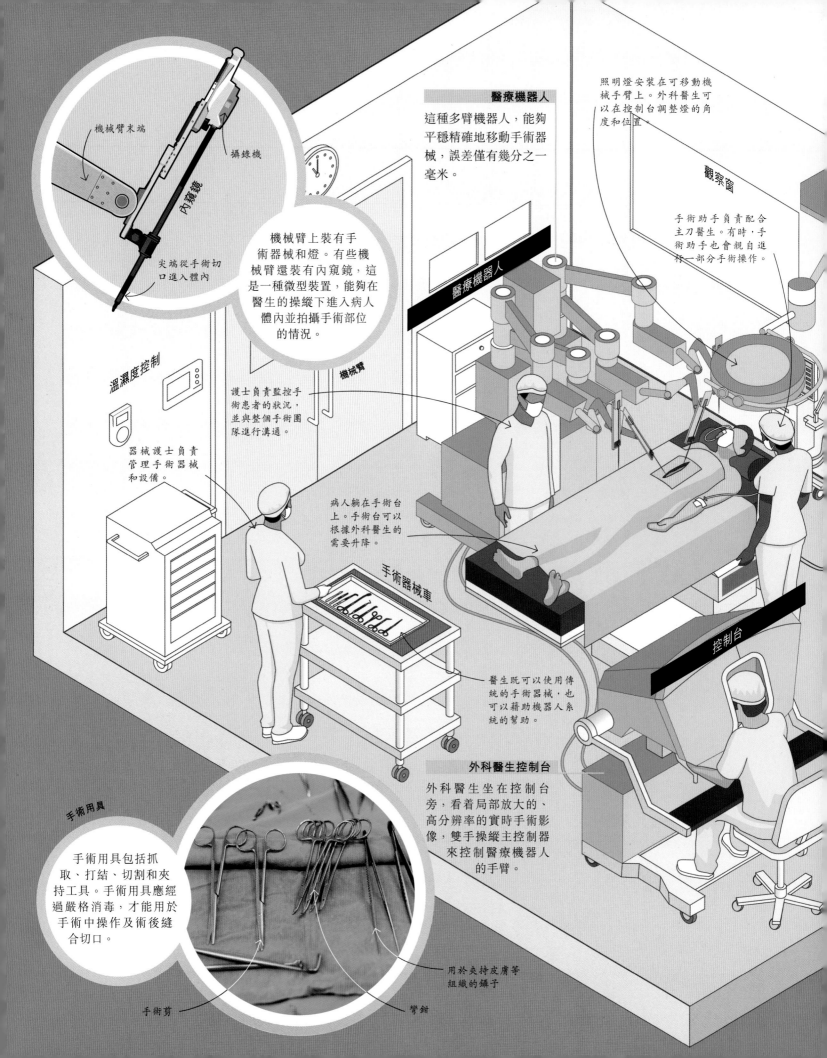

機械臂末端

攝錄機

內窺鏡

尖端從手術切口進入體內

機械臂上裝有手術器械和燈。有些機械臂還裝有內窺鏡，這是一種微型裝置，能夠在醫生的操縱下進入病人體內並拍攝手術部位的情況。

醫療機器人

這種多臂機器人，能夠平穩精確地移動手術器械，誤差僅有幾分之一毫米。

照明燈安裝在可移動機械手臂上。外科醫生可以在控制台調整燈的角度和位置。

觀察窗

手術助手負責配合主刀醫生。有時，手術助手也會親自進杯一部分手術操作。

溫濕度控制

護士負責監控手術患者的狀況，並與整個手術團隊進行溝通。

器械護士負責管理手術器械和設備。

機械臂

病人躺在手術台上。手術台可以根據外科醫生的需要升降。

手術器械車

醫生既可以使用傳統的手術器械，也可以藉助機器人系統的幫助。

控制台

外科醫生控制台

外科醫生坐在控制台旁，看着局部放大的、高分辨率的實時手術影像，雙手操縱主控制器來控制醫療機器人的手臂。

手術用具

手術用具包括抓取、打結、切割和夾持工具。手術用具應經過嚴格消毒，才能用於手術中操作及術後縫合切口。

用於夾持皮膚等組織的鑷子

手術剪

彎鉗

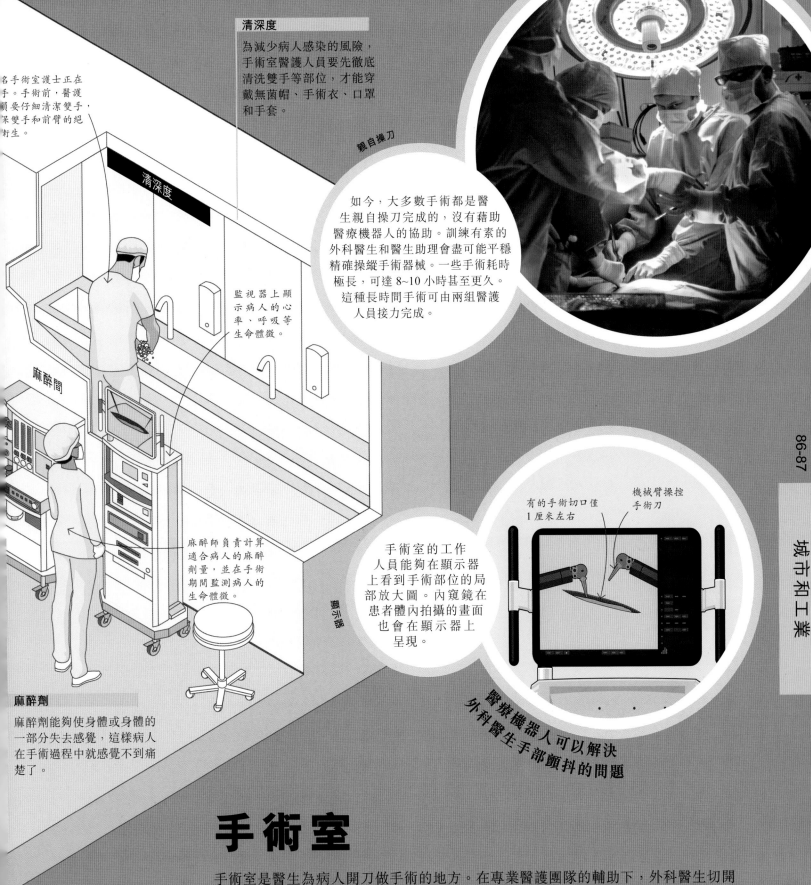

清深度

清深度

為減少病人感染的風險，手術室醫護人員要先徹底清洗雙手等部位，才能穿戴無菌帽、手術衣、口罩和手套。

名手術室護士正在手。手術前，醫護須要仔細清潔雙手，保雙手和前臂的絕新生。

親自操刀

如今，大多數手術都是醫生親自操刀完成的，沒有藉助醫療機器人的協助。訓練有素的外科醫生和醫生助理會盡可能平穩精確操縱手術器械。一些手術耗時極長，可達 8~10 小時甚至更久。這種長時間手術可由兩組醫護人員接力完成。

監視器上顯示病人的心率、呼吸等生命體徵。

麻醉間

麻醉師負責計算適合病人的麻醉劑量，並在手術期間監測病人的生命體徵。

顯示器

手術室的工作人員能夠在顯示器上看到手術部位的局部放大圖。內窺鏡在患者體內拍攝的畫面也會在顯示器上呈現。

有的手術切口僅1厘米左右

機械臂操控手術刀

醫療機器人可以解決外科醫生手部顫抖的問題

麻醉劑

麻醉劑能夠使身體或身體的一部分失去感覺，這樣病人在手術過程中就感覺不到痛楚了。

手術室

手術室是醫生為病人開刀做手術的地方。在專業醫護團隊的輔助下，外科醫生切開病人的身體，操縱醫療器械，對病人的身體的某些部位進行修復、切除等治療。如今，手術機器人在常規手術中的應用頻率越來越高。外科醫生可以指揮手術機器人精確地操縱器械。

戲院

很多人非常喜歡去戲院看電影，享受大屏幕帶來的視覺盛宴。電影由很多靜態畫面組成，每一幅畫面稱為一幀。這些靜止的畫面按一定速度串連起來，觀影者就能看到活動的影像。戲院的電影儲存在電腦硬盤上，使用電子放映機就能播放這些電影。

立體聲

影廳四周有很多揚聲器。每個揚聲器都能接收聲音處理器發來的信號並發出聲響，打造出立體的音效，給觀影者帶來身臨其境的神奇體驗。

側揚聲器通常用來播放音效

後置揚聲器播放背景音效

影廳的燈光是可以調節的。在播放電影時，燈光亮度會調到最低。

揚聲器

掛在牆上的揚聲器能夠打造出美妙的聲音效果，提升觀眾的感官體驗。

屏幕揚聲器通常用來播放對白

右側揚聲器接收來自左側的不同的信號

揚聲器放置在揚聲器箱裏，它能夠將聲音從屏幕後面引導到影廳內部。

供應咖啡等各種冷熱飲料。

爆谷

爆谷是世界上最受歡迎的戲院零食之一。粟米粒經過加熱，內部的水變成了水蒸氣，體積膨脹，使粟米粒爆開。

咖啡

售賣區供應飲還有爆谷、熱小吃。觀眾可這些帶進影廳

休息區是觀影者放鬆身心、等待朋友的好地方。

爆谷

每個影廳都有專門的標識。

爆谷機能夠製作爆谷並保溫。戲院通常會供應鹹味和甜味的爆谷。

入口

影廳1

分隔欄引導觀眾先到達售票處，再進入影院大廳。

售票處

檢票員負責檢查電影票。

售票處可以現場買票，也可以取網上訂票。

隔音材料既能吸收影廳揚聲器發出的巨大聲響,也能隔絕影廳外的聲音。

電影放映機接收並處理儲存在電腦裏的電影文件數據。

2. 稜鏡將光線分解成紅、藍、綠三種顏色

3. 每個 DMD 產生一種顏色的圖像

1. 光線照射到稜鏡上

6. 調節投影儀鏡頭,直到電影清晰地投射到屏幕上

5. 鏡頭匯聚來自三個 DMD 的圖像

4. DMD 反射回來的紅、綠、藍光穿過透鏡

放映機發出的光束投射到大屏幕上。

數位投影技術(DLP)投影儀利用數位微鏡設備(DMD)來播放電影。DMD 上有幾百萬個微鏡元件,每秒可以開關數千次。每個微鏡對應着圖像的一個像素。上百萬個微鏡組合在一起,形成高清的圖像,再通過鏡頭投射到屏幕上。

DLP 投影儀

放映員在放映室裏播放電影。

戲院座椅經過科學設計,各種身材的觀眾坐起來都很舒適。高級座椅可以向後傾斜,並配有飲料架。

影廳的主要出入口和緊急出口配有發光指示牌。許多影廳還設有地面照明,引導有需要的觀眾在電影放映期間離場。

影廳的座位呈階梯式排列。坐在前面座位和後面座位的觀眾都能清楚地看到屏幕。

一些小吃可以帶進影院。零食和飲品銷售業務為戲院創造了大量收入。

浴室通常會設置在檢票口之後。檢票口到影廳的走廊上經常掛着海報和顯示屏,用來宣傳即將上映的電影。

家庭影院

隨着視聽技術的發展,人們在家裏就能享受影院級別的觀影效果。大尺寸的寬屏電視可以顯示超高分辨率的圖像。家裏還可以安裝幾台揚聲器,揚聲器與功率放大器和聲音處理器相連,形成環迴立體聲。

西班牙馬德里的克尼波利斯影院是世界上最大的電影城,可容納 9,200 名觀眾

改變場地

一些體育館可以切換成不同的比賽場地。例如，日本札幌巨蛋（如下圖所示）是棒球與足球兩用的場地。需要切換成足球模式時，工作人員將足球場所用草場拉到場館內，覆蓋在棒球場的上面。英國托定咸熱刺球場的草場由三塊草皮組成，每塊草皮重 3000 噸，下面有 300 個輪子。移開這三塊草皮，球場就可以進行其他比賽了。

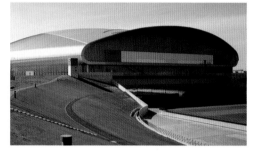

體育館

大型體育館能夠承辦世界級的體育賽事，供成千上萬名觀眾在座位上觀看比賽。體育館還能承辦音樂會、演出等活動。西班牙魯營球場、英國溫布萊球場、美國芬威球場都是全球聞名的地標性體育館。

屋頂支架和拉索支撐着固定頂。可開合屋頂打開時，固定頂能為大多數觀眾提供遮擋。

企業包廂專供企業用户及其客户使用。這裏既能看到球場，又能享受餐飲和接待服務。

看台座位有不同的分區。一些體育館有僅供家庭使用的區域。

比賽日的氣氛

體育館舉辦賽事時，很多觀眾聚集在一起觀賽。他們的吶喊聲震耳欲聾，令人激情澎湃。在支持的球隊獲勝時，球迷們歡呼雀躍；在球員犯規、裁判誤判時，球迷們一起發出噓聲或是吹哨；到了比賽的關鍵時刻，球迷們都激動地站起來，看花落誰家。為了慶祝，球迷們還可能按照一定順序依次站起來，在體育館看台上掀起壯觀的人浪。

大型活動室可供俱樂部使用。有時，企業和球迷也可以租用活動室。

名人堂展示着球隊現役優秀球員和退役優秀球員的獎杯、照片和紀念品。

企業包廂

體育館內有很多通道，讓球迷能夠更容易、更安全地到達座位。

❸ 快餐店為球迷提供簡單的餐食。球迷還可以在體育館內的舉辦方處購買節目單。

快餐店

球迷商店

❶ 球迷乘坐私家車或其他公共交通工具前往球場。

有時，球會準備旅遊巴，將住得較遠的球迷統一送到場地觀看比賽。

❷ 球迷進入球場前，要在電動旋轉門處檢查門票。主場球迷和客場球迷通常從不同的旋轉門進入球場。

體育館附近的商店售賣球隊球衣、書籍等商品。

❹ 球迷按照票上的座位號對號入座。體育館的工作人員引導球迷找到正確的座位。

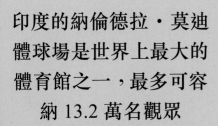

印度的納倫德拉·莫迪體球場是世界上最大的體育館之一，最多可容納 13.2 萬名觀眾

可開合屋頂

天氣好時可以打開可開合屋頂，讓陽光灑進球場。天氣非常差時，可以關閉可開合屋頂。在舉辦音樂會等聲音較大的活動時，一些體育館也會選擇關閉可開合屋頂，以減少噪聲的排放。這種屋頂通常是一截一截的，由摩打帶動絞盤繩進行開合。

可開合屋頂可以根據活動需求和天氣情況打開或關閉。

屋頂邊緣裝有 LED 燈，能在夜間照亮球場和看台區域。

這個立方體每個方向都有一塊巨大的電視屏幕，球迷也可以從屏幕上觀看某些比賽內容。

8 體育館裏的屏幕播放賽事的精彩片段。整場比賽可以通過電視或互聯網轉播。

7 攝錄機拍攝的畫面與媒體室的評論和採訪同時播出。

球員休息室是比較私密的地方，球員可以在這裏吃賽前餐或進行賽後社交。

健身房供球員訓練和復健使用。

記者席為廣播和電視評論員提供了良好的觀賽視野。

主隊和客隊球員在各自的更衣室裏穿戴比賽裝備。更衣室也是賽前提振信心、相互加油打氣的地方。

可開合屋頂

三層看台

媒體室

屏幕

二層看台

休息室

健身房

一層看台

記者席

更衣室

看台區

古希臘人最先建造出體育館。他們通常利用山的坡度來建造座位。

6 攝錄機從體育館上和高空共同拍攝比賽情況。

5 只有球員、醫務人員和工作人員可以進入比賽場地。工作人員負責將球迷（偶爾也包括動物）攔在場地之外。

球場應用的技術

球場草皮通常用塑膠纖維進行加固。溫布萊球場為了加固草皮，使用了多達 7.5 萬公里塑膠纖維。草和塑膠纖維坐落在支撐層上。支撐層裏鋪設着排水管和加熱管網。加熱管網裏流動着溫水，能夠防止球場凍結。

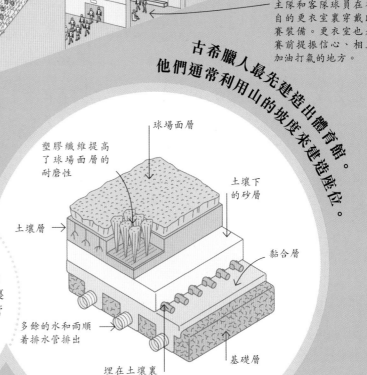

球場面層

塑膠纖維提高了球場面層的耐磨性

土壤下的砂層

土壤層

黏合層

多餘的水和雨順着排水管排出

基礎層

埋在土壤裏的加熱管

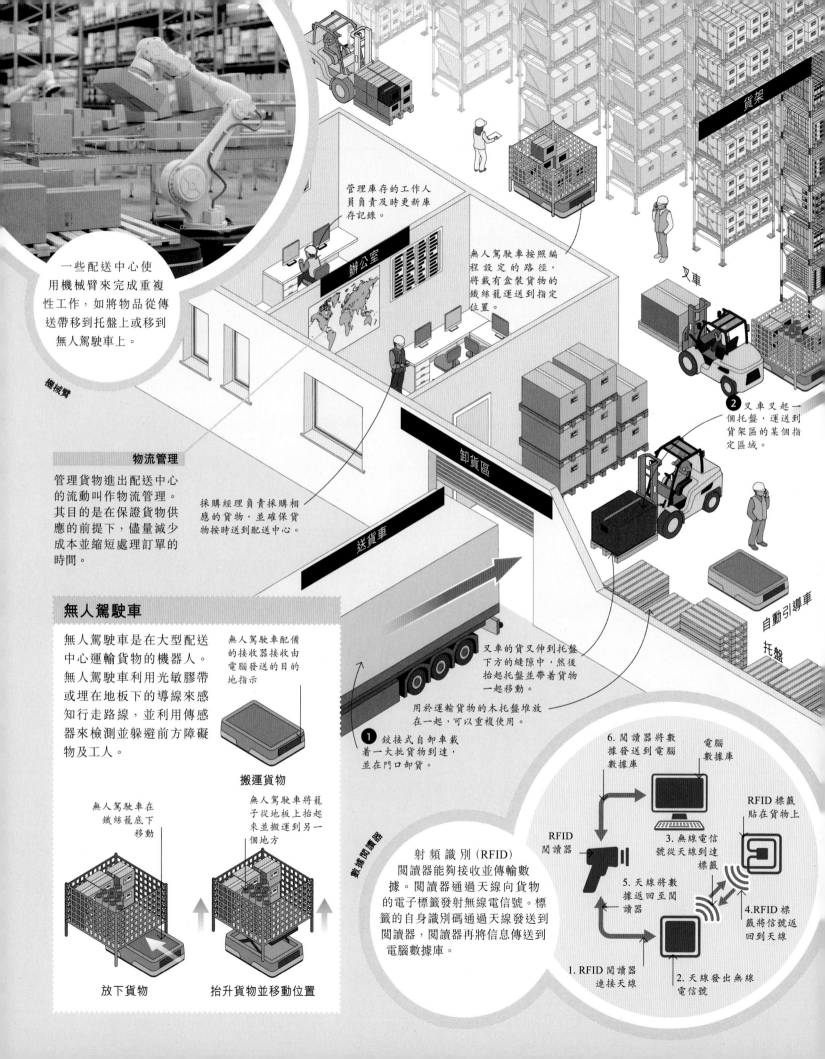

一些配送中心使用機械臂來完成重複性工作，如將物品從傳送帶移到托盤上或移到無人駕駛車上。

機械臂

物流管理

管理貨物進出配送中心的流動叫作物流管理。其目的是在保證貨物供應的前提下，儘量減少成本並縮短處理訂單的時間。

採購經理負責採購相應的貨物，並確保貨物按時送到配送中心。

管理庫存的工作人員負責及時更新庫存記錄。

無人駕駛車按照編程設定的路徑，將載有盒裝貨物的鐵絲籠運送到指定位置。

貨架

叉車

2 叉車叉起一個托盤，運送到貨架區的某個指定區域。

卸貨區

送貨車

自動引導車

托盤

叉車的貨叉伸到托盤下方的縫隙中，然後抬起托盤並帶着貨物一起移動。

用於運輸貨物的木托盤堆放在一起，可以重複使用。

1 鉸接式自卸車載着一大批貨物到達，並在門口卸貨。

無人駕駛車

無人駕駛車是在大型配送中心運輸貨物的機器人。無人駕駛車利用光敏膠帶或埋在地板下的導線來感知行走路線，並利用傳感器來檢測並躲避前方障礙物及工人。

無人駕駛車配備的接收器接收由電腦發送的目的地指示

搬運貨物

無人駕駛車在鐵絲籠底下移動

無人駕駛車將籠子從地板上抬起來並搬運到另一個地方

放下貨物

抬升貨物並移動位置

數據閱讀器

射頻識別（RFID）閱讀器能夠接收並傳輸數據。閱讀器通過天線向貨物的電子標籤發射無線電信號。標籤的自身識別碼通過天線發送到閱讀器，閱讀器再將信息傳送到電腦數據庫。

6. 閱讀器將數據發送到電腦數據庫

電腦數據庫

RFID閱讀器

RFID標籤貼在貨物上

3. 無線電信號從天線到達標籤

5. 天線將數據返回至閱讀器

4.RFID標籤將信號返回到天線

1. RFID閱讀器連接天線

2. 天線發出無線電信號

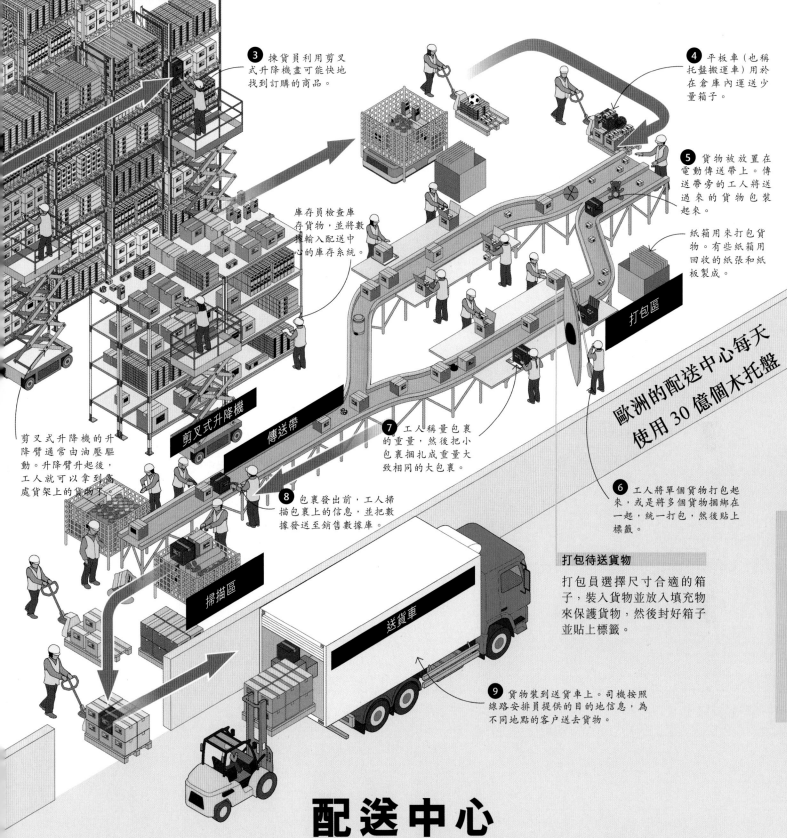

③ 揀貨員利用剪叉式升降機盡可能快地找到訂購的商品。

④ 平板車（也稱托盤搬運車）用於在倉庫內運送少量箱子。

⑤ 貨物被放置在電動傳送帶上。傳送帶旁的工人將送過來的貨物包裝起來。

庫存員檢查庫存貨物，並將數據輸入配送中心的庫存系統。

紙箱用來打包貨物。有些紙箱用回收的紙張和紙板製成。

打包區

剪叉式升降機的升降臂通常由油壓驅動。升降臂升起後，工人就可以拿到高處貨架上的貨物了。

剪叉式升降機

傳送帶

⑦ 工人稱量包裹的重量，然後把小包裹捆扎成重量大致相同的大包裹。

⑥ 工人將單個貨物打包起來，或是將多個貨物捆綁在一起，統一打包，然後貼上標籤。

⑧ 包裹發出前，工人掃描包裹上的信息，並把數據發送至銷售數據庫。

掃描區

打包待送貨物

打包員選擇尺寸合適的箱子，裝入貨物並放入填充物來保護貨物，然後封好箱子並貼上標籤。

送貨車

⑨ 貨物裝到送貨車上。司機按照線路安排員提供的目的地信息，為不同地點的客戶送去貨物。

配送中心

通過網絡、電話和實體店訂購的商品往往要先經過配送中心，再送到客戶手中。製造商將貨物運送至大型倉儲配送中心，然後在那裏儲存起來，變成庫存貨物。接下來，工人會揀選和包裝貨物，然後按訂單要求將相應貨物發給客戶或零售店。

亞馬遜公司的 MQY1 倉庫位於美國田納西州，面積相當於 48 個足球場

超市

很多家庭每週去超市集中採買一週所需的物資。超市裏，食品、飲料、家庭用品等商品應有盡有。超市於 1930 年開始出現於美國。如今，大多數超市引入了應用程式、庫存掃描儀、自助付款等現代技術，以確保在售產品的新鮮程度，實現快速付款。

倉庫裏儲存着一部分快銷品。當貨架上的商品出現短缺時，工作人員會取出倉庫中儲存的商品來填充貨架。工作人員會經常確認庫存商品的保質期，儘量做到不浪費。

保安室的工作人員負責監控店內攝像頭拍攝的閉路電視錄像，從而防止入店行竊等不良事件發生。

倉庫

庫存商品

冷庫

經理辦公室

倉庫辦公室

浴室

保安室

肉類區

更衣室

水產區

肉類處

海鮮處理員

麵包房加熱預烤的麵包，或是進一步加工半成品麵包，再對外銷售。

麵包房

乳品區

攝像頭

光傳感器讀取條碼

條碼

冷凍區

內部電路將條碼數據轉換為二進制數字，並發送給電腦

散裝區

條碼掃描儀發出的紅光照射到條碼上

裸買貨架處提供穀物、堅果等無包裝貨品。顧客可以使用自帶的容器裝貨。

飲料區

掃描儀捕捉被條碼反射回來的光線，從而識別商品的通用產品編碼。電腦就會查找到商品價格，並更新庫存數據。

美國的超市僱用了多達 480 萬名員工。

條碼掃描儀

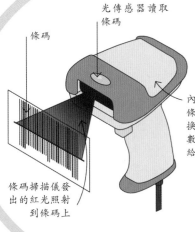

一些超市有專門供應裸買貨物的區域。顧客可以自帶罐子和袋子來裝貨，這樣就可以減少包裝廢棄物。

裸買貨物

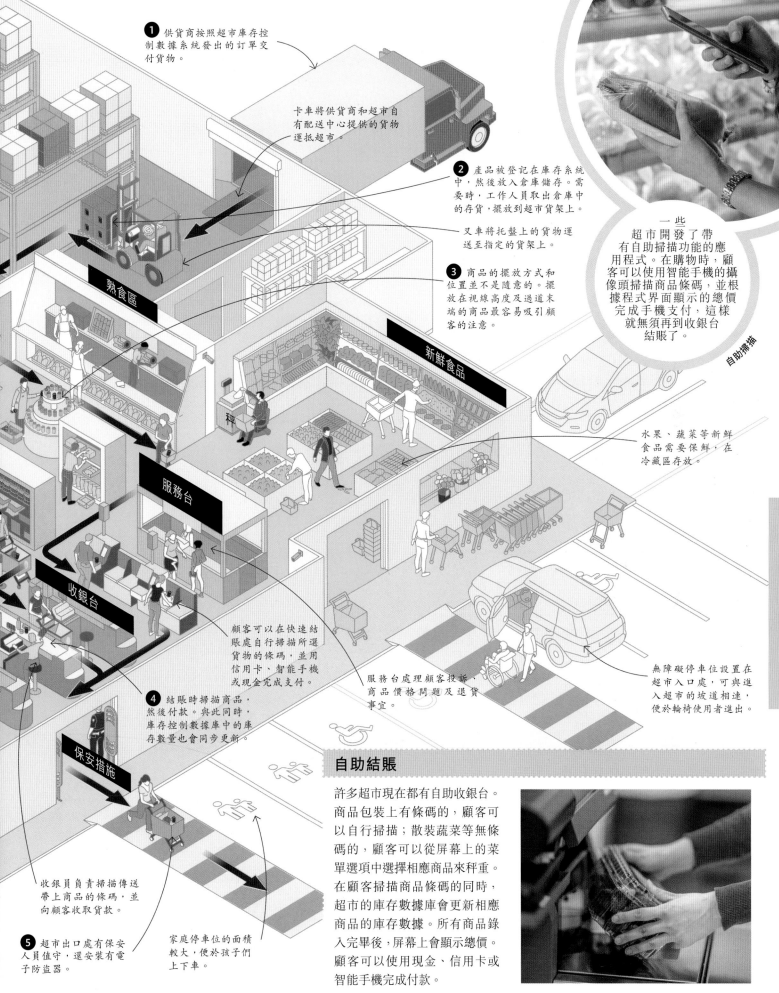

① 供貨商按照超市庫存控制數據系統發出的訂單交付貨物。

卡車將供貨商和超市自有配送中心提供的貨物運抵超市。

② 產品被登記在庫存系統中，然後放入倉庫儲存。需要時，工作人員取出倉庫中的存貨，擺放到超市貨架上。

叉車將托盤上的貨物運送至指定的貨架上。

③ 商品的擺放方式和位置並不是隨意的。擺放在視線高度及過道末端的商品最容易吸引顧客的注意。

熟食區

新鮮食品

秤

服務台

收銀台

顧客可以在快速結賬處自行掃描所選貨物的條碼，並用信用卡、智能手機或現金完成支付。

④ 結賬時掃描商品，然後付款。與此同時，庫存控制數據庫中的庫存數量也會同步更新。

服務台處理顧客投訴、商品價格問題及退貨事宜。

保安措施

收銀員負責掃描傳送帶上商品的條碼，並向顧客收取貨款。

⑤ 超市出口處有保安人員值守，還安裝有電子防盜器。

家庭停車位的面積較大，便於孩子們上下車。

一些超市開發了帶有自助掃描功能的應用程式。在購物時，顧客可以使用智能手機的攝像頭掃描商品條碼，並根據程式界面顯示的總價完成手機支付，這樣就無須再到收銀台結賬了。

自助掃描

水果、蔬菜等新鮮食品需要保鮮，在冷藏區存放。

無障礙停車位設置在超市入口處，可與進入超市的坡道相連，便於輪椅使用者進出。

自助結賬

許多超市現在都有自助收銀台。商品包裝上有條碼的，顧客可以自行掃描；散裝蔬菜等無條碼的，顧客可以從屏幕上的菜單選項中選擇相應商品來秤重。在顧客掃描商品條碼的同時，超市的庫存數據庫會更新相應商品的庫存數據。所有商品錄入完畢後，屏幕上會顯示總價。顧客可以使用現金、信用卡或智能手機完成付款。

支付系統

20 世紀末，電子支付系統進入人們的生活，徹底改變了人們使用現金付款的習慣。如今，紙幣和硬幣仍可用於支付部分商品和服務，但刷卡和手機付款變得越來越普遍了。商店、酒店等商業場所為顧客提供了多種支付方式。

商品上的條碼帶有銷售信息。此外，商品還會附帶防盜標籤。如果顧客帶着沒有摘掉防盜標籤的商品離開，就會觸發警報。

硬幣

不同面值的硬幣重量和大小都不同。視力障礙人士可以通過觸摸凸起的邊緣、圖案和字母來分辨不同面值的硬幣。

約 2600 年前，利底亞王國鑄造出了世界上第一批硬幣

這裏可以用現金支付。

現金支付

使用某些信用卡付款時，買家需要輸入個人標識號（PIN）。

刷卡支付

錢箱用來儲存紙幣和硬幣。有些錢箱可以識別硬幣及紙幣，從而準確計算出箱子裏的總價款。

防偽設計

為了防範貨幣造假，紙幣使用特殊的油墨、紙張等製成。紙幣上還帶有極難精準複製的防偽特徵，如安全線、紋飾、水印（製作時嵌入紙張的圖像）、全像圖案等。

將紙幣傾斜時，全像圖案會發生變化

在傾斜的光線下，透視後會顯示出圖像

COUNTRY
100
100
123257456

每張紙幣都有唯一的序號，可以在數據庫中追蹤到

貫穿紙幣的安全線

打印機打印顧客的紙質收據。

城市和工業

3 賣方銀行通過網絡向顧客方銀行發出電子轉賬請求。

4 顧客方銀行批准付款，錢就被劃入賣方的銀行了。

賣方銀行　　顧客方銀行

使用智能手機支付時，支付應用程式向讀卡器終端發送卡數據。

2 聯網後，賣方的讀卡器與合作銀行進行通信，銀行將交易付款記錄在賣方的賬戶中。

手機支付

5 賣方銀行確認交易並向讀卡器發送信號。讀卡器接收到信號後，屏幕上會顯示出一條信息，提示客戶已成功付款。

顧客退回的商品在檢查合格後，才能再次銷售。

非接觸式支付

1 顧客將手機貼在讀卡器上，進行手機支付。智能手機與讀卡器之間靠無線電信號進行通信。

條碼掃描儀通過條碼識別產品，同時更新商店的庫存數據。

使用非接觸式卡付款時，將卡靠近讀卡器終端，讀卡器就能通過無線電信號讀取卡中數據。

信用卡

三位數的PIN碼

磁條

持卡人的簽名

微芯片

CreditBank

1234 5678 9876 5432 唯一的卡號
1234
▶ 12/25
MAX CASH

持卡人的姓名　　卡的到期日

信用卡的數據儲存在磁條或微芯片中。當顧客在刷卡機上刷卡或是將卡貼在支付終端機上時，詳細的支付信息就發送到持卡人的銀行了。

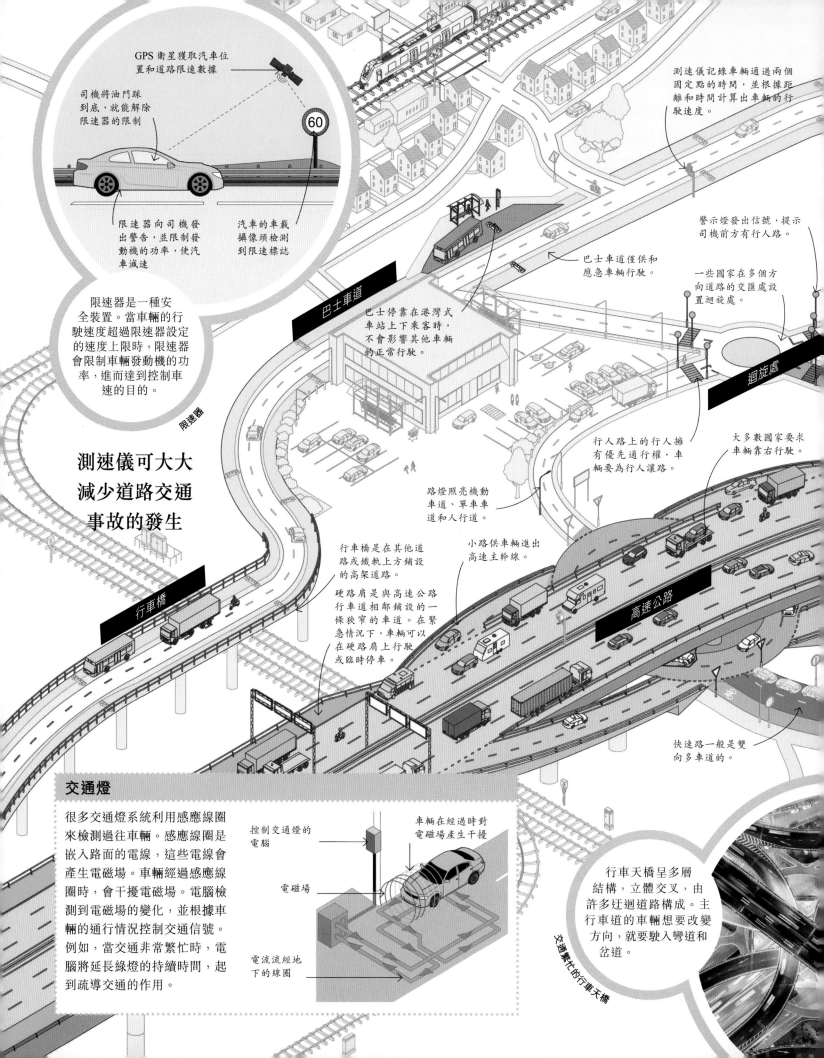

GPS 衛星獲取汽車位置和道路限速數據

司機將油門踩到底，就能解除限速器的限制

測速儀記錄車輛通過兩個固定點的時間，並根據距離和時間計算出車輛的行駛速度。

限速器向司機發出警告，並限制發動機的功率，使汽車減速

汽車的車載攝像頭檢測到限速標誌

限速器是一種安全裝置。當車輛的行駛速度超過限速器設定的速度上限時，限速器會限制車輛發動機的功率，進而達到控制車速的目的。

限速器

測速儀可大大減少道路交通事故的發生

警示燈發出信號，提示司機前方有行人路。

巴士車道僅供和應急車輛行駛。

一些國家在多個方向道路的交匯處設置迴旋處。

巴士車道

巴士停靠在港灣式車站上下乘客時，不會影響其他車輛的正常行駛。

迴旋處

行人路上的行人擁有優先通行權，車輛要為行人讓路。

大多數國家要求車輛靠右行駛。

路燈照亮機動車道、單車車道和人行道。

行車橋是在其他道路或鐵軌上方鋪設的高架道路。

小路供車輛進出高速主幹線。

硬路肩是與高速公路行車道相鄰鋪設的一條狹窄的車道。在緊急情況下，車輛可以在硬路肩上行駛或臨時停車。

高速公路

行車橋

快速路一般是雙向多車道的。

交通燈

很多交通燈系統利用感應線圈來檢測過往車輛。感應線圈是嵌入路面的電線，這些電線會產生電磁場。車輛經過感應線圈時，會干擾電磁場。電腦檢測到電磁場的變化，並根據車輛的通行情況控制交通信號。例如，當交通非常繁忙時，電腦將延長綠燈的持續時間，起到疏導交通的作用。

控制交通燈的電腦

車輛在經過時對電磁場產生干擾

電磁場

電流流經地下的線圈

行車天橋呈多層結構，立體交叉，由許多迂迴道路構成。主行車道的車輛想要改變方向，就要駛入彎道和岔道。

交通繁忙的行車天橋

格網型城市的道路排布規則，橫縱交錯。這種道路網絡能夠提高交通效率

掘頭路指的是道路的出口和入口在一處。

壓實的泥土上覆蓋多層碎石，再鋪上瀝青，就變成了道路。道路的正中間稍高，兩邊稍低，這樣道路上的水就能順着路邊排走了。

虛線將道路劃分為不同車道

傾斜的路肩

瀝青路面

壓實的泥土形成路基

排水溝能夠有效排水

實線代表道路邊緣

碎石底基層

碎石基層

掘頭路

格網型城市

二級公路一般比一級公路窄，車輛通行能力也小一些。

收費站

車輛駛入收費公路時，可以在道路的收費站進行人工繳費，也可以使用電子支付。收費站的攝像頭識別出已付費車輛的車牌號碼，並予以放行。

許多國家的交叉路口處畫着黃格。車輛不能在黃色網格區域停留，只能快速駛過。

交通燈指揮路口的車流量。

高速公路有多個車道。有的國家車輛超車時走右側車道。

攔畜溝柵是鋪設在道路坑洞上的金屬架。車輛可以正常通過，但牲畜不能通過。

為避開某些障礙物，道路可以不沿着直線鋪設。同時，這種彎道也可以控制車輛速度，也能減小道路的坡度。

鄉村公路的車流量較小，但它們也很重要，它們把村莊連接在一起。

單車道

交通燈

單車車道沿着機動車道的外側修建。機動車不能在單車車道上行駛，因此在單車車道上騎行非常安全。

火車駛來時，道口欄桿落下，將車輛攔截在火車軌道之外。

鐵路道口

道路系統

道路縱橫交錯，四通八達。車輛可以在城市間的多車道高速公路上高速行駛，也可以沿着蜿蜒的鄉村道路和簡易的土路緩慢通行。不同國家的交通標誌、交通法規和駕車規範可能各不相同，但宗旨都是為了確保交通暢通和駕駛安全。

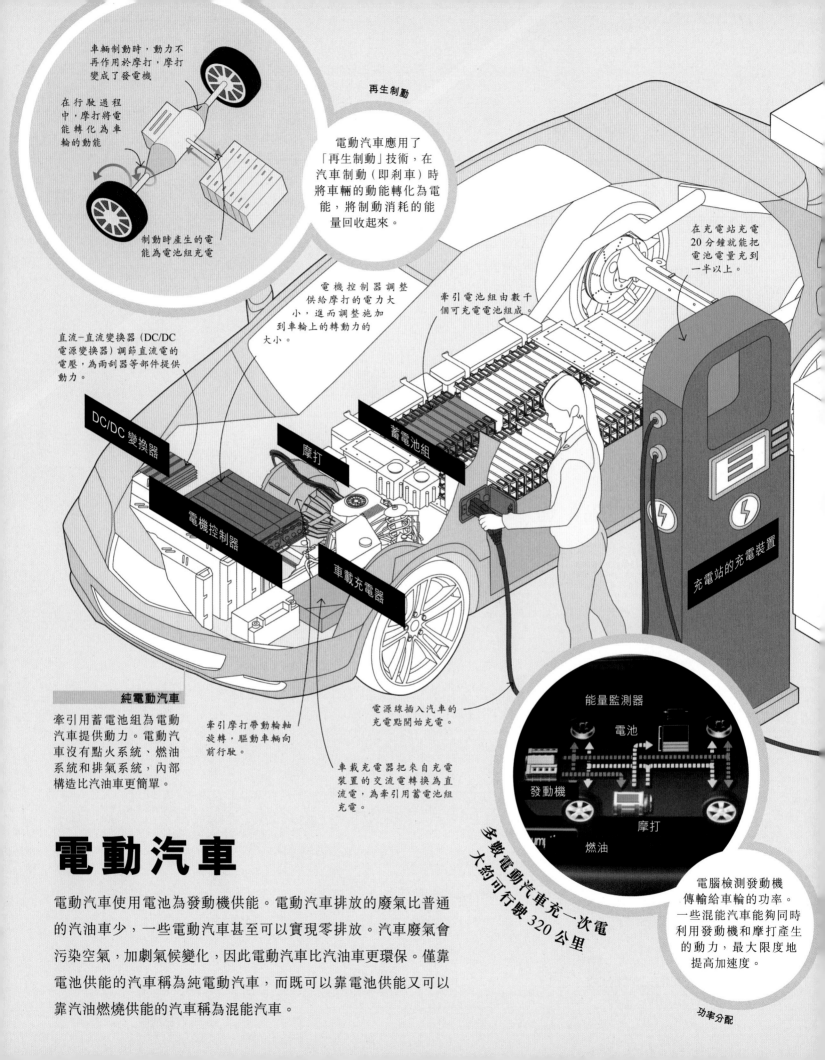

車輛制動時，動力不再作用於摩打，摩打變成了發電機

在行駛過程中，摩打將電能轉化為車輪的動能

制動時產生的電能為電池組充電

再生制動

電動汽車應用了「再生制動」技術，在汽車制動（即刹車）時將車輛的動能轉化為電能，將制動消耗的能量回收起來。

在充電站充電20分鐘就能把電池電量充到一半以上。

電機控制器調整供給摩打的電力大小，進而調整施加到車輪上的轉動力的大小。

牽引電池組由數千個可充電電池組成。

直流－直流變換器（DC/DC電源變換器）調節直流電的電壓，為雨刮器等部件提供動力。

DC/DC 變換器

摩打

蓄電池組

電機控制器

車載充電器

純電動汽車

牽引用蓄電池組為電動汽車提供動力。電動汽車沒有點火系統、燃油系統和排氣系統，內部構造比汽油車更簡單。

牽引摩打帶動輪軸旋轉，驅動車輛向前行駛。

電源線插入汽車的充電點開始充電。

車載充電器把來自充電裝置的交流電轉換為直流電，為牽引用蓄電池組充電。

充電站的充電裝置

能量監測器

電池

發動機

摩打

燃油

多數電動汽車充一次電大約可行駛 320 公里

電腦檢測發動機傳輸給車輪的功率。一些混能汽車能夠同時利用發動機和摩打產生的動力，最大限度地提高加速度。

電動汽車

電動汽車使用電池為發動機供能。電動汽車排放的廢氣比普通的汽油車少，一些電動汽車甚至可以實現零排放。汽車廢氣會污染空氣，加劇氣候變化，因此電動汽車比汽油車更環保。僅靠電池供能的汽車稱為純電動汽車，而既可以靠電池供能又可以靠汽油燃燒供能的汽車稱為混能汽車。

功率分配

汽油發動機

汽油在泵的作用下進入發動機氣缸,並與空氣混合在一起。火花塞發出火花,點燃汽油與空氣的混合物,氣體體積迅速膨脹,推動活塞在氣缸內運動。曲柄連桿將活塞的往復運動轉變為輪軸的旋轉運動。

汽車油箱的容量一般在 50~100 公升。汽油是從石油中提煉出來的。

傳動軸將動力傳遞給後輪。

發動機一般有四個氣缸。燃油和空氣的混合物在氣缸中燃燒。

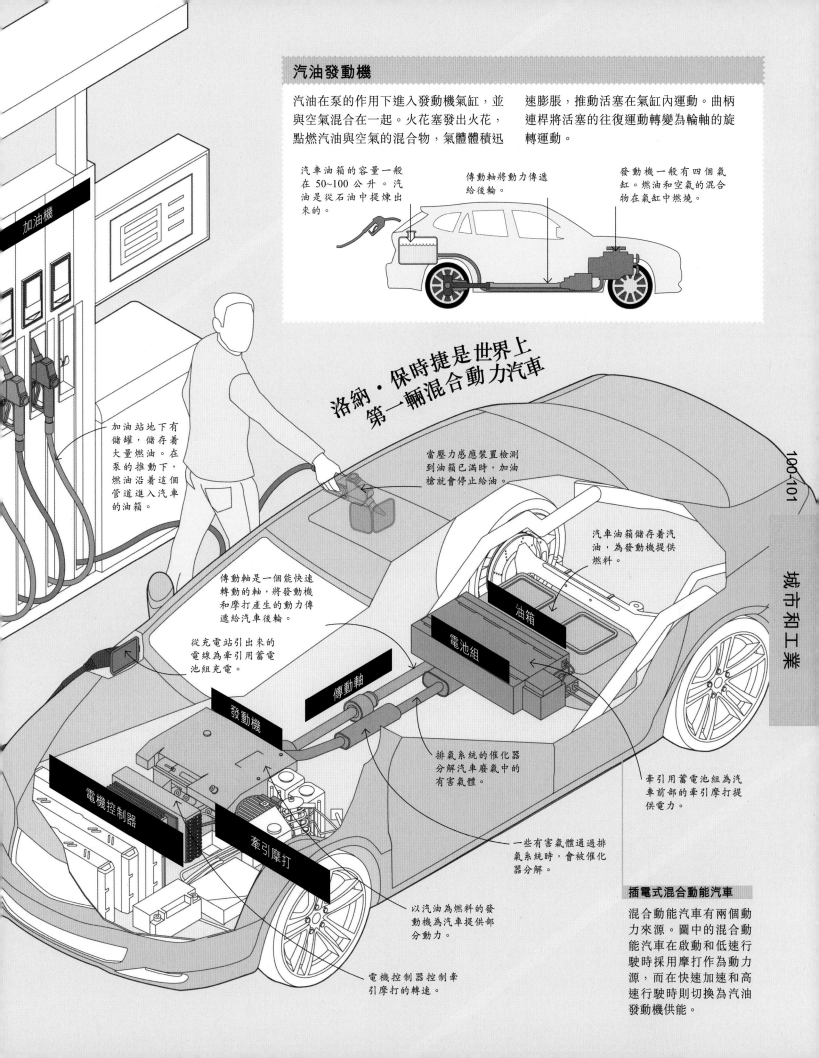

洛納·保時捷是世界上第一輛混合動力汽車

加油機

加油站地下有儲罐,儲存着大量燃油。在泵的推動下,燃油沿着這個管道進入汽車的油箱。

當壓力感應裝置檢測到油箱已滿時,加油槍就會停止給油。

汽車油箱儲存着汽油,為發動機提供燃料。

傳動軸是一個能快速轉動的軸,將發動機和摩打產生的動力傳遞給汽車後輪。

從充電站引出來的電線為牽引用蓄電池組充電。

油箱

電池組

傳動軸

發動機

電機控制器

牽引摩打

排氣系統的催化器分解汽車廢氣中的有害氣體。

牽引用蓄電池組為汽車前部的牽引摩打提供電力。

一些有害氣體通過排氣系統時,會被催化器分解。

以汽油為燃料的發動機為汽車提供部分動力。

電機控制器控制牽引摩打的轉速。

城市和工業

插電式混合動能汽車

混合動能汽車有兩個動力來源。圖中的混合動能汽車在啟動和低速行駛時採用摩打作為動力源,而在快速加速和高速行駛時則切換為汽油發動機供能。

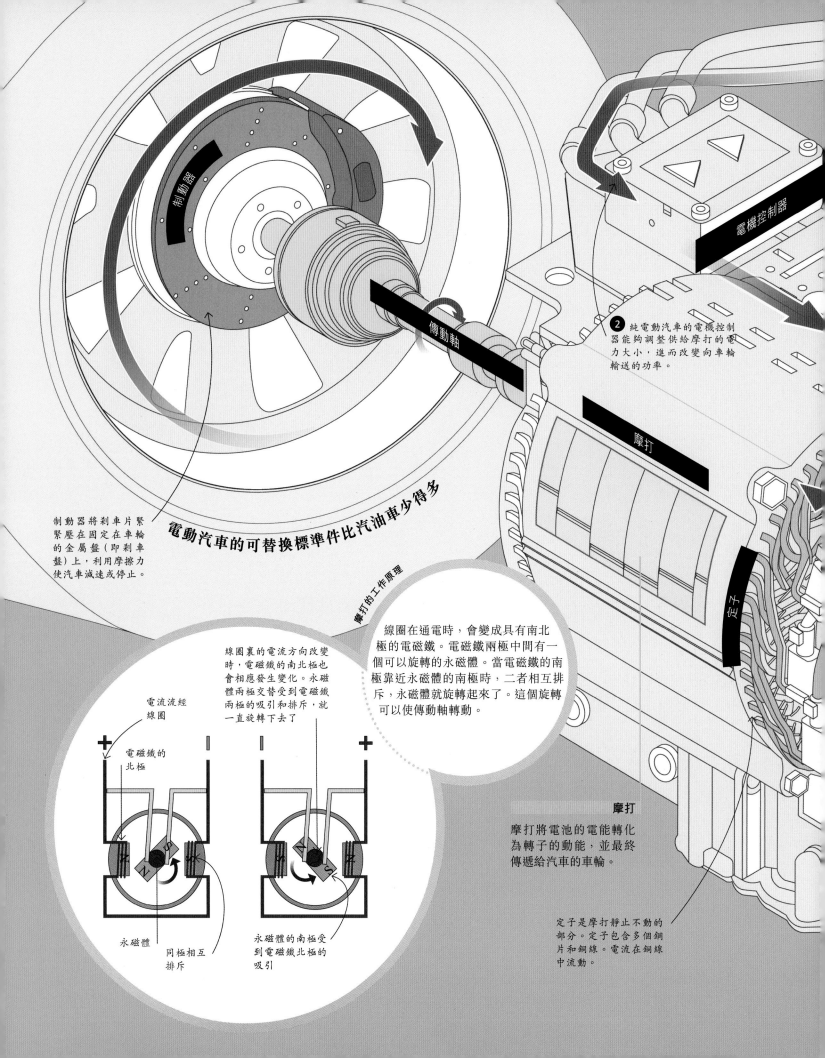

制動器

電機控制器

傳動軸

❷ 純電動汽車的電機控制器能夠調整供給摩打的電力大小，進而改變向車輪輸送的功率。

摩打

制動器將剎車片緊緊壓在固定在車輪的金屬盤（即剎車盤）上，利用摩擦力使汽車減速或停止。

電動汽車的可替換標準件比汽油車少得多

定子

摩打的工作原理

線圈在通電時，會變成具有南北極的電磁鐵。電磁鐵兩極中間有一個可以旋轉的永磁體。當電磁鐵的南極靠近永磁體的南極時，二者相互排斥，永磁體就旋轉起來了。這個旋轉可以使傳動軸轉動。

摩打

摩打將電池的電能轉化為轉子的動能，並最終傳遞給汽車的車輪。

線圈裏的電流方向改變時，電磁鐵的南北極也會相應發生變化。永磁體兩極交替受到電磁鐵兩極的吸引和排斥，就一直旋轉下去了

電流流經線圈

電磁鐵的北極

永磁體

同極相互排斥

永磁體的南極受到電磁鐵北極的吸引

定子是摩打靜止不動的部分。定子包含多個鋼片和銅線。電流在銅線中流動。

① 電力連接器將電力從車裏的鋰電池輸送到摩打。

③ 定子產生旋轉磁場。永磁體轉子在旋轉磁場中旋轉。

④ 轉子與太陽輪（即中心齒輪）連接在一起。太陽輪會帶動四個較小的行星齒輪轉動。

摩打

摩打在日常生活中隨處可見，智能手機的振動功能依賴微型摩打，重型船舶的航行離不開大型摩打產生的推動力。一輛汽車或卡車上可能配有 80 多台小型摩打，它們能夠驅動風扇、雨刮器和車鎖。電動汽車配有一台或多台強力的牽引摩打，用來轉動車輪，讓車子跑起來。汽油發動機在工作時會釋放出有害氣體，而牽引摩打不會釋放出有害氣體。

電動汽車的摩打轉速可達到
每分鐘 15,000 轉以上

差速器

轉彎時，車輛的外側車輪行駛的距離比內側車輪更長。差速器是一個齒輪傳動系統，能夠讓內側和外側外車輪以不同的速度轉動。

傘齒輪將動力傳遞給太陽輪和行星齒輪

半軸帶動車輪轉動

太陽輪帶動半軸轉動

行星齒輪

傳動軸帶動傘齒輪轉動

差速器傳動裝置

在標準差速器中，一個傘齒輪帶動兩個行星齒輪轉動，同時這兩個行星齒輪也能圍繞自己的軸旋轉。這樣一來，驅動內外車輪轉動的兩個半軸就能以不同的速度旋轉。一些電動汽車也通過改變車輪中輪轂摩打的速度來實現差速器的功能。

差速器

傳動軸

半軸

⑤ 行星架將太陽輪和行星齒輪的動力轉移到傳動軸上。

⑥ 傳動軸將動力傳遞給前輪。

半軸是連接差速器和車輪的那段傳動軸。

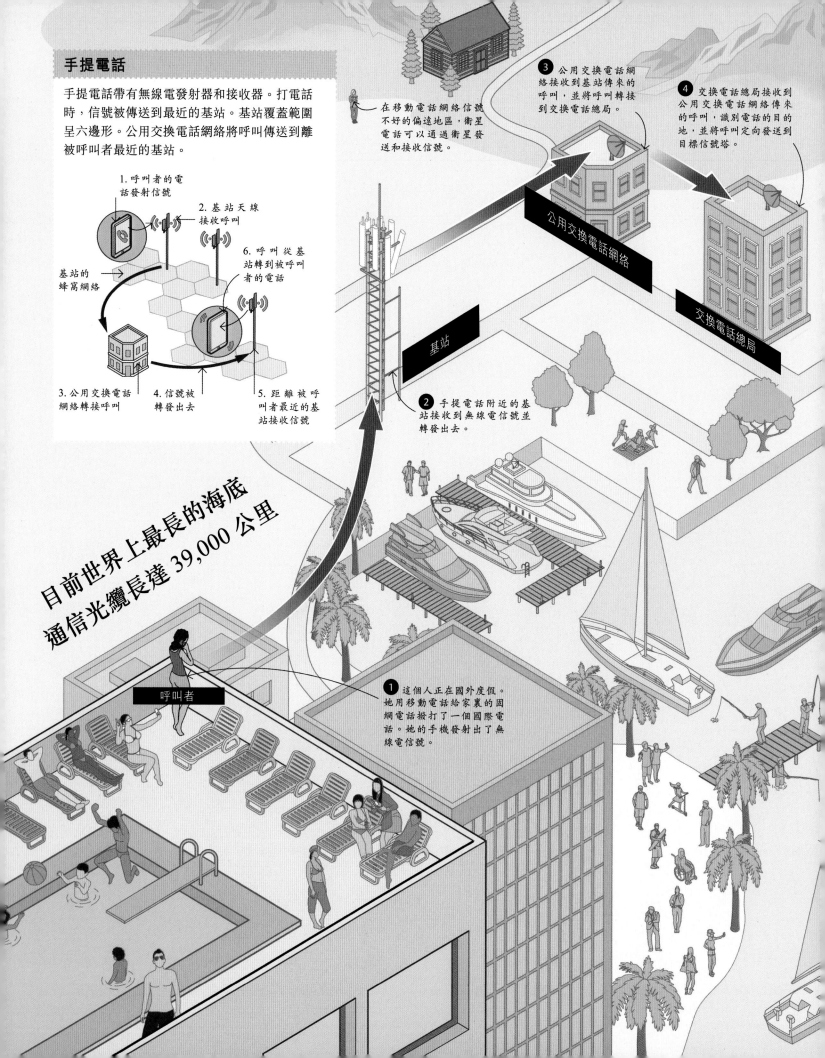

手提電話

手提電話帶有無線電發射器和接收器。打電話時，信號被傳送到最近的基站。基站覆蓋範圍呈六邊形。公用交換電話網絡將呼叫傳送到離被呼叫者最近的基站。

1. 呼叫者的電話發射信號

2. 基站天線接收呼叫

6. 呼叫從基站轉到被呼叫者的電話

基站的蜂窩網絡

3. 公用交換電話網絡轉接呼叫

4. 信號被轉發出去

5. 距離被呼叫者最近的基站接收信號

在移動電話網絡信號不好的偏遠地區，衛星電話可以通過衛星發送和接收信號。

❸ 公用交換電話網絡接收到基站傳來的呼叫，並將呼叫轉接到交換電話總局。

❹ 交換電話總局接收到公用交換電話網絡傳來的呼叫，識別電話的目的地，並將呼叫定向發送到目標信號塔。

公用交換電話網絡

交換電話總局

基站

❷ 手提電話附近的基站接收到無線電信號並轉發出去。

目前世界上最長的海底通信光纜長達 39,000 公里

呼叫者

❶ 這個人正在國外度假。她用移動電話撥打了家裏的固網電話撥打了一個國際電話。她的手機發射出了無線電信號。

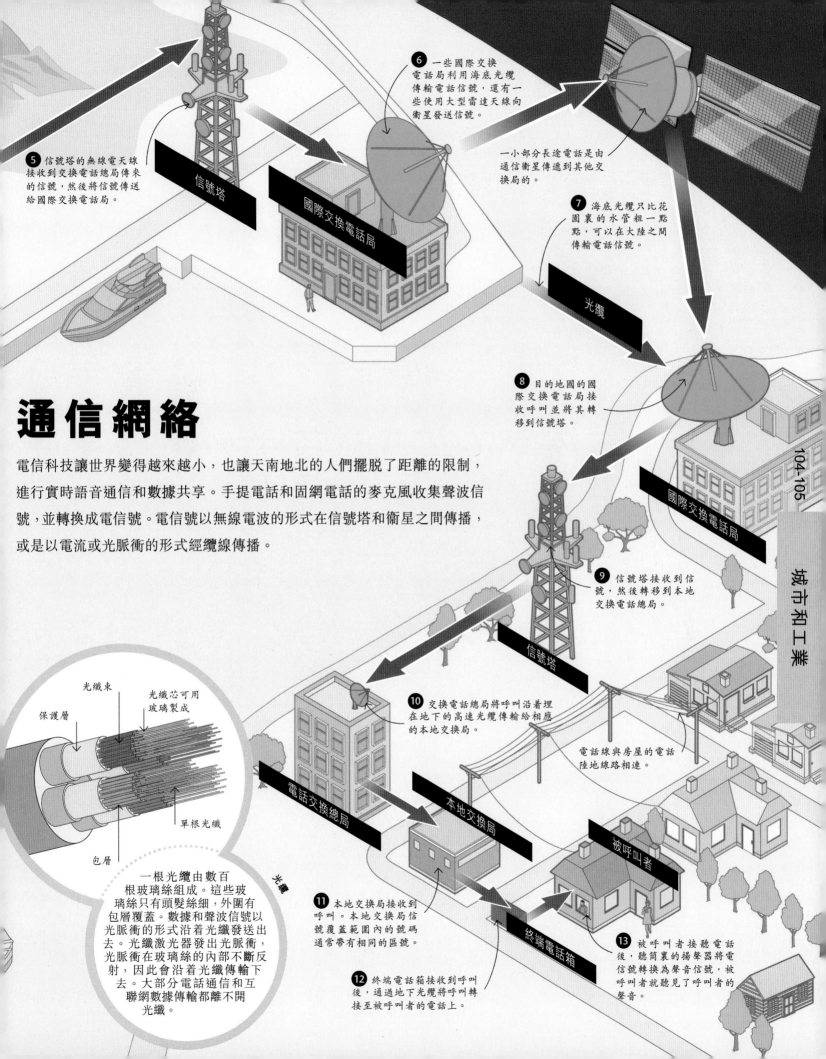

通信網絡

電信科技讓世界變得越來越小，也讓天南地北的人們擺脫了距離的限制，進行實時語音通信和數據共享。手提電話和固網電話的麥克風收集聲波信號，並轉換成電信號。電信號以無線電波的形式在信號塔和衛星之間傳播，或是以電流或光脈衝的形式經纜線傳播。

5 信號塔的無線電天線接收到交換電話總局傳來的信號，然後將信號傳送給國際交換電話局。

信號塔

6 一些國際交換電話局利用海底光纜傳輸電話信號，還有一些使用大型雷達天線向衛星發送信號。

國際交換電話局

一小部分長途電話是由通信衛星傳遞到其他交換局的。

7 海底光纜只比花園裏的水管粗一點點，可以在大陸之間傳輸電話信號。

光纜

8 目的地國的國際交換電話局接收呼叫並將其轉移到信號塔。

國際交換電話局

9 信號塔接收到信號，然後轉移到本地交換電話總局。

信號塔

10 交換電話總局將呼叫沿着埋在地下的高速光纜傳輸給相應的本地交換局。

電話線與房屋的電話陸地線路相連。

電話交換總局

本地交換局

被呼叫者

11 本地交換局接收到呼叫。本地交換局信號覆蓋範圍內的號碼通常帶有相同的區號。

終端電話箱

12 終端電話箱接收到呼叫後，通過地下光纜將呼叫轉接至被呼叫者的電話上。

13 被呼叫者接聽電話後，聽筒裏的揚聲器將電信號轉換為聲音信號，被呼叫者就聽見了呼叫者的聲音。

光纜束
光纖芯可用玻璃製成
保護層
單根光纖
包層

一根光纜由數百根玻璃絲組成。這些玻璃絲只有頭髮絲細，外圍有包層覆蓋。數據和聲波信號以光脈衝的形式沿着光纖發送出去。光纖激光器發出光脈衝，光脈衝在玻璃絲的內部不斷反射，因此會沿着光纖傳輸下去。大部分電話通信和互聯網數據傳輸都離不開光纖。

城市和工業

智能手機

智能手機是一種基於電腦和通信技術的手持設備。智能手機有着性能強大的微處理器芯片和內存芯片，可以同時運行多個應用程式，收發電子郵件和短信、傳輸數據、上傳與下載串流媒體音頻和視頻。大多數智能手機都使用 GPS（見第 108~109 頁）來導航。絕大多數智能手機都使用藍牙和近場通信（NFC）等無線技術與移動網絡及其他設備相連。

智能手機的中央處理器
每秒鐘可以執行多達
28 億條指令

中央處理器

中央處理器（CPU）是智能手機的控制中心。它與圖形處理器和內存芯片集成在一起。

手機外屏起到保護作用，頂端有揚聲器格柵。

這個小開口是前置攝像頭。

屏幕組件填充了蓋板玻璃與其他組件之間的狹窄空間。

子板是次電路板，起到補充主板功能的作用。

手機裏面的微型馬達可以使手機振動。

排線將主板和子板連接在一起。

移動應用程式是可以在智能手機上運行的遊戲、社交媒體或視頻等軟件。

屏幕

子板

摩打

觸摸屏

觸摸屏採集用戶做出的滑動和按壓等動作的信息，並轉換為信號，發送到手機的中央處理器。

揚聲器

揚聲器發生振動，帶動周圍的空氣振動，發出聲音。

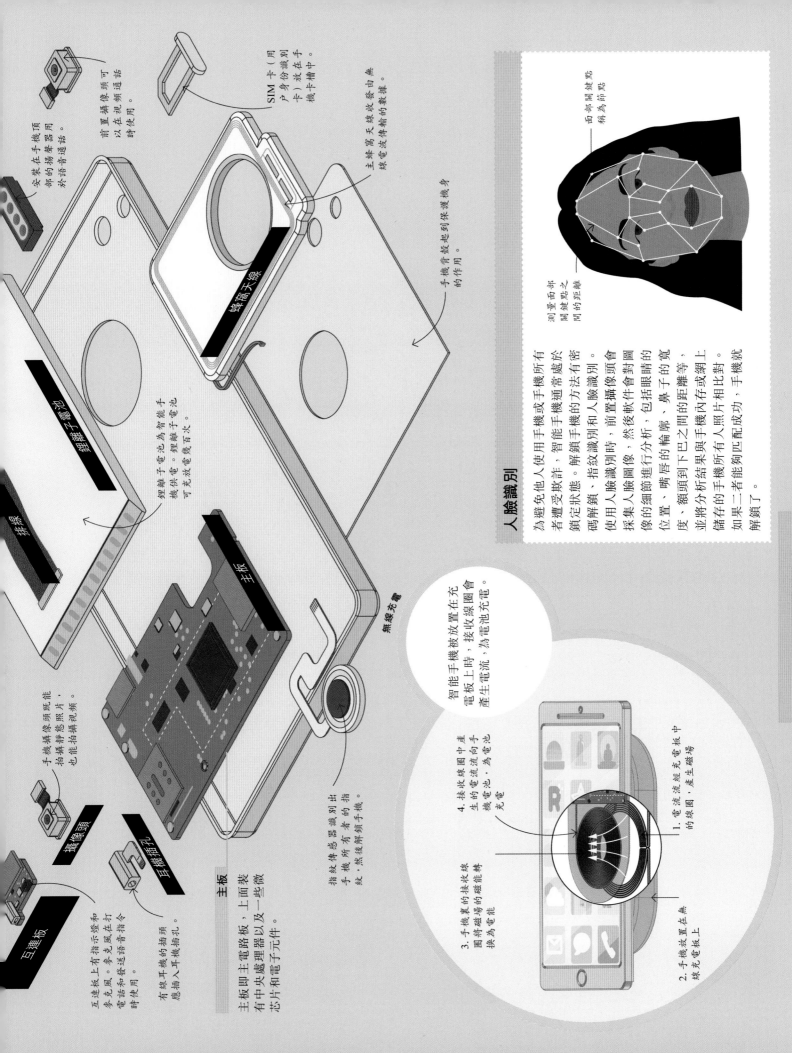

人臉識別

為避免他人使用手機或手機所有者遭受欺詐，智能手機通常處於鎖定狀態。解鎖手機的方法有密碼解鎖、指紋識別和人臉識別。

使用人臉識別時，前置攝像頭會採集人臉圖像，然後軟件會對圖像的細節進行分析，包括眼睛的位置、嘴唇的輪廓、鼻子的寬度、額頭到下巴之間的距離等，並將分析結果與手機內存或存網上儲存的手機所有人照片相比對。如果二者能夠匹配成功，手機就解鎖了。

測量面部關鍵點之間的距離

面部關鍵點稱為節點

安裝在手機頂部的揚聲器用於收聽語音。

前置攝像頭可以在視頻通話時使用。

SIM卡（用戶身份識別卡）放在手機卡槽中。

主峰窩天線收發電波傳輸的數據。

手機背殼起到保護機身的作用。

蜂窩天線

排線

鋰離子電池

鋰離子電池為智能手機供電。鋰離子電池可充放電幾百次。

手機攝像頭既能拍攝靜態照片，也能拍攝視頻。

攝像頭

耳機插孔

互連板上有各指示燈和麥克風。麥克風在打電話和發送語音指令時使用。

有線耳機的插頭應插入手機插孔。

主板

主板即主電路板，上面裝有中央處理器以及一些微芯片和電子元件。

指紋傳感器識別出手機所有者的指紋，然後解鎖手機。

互連板

無線充電

智能手機被放置在充電板上時，接收線圈會產生電流，為電池充電。

1. 電流流經充電板中的線圈，產生磁場。

2. 手機放置在充電板上。

3. 手機裏的接收線圈將磁場能轉換為電能。

4. 接收線圈中產生的電流向手機的電池，為電池充電。

城市和工業

衛星圍繞地球一圈的運行週期為 12 小時

衛星的平均軌道高度為 2.02 萬公里

GPS 衛星

GPS 衛星在太空中運行。大部分 GPS 衛星都是繞地球運行的。衛星搭載着原子鐘，並持續向地球傳輸帶有精確時間的無線電信號。

衛星 2

每顆衛星分別計算出自己在太空中所處的位置。

衛星 1

衛星的覆蓋範圍

美國的 GPS 系統由 24 顆衛星組成。它們每天繞地球運行兩圈，在不同高度的中高軌道上運行，幾乎能覆蓋地球的所有角落。

2 這顆衛星每秒鐘向地球發射多次信號，傳輸關於位置和時間的數據。

山區救援人員使用 GPS 為救援隊和搜救犬定位，從而規劃出前往被困人員所在地的道路。

GPS 接收器的屏幕上可以顯示信號強度，並在實時刷新的數字地圖上顯示接收器的精確位置。

GPS 接收器

3 GPS 接收器接收四顆衛星的信號，計算接收器與衛星之間的距離，並據此計算出接收器的具體位置。顯示屏會顯示出接收器的坐標數據或將坐標體現在地圖中。

戴在狗身上的追蹤器與 GPS 接收器通信。GPS 接收器能夠獲取並更新狗的位置。

這隻救援狗的背心上固定着帶有小型無線電發射器的跟蹤裝置。

GPS 可以監測火山周圍的陸地運動，預測火山噴發時

研究人員為野生動物佩戴 GPS 頸圈，用來追蹤野生動物的位置，了解它們的活動、進食習慣及領地，還能防止偷獵者的偷獵。

追蹤動物

衛星 3

衛星 4

衛星向監測站傳輸目標物體的海拔高度、速度和位置等數據。

全球定位系統

全球定位系統（GPS）利用圍繞地球運行的衛星定位在地球表面的人或設備，一般定位精度為米級。車載導航及路線規劃、智能手錶和手機的定位與運動跟蹤，還有船隻、飛機和移動機器人的導航系統都離不開 GPS。

① 圓盤式衛星天線通過無線電波向衛星發送數據和程序。

大型防風雨雷達罩保護着脆弱的天線。

監測站檢查原子鐘的偏差以及衛星的軌道和性能問題。

監測站與地面站和主控站進行通信。

地面站

地面站分佈在世界各地。它們向 GPS 衛星發送程序和命令，並收集 GPS 衛星傳來的性能數據和遙測數據。

監測站

地面站

如何確定位置

GPS 接收器接收到多顆衛星同時發出的信號，並根據信號到達接收器所需的時間計算出二者之間的距離。已知一顆衛星的距離時，我們就能知道，接收器位於以衛星為中心、以這個距離為半徑的球體之上。已知三顆以上衛星的距離時，我們就可以根據這些球體的交點，確定接收器的位置。

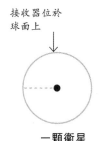

接收器位於球面上

一顆衛星
已知接收器到一顆衛星的距離，我們就能知道，接收器位於以這顆衛星為中心、以該距離為半徑的球面上。

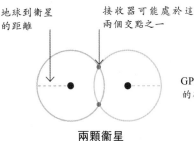

地球到衛星的距離

接收器可能處於這兩個交點之一

兩顆衛星
兩顆衛星同時運行時，接收器的位置就縮小到了這兩個球體的交點。

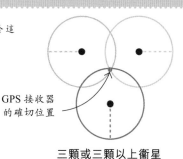

GPS 接收器的確切位置

三顆或三顆以上衛星
第三顆衛星幫助確認接收器的精確位置。第四顆衛星用於同步接收器和衛星的時鐘。

手錶、喇叭、雪櫃等設備能夠連接到互聯網中，以實現數據的共享以及設備的遠程操控等功能。

物聯網

❸ 路由器將數據包發送到更廣泛的互聯網中或局域網數據中心。路由器將不同網絡連接在一起。

本地互聯網流量通過移動信號塔和電纜發送至電信中心。

❷ 無線路由器可以將數據包直接發送至互聯網服務提供商的數據中心，也可以先發送給當地的電信中心，再由電信中心轉發出去。

電信中心

視頻通話需要在設備之間傳輸視頻和聲音，對網速的要求較高。

想要瀏覽某個網頁，可以在地址欄輸入相應的網址，或在搜索引擎中搜索該網頁，並在搜索結果列表中直接選中。

無線路由器將家庭和辦公場所的無線設備連接到互聯網上。

電子郵件可以發送音頻、圖像、文檔和程式文件。

❶ 文件被分成多個數據包，每個數據包都有發送人的地址和目標收件人的地址。

網站如何工作

網頁儲存在 web 服務器上。每個網頁都有唯一的地址，稱為網址（URL，即統一資源定位符）。用戶單擊搜索結果時，將向 web 服務器發送請求，目的是跳轉到這個網址。域名系統（DNS）使用網址來識別網際協議地址（IP 地址），然後通過互聯網發送到用戶的設備上。

1.用戶輸入搜索詞

3.返回給用戶的結果列表

4.用戶從列表中選擇網頁

7.網頁顯示在用戶的屏幕上

數據中心

服務器

2.搜索請求發送至數據中心

5.web 服務器收到網頁請求

6.web 服務器將網頁發送至用戶的路由器

路由器

發送數據

照片等文件通過互聯網發送時，會被分割成較小的部分，稱為數據包。這會提高互聯網的效率。

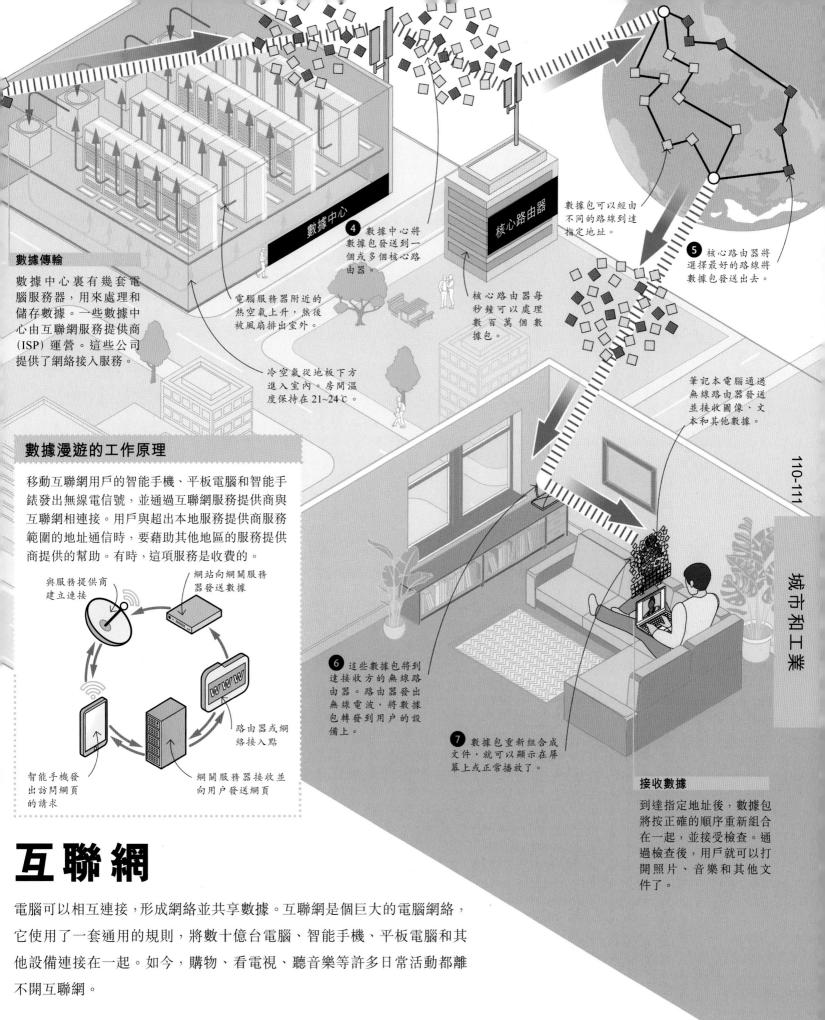

數據傳輸

數據中心裏有幾套電腦服務器，用來處理和儲存數據。一些數據中心由互聯網服務提供商（ISP）運營。這些公司提供了網絡接入服務。

數據中心

④ 數據中心將數據包發送到一個或多個核心路由器。

電腦服務器附近的熱空氣上升，然後被風扇排出室外。

冷空氣從地板下方進入室內。房間溫度保持在 21~24℃。

核心路由器

核心路由器每秒鐘可以處理數百萬個數據包。

數據包可以經由不同的路線到達指定地址。

⑤ 核心路由器將選擇最好的路線將數據包發送出去。

筆記本電腦通過無線路由器發送並接收圖像、文本和其他數據。

數據漫遊的工作原理

移動互聯網用戶的智能手機、平板電腦和智能手錶發出無線電信號，並通過互聯網服務提供商與互聯網相連接。用戶與超出本地服務提供商服務範圍的地址通信時，要藉助其他地區的服務提供商提供的幫助。有時，這項服務是收費的。

與服務提供商建立連接

網站向網關服務器發送數據

智能手機發出訪問網頁的請求

路由器或網絡接入點

網關服務器接收並向用戶發送網頁

⑥ 這些數據包將到達接收方的無線路由器。路由器發出無線電波，將數據包轉發到用戶的設備上。

⑦ 數據包重新組合成文件，就可以顯示在屏幕上或正常播放了。

接收數據

到達指定地址後，數據包將按正確的順序重新組合在一起，並接受檢查。通過檢查後，用戶就可以打開照片、音樂和其他文件了。

互聯網

電腦可以相互連接，形成網絡並共享數據。互聯網是個巨大的電腦網絡，它使用了一套通用的規則，將數十億台電腦、智能手機、平板電腦和其他設備連接在一起。如今，購物、看電視、聽音樂等許多日常活動都離不開互聯網。

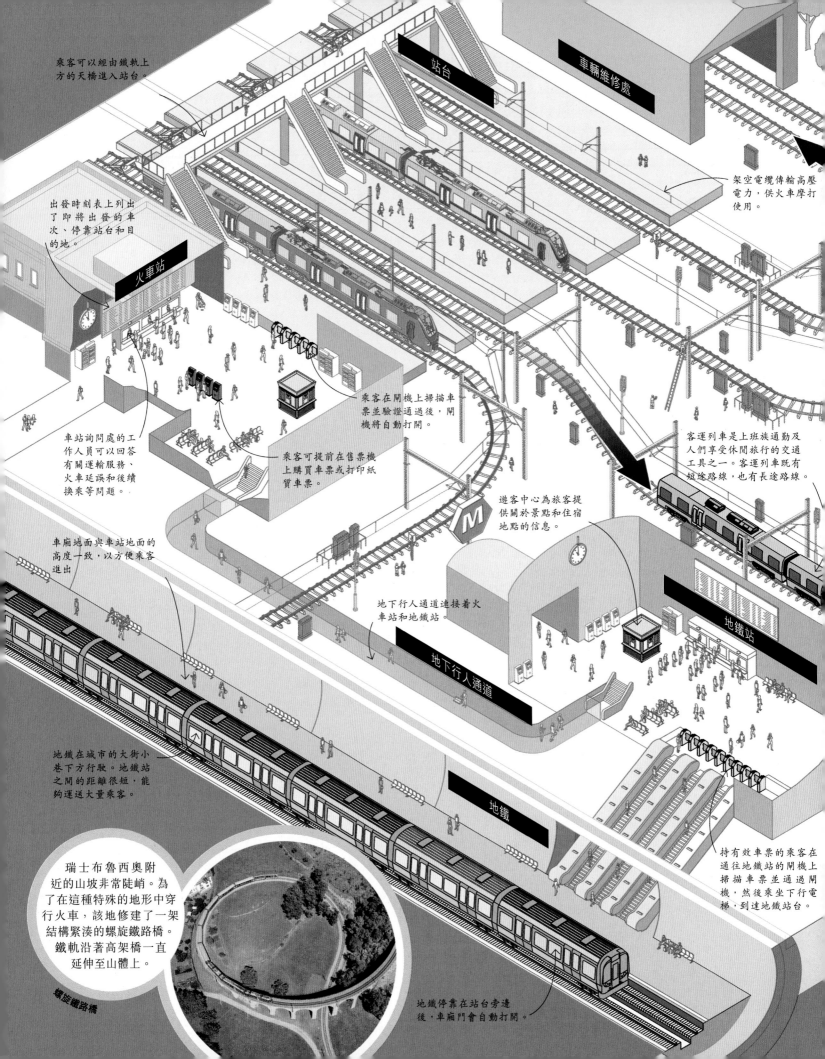

乘客可以經由鐵軌上方的天橋進入站台。

站台

車輛維修處

架空電纜傳輸高壓電力，供火車摩打使用。

出發時刻表上列出了即將出發的車次、停靠站台和目的地。

火車站

車站詢問處的工作人員可以回答有關運輸服務、火車延誤和後續換乘等問題。

乘客可提前在售票機上購買車票或打印紙質車票。

乘客在閘機上掃描車票並驗證通過後，閘機將自動打開。

客運列車是上班族通勤及人們享受休閒旅行的交通工具之一。客運列車既有短途路線，也有長途路線。

車廂地面與車站地面的高度一致，以方便乘客進出

遊客中心為旅客提供關於景點和住宿地點的信息。

地下行人通道連接着火車站和地鐵站。

地下行人通道

地鐵站

地鐵在城市的大街小巷下方行駛。地鐵站之間的距離很短，能夠運送大量乘客。

地鐵

持有效車票的乘客在通往地鐵站的閘機上掃描車票並通過閘機，然後乘坐下行電梯，到達地鐵站台。

瑞士布魯西奧附近的山坡非常陡峭。為了在這種特殊的地形中穿行火車，該地修建了一架結構緊湊的螺旋鐵路橋。鐵軌沿著高架橋一直延伸至山體上。

螺旋鐵路橋

地鐵停靠在站台旁邊後，車廂門會自動打開。

日本新宿站的日均人流量達 360 萬，是世界上最繁忙的火車站

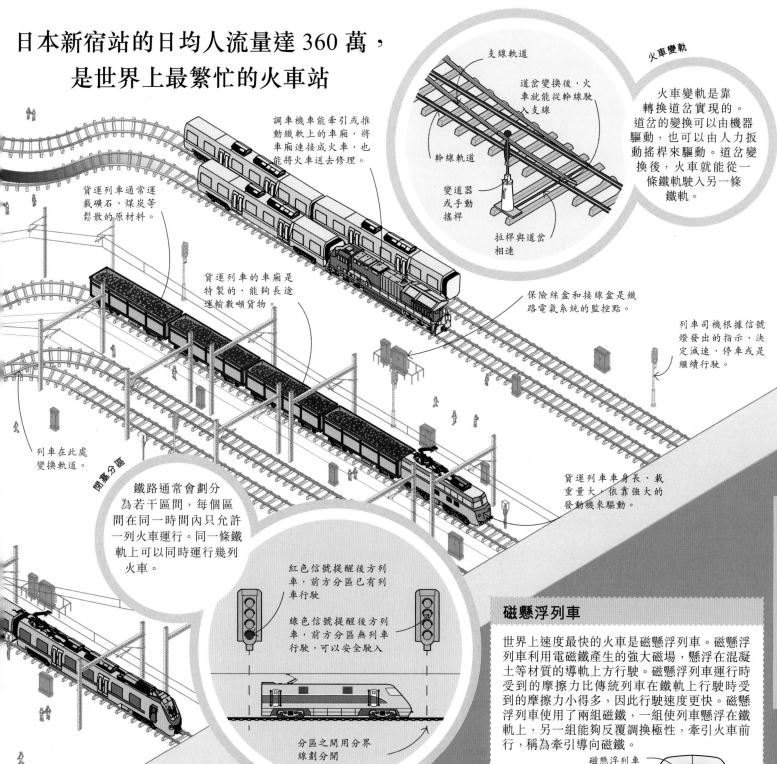

調車機車能牽引或推動鐵軌上的車廂，將車廂連接成火車，也能將火車送去修理。

貨運列車通常運載礦石、煤炭等鬆散的原材料。

貨運列車的車廂是特製的，能夠長途運輸數噸貨物。

列車在此處變換軌道。

閉塞分區

鐵路通常會劃分為若干區間，每個區間在同一時間內只允許一列火車運行。同一條鐵軌上可以同時運行幾列火車。

支線軌道

道岔變換後，火車就能從幹線駛入支線

幹線軌道

變道器或手動搖桿

拉桿與道岔相連

火車變軌

火車變軌是靠轉換道岔實現的。道岔的變換可以由機器驅動，也可以由人力扳動搖桿來驅動。道岔變換後，火車就能從一條鐵軌駛入另一條鐵軌。

保險絲盒和接線盒是鐵路電氣系統的監控點。

列車司機根據信號燈發出的指示，決定減速、停車或是繼續行駛。

貨運列車車身長、載重量大，依靠強大的發動機來驅動。

紅色信號提醒後方列車，前方分區已有列車行駛

綠色信號提醒後方列車，前方分區無列車行駛，可以安全駛入

分區之間用分界線劃分開

磁懸浮列車

世界上速度最快的火車是磁懸浮列車。磁懸浮列車利用電磁鐵產生的強大磁場，懸浮在混凝土等材質的導軌上方行駛。磁懸浮列車運行時受到的摩擦力比傳統列車在鐵軌上行駛時受到的摩擦力小得多，因此行駛速度更快。磁懸浮列車使用了兩組磁鐵，一組使列車懸浮在鐵軌上，另一組能夠反覆調換極性，牽引火車前行，稱為牽引導向磁鐵。

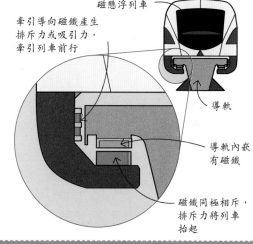

磁懸浮列車

牽引導向磁鐵產生排斥力或吸引力，牽引列車前行

導軌

導軌內嵌有磁鐵

磁鐵同極相斥，排斥力將列車抬起

鐵 路

鐵路是許多國家運輸系統的支柱。全球鐵路長度超過 140 萬公里。火車既能承載旅客，也能運輸貨物。大型火車站是城市裏的重要交通樞紐，通常與地鐵等交通網絡系統相連。

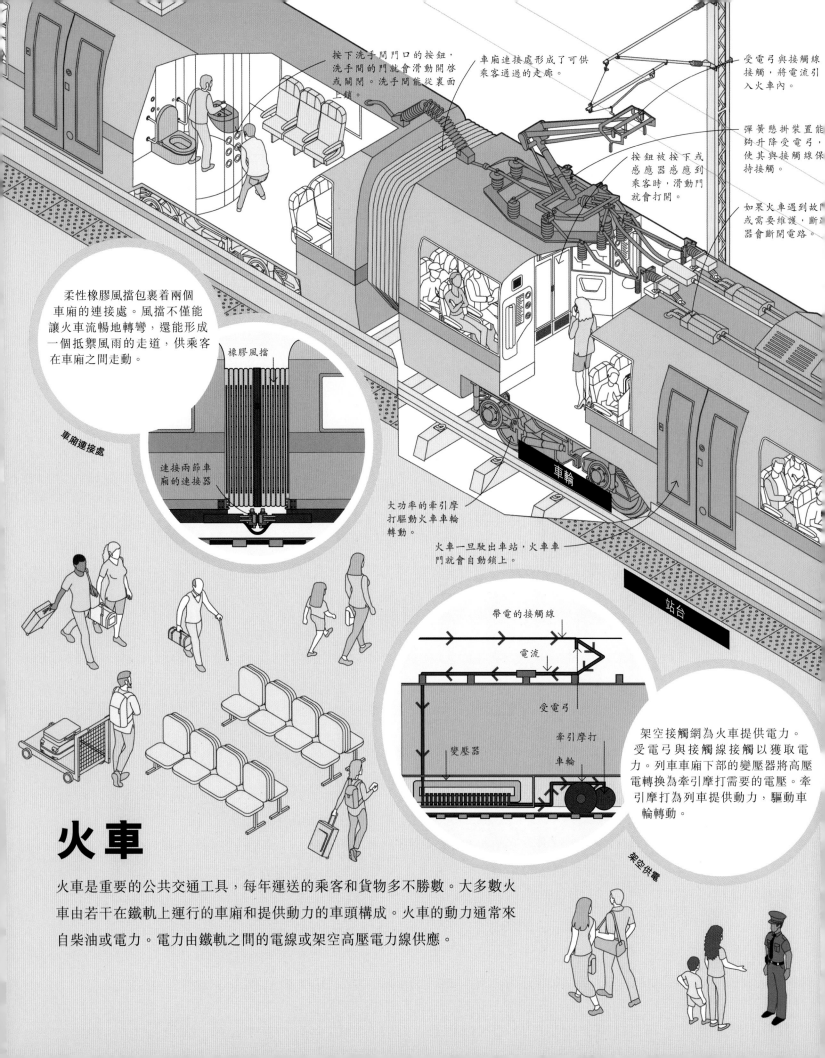

按下洗手間門口的按鈕，洗手間的門就會滑動開啓或關閉。洗手間能從裏面上鎖。

車廂連接處形成了可供乘客通過的走廊。

受電弓與接觸線接觸，將電流引入火車內。

彈簧懸掛裝置能夠升降受電弓，使其與接觸線保持接觸。

按鈕被按下或感應器感應到乘客時，滑動門就會打開。

如果火車遇到故障或需要維護，斷路器會斷開電路。

柔性橡膠風擋包裹着兩個車廂的連接處。風擋不僅能讓火車流暢地轉彎，還能形成一個抵禦風雨的走道，供乘客在車廂之間走動。

橡膠風擋

車廂連接處

連接兩節車廂的連接器

車輪

大功率的牽引摩打驅動火車車輪轉動。

火車一旦駛出車站，火車車門就會自動鎖上。

站台

帶電的接觸線

電流

受電弓

牽引摩打

車輪

變壓器

架空接觸網為火車提供電力。受電弓與接觸線接觸以獲取電力。列車車廂下部的變壓器將高壓電轉換為牽引摩打需要的電壓。牽引摩打為列車提供動力，驅動車輪轉動。

架空供電

火車

火車是重要的公共交通工具，每年運送的乘客和貨物多不勝數。大多數火車由若干在鐵軌上運行的車廂和提供動力的車頭構成。火車的動力通常來自柴油或電力。電力由鐵軌之間的電線或架空高壓電力線供應。

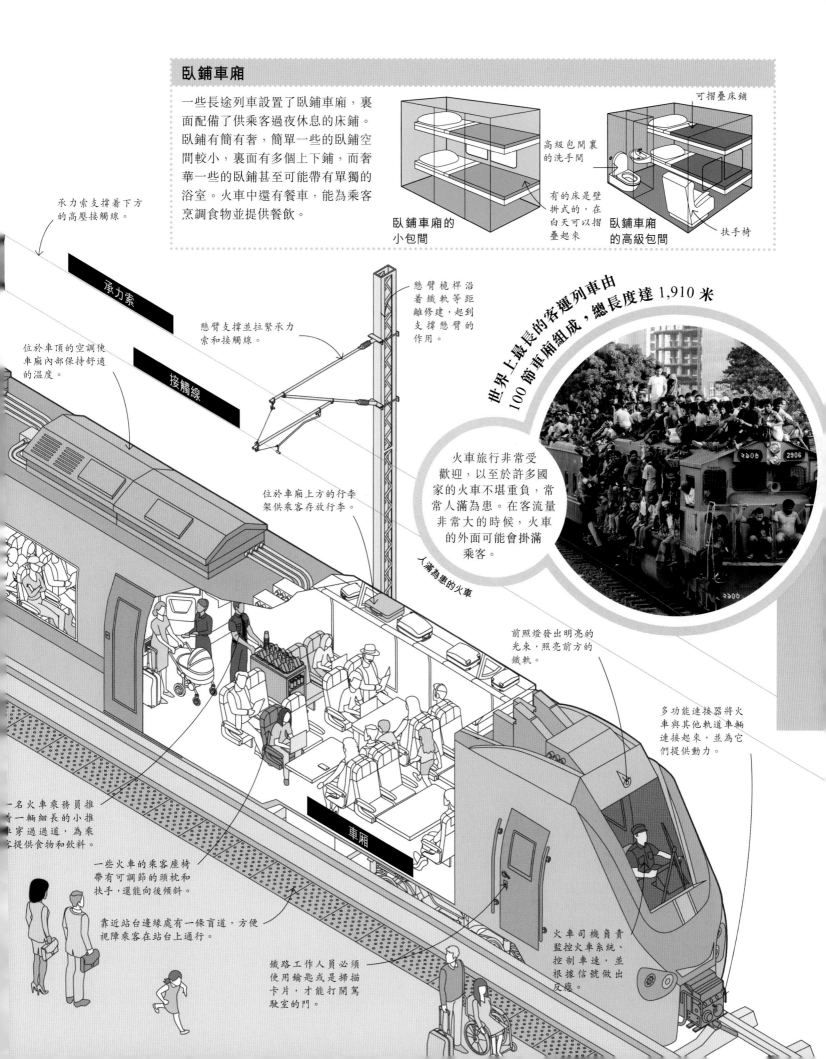

臥鋪車廂

一些長途列車設置了臥鋪車廂，裏面配備了供乘客過夜休息的床鋪。臥鋪有簡有奢，簡單一些的臥鋪空間較小，裏面有多個上下鋪，而奢華一些的臥鋪甚至可能帶有單獨的浴室。火車中還有餐車，能為乘客烹調食物並提供餐飲。

可摺疊床鋪

高級包間裏的洗手間

有的床是壁掛式的，在白天可以摺疊起來

扶手椅

臥鋪車廂的小包間

臥鋪車廂的高級包間

承力索支撐着下方的高壓接觸線。

承力索

接觸線

懸臂桅桿沿着鐵軌等距離修建，起到支撐懸臂的作用。

懸臂支撐並拉緊承力索和接觸線。

位於車頂的空調使車廂內部保持舒適的溫度。

位於車廂上方的行李架供乘客存放行李。

世界上最長的客運列車由100節車廂組成，總長度達1,910米

火車旅行非常受歡迎，以至於許多國家的火車不堪重負，常常人滿為患。在客流量非常大的時候，火車的外面可能會掛滿乘客。

人滿為患的火車

前照燈發出明亮的光束，照亮前方的鐵軌。

多功能連接器將火車與其他軌道車輛連接起來，並為它們提供動力。

一名火車乘務員推着一輛細長的小推車穿過過道，為乘客提供食物和飲料。

車廂

一些火車的乘客座椅帶有可調節的頭枕和扶手，還能向後傾斜。

靠近站台邊緣處有一條盲道，方便視障乘客在站台上通行。

鐵路工作人員必須使用鑰匙或是掃描卡片，才能打開駕駛室的門。

火車司機負責監控火車系統、控制車速，並根據信號做出反應。

探測鯨魚的運動軌跡

每年都有許多鯨在與大型船隻相撞後不幸死亡。探測鯨的運動軌跡可以減小兩者相撞的可能性。裝有水下麥克風的浮標利用人工智能技術來識別鯨魚，然後向船長發出警報。船長收到警報後，可以及時採取減速或改變航向等措施。

「海洋奇跡號」郵船是世界上最大的郵船，長度超過 360 米，寬約 64 米

休閒娛樂

休閒娛樂活動包括烹飪和手工課程、現場表演、運動、游泳等。許多客人也會選擇放空自己，盡情享受周圍的風景。

客艙可供遊客休息、洗浴、存放行李等。一些郵船還提供陽台房以及豪華的放鬆休息設施。

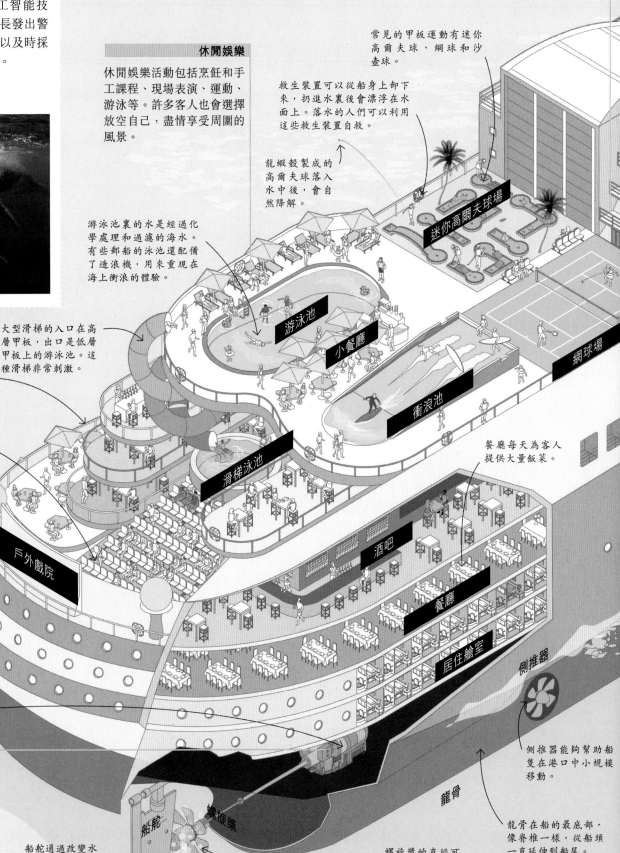

常見的甲板運動有迷你高爾夫球、網球和沙壺球。

救生裝置可以從船身上卸下來，扔進水裏後會漂浮在水面上。落水的人們可以利用這些救生裝置自救。

龍蝦殼製成的高爾夫球落入水中後，會自然降解。

游泳池裏的水是經過化學處理和過濾的海水。有些郵船的泳池還配備了造浪機，用來重現在海上衝浪的體驗。

大型滑梯的入口在高層甲板，出口是低層甲板上的游泳池。這種滑梯非常刺激。

甲板邊緣裝有安全護欄，可以防止人們掉入水中。

郵船上設有戶外戲院和劇院。乘客可以一邊吹着海風，一邊看電影和各種表演。

船體是郵船的主體部分。甲板將船體分為若干層，而艙壁將每層空間分隔為更小的隔間。

迷你高爾夫球場

游泳池

小餐廳

衝浪池

網球場

滑梯泳池

餐廳每天為客人提供大量飯菜。

戶外戲院

酒吧

餐廳

居住艙室

側推器

側推器能夠幫助船隻在港口中小規模移動。

驅動螺旋槳的動力由柴油電力驅動系統或燃氣渦輪發動機提供。

推力

發動機驅動軸承旋轉，軸承帶動螺旋槳葉片轉動。葉片將水向後推，產生一種反作用力，稱為推力，推動船隻前進。

船舵

螺旋槳

船舵通過改變水的流向來改變船的航向。

螺旋槳的直徑可達數米。

龍骨

龍骨在船的最底部，像脊椎一樣，從船頭一直延伸到船尾。

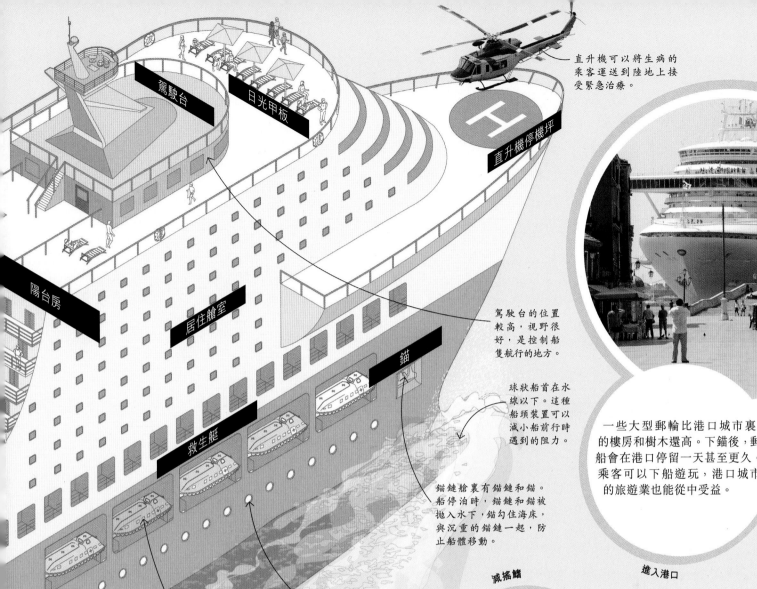

駕駛台

日光甲板

直升機停機坪

直升機可以將生病的乘客運送到陸地上接受緊急治療。

陽台房

居住艙室

錨

救生艇

駕駛台的位置較高，視野很好，是控制船隻航行的地方。

球狀船首在水線以下。這種船頭裝置可以減小船前行時遇到的阻力。

錨鏈艙裏有錨鏈和錨。船停泊時，錨鏈和錨被拋入水下，錨勾住海床，與沉重的錨鏈一起，防止船體移動。

舷窗是設置在船側等處的圓形窗戶。它們的防水性能非常強大，也能打開通風。

救生艇用於在緊急情況下疏散乘客和船員。有些救生艇可以容納多達 150 名乘客。

減搖鰭位於船體兩側，有助於保持船體的穩定性。

減搖鰭

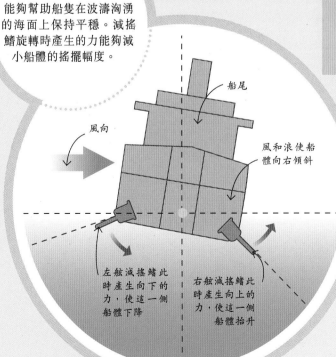

一些大型郵輪比港口城市裏的樓房和樹木還高。下錨後，郵船會在港口停留一天甚至更久。乘客可以下船遊玩，港口城市的旅遊業也能從中受益。

進入港口

減搖鰭

減搖鰭是一種水下減搖裝置，呈翼狀，能夠幫助船隻在波濤洶湧的海面上保持平穩。減搖鰭旋轉時產生的力能夠減小船體的搖擺幅度。

船尾

風向

風和浪使船體向右傾斜

左舷減搖鰭此時產生向下的力，使這一側船體下降

右舷減搖鰭此時產生向上的力，使這一側船體抬升

郵輪

船之所以能漂浮在水面上，是因為它能排走與船全部重量相等的水。因此，即使是郵輪這種巨型船隻也不會沉入水底。最大的郵輪能夠承載多達 9,000 名乘客和船員，還能攜帶足夠食物和日常用品，像一座漂浮的城市，足以為大家提供舒適的航行體驗。

遊艇

遊艇是帶有住宿設施的船舶，能夠供乘客在水上遊玩數日。高速、有帆的輕型遊艇用於遊覽和比賽。超級遊艇體型巨大，建造費用高達數百萬美元，甚至更多。

世界最快帆船紀錄的保持者是澳洲水手保羅・拉森，航行速度高達每小時 121 公里

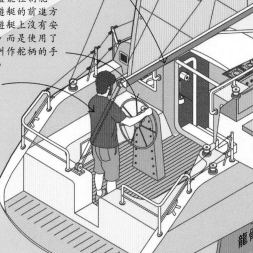

三角形的前帆安裝在桅桿的前側，能夠提高遊艇的穩定性和速度。

桅桿是用來支撐船帆的長桿，立於甲板上。

主帆是遊艇上最大的帆，安裝在桅桿後面，藉助風力來推動船隻前進。

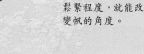
風帆遊艇

帆桿與桅桿底部相連，與主帆底部平行。

這個方向盤能控制舵，從而改變遊艇的前進方向。一些遊艇上沒有安裝方向盤，而是使用了一種名字叫作舵柄的手動控制桿。

舵手負責駕駛遊艇，還會指揮船員更換並調整船帆。

生活區有廚房、床、起居區和浴室。

帆的角度可以調節。改變纜繩的鬆緊程度，就能改變帆的角度。

艇身是防水的。艇體內部充滿了空氣，因此艇的整體密度比水小，能夠漂浮在水面上。

龍骨有助於平衡艇體兩側所受的力，防止遊艇傾覆或因風力而傾斜。

帆船轉向

「迎風」是一種巧妙的帆船駕駛技術，指帆船可以在人為操縱下逆風行駛。舵手和工作人員不斷調整船帆的角度，改變船頭的方向，讓船體呈「之」字形逆風前進。

5. 遊艇航向改變，破風而行

4. 船帆被移動到船體左側

3. 遊艇方向與風向平行時，船帆被移動到船體中央

2. 船帆被移動到船體右側

1. 遊艇開始行駛，此時風從左邊吹來，稱為左舷受風

風從這個方向吹過來

遊艇的航行路線

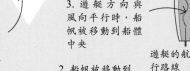

舵通過鉸鏈結構垂直安裝在船體下方。舵的角度可以偏轉，從而使遊艇轉向。

舵

龍骨

艇身

「阿扎姆號」遊艇是世界上最長的超級遊艇，船身長達 180 米

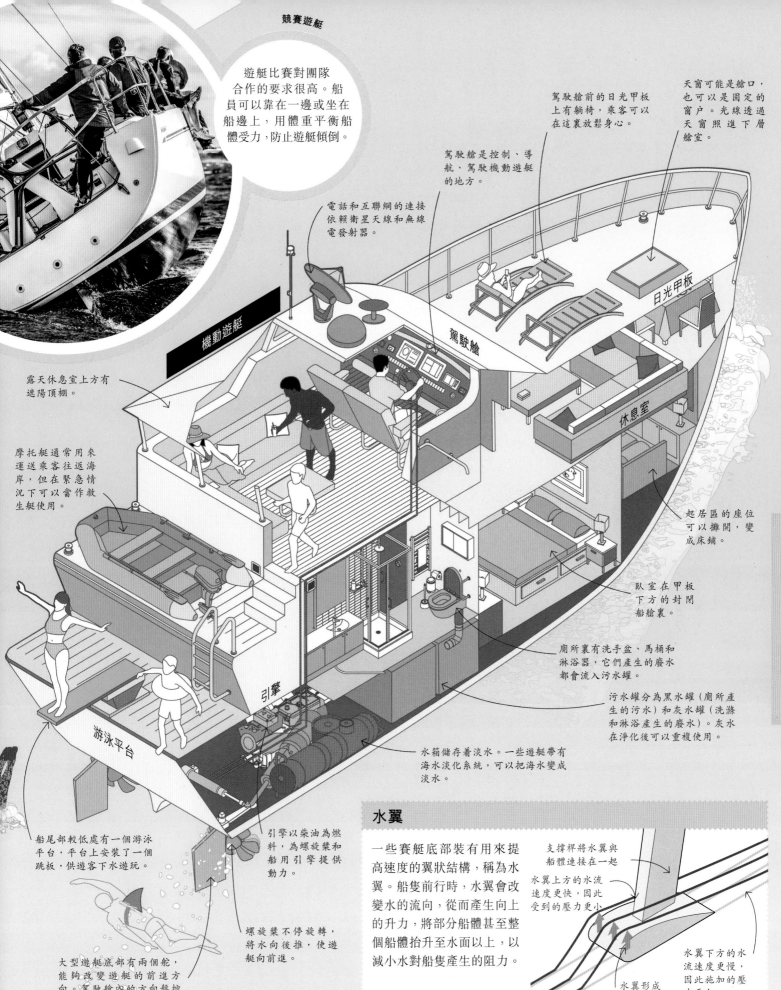

競賽遊艇

遊艇比賽對團隊合作的要求很高。船員可以靠在一邊或坐在船邊上,用體重平衡船體受力,防止遊艇傾倒。

駕駛艙前的日光甲板上有躺椅,乘客可以在這裏放鬆身心。

天窗可能是艙口,也可以是固定的窗戶。光線透過天窗照進下層艙室。

駕駛艙是控制、導航、駕駛機動遊艇的地方。

電話和互聯網的連接依賴衛星天線和無線電發射器。

機動遊艇

日光甲板

露天休息室上方有遮陽頂棚。

休息室

摩托艇通常用來運送乘客往返海岸,但在緊急情況下可以當作救生艇使用。

起居區的座位可以攤開,變成床鋪。

臥室在甲板下方的封閉船艙裏。

廁所裏有洗手盆、馬桶和淋浴器,它們產生的廢水都會流入污水罐。

污水罐分為黑水罐(廁所產生的污水)和灰水罐(洗滌和淋浴產生的廢水)。灰水在淨化後可以重複使用。

引擎

游泳平台

水箱儲存着淡水。一些遊艇帶有海水淡化系統,可以把海水變成淡水。

船尾部較低處有一個游泳平台,平台上安裝了一個跳板,供遊客下水遊玩。

引擎以柴油為燃料,為螺旋槳和船用引擎提供動力。

螺旋槳不停旋轉,將水向後推,使遊艇向前進。

大型遊艇底部有兩個舵,能夠改變遊艇的前進方向。駕駛艙內的方向盤控制這兩個舵的方向。

水翼

一些賽艇底部裝有用來提高速度的翼狀結構,稱為水翼。船隻前行時,水翼會改變水的流向,從而產生向上的升力,將部分船體甚至整個船體抬升至水面以上,以減小水對船隻產生的阻力。

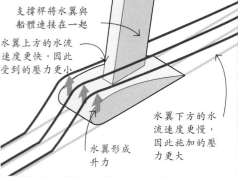

支撐桿將水翼與船體連接在一起

水翼上方的水流速度更快,因此受到的壓力更小

水翼下方的水流速度更慢,因此施加的壓力更大

水翼形成升力

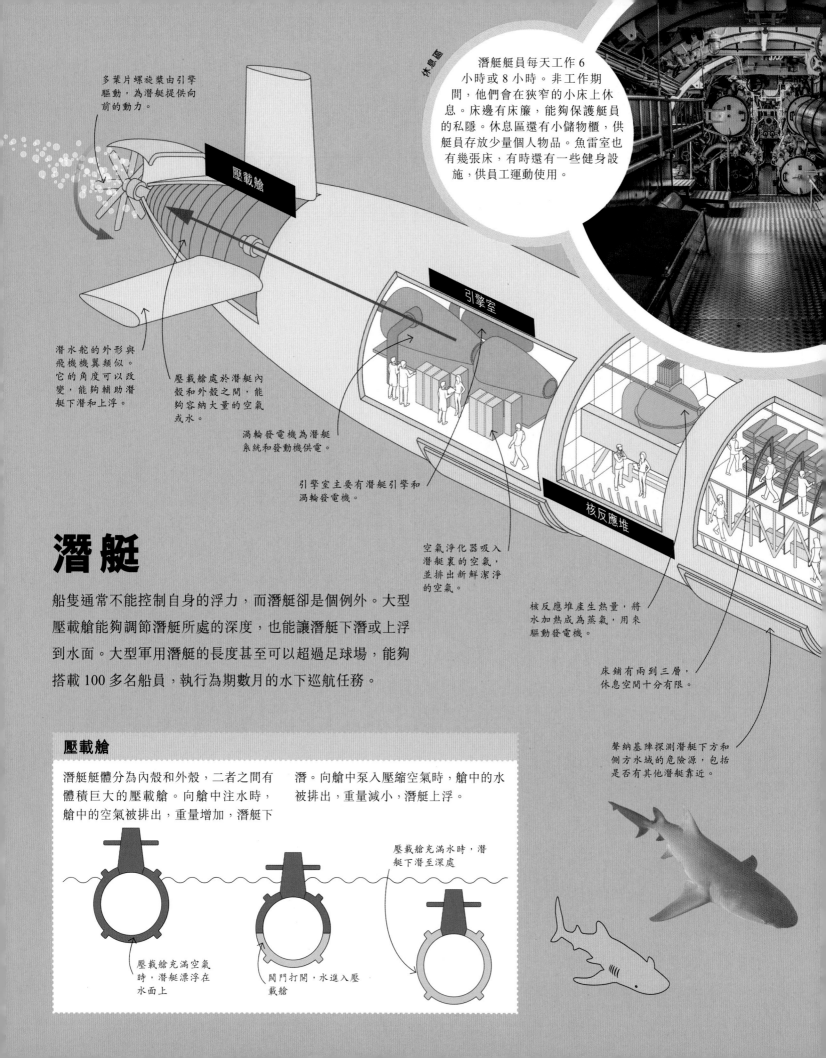

多葉片螺旋槳由引擎驅動，為潛艇提供向前的動力。

壓載艙

潛水舵的外形與飛機機翼類似。它的角度可以改變，能夠輔助潛艇下潛和上浮。

壓載艙處於潛艇內殼和外殼之間，能夠容納大量的空氣或水。

渦輪發電機為潛艇系統和發動機供電。

引擎室

引擎室主要有潛艇引擎和渦輪發電機。

休息區

潛艇艇員每天工作 6 小時或 8 小時。非工作期間，他們會在狹窄的小床上休息。床邊有床簾，能夠保護艇員的私隱。休息區還有小儲物櫃，供艇員存放少量個人物品。魚雷室也有幾張床，有時還有一些健身設施，供員工運動使用。

核反應堆

空氣淨化器吸入潛艇裏的空氣，並排出新鮮潔淨的空氣。

核反應堆產生熱量，將水加熱成為蒸氣，用來驅動發電機。

床鋪有兩到三層，休息空間十分有限。

聲納基陣探測潛艇下方和側方水域的危險源，包括是否有其他潛艇靠近。

潛艇

船隻通常不能控制自身的浮力，而潛艇卻是個例外。大型壓載艙能夠調節潛艇所處的深度，也能讓潛艇下潛或上浮到水面。大型軍用潛艇的長度甚至可以超過足球場，能夠搭載 100 多名船員，執行為期數月的水下巡航任務。

壓載艙

潛艇艇體分為內殼和外殼，二者之間有體積巨大的壓載艙。向艙中注水時，艙中的空氣被排出，重量增加，潛艇下潛。向艙中泵入壓縮空氣時，艙中的水被排出，重量減小，潛艇上浮。

壓載艙充滿水時，潛艇下潛至深處

壓載艙充滿空氣時，潛艇漂浮在水面上

閥門打開，水進入壓載艙

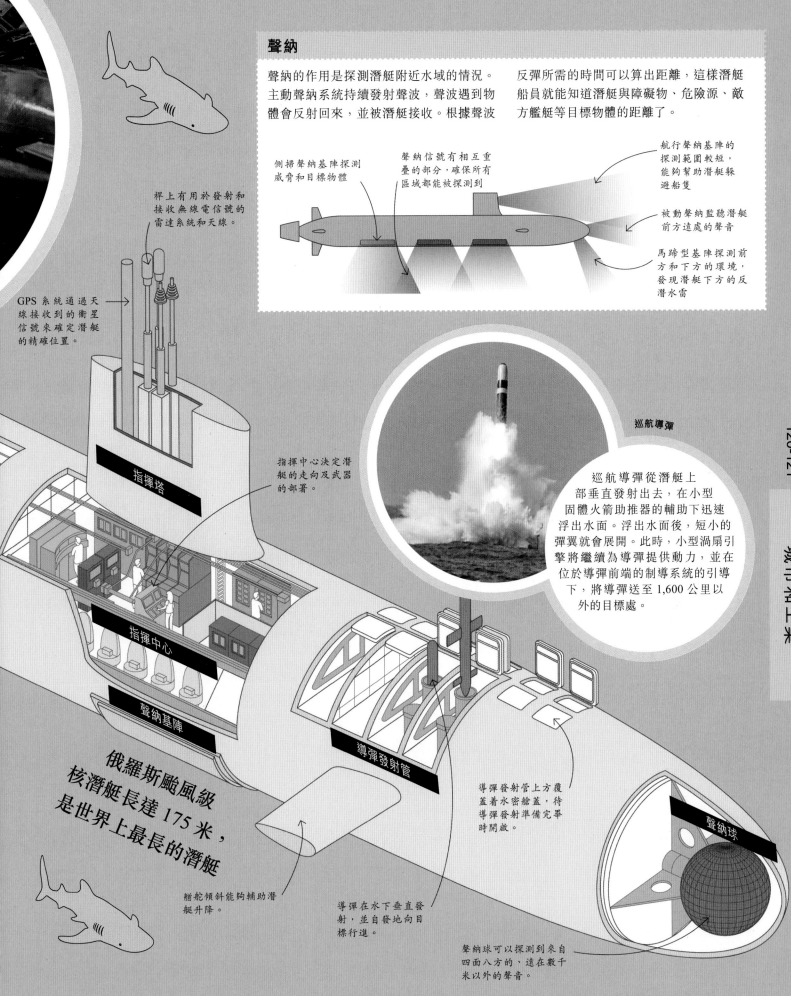

城市和工業

聲納

聲納的作用是探測潛艇附近水域的情況。主動聲納系統持續發射聲波,聲波遇到物體會反射回來,並被潛艇接收。根據聲波反彈所需的時間可以算出距離,這樣潛艇船員就能知道潛艇與障礙物、危險源、敵方艦艇等目標物體的距離了。

側掃聲納基陣探測威脅和目標物體

聲納信號有相互重疊的部分,確保所有區域都能被探測到

航行聲納基陣的探測範圍較短,能夠幫助潛艇躲避船隻

被動聲納監聽潛艇前方遠處的聲音

馬蹄型基陣探測前方和下方的環境,發現潛艇下方的反潛水雷

桿上有用於發射和接收無線電信號的雷達系統和天線。

GPS 系統通過天線接收到的衛星信號來確定潛艇的精確位置。

指揮塔

指揮中心決定潛艇的走向及武器的部署。

指揮中心

聲納基陣

巡航導彈

巡航導彈從潛艇上部垂直發射出去,在小型固體火箭助推器的輔助下迅速浮出水面。浮出水面後,短小的彈翼就會展開。此時,小型渦扇引擎將繼續為導彈提供動力,並在位於導彈前端的制導系統的引導下,將導彈送至 1,600 公里以外的目標處。

俄羅斯颱風級核潛艇長達 175 米,是世界上最長的潛艇

舵舵傾斜能夠輔助潛艇升降。

導彈發射管

導彈發射管上方覆蓋着水密艙蓋,待導彈發射準備完畢時開啟。

導彈在水下垂直發射,並自發地向目標行進。

聲納球

聲納球可以探測到來自四面八方的、遠在數千米以外的聲音。

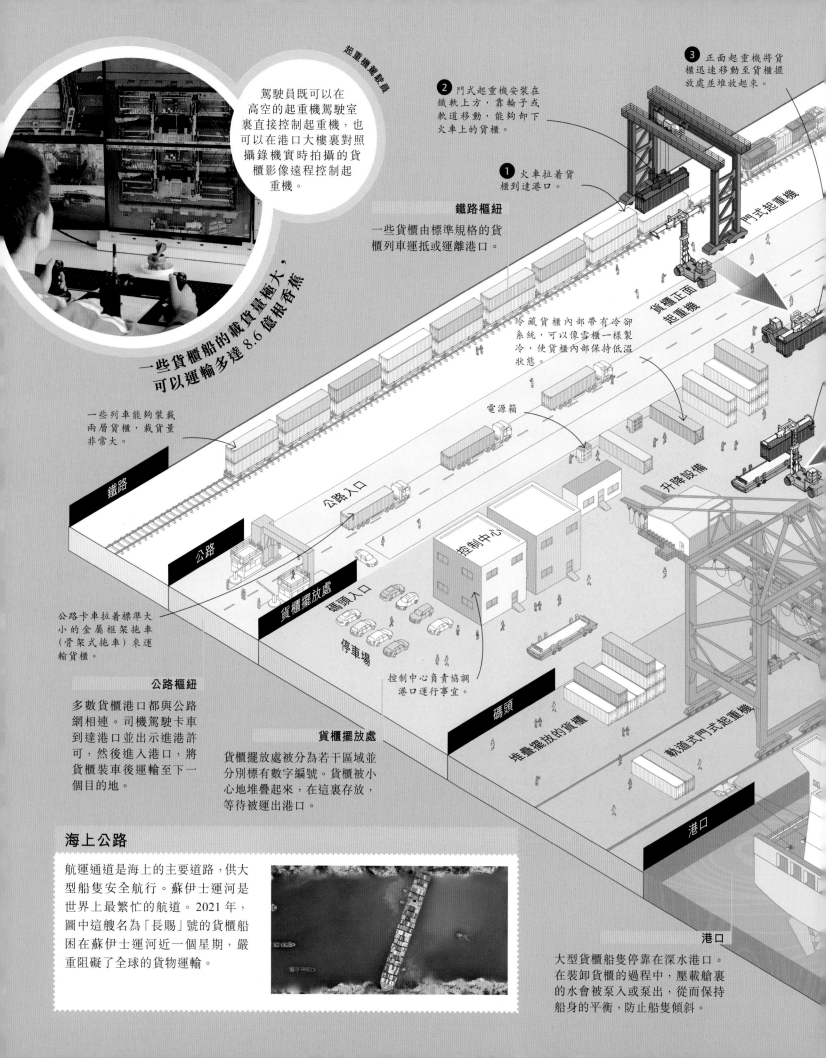

起重機駕駛員

駕駛員既可以在高空的起重機駕駛室裏直接控制起重機，也可以在港口大樓裏對照攝錄機實時拍攝的貨櫃影像遠程控制起重機。

② 門式起重機安裝在鐵軌上方，靠輪子或軌道移動，能夠卸下火車上的貨櫃。

③ 正面起重機將貨櫃迅速移動至貨櫃擺放處並堆放起來。

① 火車拉着貨櫃到達港口。

鐵路樞紐
一些貨櫃由標準規格的貨櫃列車運抵或運離港口。

門式起重機

一些貨櫃船的載貨量極大，可以運輸多達8.6億根香蕉

冷藏貨櫃內部帶有冷卻系統，可以像雪櫃一樣製冷，使貨櫃內部保持低溫狀態。

一些列車能夠裝載兩層貨櫃，載貨量非常大。

貨櫃正面起重機

電源箱

升降設備

鐵路

公路

公路入口

控制中心

碼頭入口

停車場

控制中心負責協調港口運行事宜。

公路卡車拉着標準大小的金屬框架拖車（骨架式拖車）來運輸貨櫃。

公路樞紐
多數貨櫃港口都與公路網相連。司機駕駛卡車到達港口並出示進港許可，然後進入港口，將貨櫃裝車後運輸至下一個目的地。

貨櫃擺放處

貨櫃擺放處
貨櫃擺放處被分為若干區域並分別標有數字編號。貨櫃被小心地堆疊起來，在這裏存放，等待被運出港口。

堆疊擺放的貨櫃

碼頭

軌道式門式起重機

港口

海上公路
航運通道是海上的主要道路，供大型船隻安全航行。蘇伊士運河是世界上最繁忙的航道。2021年，圖中這艘名為「長賜」號的貨櫃船困在蘇伊士運河近一個星期，嚴重阻礙了全球的貨物運輸。

港口
大型貨櫃船隻停靠在深水港口。在裝卸貨櫃的過程中，壓載艙裏的水會被泵入或泵出，從而保持船身的平衡，防止船隻傾斜。

貨櫃港口

世界上大部分貨物都是靠船舶運輸的。貨物通常被裝在巨大的鋼製箱子裏運輸，這些箱子稱作貨櫃。貨櫃是按照標準尺寸製造的，可以堆疊起來。起重機能抬起貨櫃並放置在卡車、火車和船隻上，便於進一步運輸。港口是貨櫃裝船、卸船的地方。

④ 裝貨時，堆放在地上的貨櫃被吊起並擺放到無人駕駛卡車上。卡車將貨櫃運送到碼頭。

堆放的貨櫃

無人駕駛卡車

碼頭

港口中供船停靠，裝卸貨物，上下旅客的區域稱為碼頭。碼頭的門式起重機可以 24 小時不間斷地工作，每小時能裝卸 50 多個貨櫃。

有的舊貨櫃被改造成了辦公室、商店、酒店和咖啡館。貨櫃在改造完畢並正式投入使用之前，必須進行徹底的清潔。

在貨櫃裏生活

⑤ 起重機將貨櫃擺放到船上。貨櫃被整齊有序地疊放起來，以確保貨櫃的重量能夠均勻地分佈到整個船體上。

貨櫃船的船體被分隔成若干格柵。貨櫃沿着導軌垂直放入格柵中，整齊有序地堆疊在一起。

帶有格柵的船體

甲板上可以堆放 10 層貨櫃

船艙裏的貨櫃

甲板上下堆放着大量貨櫃。大多數貨櫃船的船殼分為內外兩層，兩層船殼之間有壓載艙、燃料罐、飲用水箱等。

內外層船殼之間的箱子

貨櫃船

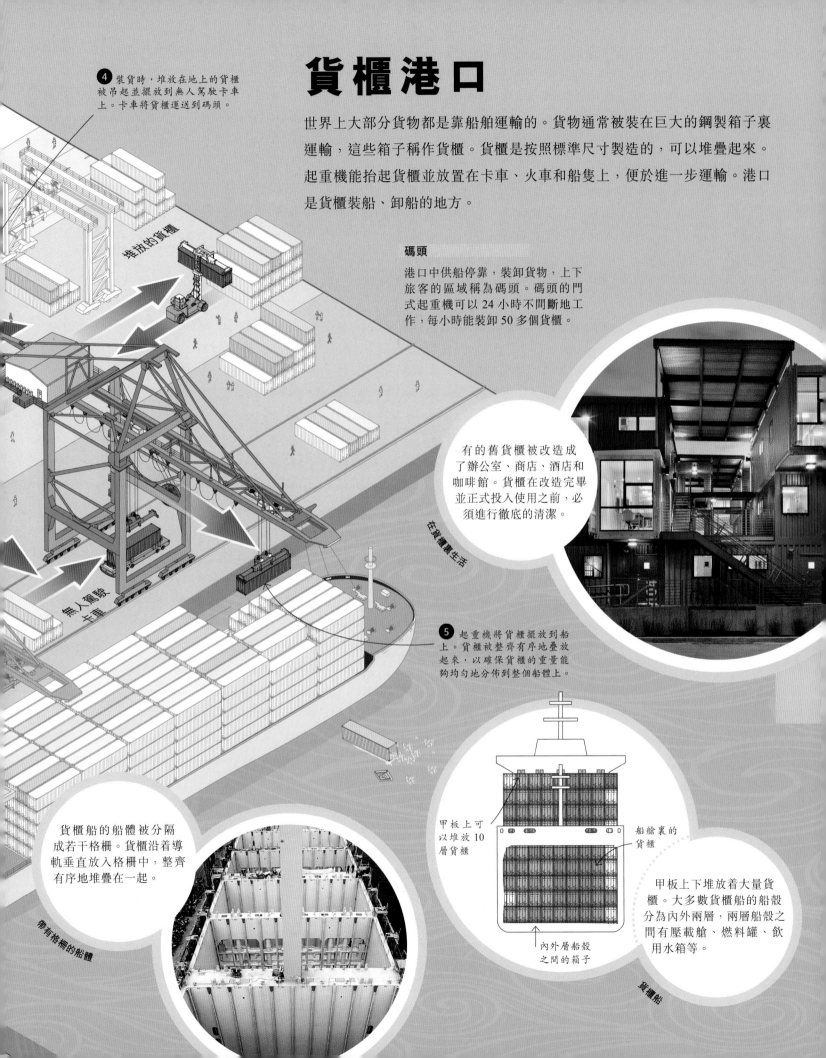

X 光安檢機

X 光安檢機器可以掃描行李，這樣安檢人員無須打開行李，就能知道裏面裝了甚麼東西。X 光能夠穿透某些物體，在探測器板上形成圖像，並發送到安檢機的屏幕上。如果在屏幕上發現可疑物品，安檢人員會打開行李進行徹底搜查，還可能尋求警方的幫助。

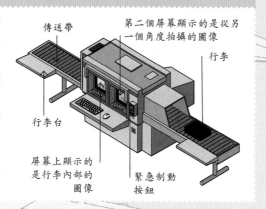

傳送帶

第二個屏幕顯示的是從另一個角度拍攝的圖像

行李

行李台

屏幕上顯示的是行李內部的圖像

緊急制動按鈕

到達

飛機落地後，乘客先離開飛機，再通過安檢，才能離開機場。

❽ 廊橋是可伸縮的，連接着登機口與飛機。

❸ 金屬探測器可查出乘客是否攜帶了危險物品。

所有手提行李都要經過安檢。

❹ 安檢人員查看 X 光機屏幕上的圖像。一些機場會先檢查乘客的護照或身份信息，再檢查行李。

出發

準備乘機出發的乘客先辦理登機手續，然後在候機室等候航班。各國的安全檢查流程可能有一些差異。

❺ 護照檢查人員檢查乘客的護照或身份證是否有效。

保安

❼ 航空公司的工作人員在乘客登機前檢查登機證。

出境護照檢查處

❻ 乘客們在登機口等待登機。

等候區

電子設備必須調整至飛行模式。

護照頁之間的晶片

PASSPORT

用於通信的天線

晶片中含有生物特徵數據

機場

機場不止有飛機起飛降落的跑道，乘客登機之前或是下機之後，還要穿過航站樓。此外，機場裏還有飛機維修、加油、清潔和貨運處理等設施。繁忙的大型機場每天的航班量可達 2,000 架次以上。

晶片護照內置晶片，裏面記錄的信息可以通過電子掃描識別出來。芯片中含有重要的人物識別信息，如人臉圖像、指紋、虹膜信息等。

晶片護照

城市和工業

機場常見工作人員及工作犬

機場引導員
引導地面上的飛機到達航站樓或停機坪。

空中交通管制員
引導飛機在機場降落或起飛。

配載員
計算飛機的載重。

行李裝卸員
裝卸行李。

機師
駕駛飛機，並進行檢查。

機艙服務員
確保乘客的安全，並為乘客提供食品和飲料。

警衛
負責機場的宴會和秩序。

緝毒犬
經過訓練，能夠發現袋子裏的毒品及爆炸物等。

① 入境護照檢查處會確認到達航站樓的乘客的身份。

行李拖車滿載乘客的行李，運送它們上下飛機。

傳送帶將黏貼着托運標籤的行李從登機口運送到裝卸區。

② 從飛機上卸下來的行李到達行李領取處。

入境護照檢查處

③ 傳送帶為乘機到達的乘客運送行李。

行李領取處

海關

④ 海關工作人員打開了一個箱子，檢查裏面的東西是否違法。

⑤ 乘客們帶著行李離開航站樓，開啟他們的旅程。

乘客可以在屏幕上的信息中找到對應的登機口。

② 乘客在登機櫃台托運行李並換取登機證。

登機櫃台

出口

稽查犬

可移動的圍欄引導人們有序辦理登機手續。

① 準備登機的乘客進入機場離境大堂。

入口

訓練有素的緝毒犬可以通過嗅聞識別出行李中的毒品、槍支、爆炸物、非法動物製品，甚至是大量現金。

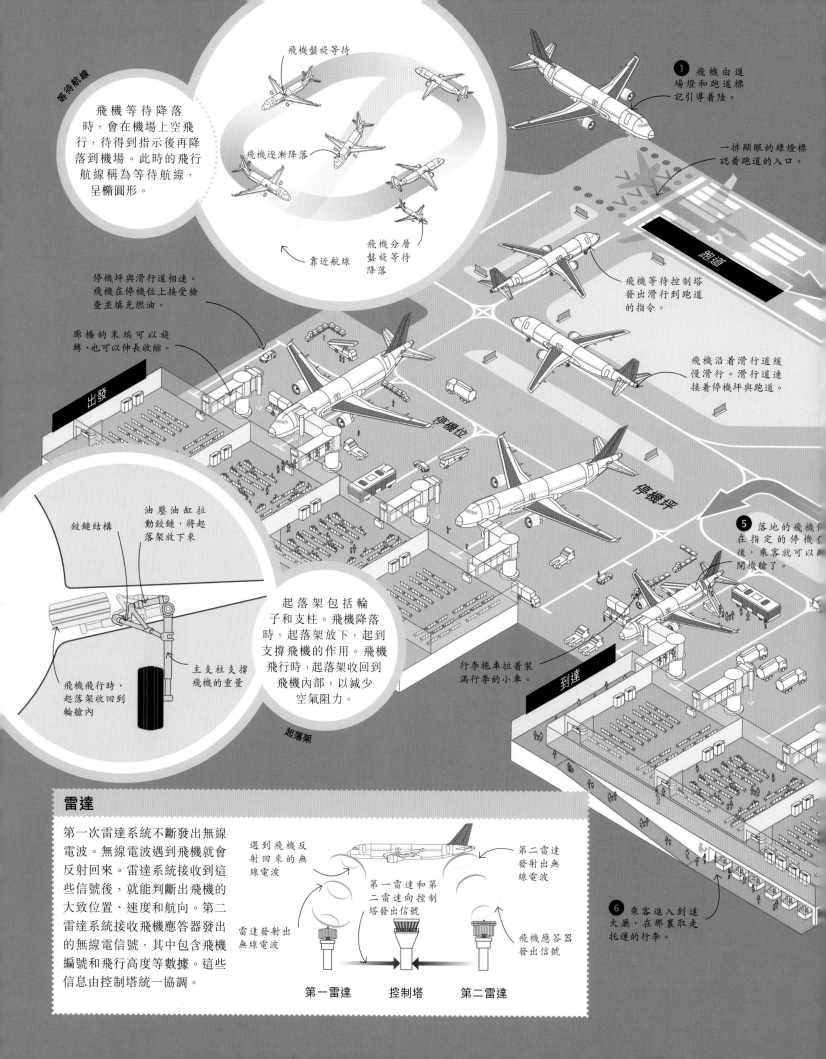

等待航線

飛機等待降落時，會在機場上空飛行，待得到指示後再降落到機場。此時的飛行航線稱為等待航線，呈橢圓形。

飛機盤旋等待

飛機逐漸降落

飛機分層盤旋等待降落

靠近航線

1 飛機由進場燈和跑道標記引導着陸。

一排顯眼的綠燈標誌着跑道的入口。

跑道

飛機等待控制塔發出滑行到跑道的指令。

停機坪與滑行道相連。飛機在停機位上接受檢查並填充燃油。

廊橋的末端可以旋轉，也可以伸長收縮。

出發

停機位

飛機沿着滑行道緩慢滑行。滑行道連接着停機坪與跑道。

停機坪

鉸鏈結構

油壓油缸拉動鉸鏈，將起落架放下來

起落架包括輪子和支柱。飛機降落時，起落架放下，起到支撐飛機的作用。飛機飛行時，起落架收回到飛機內部，以減少空氣阻力。

5 落地的飛機停在指定的停機位後，乘客就可以離開機艙了。

飛機飛行時，起落架收回到輪艙內

主支柱支撐飛機的重量

起落架

行李拖車拉着裝滿行李的小車。

到達

6 乘客進入到達大廳，在那裏取走托運的行李。

雷達

第一次雷達系統不斷發出無線電波。無線電波遇到飛機就會反射回來。雷達系統接收到這些信號後，就能判斷出飛機的大致位置、速度和航向。第二雷達系統接收飛機應答器發出的無線電信號，其中包含飛機編號和飛行高度等數據。這些信息由控制塔統一協調。

遇到飛機反射回來的無線電波

第二雷達發射出無線電波

第一雷達和第二雷達向控制塔發出信號

雷達發射出無線電波

飛機應答器發出信號

第一雷達　　控制塔　　第二雷達

機場跑道

在繁忙的機場跑道上，每隔一兩分鐘就會有一架飛機起飛或降落。每天升降的航班可能多達數千架次，因此機場員工必須協調合作，才能保證空中交通的高效和安全。空管人員等負責組織協調飛機在空中的飛行以及在停機坪、滑行道、跑道上的運行。其他地勤人員負責完成清潔、加油、裝卸貨物、維修等工作。待上述工作完成之後，飛機就能重新進入飛行狀態，進行下一次飛行了。

跑道標記

飛機跑道上有中心線、羅航向等標記，在飛機升降的過程中為機師提供視覺輔助。

最短的機場跑道只有約 400 米長

加油

飛機加油通常在機場完成。飛機的油箱設置在兩側機翼中。軍用飛機等小型飛機可以在加油機的幫助下進行空中加油。

2 雙線標誌着飛機着陸時輪胎的着陸區域。

3 飛機着陸後，機師開始剎車並啟動反推裝置，使飛機減速。

屏障便於機師和人員辨別跑道。

滑行道

遠程雷達能夠探測到飛行高度非常高的飛機。

停機位

加油車能夠裝載數千公升航空燃料，為即將起飛的飛機加油。

空管人員追蹤飛機的飛行情況，並向地上和空中的機師發出指令。

透過大窗戶可以清晰地看到跑道和周邊的天空。

控制塔

跑道上的數字代表跑道的航向。

控制塔

控制塔裏有侍服器和進近管制室。工作人員在那裏協調有關飛機和天氣預報的信息。

4 飛機滑出跑道，駛向停機坪。

中止起飛的飛機可以暫時停在跑道盡頭的人字形圖案區域。

飛機

正常情況下，全球日均航班量通常會超過10萬架次。飛機有大有小，小型飛機只有一個座位，而大型噴氣式飛機能夠搭載500多名或更多的乘客。飛機依靠機翼產生的升力和引擎產生的推力從地面起飛並向上爬升。

大型機翼為飛機提供升力，讓飛機在空中飛行。

空客 A380 是世界上最大的客機，最多可搭載 850 人

商務艙每排的座位較少，座椅之間的空間更大，因此乘客的體驗更加舒適。

廁所馬桶使用真空裝置沖掉排泄物。排泄物儲存在飛機後部的廢物箱中。

方向舵控制飛機的轉向

升降舵控制飛機的升降

機翼上的副翼、水平尾翼上的升降舵、垂直尾翼上的方向舵，都能轉動，從而改變流經的空氣方向，進而改變飛機的飛行方向。

副翼控制飛機向左右傾斜

掌舵裝置

機身

商務艙

頭等艙

貨艙

引擎

駕駛艙

在噴射引擎的推動下，飛機的巡航速度可達每小時 1,050 公里。

貨艙內存放着乘客的行李、航空郵件以及其他貨物。

飛機駕駛艙裏坐着正副機師，他們負責控制並駕駛飛機。

長途飛機裏有供機組人員睡覺的休息區。

頭等艙的票價最高，頭等艙乘客可以享用額外供應的美食，空間更大，躺椅也更舒適。

飛機前輪在飛行期間是收在飛機機身裏面的，但當飛機在陸地上滑行時，它們就會從機身中降下來。

SR-71 黑鳥飛機是世界上速度最快的噴射飛機，時速可達 3,500 公里以上

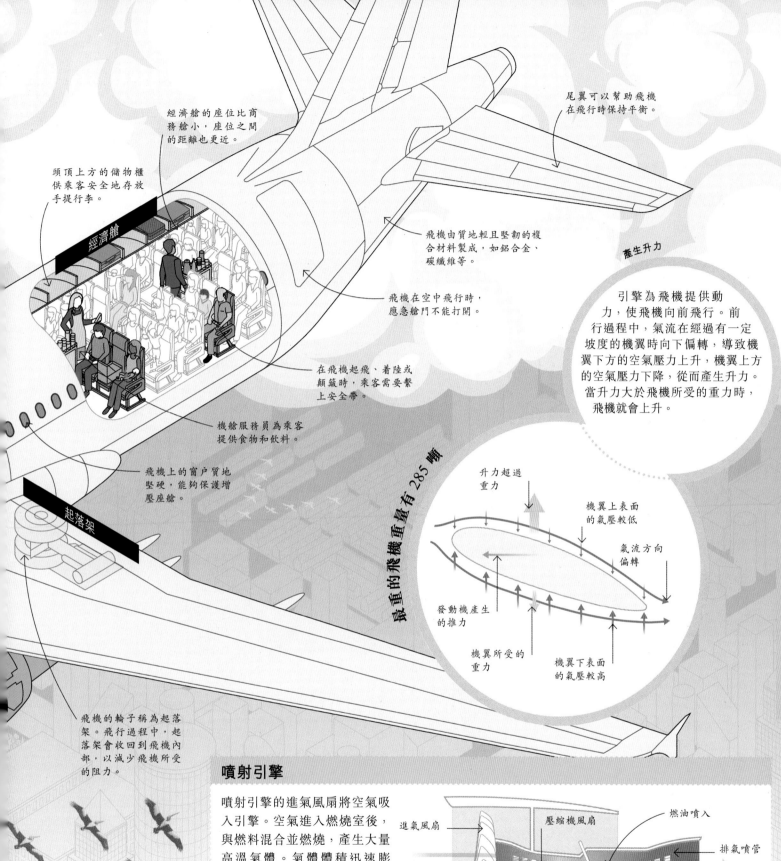

經濟艙的座位比商務艙小，座位之間的距離也更近。

頭頂上方的儲物櫃供乘客安全地存放手提行李。

經濟艙

尾翼可以幫助飛機在飛行時保持平衡。

飛機由質地輕且堅韌的複合材料製成，如鋁合金、碳纖維等。

飛機在空中飛行時，應急艙門不能打開。

在飛機起飛、着陸或顛簸時，乘客需要繫上安全帶。

機艙服務員為乘客提供食物和飲料。

飛機上的窗戶質地堅硬，能夠保護增壓座艙。

起落架

飛機的輪子稱為起落架。飛行過程中，起落架會收回到飛機內部，以減少飛機所受的阻力。

最重的飛機重量有 285 噸

產生升力

引擎為飛機提供動力，使飛機向前飛行。前行過程中，氣流在經過有一定坡度的機翼時向下偏轉，導致機翼下方的空氣壓力上升，機翼上方的空氣壓力下降，從而產生升力。當升力大於飛機所受的重力時，飛機就會上升。

升力超過重力

機翼上表面的氣壓較低

氣流方向偏轉

發動機產生的推力

機翼所受的重力

機翼下表面的氣壓較高

噴射引擎

噴射引擎的進氣風扇將空氣吸入引擎。空氣進入燃燒室後，與燃料混合並燃燒，產生大量高溫氣體。氣體體積迅速膨脹，並從引擎後端的排氣噴管排出。氣體排出飛機之前，會先通過一個渦輪機，並帶動進氣風扇旋轉。氣體向後排出時會產生反作用力，進而產生推力，推動飛機以足夠快的速度向前飛行。

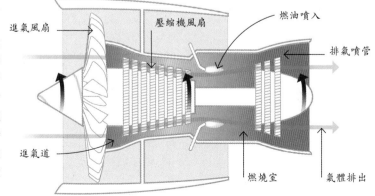

進氣風扇

壓縮機風扇

燃油噴入

排氣噴管

進氣道

燃燒室

氣體排出

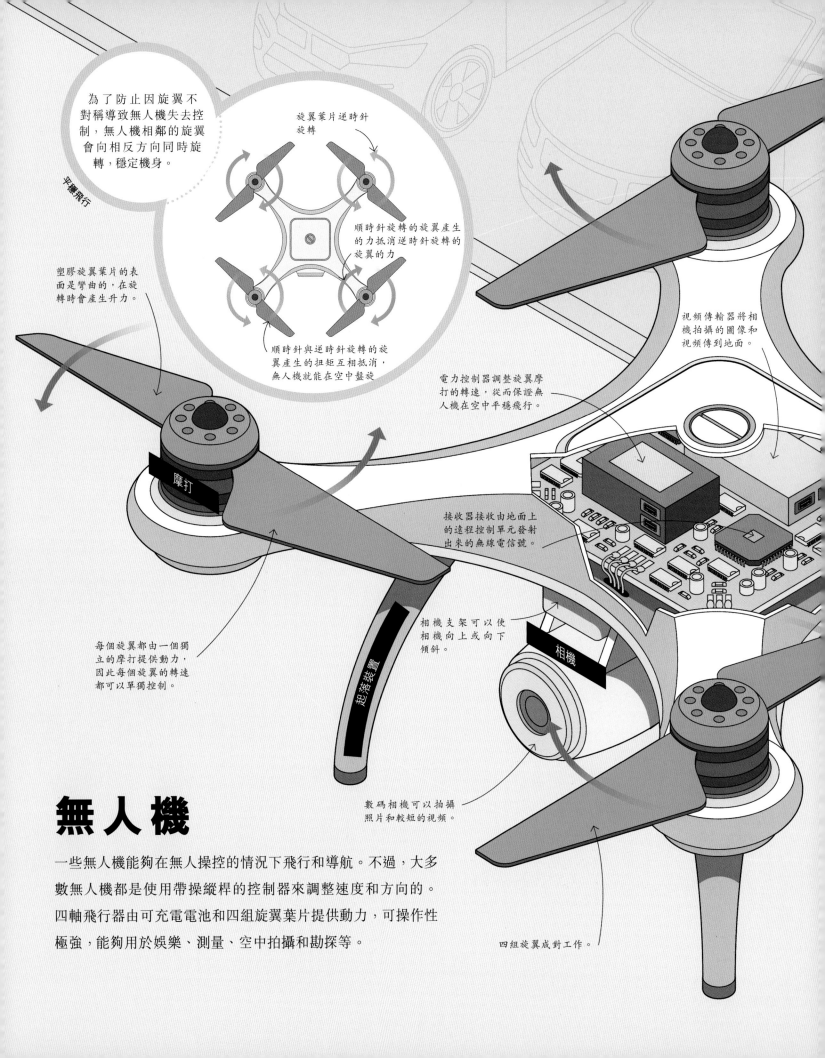

為了防止因旋翼不對稱導致無人機失去控制，無人機相鄰的旋翼會向相反方向同時旋轉，穩定機身。

平穩飛行

旋翼葉片逆時針旋轉

順時針旋轉的旋翼產生的力抵消逆時針旋轉的旋翼的力

塑膠旋翼葉片的表面是彎曲的，在旋轉時會產生升力。

順時針與逆時針旋轉的旋翼產生的扭矩互相抵消，無人機就能在空中盤旋

視頻傳輸器將相機拍攝的圖像和視頻傳到地面。

電力控制器調整旋翼摩打的轉速，從而保證無人機在空中平穩飛行。

摩打

接收器接收由地面上的遠程控制單元發射出來的無線電信號。

每個旋翼都由一個獨立的摩打提供動力，因此每個旋翼的轉速都可以單獨控制。

起落裝置

相機支架可以使相機向上或向下傾斜。

相機

無人機

數碼相機可以拍攝照片和較短的視頻。

四組旋翼成對工作。

一些無人機能夠在無人操控的情況下飛行和導航。不過，大多數無人機都是使用帶操縱桿的控制器來調整速度和方向的。四軸飛行器由可充電電池和四組旋翼葉片提供動力，可操作性極強，能夠用於娛樂、測量、空中拍攝和勘探等。

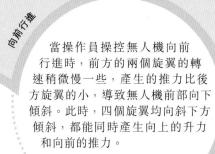

向前行進

當操作員操控無人機向前行進時，前方的兩個旋翼的轉速稍微慢一些，產生的推力比後方旋翼的小，導致無人機前部向下傾斜。此時，四個旋翼均向斜下方傾斜，都能同時產生向上的升力和向前的推力。

旋翼葉片旋轉，產生升力

推力推動無人機前行

空氣阻力使無人機減速

重力將無人機拉向地面

旋翼轉速變慢使無人機下降

直升機是怎樣飛起來的

大多數直升機都有一套主旋翼，可以同時提供升力和推力。每個葉片的角度都可以改變，用來控制左右轉向。駕駛員還可以改變傾斜盤（主旋翼軸上的一對圓盤）的角度，從而改變所有葉片的角度。例如，提高傾斜盤的後部，直升機就會向前傾斜。

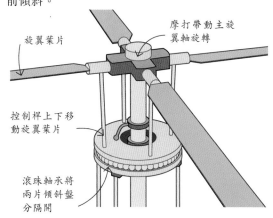

摩打帶動主旋翼軸旋轉

旋翼葉片

控制桿上下移動旋翼葉片

滾珠軸承將兩片傾斜盤分隔開

速度最快的競速無人機時速可達 263 公里

葉片

摩打外部有外殼保護。摩打能改變旋翼的轉速，進而控制升力的大小。

無人機燈光表演

支腿是起落架的一部分。一些無人機配備了滑撬式起落架，這種起落架看起來很像雪撬。

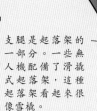

遙控器裏有一個發射機，它通過無線電波向無人機發送指令。

多個輕型無人機攜帶明亮的 LED 燈飛上天空並停留或按既定路線飛行，就能上演一場精彩的無人機燈光表演。無人機的位置由電腦程式控制，燈光和整體造型可以同步變化。

2019 年，無人機將一顆腎臟送往醫院進行移植

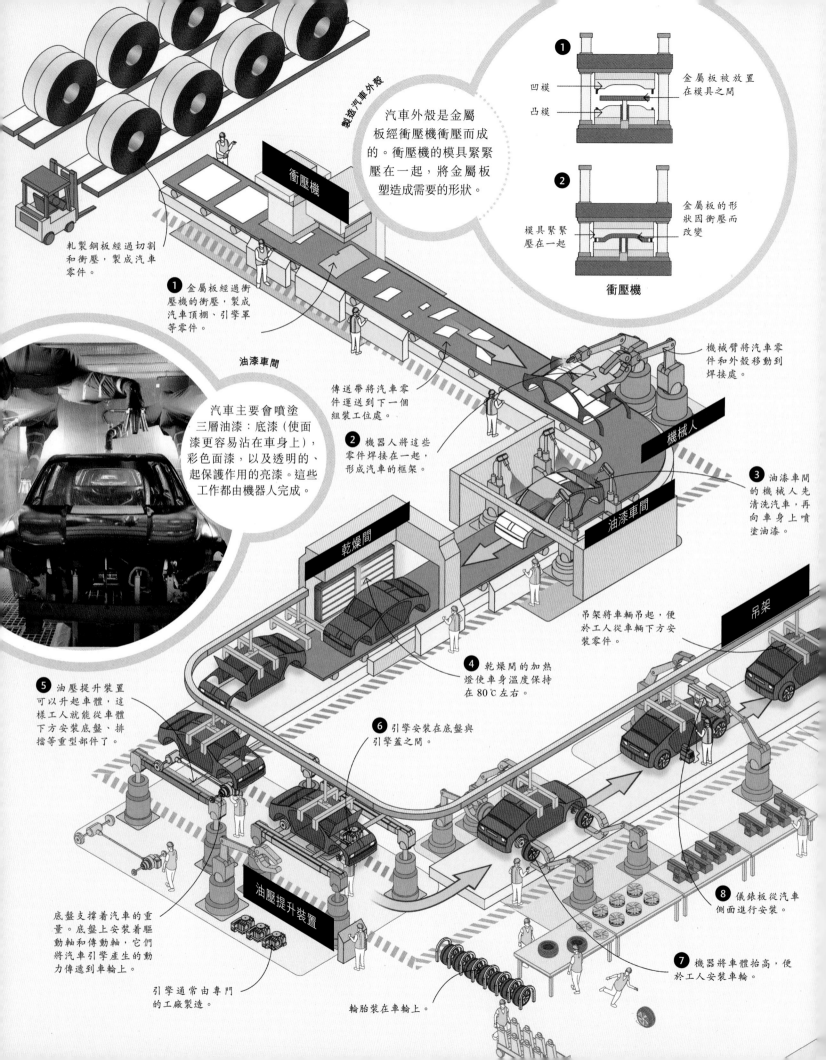

製造汽車外殼

汽車外殼是金屬板經衝壓機衝壓而成的。衝壓機的模具緊緊壓在一起,將金屬板塑造成需要的形狀。

衝壓機

❶
凹模
凸模
金屬板被放置在模具之間

❷
模具緊緊壓在一起
金屬板的形狀因衝壓而改變

軋製鋼板經過切割和衝壓,製成汽車零件。

衝壓機

❶ 金屬板經過衝壓機的衝壓,製成汽車頂棚、引擎罩等零件。

傳送帶將汽車零件運送到下一個組裝工位處。

❷ 機器人將這些零件焊接在一起,形成汽車的框架。

機械臂將汽車零件和外殼移動到焊接處。

機械人

❸ 油漆車間的機械人先清洗汽車,再向車身上噴塗油漆。

油漆車間

油漆車間

汽車主要會噴塗三層油漆:底漆(使面漆更容易沾在車身上),彩色面漆,以及透明的、起保護作用的亮漆。這些工作都由機器人完成。

乾燥間

吊架將車輛吊起,便於工人從車輛下方安裝零件。

吊架

❹ 乾燥間的加熱燈使車身溫度保持在80℃左右。

❺ 油壓提升裝置可以升起車體,這樣工人就能從車體下方安裝底盤、排擋等重型部件了。

❻ 引擎安裝在底盤與引擎蓋之間。

油壓提升裝置

底盤支撐着汽車的重量。底盤上安裝着驅動軸和傳動軸,它們將汽車引擎產生的動力傳遞到車輪上。

引擎通常由專門的工廠製造。

輪胎裝在車輪上。

❽ 儀錶板從汽車側面進行安裝。

❼ 機器將車體抬高,便於工人安裝車輪。

組裝生產線

汽車由大約 3 萬個零件組成，小至一顆螺絲、螺栓，大至擋風玻璃，構造非常複雜。組裝生產線能快速且有效地將這些零件組裝在一起。汽車的組裝工作被分解成幾個步驟，每個步驟都由工人和機械人合作完成。在完成某個部分的組裝工作後，傳送帶就會將組裝完的部分運送到下一個組裝工序處。

油壓工具

油壓工具用於移動重物。油壓工具的內部有流體（一般是油）和兩個可移動的柱形活塞。用較小的力向下推小活塞，裏面的液體就會受力。液體的體積難以壓縮，因此會對大活塞產生更大的推力，使大活塞向上移動，從而輕鬆升起重物。

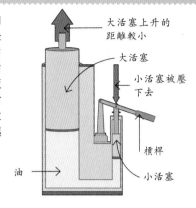

- 大活塞上升的距離較小
- 大活塞
- 小活塞被壓下去
- 槓桿
- 油
- 小活塞

2022 年的汽車生產總量達 8,000 多萬輛

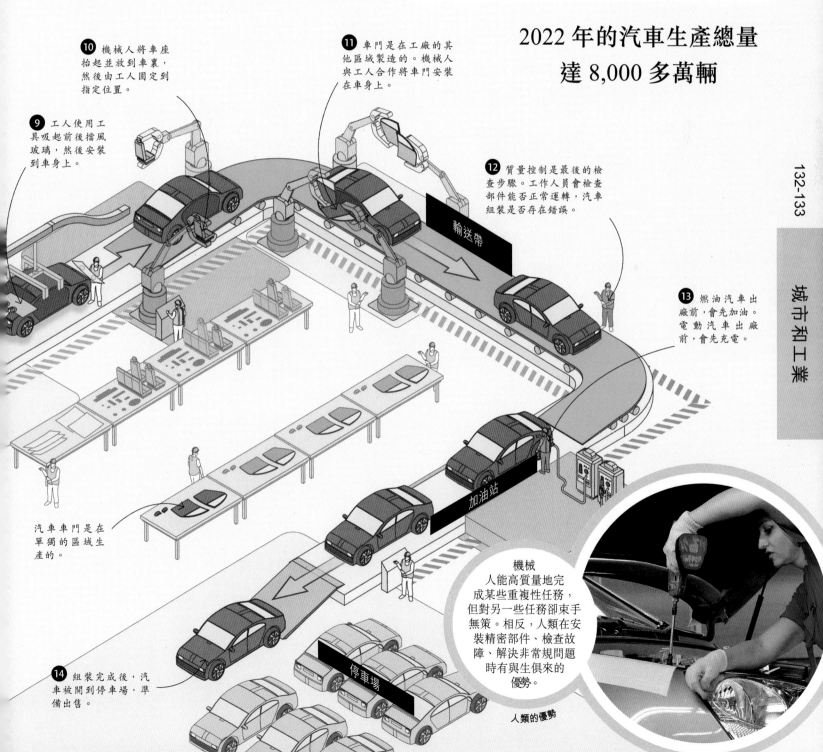

⑩ 機械人將車座抬起並放到車裏，然後由工人固定到指定位置。

⑪ 車門是在工廠的其他區域製造的。機械人與工人合作將車門安裝在車身上。

⑨ 工人使用工具吸起前後擋風玻璃，然後安裝到車身上。

⑫ 質量控制是最後的檢查步驟。工作人員會檢查部件能否正常運轉，汽車組裝是否存在錯誤。

輸送帶

⑬ 燃油汽車出廠前，會先加油。電動汽車出廠前，會先充電。

加油站

汽車車門是在單獨的區域生產的。

⑭ 組裝完成後，汽車被開到停車場，準備出售。

停車場

機械
人能高質量地完成某些重複性任務，但對另一些任務卻束手無策。相反，人類在安裝精密部件、檢查故障、解決非常規問題時有與生俱來的優勢。

人類的優勢

全自動化

機械人大大加快了汽車的組裝速度，將組裝時長縮短到了一個半小時以內。機械人通常被用於重複性任務及繁重的工作，如焊接、噴漆等。它們比人類更精準、速度更快。

六軸機械臂

機械臂非常靈活，可以向多個方向彎曲，因此能夠完成某些人類難以完成的安裝任務。

軸 3
軸 4
軸 5
軸 6
可更換工具
軸 1
軸 2

畜牧業

農場裏一般會飼養較多的家畜。家畜可以為人類提供肉類和雞蛋、牛奶、羊毛等產品。小型農場可能會飼養很多種動物，但多數大型農場都會專門飼養一種家畜，如牛、羊，或家禽等。選擇飼養哪種家畜，取決於當地的氣候、環境以及農場的飼養空間等條件。

家畜可以吃長在農場裏的植物，但只吃這些通常是不夠的，因此還要為動物補充人工飼料。人工飼料通常是濃縮的顆粒物或塊狀物。一些人工飼料由小麥等穀物製成，裏面還添加了維生素等營養物質。

濃縮顆粒飼料

粟米和水果乾

穀物和乾草

動物飼料

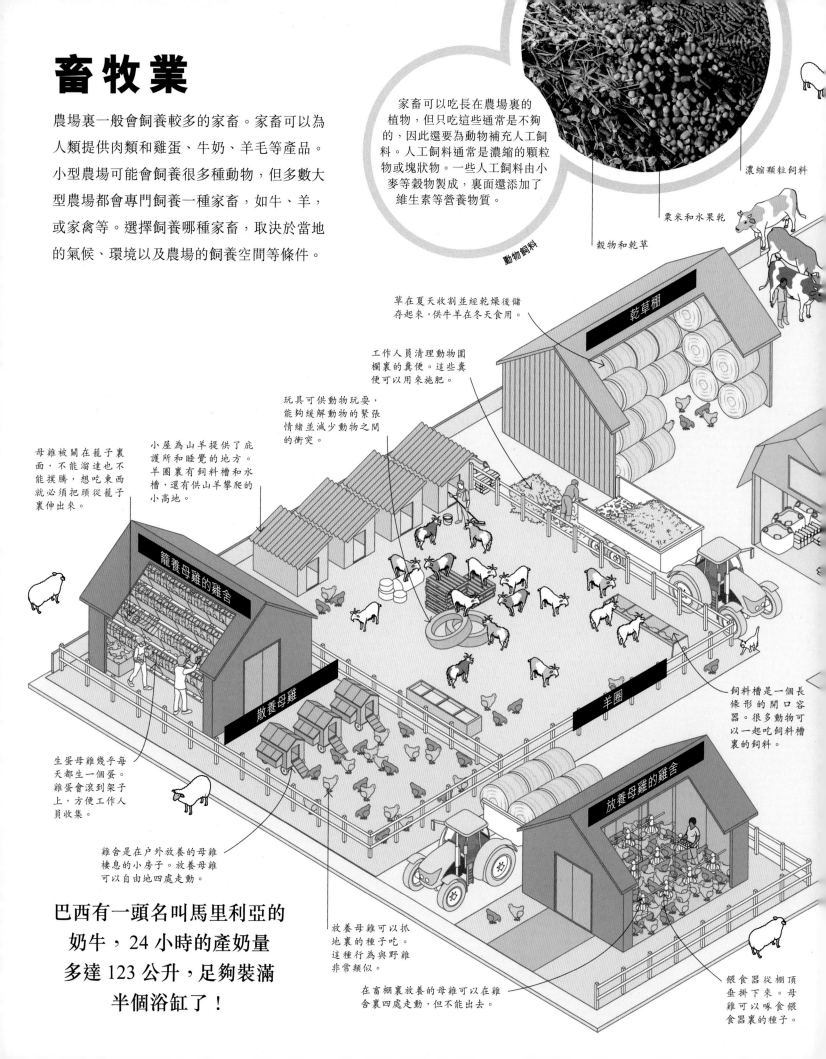

草在夏天收割並經乾燥後儲存起來，供牛羊在冬天食用。

乾草棚

工作人員清理動物圍欄裏的糞便。這些糞便可以用來施肥。

玩具可供動物玩耍，能夠緩解動物的緊張情緒並減少動物之間的衝突。

母雞被關在籠子裏面，不能溜達也不能撲騰，想吃東西就必須把頭從籠子裏伸出來。

小屋為山羊提供了庇護所和睡覺的地方。羊圈裏有飼料槽和水槽，還有供山羊攀爬的小高地。

籠養母雞的雞舍

散養母雞

羊圈

飼料槽是一個長條形的開口容器。很多動物可以一起吃飼料槽裏的飼料。

生蛋母雞幾乎每天都生一個蛋。雞蛋會滾到架子上，方便工作人員收集。

放養母雞的雞舍

雞舍是在戶外放養的母雞棲息的小房子。放養母雞可以自由地四處走動。

巴西有一頭名叫馬里利亞的奶牛，24 小時的產奶量多達 123 公升，足夠裝滿半個浴缸了！

放養母雞可以抓地裏的種子吃。這種行為與野雞非常類似。

在畜棚裏放養的母雞可以在雞舍裏四處走動，但不能出去。

餵食器從棚頂垂掛下來。母雞可以啄食餵食器裏的種子。

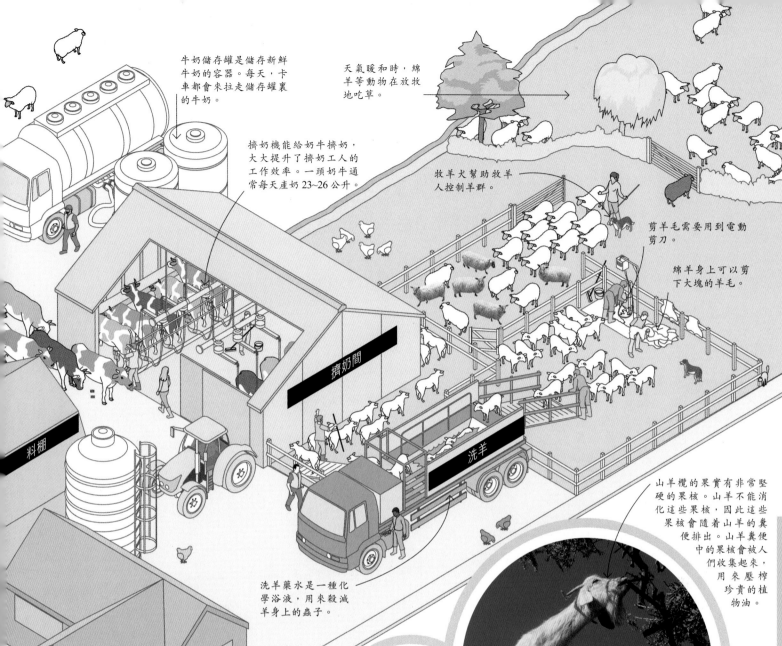

牛奶儲存罐是儲存新鮮牛奶的容器。每天，卡車都會來拉走儲存罐裏的牛奶。

天氣暖和時，綿羊等動物在放牧地吃草。

擠奶機能給奶牛擠奶，大大提升了擠奶工人的工作效率。一頭奶牛通常每天產奶 23~26 公升。

牧羊犬幫助牧羊人控制羊群。

剪羊毛需要用到電動剪刀。

綿羊身上可以剪下大塊的羊毛。

擠奶間

洗羊

料棚

山羊欖的果實有非常堅硬的果核。山羊不能消化這些果核，因此這些果核會隨着山羊的糞便排出。山羊糞便中的果核會被人們收集起來，用來壓榨珍貴的植物油。

洗羊藥水是一種化學浴液，用來殺滅羊身上的蟲子。

農舍

山羊非常擅長攀爬。圖中的摩洛哥山羊以山羊欖上的橄欖狀果實為食。它們能用帶有軟墊的蹄子牢牢抓住這些帶有尖刺的樹枝。

放羊

飼養人員的居住地方一般離養殖場不遠。一旦出現緊急狀況，他們能第一時間趕到養殖場。

動物通常會吃一部分人工飼料。

農場常見工作人員

農場主人
主持農場工作，負責買賣動物。

家禽飼養員
負責餵雞、收雞蛋，打掃糞便。

農場工人
負責清潔、維護農場設備，並協助完成其他工作。

奶牛飼養員
負責飼養奶牛，並監督每日的擠奶工作。

牧羊人
放牧綿羊，並檢查它們的健康狀況。

剪羊毛工人
為農場的羊剪羊毛。

種植業

早在一萬多年之前，人們就開始種植作物，用來彌補在野外採集食用植物的不足了。集中種植糧食作物可以最大程度地提高產量，也更方便收割。現代種植業同樣具備這些優勢，而且很多發明創造和高端技術也促進了現代種植業的發展。

種植水稻的稻田需要蓄水，這種田叫作水稻田。蓄水有利於水稻幼苗的生長，還能減少雜草生長。坡地上的梯田需要壘石築堰。

梯田

重要作物

世界上有五大農作物。粟米、水稻和小麥的可食用部分是種子。這些種子既能直接吃，也可以磨成粉再食用。甘蔗桿可以製成糖，粟米也可以熬成粟米糖漿。世界第五大作物是馬鈴薯，馬鈴薯的可食用部分是塊根。很多人將馬鈴薯作為主食。

甘蔗	粟米	水稻	小麥	馬鈴薯
（19 億噸）	（11 億噸）	（7.82 億噸）	（7.34 億噸）	（3.68 億噸）

2021 年主要作物年產量

農作物的生長週期

農民按照生長週期來種植農作物。一個週期從土地整理和播種開始，到收穫農作物結束。

❶ 農民用犁翻動表層土壤，為播種做好準備。圓盤犁非常適合開闢石塊多的新田。

❷ 條播機將種子均等距離地撒入土地裏的溝槽內，然後蓋上土，把種子埋起來。

❸ 灑水器為剛發芽的小苗補充所需的水分，在降雨量小的時候用處更大。給農作物澆水叫作灌溉。

❹ 農民將化學合成的肥料或天然肥料播撒在農田裏，以幫助作物生長。

年復一年地在同一片土地上種植同一種作物的種植方式稱為單作。這種種植方式會耗盡土壤中的養分，因此單作的土地對肥料的需求量更大。定期更換種植作物有助於保持土壤健康。

施肥

灌溉

灑水器

條播機

圓盤犁

土地整理

播種

拖拉機通常會配備 GPS，還可能有觸摸屏，供農民監控設備。未來，一些拖拉機甚至可能實現無人駕駛。

鳥類可能在種子發芽之前就把種子挖出來吃掉了。為了嚇跑它們，農民會在田地裏扎稻草人，播放受困鳥類求救的錄音，或是擺放能發出巨大噪聲的設備。

地球上只有約 10% 的土地可用於種植作物

5 液體農藥包括化學農藥、有機農藥，由植物和礦物等製成，能夠防治甲蟲和蒼蠅等蟲害。

攜帶殺蟲劑的無人機可以飛去人們難以到達的地方噴灑殺蟲劑。

收割好的穀物被運送到與聯合收割機並行的拖拉機的拖車裏。

稈或稻草被切碎後隨地扔下，過後會統一收集。

6 聯合收割機將莊稼收割下來後，脫粒裝置將穀粒從穀穗上脫下，這個過程叫作脫粒。

莊稼被割刀切斷，然後送入聯合收割機。

拖車

聯合收割機

農藥噴灑車

施肥機

收割

蟲害防治

城市和工業

殺蟲劑中的化學成份應該能殺死昆蟲，而且在發揮功效後應分解成無害的物質。未能完全分解的農藥殘留物可能會破壞環境。

鳥類吃昆蟲是一種防治蟲害的自然方法。

施肥機移動時，尾部會灑出動物糞便或其他有機物。

優質的種植土壤應該含有適量黏土、泥和沙子。這樣的土壤既能存住一部分水分，也能排出多餘的水分，因此不會積水，能讓作物的根系保持健康。

塔狀穀倉

通風能夠減少凝結在塔狀穀倉裏的水分

塔狀穀倉頂部的作物最後乾燥

空氣流經塔狀穀倉，帶走作物中的水分

穀物收穫後，會被放入塔狀穀倉儲存。塔狀穀倉能夠保持穀物的乾燥，並防止齧齒動物和害蟲進入。天然的水分會導致農作物發霉，因此必須除去這些水分。塔狀穀倉內有風扇和通風設施，能夠向作物送風，使其保持乾燥。

空氣在作物周圍循環流動

灑水器可以手動開關，也可以使用定時器來自動開關，還能通過應用程式遠程開關。灑水器的水源包括供水系統、附近的河流或地下水。

風機讓空氣循環流動

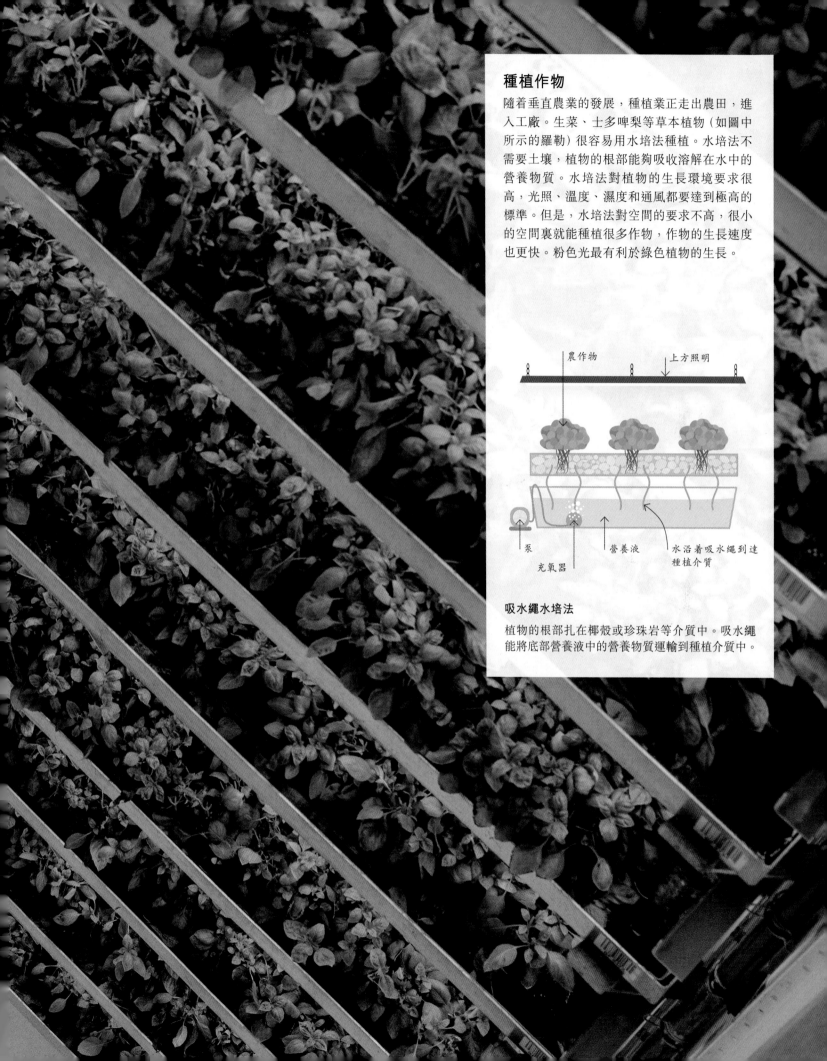

種植作物

隨着垂直農業的發展，種植業正走出農田，進入工廠。生菜、士多啤梨等草本植物（如圖中所示的羅勒）很容易用水培法種植。水培法不需要土壤，植物的根部能夠吸收溶解在水中的營養物質。水培法對植物的生長環境要求很高，光照、溫度、濕度和通風都要達到極高的標準。但是，水培法對空間的要求不高，很小的空間裏就能種植很多作物，作物的生長速度也更快。粉色光最有利於綠色植物的生長。

農作物　　　　　上方照明

泵
充氧器
營養液
水沿着吸水繩到達種植介質

吸水繩水培法

植物的根部扎在椰殼或珍珠岩等介質中。吸水繩能將底部營養液中的營養物質運輸到種植介質中。

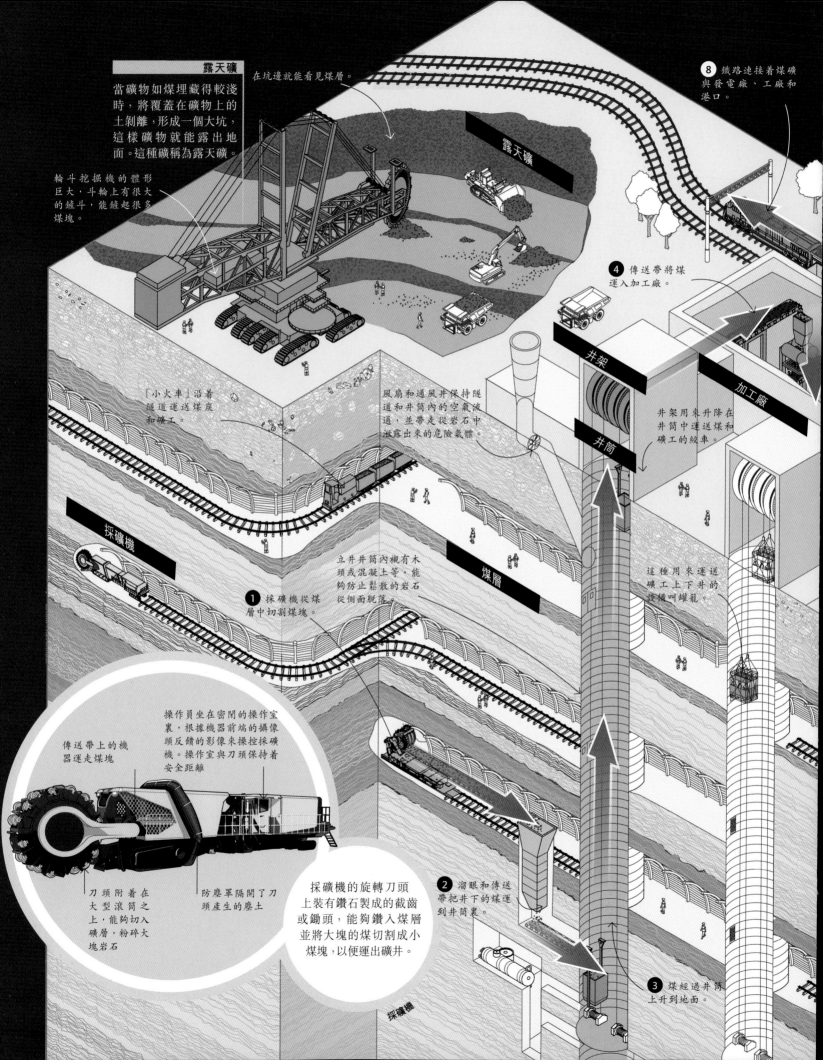

露天礦

當礦物如煤埋藏得較淺時，將覆蓋在礦物上的土剝離，形成一個大坑，這樣礦物就能露出地面。這種礦稱為露天礦。

在坑邊就能看見煤層。

露天礦

❽ 鐵路連接着煤礦與發電廠、工廠和港口。

輪斗挖掘機的體形巨大，斗輪上有很大的鏟斗，能鏟起很多煤塊。

❹ 傳送帶將煤運入加工廠。

「小火車」沿着隧道運送煤炭和礦工。

風扇和通風井保持隧道和井筒內的空氣流通，並帶走從岩石中泄露出來的危險氣體。

井架

井筒

井架用來升降在井筒中運送煤和礦工的絞車。

加工廠

採礦機

採礦機

立井井筒內襯有木頭或混凝土等，能夠防止鬆散的岩石從側面脫落。

❶ 採礦機從煤層中切割煤塊。

煤層

這種用來運送礦工上下井的設備叫罐籠。

傳送帶上的機器運走煤塊

操作員坐在密閉的操作室裏，根據機器前端的攝像頭反饋的影像來操控採礦機。操作室與刀頭保持着安全距離

採礦機的旋轉刀頭上裝有鑽石製成的截齒或鋤頭，能夠鑽入煤層並將大塊的煤切割成小煤塊，以便運出礦井。

❷ 溜眼和傳送帶把井下的煤運到井筒裏。

刀頭附着在大型滾筒之上，能夠切入礦層，粉碎大塊岩石

防塵罩隔開了刀頭產生的塵土

採礦機

❸ 煤經過井筒上升到地面。

採礦

煤炭、金屬等工業用原材料大多存在於地下深處。為了將這些原材料從地下開採出來,人們必須建造一種複雜的井筒和與井筒相通的道路網,也就是礦井。埋深較淺的材料可以使用大型機器直接從地面挖掘。

5 碎煤機將較大的煤塊打碎成小塊,這樣煤塊就能緊密地堆積在一起了。

6 篩選和清洗機將煤塊按大小分開,並去除煤塊裏的沙礫和塵土。

7 經過加工的煤被裝到被稱為煤門的專用車廂裏。

運煤的煤門從頂部裝貨,但通過下面或側面的門卸貨。

加工廠

從地下開採出來的煤需要經過過濾、清洗和乾燥工序,以除去阻礙其充分燃燒的雜質。

安全帽上有一個可充電電燈,能為井下的工人照明。

礦工下井時會佩戴帶面罩和護目鏡,用來防止井下的灰塵和化學物質對肺部和眼睛造成傷害。

這名礦工的衣服能夠反光,這樣其他正在操作機器和車輛的礦工就能看到他了。

礦工們的衣服質地堅韌,礦工下井時還會佩戴帶有頭燈的安全帽。另外,他們還會攜帶氣體探測器,用來探測有毒氣體和可燃氣體。

狹窄的鐵道連接着採煤場與井筒。

露天礦煤層上方以及煤層之間的多餘岩石和土壤稱為剝離物。

礦井的頂部支撐結構

煤層

煤多存在於岩石層之間。礦工們挖開煤層後,會盡可能地將煤開採出來。

一旦地下隧道發生坍塌,通往地面的道路就會被堵住,這是採礦業面臨的最大威脅之一。地下隧道的頂部可用鋼拱支架和橫樑加固。

世界上最深的礦井可達地下4公里

防護裝備

城市和工業

碎石

露天開採是個大工程，需要用到特殊的設備。圖中的巨型輪斗挖掘機就是一種用來開採煤礦的設備。這台挖掘機的總長近 230 米，高 96 米，每天可以挖掘 24 萬多立方米煤炭。輪子邊轉動，邊將挖斗裏的東西轉移到傳送帶上。傳送帶再把東西傳遞到下一個傳送帶，直至送到卡車裏。現在世界上體形最大的車輛就是一台挖掘機。

= 100 輛自卸貨車的裝載量

超大挖掘量

假設 1 輛自卸貨車的裝載量是 24 立方米，那麼這台輪斗挖掘機每天挖出的東西可以裝滿 10,000 輛自卸貨車。

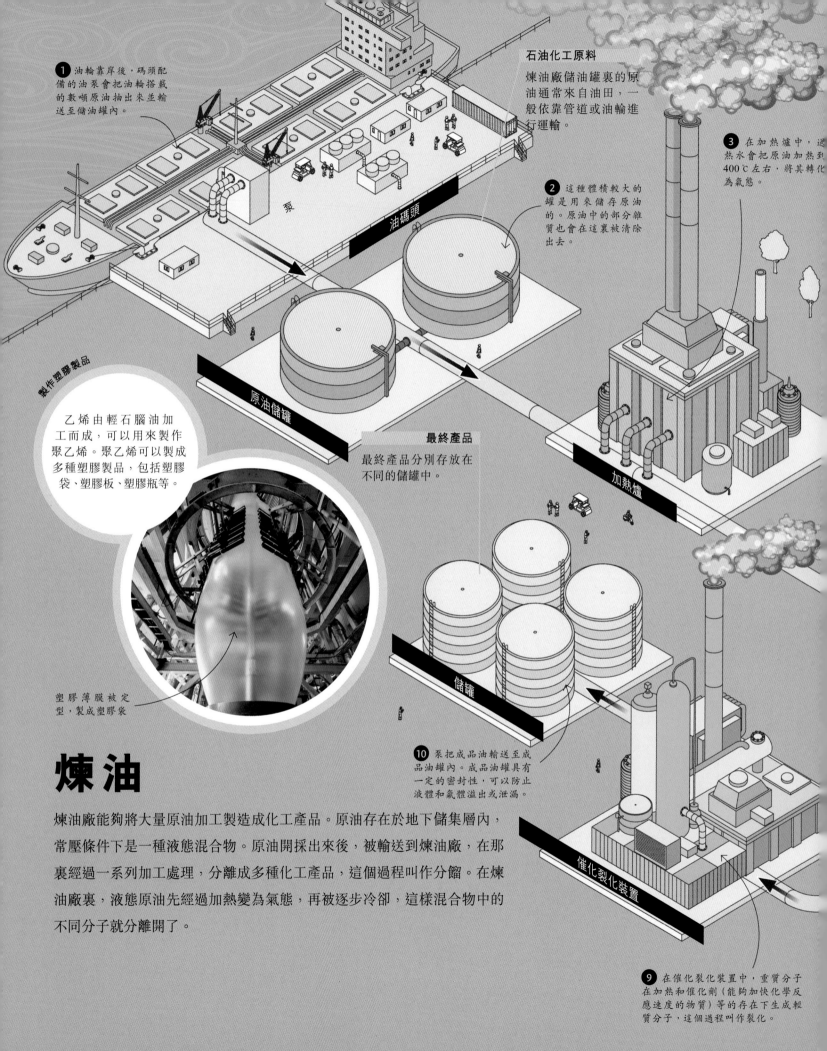

❶ 油輪靠岸後，碼頭配備的油泵會把油輪搭載的數噸原油抽出來並輸送至儲油罐內。

石油化工原料

煉油廠儲油罐裏的原油通常來自油田，一般依靠管道或油輪進行運輸。

❸ 在加熱爐中，過熱水會把原油加熱到400℃左右，將其轉化為氣態。

❷ 這種體積較大的罐是用來儲存原油的。原油中的部分雜質也會在這裏被清除出去。

泵

油碼頭

原油儲罐

加熱爐

製作塑膠製品

乙烯由輕石腦油加工而成，可以用來製作聚乙烯。聚乙烯可以製成多種塑膠製品，包括塑膠袋、塑膠板、塑膠瓶等。

塑膠薄膜被定型，製成塑膠袋

最終產品

最終產品分別存放在不同的儲罐中。

儲罐

❿ 泵把成品油輸送至成品油罐內。成品油罐具有一定的密封性，可以防止液體和氣體溢出或泄漏。

煉油

煉油廠能夠將大量原油加工製造成化工產品。原油存在於地下儲集層內，常壓條件下是一種液態混合物。原油開採出來後，被輸送到煉油廠，在那裏經過一系列加工處理，分離成多種化工產品，這個過程叫作分餾。在煉油廠裏，液態原油先經過加熱變為氣態，再被逐步冷卻，這樣混合物中的不同分子就分離開了。

催化裂化裝置

❾ 在催化裂化裝置中，重質分子在加熱和催化劑（能夠加快化學反應速度的物質）等的存在下生成輕質分子，這個過程叫作裂化。

油品泄漏處理

油品泄漏會破壞環境。常見的處理方式包括點燃油品，使用攔油柵將油品圍住並進行後續處理，以及使用化學方式進行處理。

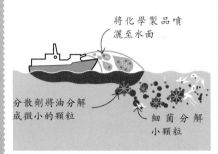

將化學製品噴灑至水面

分散劑將油分解成微小的顆粒

細菌分解小顆粒

化學處理法

從蒸餾塔頂部排出的氣體含有丙烷和丁烷。這種混合氣體不能在蒸餾塔內冷凝。它們被製作成罐裝液化氣，可在烹飪時作為燃料。

輕質石腦油是製作乙烯的原材料。乙烯可以用來製作塑膠製品。

輕石腦油

蒸餾後直接得到的汽油被稱為直餾汽油，產量幾乎佔原油產品的一半。

汽油

重石腦油通常需要經過進一步裂解，製成汽油。

重石腦油

多餘的液體通過降液管回流到蒸餾塔底部。

❺ 蒸餾塔內的溫度隨高度變化而改變。在一定的高度和溫度條件下，特定的氣態組分會變成液態。輕質油品的沸點最低，因此會最先沸騰，在蒸餾塔的最上層被分離出來。

煤油可以用作油燈和加熱器的燃料，也可以用來制備航空煤油。

煤油

❹ 加熱爐中的油蒸氣經過管道輸送至蒸餾塔。

蒸餾塔由若干塔盤分離成不同的部分。每個塔盤會收集一種組分。

蒸餾

在蒸餾塔內，氣態的原油再降溫冷凝，不同的分子就分離開了。

柴油可供發電機使用，也可以作為汽車發動機的燃料。

柴油

❻ 不能被污染控制裝置回收或再利用的多餘氣體在火炬塔頂部點燃。

輕質柴油在蒸餾塔中的這一層高度凝結。輕質柴油含有潤滑油和重質燃料油，可供發電站和船舶發動機使用。

輕質柴油

殘渣

蒸餾塔底部的塔盤上收集到的殘渣是不能被加熱至沸騰的油品。這些殘渣可製作成鋪路時用到的瀝青。

❽ 重質分子的沸點更高，要在催化裂化裝置裏裂化，製成質量更輕、更實用的化工產品。

蒸餾塔

❼ 重質分子很快變成液體，聚集在蒸餾塔的底部。

火炬塔

蒸氣進入升氣管中，經泡罩的齒縫排出，並持續上升

升氣管引導蒸氣的流向

泡罩

齒縫

塔盤

塔盤收集冷凝的液體

蒸氣

蒸餾塔內有多層塔盤。這些塔盤會分別收集在蒸餾塔的不同部分冷凝出的液體。塔盤上有若干個升氣管，短管上覆蓋着能夠浮動的泡罩。這些泡罩能夠讓氣體通過，同時也能阻隔液體，防止液體回流。

泡罩塔盤

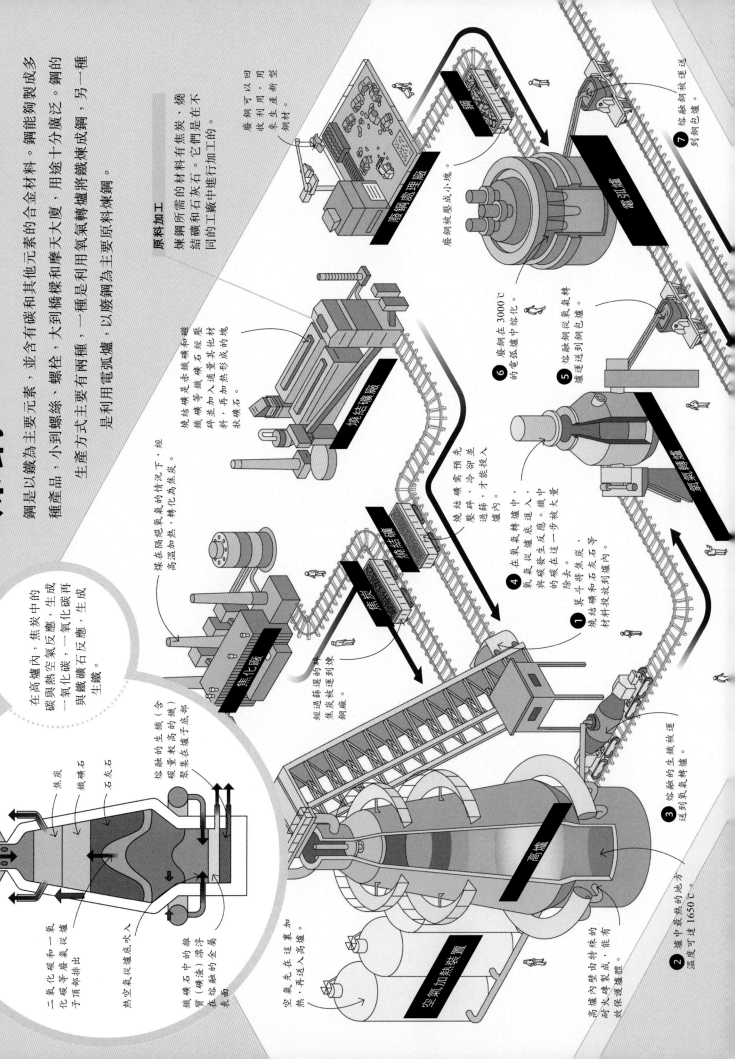

煉鋼

鋼是以鐵為主要元素，並含有碳和其他元素的合金材料。鋼能夠製成多種產品，小到螺絲、螺栓，大到橋樑，用途十分廣泛。鋼的生產方式主要有兩種，一種是利用氧氣轉爐將鐵煉成鋼，另一種是利用電弧爐，以廢鋼為主要原料煉鋼。

原料加工
煉鋼所需的材料有焦炭、燒結礦和石灰石。它們是在不同的工廠中進行加工的。

高爐

在高爐內，焦炭中的碳與熱空氣反應，生成一氧化碳，一氧化碳再與鐵礦石反應，生成鐵與二氧化碳。

- 原料從頂部加入
- 二氧化碳和一氧化碳等廢氣從爐子頂部排出
- 焦炭
- 鐵礦石
- 石灰石
- 熔融的生鐵（含有碳的鐵）聚集在爐子底部
- 熱空氣從爐底吹入
- 鐵礦石中的雜質（礦渣）漂浮在熔融的金屬表面
- 空氣先在這裏加熱，再送入高爐。
- 高爐內壁由特殊的耐火磚砌成，能有效保護爐壁。

廢鋼處理廠
廢鋼被壓成小塊。

電弧爐
廢鋼在3000℃的電弧爐中熔化。

鋼
廢鋼可以回收利用，用來生產新型鋼材。

燒結礦廠
燒結礦是將鐵礦磁、磷礦、礦石等鐵礦石經壓碎並加入其他材料，再加熱形成塊狀的礦石。

焦炭
煤在隔絕氧氣的情況下，經高溫加熱，轉化為焦炭。

經過篩選的焦炭被運到煉鋼廠。

燒結礦
燒結礦需事先壓碎、冷卻並過篩，才能投入爐內。

氧氣轉爐

1. 先將燒結礦和石灰石等材料放到爐內。

2. 爐中最熱的地方可達1650℃。

3. 熔融的生鐵被送到氧氣轉爐。

4. 在氧氣轉爐中，氧氣從爐底進入，與碳發生反應，進一步將碳除去。

5. 熔融鋼從氧氣轉爐運送到鋼包爐。

6. 廢鋼在3000℃的電弧爐中熔化。

7. 熔融鋼被運送到鋼包爐。

鋼包爐

空氣加熱裝置

高爐

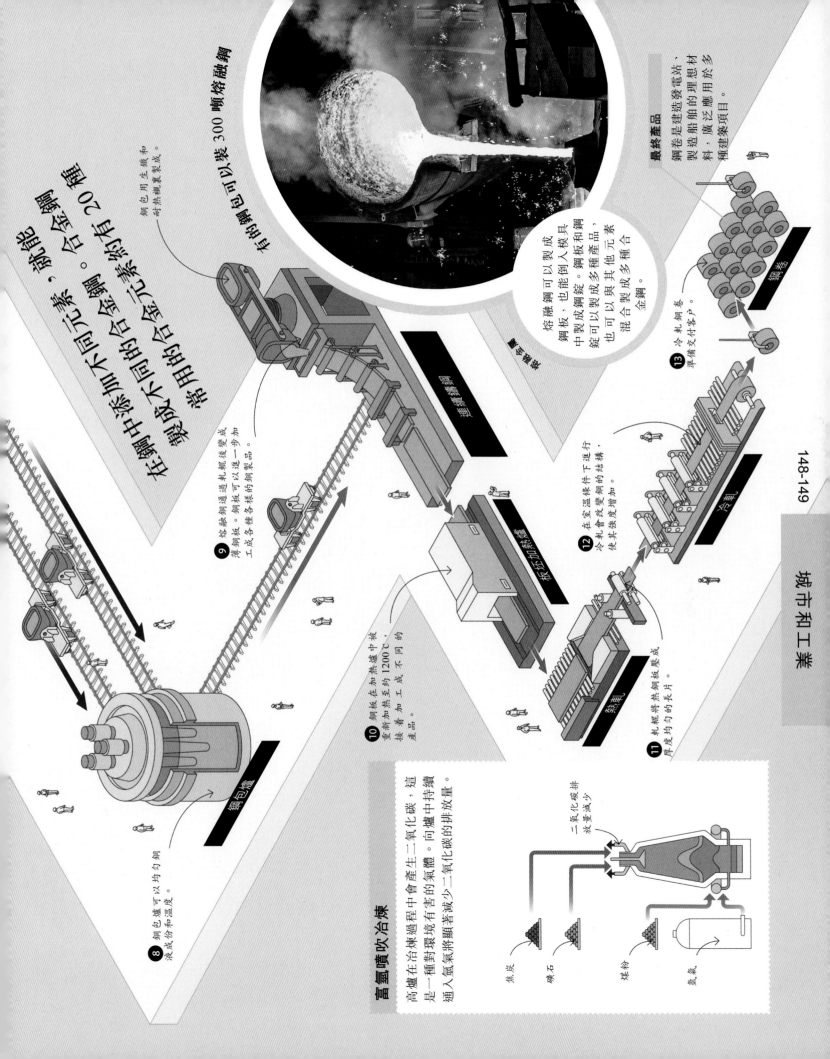

在鋼中添加不同元素，就能製成不同的合金元素。常用的合金元素約有 20 種，都能製成不同元素，合金鋼。

鋼包用生鐵和向熱裡裏製成。

有的鋼包可以裝 300 噸熔融鋼

熔融鋼可以製成鋼板，也能倒入模具中製成鋼錠。鋼板和鋼錠可以製成多種產品，也可以製成與其他元素混合成多種合金鋼。

⑧ 鋼包爐可以均勻鋼液成份和溫度。

鋼包爐

⑨ 熔融鋼通軋輥後變成薄鋼板。鋼板可以進一步加工成各樣各樣的鋼製品。

連續鑄鋼

⑩ 鋼板在加熱爐中被重新加熱至約 1200℃的接著加工成產品。

板坯加熱爐

⑪ 軋輥將熱鋼板壓成厚度均勻的長片。

熱軋

⑫ 在室溫條件下進行冷軋鋼，會改變鋼的結構，使其強度增加。

冷軋

⑬ 冷軋鋼卷，準備交付客戶。

鋼卷

最終產品

鋼卷是建造發電站、製造船舶的理想材料，廣泛應用於多種建築項目。

城市和工業

富氫噴冶煉

高爐冶煉過程中會產生二氧化碳，這是一種對環境有害的氣體。向爐中持續通入富氫氣將顯著減少二氧化碳的排放量。

二氧化碳排放量減少

焦炭

礦石

煤粉

氫氣

熱金屬

鋼有很多種。鋼的主要成份是鐵。加入其他元素能夠改變鋼的部分性能，如強度、柔韌性和耐腐蝕性等。這種由鐵和其他元素組成的鋼屬於合金。碳鋼中有少量碳，強度非常大，但不耐腐蝕。添加了鎳、銅和鋁的合金鋼抗腐蝕性較好。添加了鎢和鈷的工具鋼耐磨性和耐熱性較好。不鏽鋼中主要添加了鉻，帶有光澤感，且不易腐蝕。

餐具 →

← 醫用設備

不鏽鋼

用來打碎東西、釘釘子的工具 →

用來切割的工具

工具鋼

蓋樓

造船

適合建造用的合金鋼

圍欄

碳鋼

鋼的實際應用

鋼的應用很廣泛，既能用來製作耐腐蝕的餐具和工具，也能製成堅固的結構樑和鋼筋。

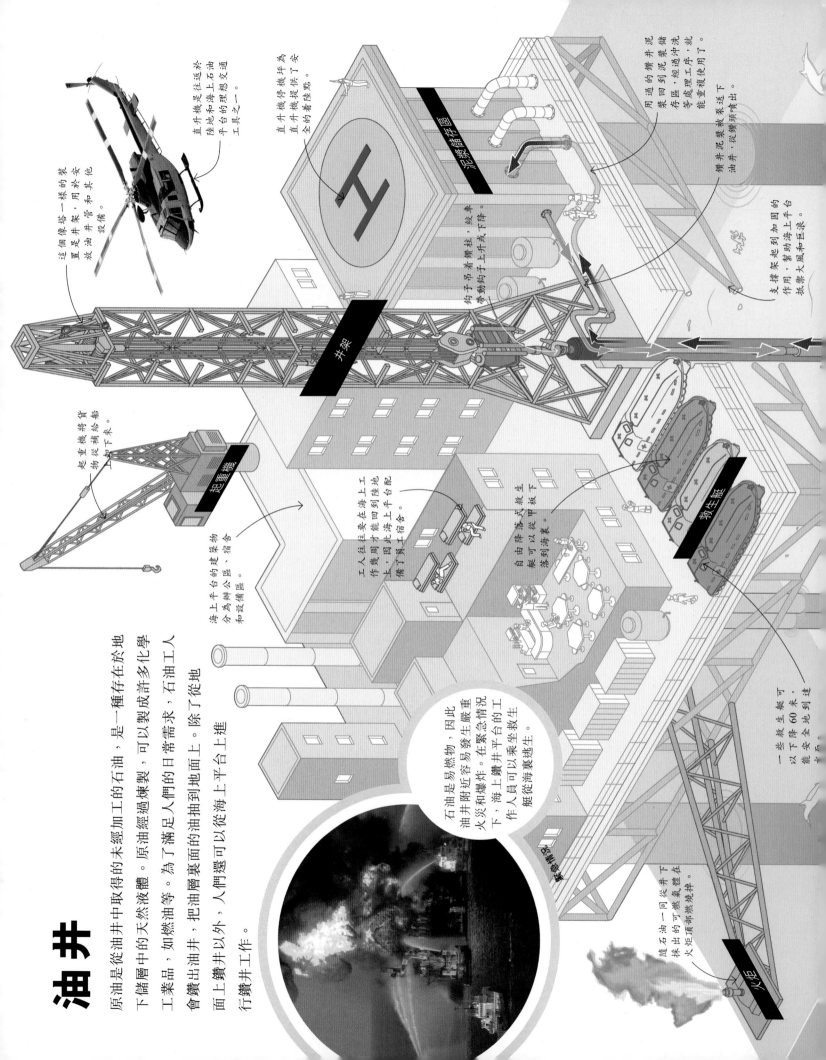

油井

原油是從油井中取得的未經加工的石油，是一種存在於地下儲層中的天然液體。原油經過煉製，可以製成許多化學工業品，如燃油等。為了滿足人們的日常需求，石油工人會鑽出油井，把油層裏面的油抽到地面上。除了從地面上鑽井以外，人們還可以從海上平台進行鑽井工作。

這個像塔一樣的裝置是井架，用於安放油管和其他設備。

直升機是往返海上石油陸地和海上石油的理想交通工具之一。

直升機停機坪為直升機提供了安全的着陸點。

井架

用過的鑽井泥漿回到泥漿儲存區，經過沖洗等處理工序，就能重複使用了。

泥漿儲存區

鑽井泥漿被泵送下油井，從鑽頭噴出。

支撐架起到加固的作用，幫助海上平台抵禦大風和巨浪。

鈎子吊着鑽桿，絞車帶動鈎子上升或下降。

起重機將貨物從補給船吊下來。

起重機

海上平台的建築物分為辦公區、宿舍和設備區。

工人往往要在海上工作幾周才能回陸地，因此海上平台配備了員工宿舍。

自由降落式救生艇可以從甲板下落到海裏。

救生艇

一些救生艇可以下降60米，能安全地到達水面。

緊急情況

石油是易燃物，因此油井附近容易發生嚴重火災和爆炸。在緊急情況下，海上鑽井平台的工作人員可以乘坐救生艇從海裏逃生。

隨石油一同從井下採出的可燃氣體會在火炬頂部燃燒掉。

火炬

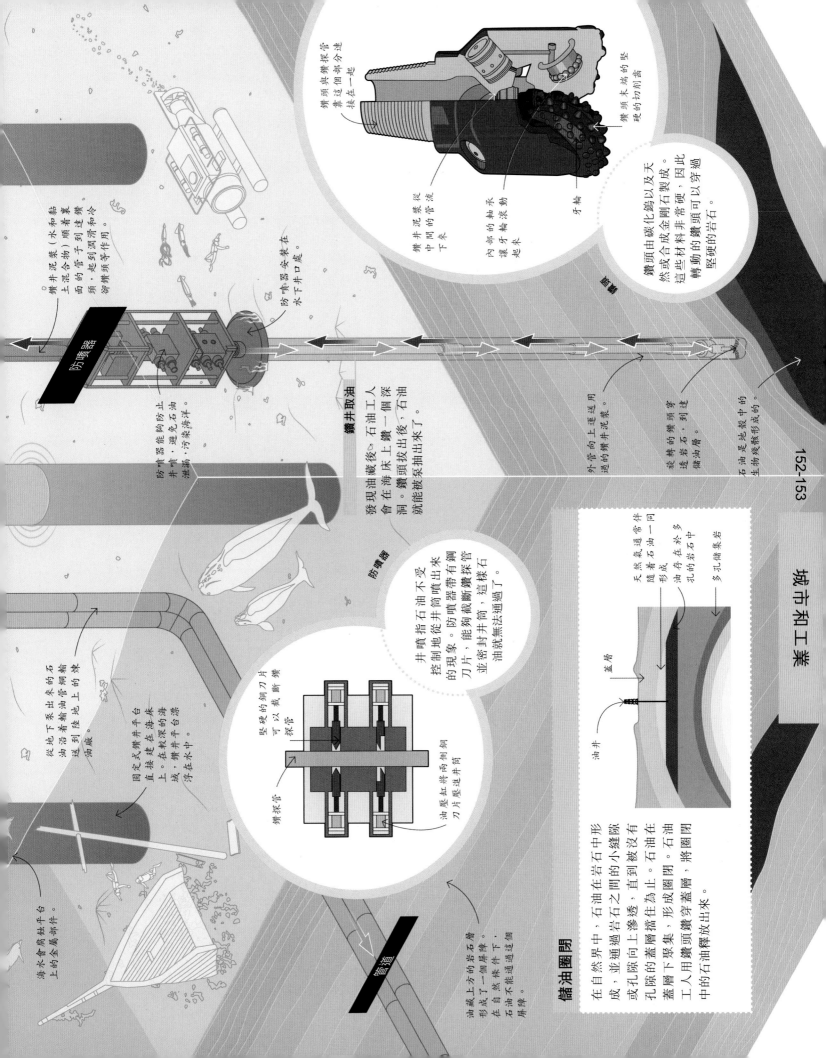

鑽頭與鑽探管靠這個部分連接在一起

鑽頭末端的切削硬齒

鑽井泥漿從中間的管流下來

內部的軸承讓牙輪滾動起來

牙輪

原鑽頭

鑽頭由碳化鎢以及天然或合成金剛石製成。然而這些材料非常硬,因此轉動的鑽頭可以穿過堅硬的岩石。

鑽井泥漿(水和黏土泥合物)順著鑽頭的管子到達鑽頭,起到潤滑和冷卻鑽頭等作用。

防噴器

防噴器能夠防止井噴,避免石油洩漏,污染海洋。

防噴器安裝在水下井口處。

鑽井取油

發現油藏後,石油工人會在海床上鑽一個深洞。鑽頭拔出後,石油就能被泵抽出水了。

石油是地殼中的生物殘骸形成的。

旋轉的鑽頭穿過這些岩石,到達儲油層。

外管向上鑽進過濾的鑽井泥漿。

防噴器

井噴指石油不受控制地從井筒噴出來的現象。防噴器帶有鋼刀片,能夠截斷井筒,並密封井筒,這樣石油就無法通過了。

堅硬的鋼刀片可以截斷鑽探管

鑽探管

油壓缸將兩側鋼刀片壓進井筒

管道

儲油圈閉

在自然界中,石油在岩石中形成,並通過岩石之間的小縫隙或孔隙向上滲透,直到被沒有孔隙的蓋層擋住為止。石油在蓋層下聚集,形成圈閉。石油工人用鑽頭鑽穿蓋層,將圈閉中的石油釋放出來。

天然氣通常伴隨著石油一同形成

油存在於多孔的岩石中

多孔儲集岩

蓋層

油井

從地下泵出來的石油沿著輸油管輸送到陸地上煉油廠。

固定式鑽井平台直接建在海床上,在較深的海域,鑽井平台漂浮在水中。

海水會腐蝕平台上的金屬部件。

油藏上方的岩石層形成了一個天然屏障。在這個條件下,石油不能通過這個屏障。

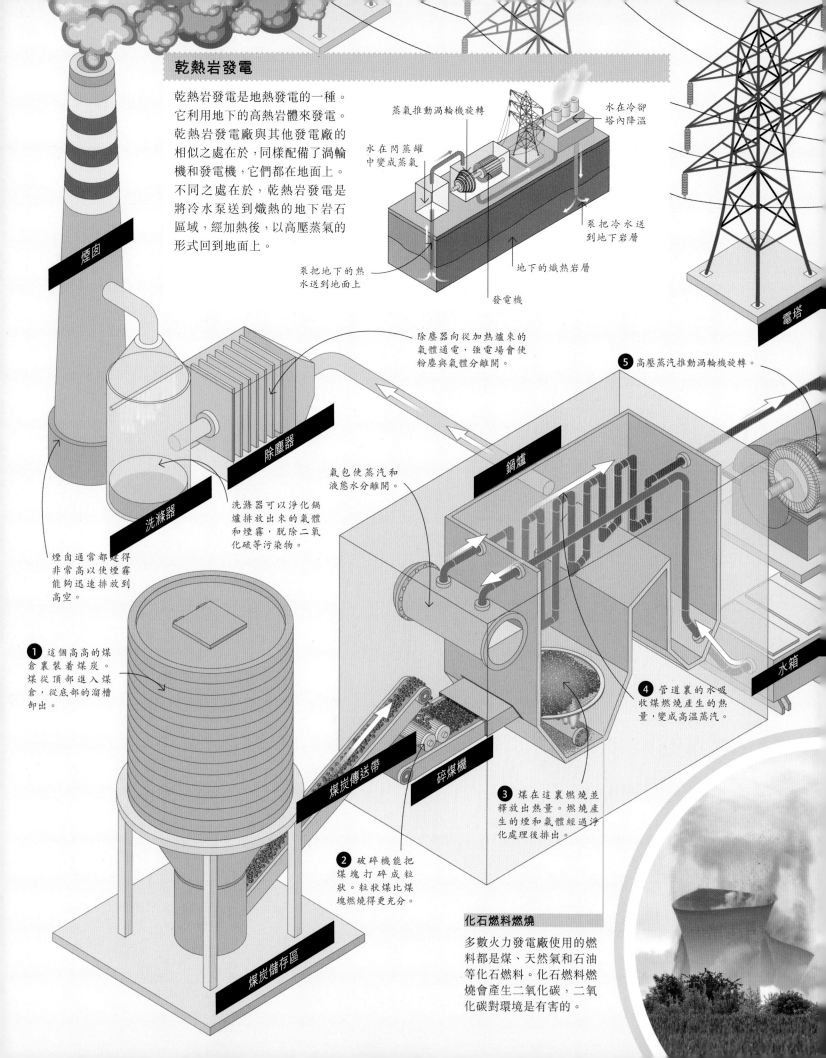

乾熱岩發電

乾熱岩發電是地熱發電的一種。它利用地下的高熱岩體來發電。乾熱岩發電廠與其他發電廠的相似之處在於，同樣配備了渦輪機和發電機，它們都在地面上。不同之處在於，乾熱岩發電是將冷水泵送到熾熱的地下岩石區域，經加熱後，以高壓蒸氣的形式回到地面上。

蒸氣推動渦輪機旋轉

水在閃蒸罐中變成蒸氣

水在冷卻塔內降溫

泵把冷水送到地下岩層

泵把地下的熱水送到地面上

地下的熾熱岩層

發電機

煙囪

電塔

除塵器向從加熱爐來的氣體通電，強電場會使粉塵與氣體分離開。

⑤ 高壓蒸汽推動渦輪機旋轉。

除塵器

洗滌器

氣包使蒸汽和液態水分離開。

鍋爐

水箱

洗滌器可以淨化鍋爐排放出來的氣體和煙霧，脫除二氧化硫等污染物。

煙囪通常都建得非常高以使煙霧能夠迅速排放到高空。

❶ 這個高高的煤倉裏裝着煤炭。煤從頂部進入煤倉，從底部的溜槽卸出。

④ 管道裏的水吸收煤燃燒產生的熱量，變成高溫蒸汽。

煤炭傳送帶

碎煤機

❸ 煤在這裏燃燒並釋放出熱量。燃燒產生的煙和氣體經過淨化處理後排出。

❷ 破碎機能把煤塊打碎成粒狀。粒狀煤比煤塊燒得更充分。

化石燃料燃燒

多數火力發電廠使用的燃料都是煤、天然氣和石油等化石燃料。化石燃料燃燒會產生二氧化碳，二氧化碳對環境是有害的。

煤炭儲存區

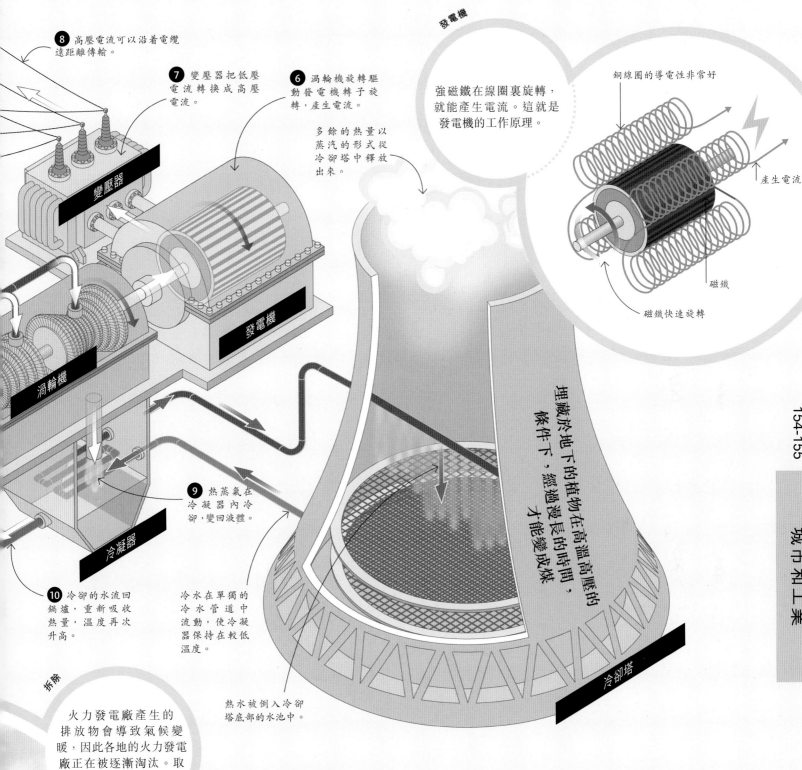

8 高壓電流可以沿着電纜遠距離傳輸。

7 變壓器把低壓電流轉換成高壓電流。

6 渦輪機旋轉驅動發電機轉子旋轉，產生電流。

多餘的熱量以蒸汽的形式從冷卻塔中釋放出來。

強磁鐵在線圈裏旋轉，就能產生電流。這就是發電機的工作原理。

銅線圈的導電性非常好

產生電流

磁鐵

磁鐵快速旋轉

變壓器

發電機

渦輪機

9 熱蒸氣在冷凝器內冷卻，變回液體。

冷凝器

10 冷卻的水流回鍋爐，重新吸收熱量，溫度再次升高。

冷水在單獨的冷水管道中流動，使冷凝器保持在較低溫度。

埋藏於地下的植物在高溫高壓的條件下，經過漫長的時間，才能變成煤

熱水被倒入冷卻塔底部的水池中。

冷卻塔

拆除

火力發電廠產生的排放物會導致氣候變暖，因此各地的火力發電廠正在被逐漸淘汰。取而代之的是可再生能源發電廠。

火力發電廠

火力發電廠是利用燃燒燃料（煤等化石燃料）產生的熱能發電的工廠。在這裏，熱能先被轉化為機械能，機械能經過發電機轉化為電能。燃料燃燒會產生大量污染物，因此火力發電廠正在被逐步淘汰。

核電站

核燃料不是通過燃燒釋放熱能的，而是通過核裂變反應來放出熱能的。核裂變反應產生的熱能同樣可以用來發電，卻不會產生溫室氣體二氧化碳，這一點比燃燒煤或天然氣發電更好。

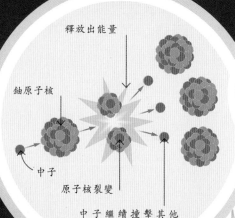

釋放出能量

鈾原子核

中子

原子核裂變

鈾原子核被中子撞擊後，會分裂成兩個較小的原子核，這一過程稱為核裂變。核裂變反應釋放出能量和中子，中子又會撞擊其他鈾原子核，形成鏈式反應。

中子繼續撞擊其他鈾原子核，形成鏈式反應

核裂變

鋼筋混凝土製成的球形安全殼可以將爆炸、着火和放射性核素泄漏的危害限制在安全殼內。

3 高壓熱蒸氣通過管道輸送到渦輪機。

控制室

屏蔽裝置阻擋核裂變反應產生的輻射。輻射會損傷活細胞，對人體危害很大。

2 反應堆核裂變反應放出的熱量使換熱器內的水沸騰，產生蒸氣。

核反應

核裂變引發的鏈式反應會產生熱量。反應堆中的水吸熱變成蒸氣，蒸氣推動渦輪機旋轉。

反應堆

換熱器

泵

核電佔世界發電總量的 10% 左右

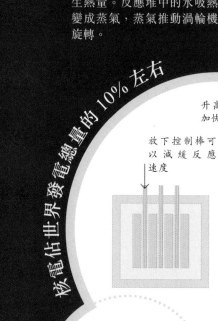

升高控制棒可以加快反應速度

放下控制棒可以減緩反應速度

燃料棒

核裂變的反應速度極快，有時甚至會導致劇烈的爆炸。反應堆中的硼控制棒能夠吸收大量自由中子，減緩核裂變的反應速度。

控制棒

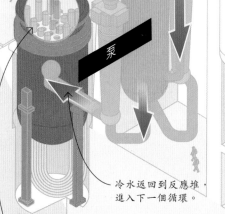

冷水返回到反應堆，進入下一個循環。

1 核燃料呈棒狀。將核燃料棒放入反應堆，裂變反應就開始了。

工作人員會持續監控反應堆的運行狀況，以確保核裂變反應的速度。如果反應速度過慢，裂變反應將停止；反之，如果過快，反應堆可能會熔化。

6 核能產生的電力與用其他發電方式產生的電力沒有差別。

美國 20% 的電力由核能提供

1 冷卻劑被反應堆中的蒸氣加熱後，回到冷卻塔中，放出熱量，溫度降低。

控制室

發電機

來速移動的蒸氣渦輪機高速旋渦輪機旋轉會帶電的轉子旋轉。

渦輪機

5 發電機將機械能轉化為電能。

冷卻塔

冷凝器

2 溫度下降後，冷卻劑被泵送回冷凝器。

只要與反應堆保持一定距離，核電站的輻射對工作人員而言就是安全的。

7 溫度較低的冷卻劑將從反應堆來的蒸氣冷卻成液態水。之後，液態水會回到換熱器內。

核廢物處理

使用過的核燃料還會放出輻射。核輻射很危險，會破壞人體細胞，因此反應堆產生的廢物必須深埋地下並密封儲存數萬年，直到放射性和熱能釋放達到安全水平。

燃料棒

燃料棒

燃料棒由二氧化鈾芯塊製成。普遍情況下，一個反應堆一年要使用 27 噸燃料棒。相比之下，煤電站需要燃燒 250 萬噸燃料，才能產生同樣的電量。

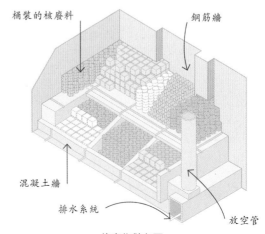

桶裝的核廢料　　　　鋼筋牆

混凝土牆

排水系統

放空管

核廢物儲存區

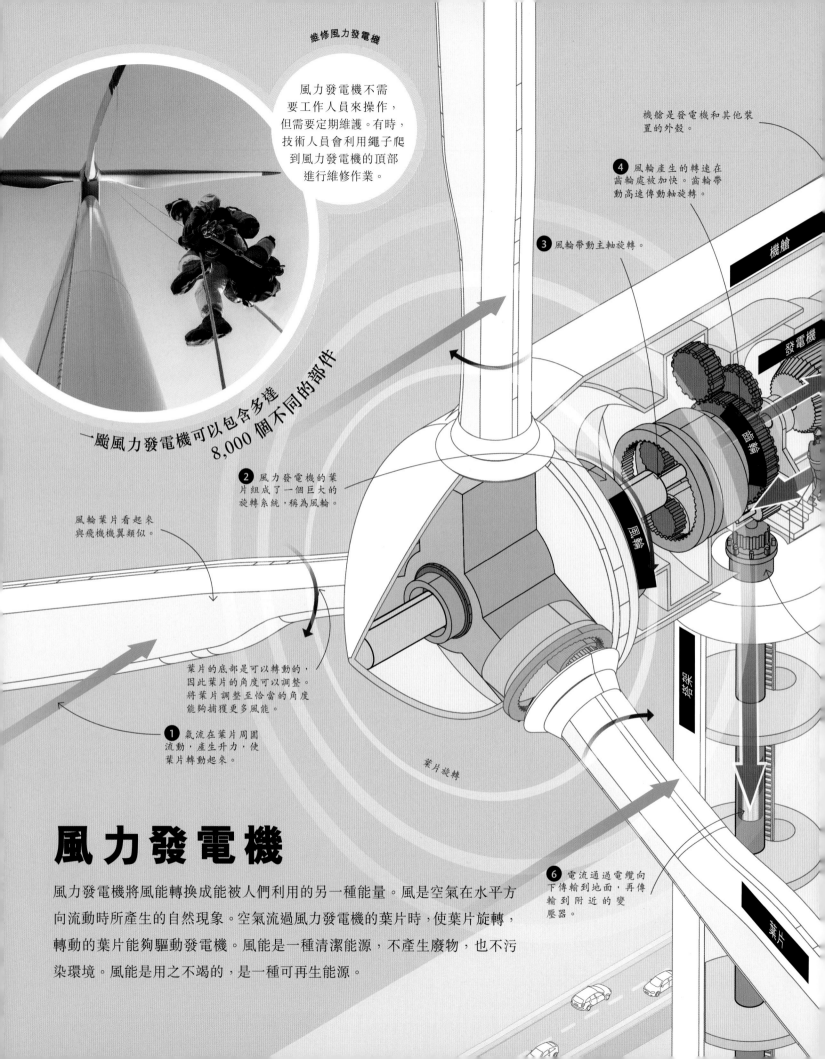

維修風力發電機

風力發電機不需要工作人員來操作，但需要定期維護。有時，技術人員會利用繩子爬到風力發電機的頂部進行維修作業。

機艙是發電機和其他裝置的外殼。

4 風輪產生的轉速在齒輪處被加快。齒輪帶動高速傳動軸旋轉。

3 風輪帶動主軸旋轉。

機艙

發電機

齒輪

一颱風力發電機可以包含多達 8,000 個不同的部件

2 風力發電機的葉片組成了一個巨大的旋轉系統，稱為風輪。

風輪

風輪葉片看起來與飛機機翼類似。

葉片的底部是可以轉動的，因此葉片的角度可以調整。將葉片調整至恰當的角度能夠捕獲更多風能。

塔架

1 氣流在葉片周圍流動，產生升力，使葉片轉動起來。

葉片旋轉

6 電流通過電纜向下傳輸到地面，再傳輸到附近的變壓器。

葉片

風力發電機

風力發電機將風能轉換成能被人們利用的另一種能量。風是空氣在水平方向流動時所產生的自然現象。空氣流過風力發電機的葉片時，使葉片旋轉，轉動的葉片能夠驅動發電機。風能是一種清潔能源，不產生廢物，也不污染環境。風能是用之不竭的，是一種可再生能源。

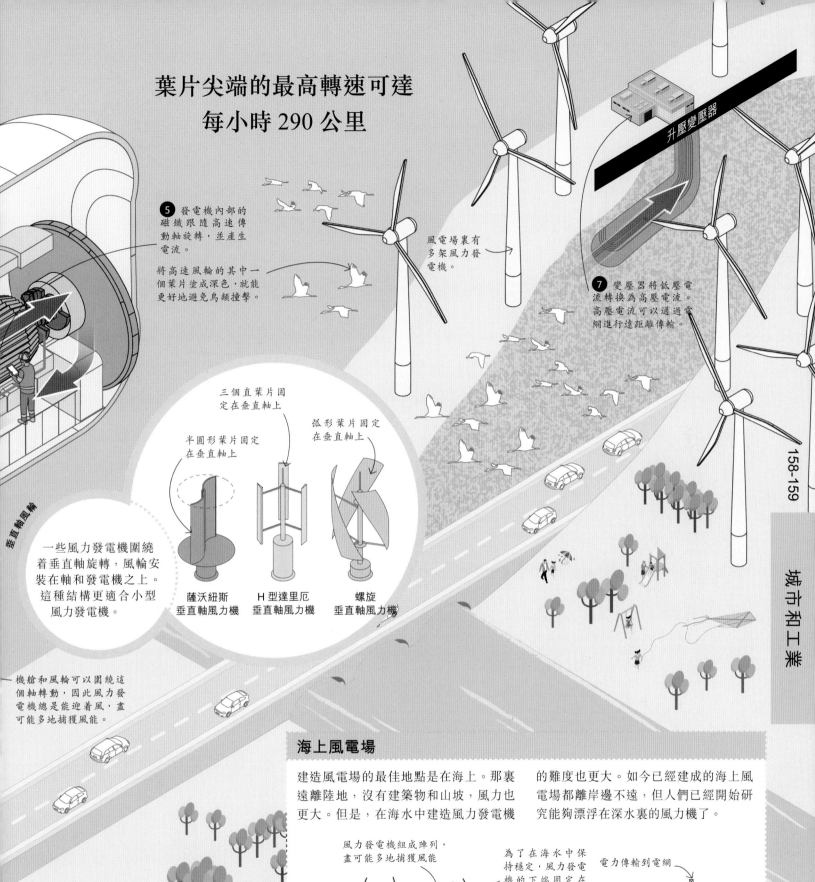

葉片尖端的最高轉速可達
每小時 290 公里

5 發電機內部的磁鐵跟隨高速傳動軸旋轉，並產生電流。

將高速風輪的其中一個葉片塗成深色，就能更好地避免鳥類撞擊。

升壓變壓器

風電場裏有多架風力發電機。

7 變壓器將低壓電流轉換為高壓電流。高壓電流可以通過電網進行遠距離傳輸。

垂直軸風輪

三個直葉片固定在垂直軸上

半圓形葉片固定在垂直軸上

弧形葉片固定在垂直軸上

一些風力發電機圍繞着垂直軸旋轉，風輪安裝在軸和發電機之上。這種結構更適合小型風力發電機。

薩沃紐斯
垂直軸風力機

H 型達里厄
垂直軸風力機

螺旋
垂直軸風力機

機艙和風輪可以圍繞這個軸轉動，因此風力發電機總是能迎着風，盡可能多地捕獲風能。

城市和工業

綠地是建造風力發電機的理想場所，因為風力發電機不會影響到周圍的野生動植物。

海上風電場

建造風電場的最佳地點是在海上。那裏遠離陸地，沒有建築物和山坡，風力也更大。但是，在海水中建造風力發電機的難度也更大。如今已經建成的海上風電場都離岸邊不遠，但人們已經開始研究能夠漂浮在深水裏的風力機了。

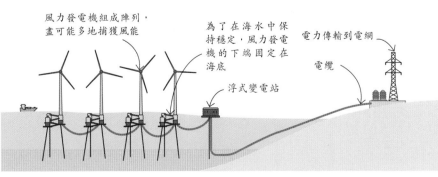

風力發電機組成陣列，盡可能多地捕獲風能

為了在海水中保持穩定，風力發電機的下端固定在海底

電力傳輸到電網

電纜

浮式變電站

太陽能

來自太陽的輻射能量就是太陽能。太陽的光和熱到達地球表面後，可以被人們捕獲並利用。其他發電形式大多需要大規模的發電設施，而利用太陽能發電只需要很小的裝置。人們居住的房子上也能安裝太陽能設備。這些設備為住戶提供熱水和電力，而且極大減少了二氧化碳的排放量。

太陽能熱系統可以捕獲太陽能，並利用能量來加熱水。

❶ 在集熱器內部流動的流體具有較好的傳熱性能，通常是化學溶液。在陽光的照射下，流體的溫度會逐漸升高。

陽光

太陽能集熱系統

❸ 水箱儲存了一些熱水，供住戶使用。

光照不足時，備用加熱器會使用電力或天然氣來加熱。

❷ 在熱交換器中，被陽光加熱的流體放出熱量，水箱中的水吸收熱量。

❹ 從水箱中流出的熱水通過管道輸送到浴室和廚房的熱水龍頭中。

控制單元能夠改變流體的循環速度。循環速度的快慢取決於集熱器接收太陽能的多少。

在泵的作用下，流體在集熱器和水箱之間循環流動。

主供水管道向水箱蓄水。

保護罩不會擋住太陽的熱量

溫度較高的流體從這裏流出集熱器

這層深色的物質會吸收熱量，提高集熱器內部流體的溫度

太陽能集熱器

太陽能集熱器的集熱管面向陽光放置。為了保護集熱管，在集熱管內部循環的傳熱流體經過了化學處理，不會結冰或沸騰。在熱交換器中，冷水吸熱，同時傳熱流體放熱且溫度下降。之後，冷卻的傳熱流體回流到集熱器，再次被加熱。

隔熱層阻止熱量散失

集熱流體在集熱管中循環流動

溫度較低的流體從這裏流入集熱器

太陽向地球發送的光能和熱能相當於人類能量總需求的 1 萬倍！

太陽能電池

太陽能電池板由很多個太陽能電池組成,每個電池都有兩層半導體材料。頂層材料有額外的電子,帶有負電荷。底層材料有帶正電荷的空位,稱為空穴。陽光將電子從原子中釋放出來。電子通過導體,移動到空穴中,電流就產生了。

聚光太陽能熱發電

圖中的聚光太陽能熱發電系統最適合在陽光充足的沙漠地區建造。曲面鏡將分散的陽光聚集成一束強烈且熾熱的光束。光束的熱量能熔化或點燃鍋爐裏的材料,還可以用來燒水並產生高壓蒸氣,以驅動與發電機相連的渦輪機。

玻璃蓋片

← 陽光

防反射塗層

導體

半導體層

帶正電荷的空穴

帶負電荷的自由電子

一層半導體裏的電子通過電路流向另一層半導體,產生電流

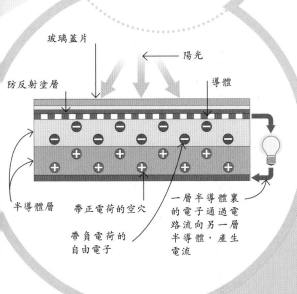

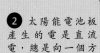

發電

太陽能電池板中的半導體材料利用太陽能發電。

❶ 太陽能電池板應面向陽光放置。

❷ 太陽能電池板產生的電是直流電,總是向一個方向流動。

❸ 逆變器將直流電轉換為交流電。

配電箱內有很多安全開關。如果電流過大,安全開關就會切斷電路。

❹ 測算產電量的儀器能記錄電池板產生的電量。

❺ 電線將太陽能電池板產生的電力運送到各處。

太陽能發電系統

陽光

❻ 電流可以讓電燈發光,也能維持電動設備的運作。這個樂隊使用的電子設備就是靠電流來運行的。房屋裏也可以安裝備用電池,用來儲存電力。

太陽能電池板產生的電力可以用來加熱水。

家用電是交流電,它每秒鐘會多次反轉方向。

隔離開關可以斷開太陽能電池板與電網的連接。

智能電錶將住戶使用的電量以及向公共電網發送的電量分別累計起來。

❼ 沒用完的電力可以送入公共電網,供其他人使用。在陽光不充足的情況下,電網可以為房子供電。

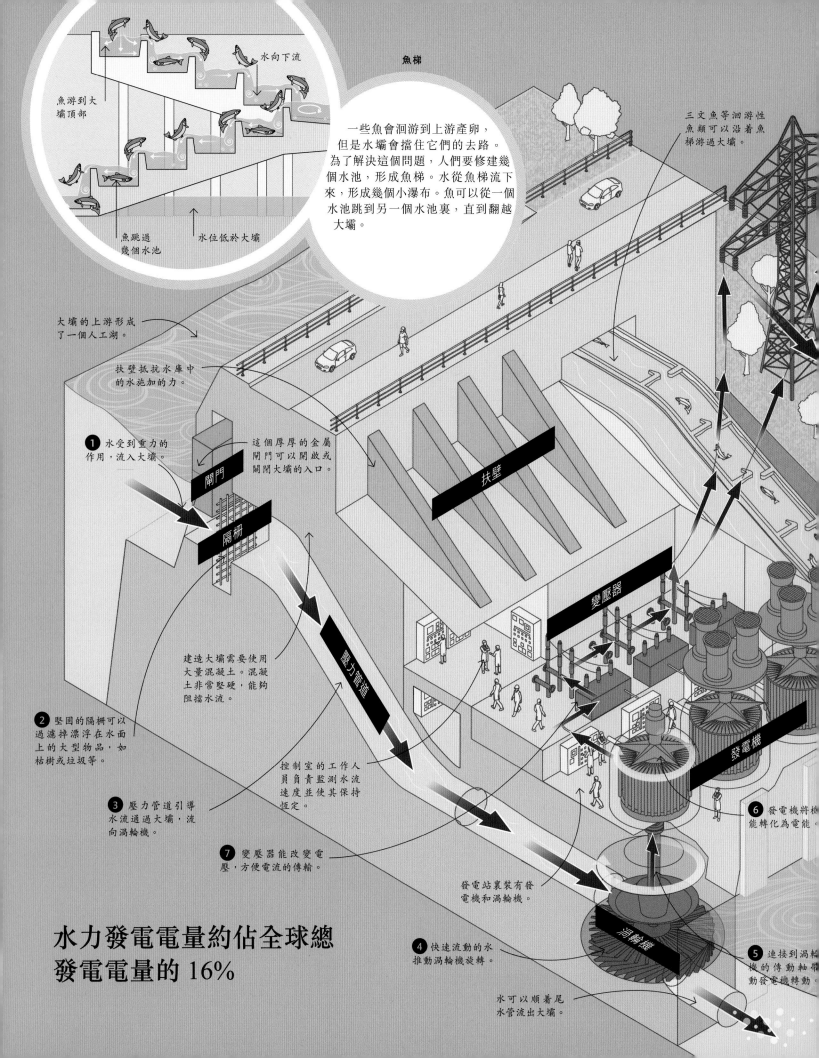

魚梯

水向下流

魚游到大壩頂部

魚跳過幾個水池

水位低於大壩

一些魚會洄游到上游產卵，但是水壩會擋住它們的去路。為了解決這個問題，人們要修建幾個水池，形成魚梯。水從魚梯流下來，形成幾個小瀑布。魚可以從一個水池跳到另一個水池裏，直到翻越大壩。

三文魚等洄游性魚類可以沿着魚梯游過大壩。

大壩的上游形成了一個人工湖。

扶壁抵抗水庫中的水施加的力。

❶ 水受到重力的作用，流入大壩。

閘門

這個厚厚的金屬閘門可以開啟或關閉大壩的入口。

扶壁

隔柵

變壓器

建造大壩需要使用大量混凝土。混凝土非常堅硬，能夠阻擋水流。

❷ 堅固的隔柵可以過濾掉漂浮在水面上的大型物品，如枯樹或垃圾等。

壓力管道

控制室的工作人員負責監測水流速度並使其保持恆定。

❸ 壓力管道引導水流通過大壩，流向渦輪機。

❼ 變壓器能改變電壓，方便電流的傳輸。

發電機

發電站裏裝有發電機和渦輪機。

❻ 發電機將機能轉化為電能。

水力發電電量約佔全球總發電電量的 16%

❹ 快速流動的水推動渦輪機旋轉。

渦輪機

❺ 連接到渦輪機的傳動軸帶動發電機轉動。

水可以順着尾水管流出大壩。

水電站

水能是可再生能源。水電站大壩能將水能轉化為電能。大壩是橫跨河流、攔截河水的堤壩。大壩會攔截住一部分河水，因此大壩的上游會建一個水庫。當水庫中的水足夠多時，水就會流出水庫，流過大壩的發電站。高速的水流驅動發電機發電。

抽水蓄能

抽水蓄能水電系統可以反向利用電能。當發電量過多時，這個系統會利用多餘的電力驅動水泵，將較低處水庫裏的水送到較高處的水庫中。當電力需求增加時，高處的水庫就會放水，利用水力來發電。

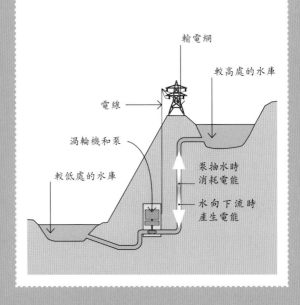

輸電網

較高處的水庫

電線

渦輪機和泵

較低處的水庫

泵抽水時消耗電能

水向下流時產生電能

電塔架起了輸送電力的電纜。

8 水電站產生的電力通過高壓電纜輸送出去。

電塔

世界上最高的大壩高 305 米

水庫的水位過高時，多餘的水會從溢洪道流出。

水庫只能容納一定量的水。如果進入水庫的水過多，那麼多餘的水就需要被排放出去，否則可能引發洪水或是水從大壩上面溢出。為了應對這種情況，大壩會設置溢洪道，多餘的水可以從溢洪道流出。一些大壩的溢洪道在水庫的中心，看起來像一個巨大的排水口。

三峽水庫長約 600 公里

水順流而下，離開大壩。

大壩

建造大壩是為了控制河水的流動。大壩的類型取決於大壩的具體用途。大壩通常是用來防洪或發電的。圖中的胡佛水壩是一座混凝土重力拱壩,是根據兩岸陡峭的科羅拉多河谷的地形製造的。胡佛水壩高 221 米,頂長 379 米。

水向大壩施加壓力　　壩頂　　混凝土或石頭製成的壩坡

基岩

水的力向下偏轉

重力壩

重力壩利用自身的重力抵消水的壓力。重力壩通常建在狹窄的河谷中,並在基岩上建造。

壓力擴散到兩邊　　混凝土製成的拱壩壩體

水向大壩施加壓力

基岩

拱壩

拱壩薄而彎曲,能將一部分水壓轉移到兩邊。

電網

電網將發電站發出的電能輸送到各家各戶和工廠裏。高壓電的電流小，能量散失少，可以進行長距離傳輸。高壓電到達用戶前，會被轉換成更安全的低壓電。

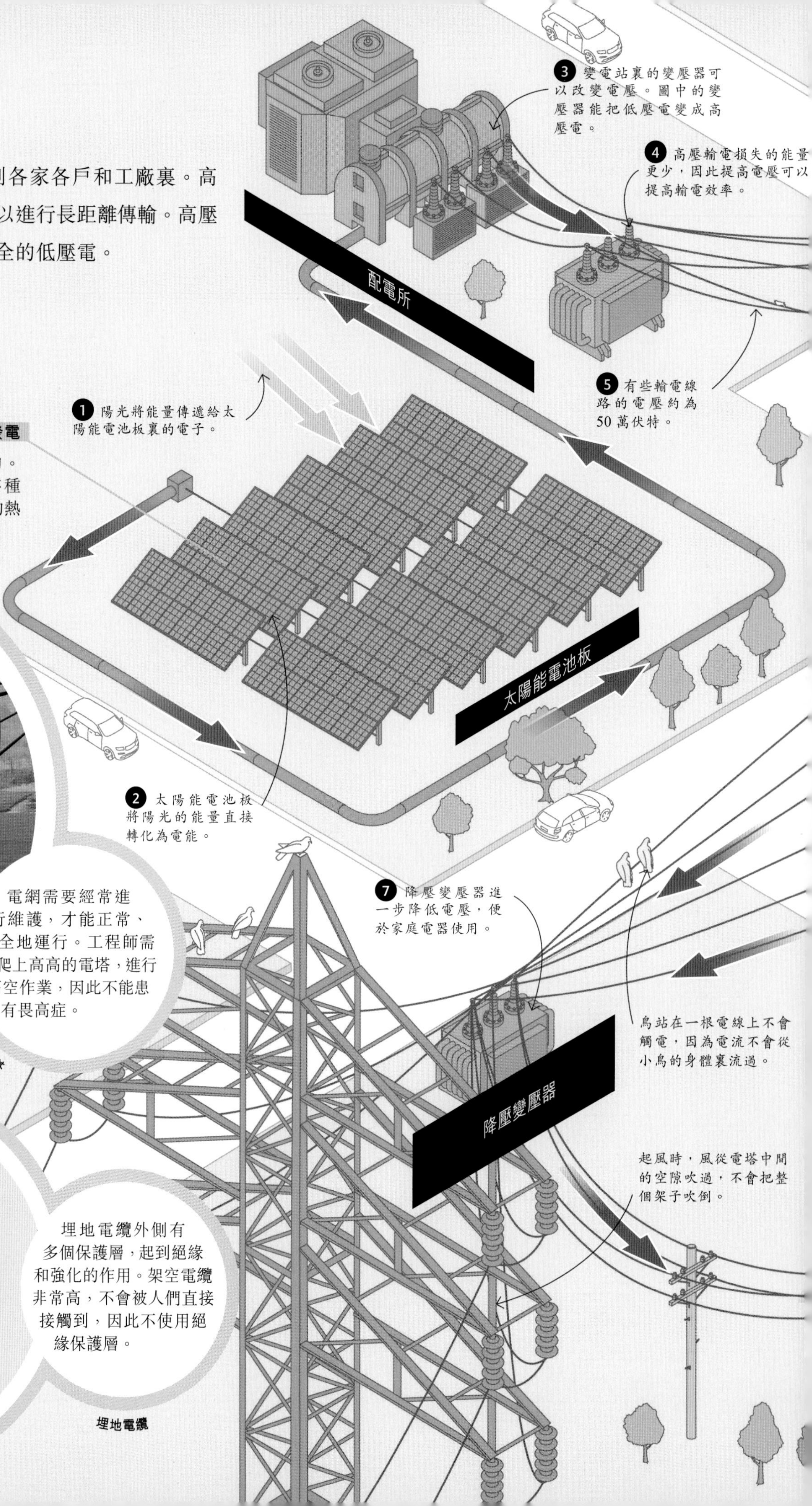

③ 變電站裏的變壓器可以改變電壓。圖中的變壓器能把低壓電變成高壓電。

④ 高壓輸電損失的能量更少，因此提高電壓可以提高輸電效率。

配電所

① 陽光將能量傳遞給太陽能電池板裏的電子。

⑤ 有些輸電線路的電壓約為50萬伏特。

發電

電流是由能源產生的。可發電的能源有很多種來源，陽光中所包含的熱量就是其中之一。

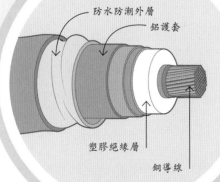

電塔

電網需要經常進行維護，才能正常、安全地運行。工程師需要爬上高高的電塔，進行高空作業，因此不能患有畏高症。

太陽能電池板

② 太陽能電池板將陽光的能量直接轉化為電能。

⑦ 降壓變壓器進一步降低電壓，便於家庭電器使用。

鳥站在一根電線上不會觸電，因為電流不會從小鳥的身體裏流過。

降壓變壓器

起風時，風從電塔中間的空隙吹過，不會把整個架子吹倒。

防水防潮外層
鋁護套

埋地電纜外側有多個保護層，起到絕緣和強化的作用。架空電纜非常高，不會被人們直接接觸到，因此不使用絕緣保護層。

塑膠絕緣層

銅導線

埋地電纜

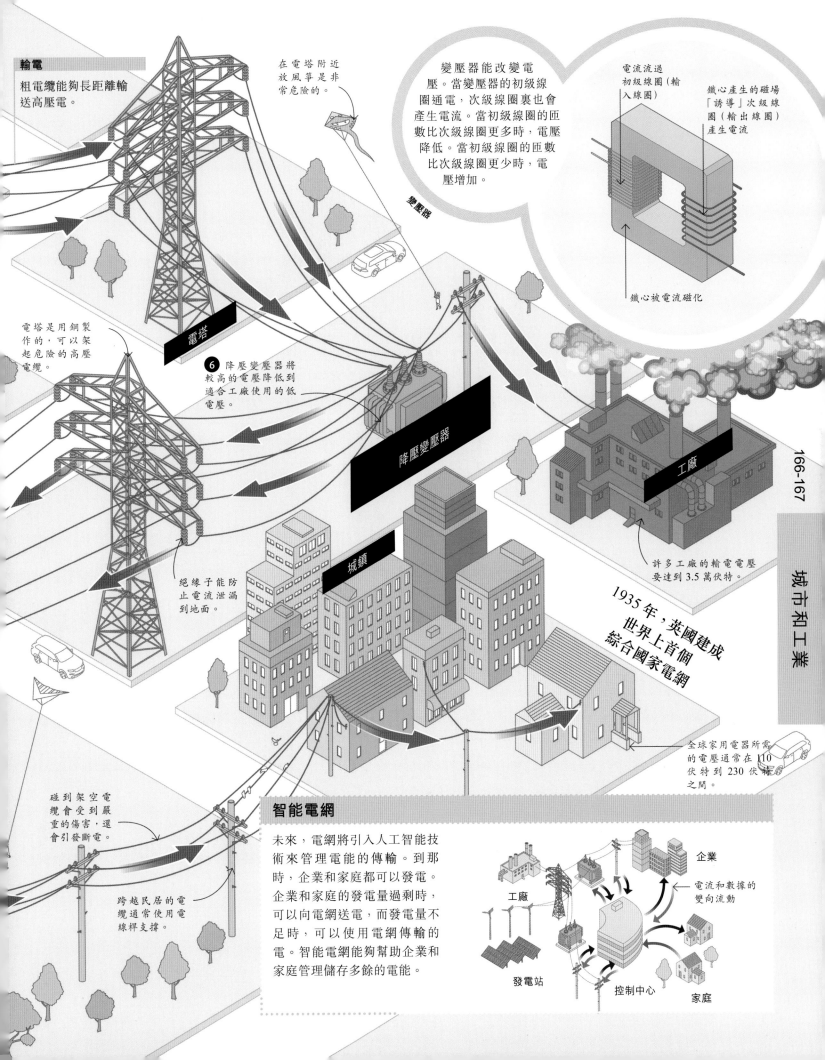

輸電

粗電纜能夠長距離輸送高壓電。

在電塔附近放風箏是非常危險的。

變壓器能改變電壓。當變壓器的初級線圈通電,次級線圈裏也會產生電流。當初級線圈的匝數比次級線圈更多時,電壓降低。當初級線圈的匝數比次級線圈更少時,電壓增加。

電流流過初級線圈(輸入線圈)

鐵心產生的磁場「誘導」次級線圈(輸出線圈)產生電流

鐵心被電流磁化

變壓器

電塔是用鋼製作的,可以架起危險的高壓電纜。

電塔

❻ 降壓變壓器將較高的電壓降低到適合工廠使用的低電壓。

降壓變壓器

工廠

許多工廠的輸電電壓要達到 3.5 萬伏特。

1935 年,英國建成世界上首個綜合國家電網

絕緣子能防止電流泄漏到地面。

城鎮

全球家用電器所需的電壓通常在 110 伏特到 230 伏特之間。

碰到架空電纜會受到嚴重的傷害,還會引發斷電。

跨越民居的電纜通常使用電線桿支撐。

智能電網

未來,電網將引入人工智能技術來管理電能的傳輸。到那時,企業和家庭都可以發電。企業和家庭的發電量過剩時,可以向電網送電,而發電量不足時,可以使用電網傳輸的電。智能電網能夠幫助企業和家庭管理儲存多餘的電能。

工廠

企業

電流和數據的雙向流動

發電站

控制中心

家庭

碳捕集

與化石燃料不同，生物燃料是一種可再生能源。生產生物燃料的主要原材料是植物，植物在生長過程中會吸收空氣中的二氧化碳，並將二氧化碳轉化為自身所需的有機物。如果火力發電廠只以生物燃料為原料，並將燃燒產生的二氧化碳捕集起來並儲存在地下，那麼整個過程就是負碳的。碳捕集目前仍屬於新興技術，但未來，這種技術可能會產生極大的正面影響。

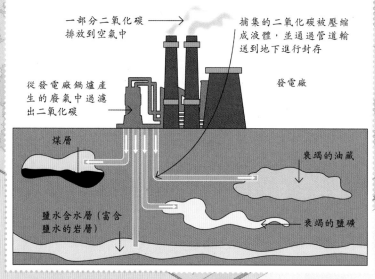

一部分二氧化碳排放到空氣中

捕集的二氧化碳被壓縮成液體，並通過管道輸送到地下進行封存

發電廠

從發電廠鍋爐產生的廢氣中過濾出二氧化碳

煤層

衰竭的油藏

鹽水含水層（富含鹽水的岩層）

衰竭的鹽礦

多數車用汽油都含有約10% 的生物乙醇

粟米

木片

在氣化裝置中，廢物和氧氣一起加熱，生成合成氣。

氣化裝置

富含碳的塑膠等廢物可成為製造氣體燃料的原材料。

❶ 生物質是樹木、草、糞便等有機物質的總稱。生物質的含碳量很高，可以用來加工合成氣。

生物質處理裝置

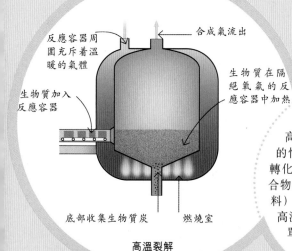

反應容器周圍充斥著溫暖的氣體

合成氣流出

生物質加入反應容器

生物質在隔絕氧氣的反應容器中加熱

底部收集生物質炭

燃燒室

高溫裂解

製造合成氣

高溫裂解是指在隔絕氧氣的情況下加熱生物質，使其轉化為合成氣（幾種氣體的混合物）和生物質炭（一種固體燃料）的反應過程。原材料經過高溫裂解反應，分解成更簡單、更易燃的化學物質。

❷ 生物質在反應容器中加熱，經過高溫裂解過程轉化為合成氣和生物質炭。

❸ 一部分生物質炭被運走用作肥料，剩下的被運到發電廠。

生物質炭

生物燃料

天然氣、煤和石油都是化石燃料，它們都是由死亡生物體的遺骸經過長時間的演變形成的。生物乙醇和生物柴油是生物燃料，它們是由植物等可再生生物質製成的。生物燃料在燃燒的過程中會釋放出二氧化碳，但是因為有些生物質在生長的過程中會吸收空氣中的二氧化碳，所以生物燃料生成的二氧化碳總量比化石燃料少。

生物質炭

生物質炭是一種純碳，由木材在高溫條件下製成。它可以送到火電廠用來發電，也可以埋到土壤中，當作肥料使用。將生物質炭埋到土壤裏不會增加二氧化碳的排放量，因此更加環保。

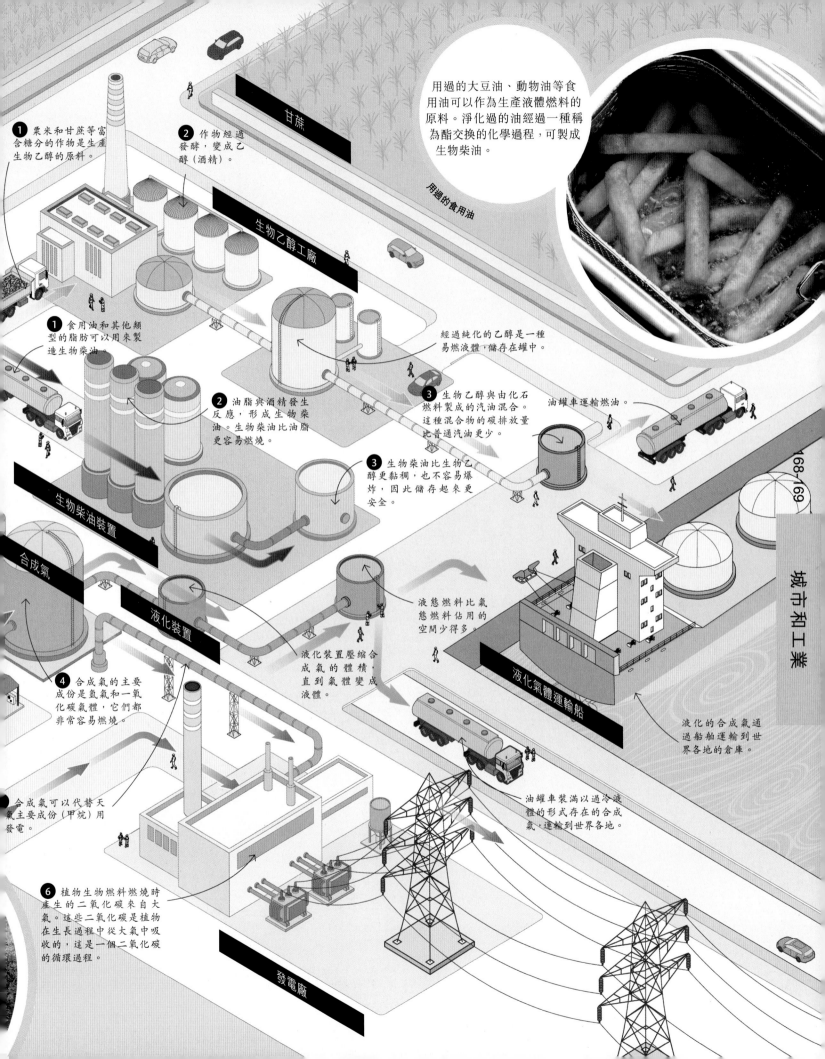

① 粟米和甘蔗等富含糖分的作物是生產生物乙醇的原料。

② 作物經過發酵，變成乙醇（酒精）。

甘蔗

用過的大豆油、動物油等食用油可以作為生產液體燃料的原料。淨化過的油經過一種稱為酯交換的化學過程，可製成生物柴油。

用過的食用油

生物乙醇工廠

① 食用油和其他類型的脂肪可以用來製造生物柴油。

② 油脂與酒精發生反應，形成生物柴油。生物柴油比油脂更容易燃燒。

經過純化的乙醇是一種易燃液體，儲存在罐中。

③ 生物乙醇與由化石燃料製成的汽油混合。這種混合物的碳排放量比普通汽油更少。

油罐車運輸燃油。

③ 生物柴油比生物乙醇更黏稠，也不容易爆炸，因此儲存起來更安全。

生物柴油裝置

合成氣

液化裝置

液態燃料比氣態燃料佔用的空間少得多。

液化裝置壓縮合成氣的體積，直到氣體變成液體。

④ 合成氣的主要成份是氫氣和一氧化碳氣體，它們都非常容易燃燒。

液化氣體運輸船

液化的合成氣通過船舶運輸到世界各地的倉庫。

合成氣可以代替天然氣主要成份（甲烷）用發電。

⑥ 植物生物燃料燃燒時產生的二氧化碳來自大氣。這些二氧化碳是植物在生長過程中從大氣中吸收的，這是一個二氧化碳的循環過程。

油罐車裝滿以過冷液體的形式存在的合成氣，運輸到世界各地。

發電廠

一級處理
污水處理的第一個階段是集中未經處理的污水並除去裏面的固體物質。

污水在沉澱池中靜置一段時間後，較小的顆粒會沉澱到池底。

這些小污泥顆粒乾燥後，被轉移到儲存桶中存放。

下水道中未經處理的污水一般需要用泵抽吸上來。

污水泵站

沉澱池

分離槽

在分離過程中，較大的固體物被過濾掉。

廢物被運送到垃圾場進行填埋。

垃圾場

廁所

下水道

來自各家各戶的未經處理的污水匯集到下水道裏，並輸送到污水處理廠。

水和污水

下水道中未經處理的污水進入污水處理廠。處理廠先將污水中的固體物質除去，然後對污水進行淨化處理，殺死危險細菌和其他致病微生物。經過這些處理後，污水就變得比較乾淨了，可以直接排放到河裏，而不會對河水產生污染。

倒進下水道的食用油會凝固成蠟狀，附着在塑膠和布料上，形成巨大的塊狀油脂，堵塞下水道。

油脂山

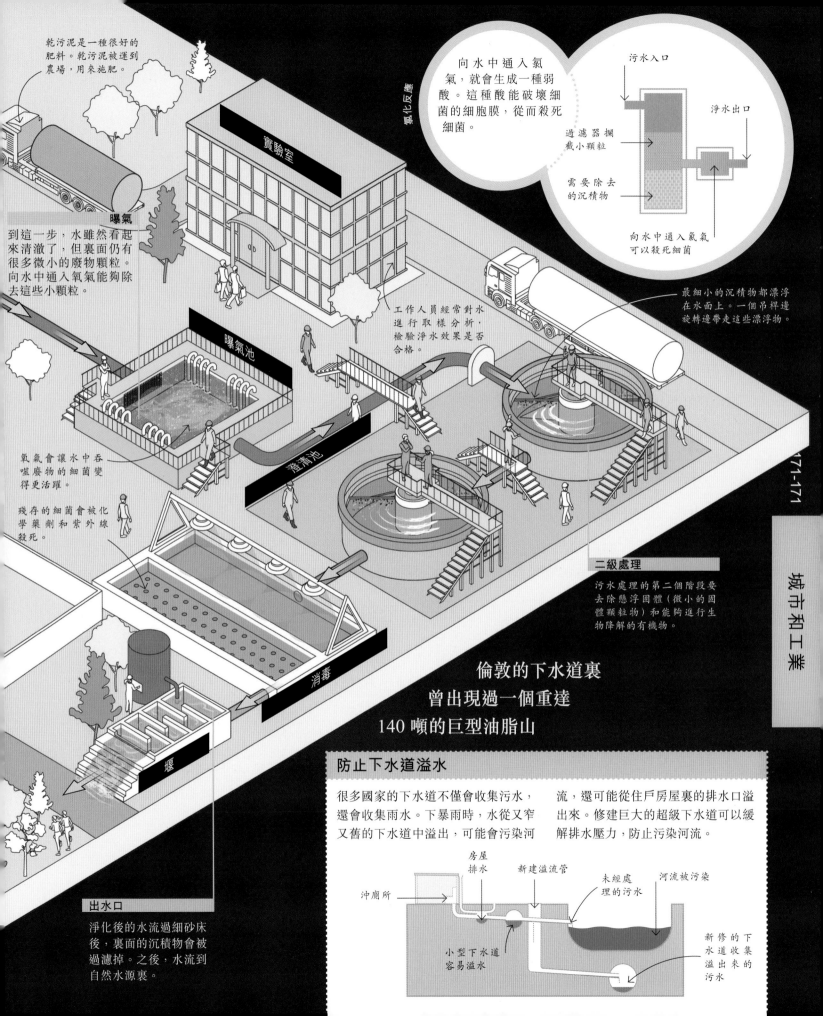

乾污泥是一種很好的肥料。乾污泥被運到農場，用來施肥。

氧化反應

向水中通入氯氣，就會生成一種弱酸。這種酸能破壞細菌的細胞膜，從而殺死細菌。

污水入口

過濾器攔截小顆粒

淨水出口

需要除去的沉積物

向水中通入氯氣可以殺死細菌

曝氣

到這一步，水雖然看起來清澈了，但裏面仍有很多微小的廢物顆粒。向水中通入氧氣能夠除去這些小顆粒。

實驗室

工作人員經常對水進行取樣分析，檢驗淨水效果是否合格。

曝氣池

氧氣會讓水中吞噬廢物的細菌變得更活躍。

最細小的沉積物都漂浮在水面上。一個吊桿邊旋轉邊帶走這些漂浮物。

殘存的細菌會被化學藥劑和紫外線殺死。

沉清池

城市和工業

二級處理

污水處理的第二個階段要去除懸浮固體（微小的固體顆粒物）和能夠進行生物降解的有機物。

消毒

堰

倫敦的下水道裏
曾出現過一個重達
140 噸的巨型油脂山

防止下水道溢水

很多國家的下水道不僅會收集污水，還會收集雨水。下暴雨時，水從又窄又舊的下水道中溢出，可能會污染河流，還可能從住戶房屋裏的排水口溢出來。修建巨大的超級下水道可以緩解排水壓力，防止污染河流。

房屋排水

新建溢流管

未經處理的污水

河流被污染

沖廁所

小型下水道容易溢水

新修的下水道收集溢出來的污水

出水口

淨化後的水流過細砂床後，裏面的沉積物會被過濾掉。之後，水流到自然水源裏。

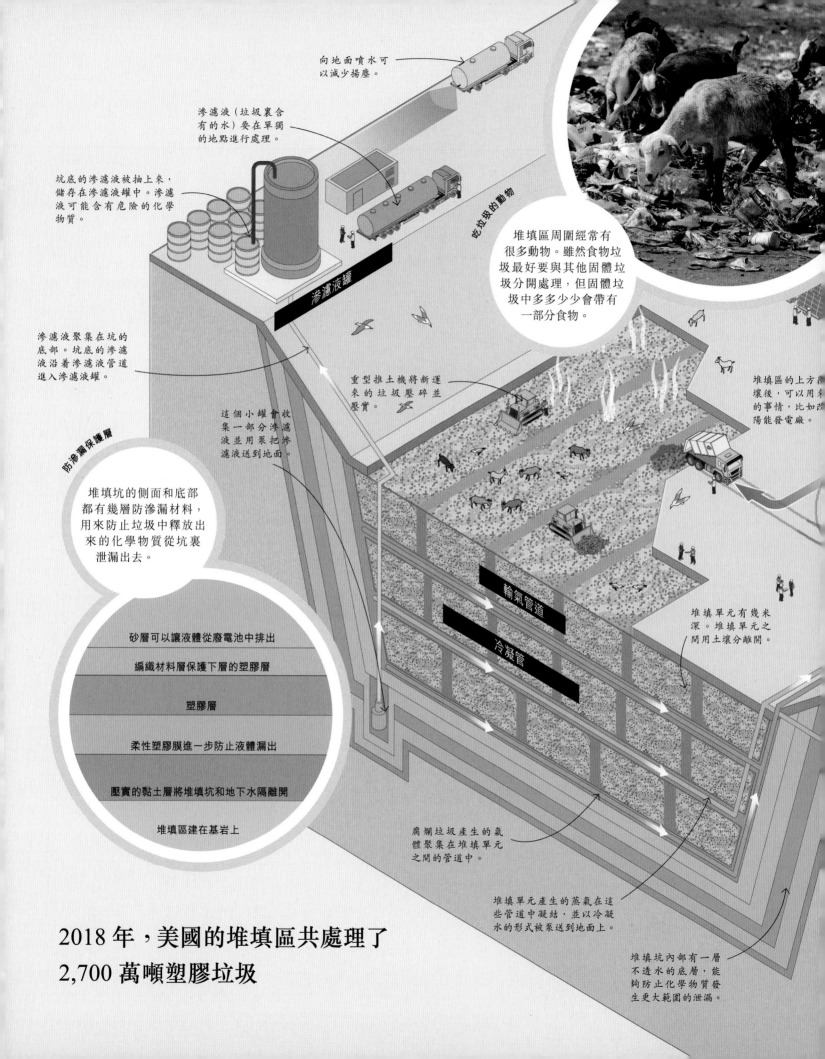

向地面噴水可以減少揚塵。

滲濾液（垃圾裏含有的水）要在單獨的地點進行處理。

坑底的滲濾液被抽上來，儲存在滲濾液罐中。滲濾液可能含有危險的化學物質。

滲濾液聚集在坑的底部。坑底的滲濾液沿着滲濾液管道進入滲濾液罐。

防滲漏保護層

這個小罐會收集一部分滲濾液並用泵把滲濾液送到地面。

堆填坑的側面和底部都有幾層防滲漏材料，用來防止垃圾中釋放出來的化學物質從坑裏泄漏出去。

砂層可以讓液體從廢電池中排出

編織材料層保護下層的塑膠層

塑膠層

柔性塑膠膜進一步防止液體漏出

壓實的黏土層將堆填坑和地下水隔離開

堆填區建在基岩上

滲濾液罐

吃垃圾的動物

堆填區周圍經常有很多動物。雖然食物垃圾最好要與其他固體垃圾分開處理，但固體垃圾中多多少少會帶有一部分食物。

重型推土機將新運來的垃圾壓碎並壓實。

堆填區的上方獲得改良後，可以用牛做改善陽能發電廠。

堆填單元有幾米深。堆填單元之間用土壤分離開。

輪氣管道

冷凝管

腐爛垃圾產生的氣體聚集在堆填單元之間的管道中。

堆填單元產生的蒸氣在這些管道中凝結，並以冷凝水的形式被泵送到地面上。

堆填坑內部有一層不透水的底層，能夠防止化學物質發生更大範圍的泄漏。

2018 年，美國的堆填區共處理了 2,700 萬噸塑膠垃圾

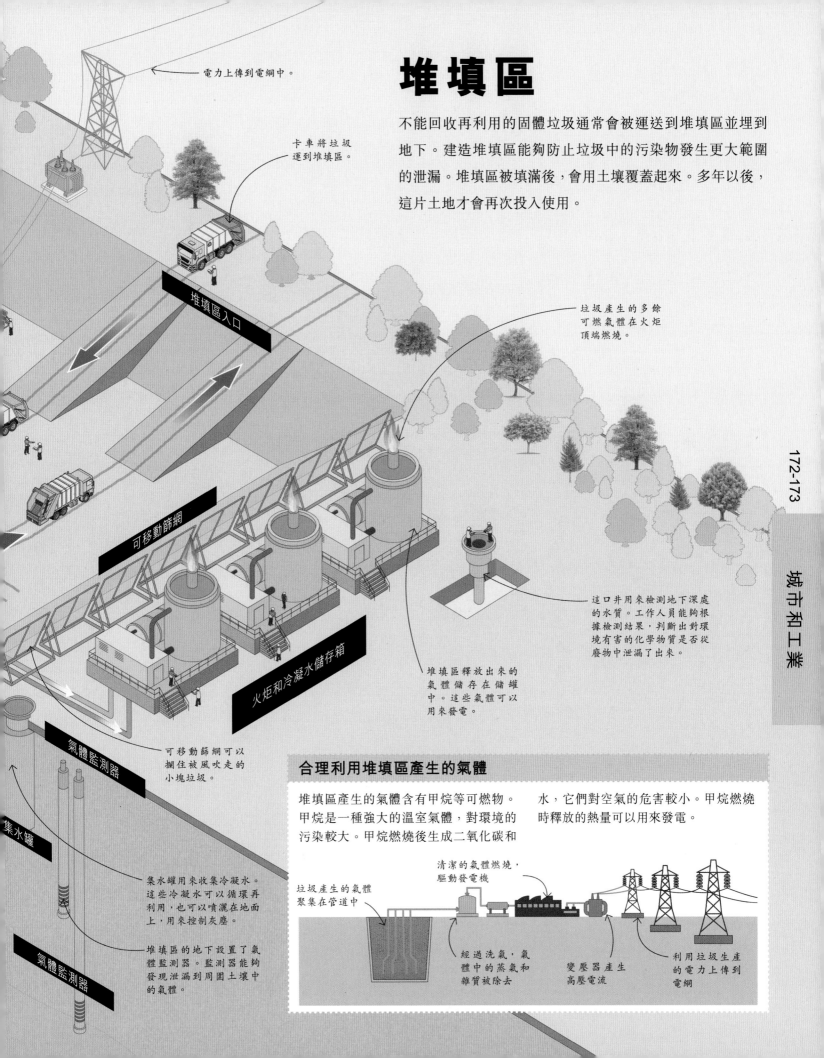

堆填區

不能回收再利用的固體垃圾通常會被運送到堆填區並埋到地下。建造堆填區能夠防止垃圾中的污染物發生更大範圍的泄漏。堆填區被填滿後,會用土壤覆蓋起來。多年以後,這片土地才會再次投入使用。

電力上傳到電網中。

卡車將垃圾運到堆填區。

堆填區入口

可移動篩網

火炬和冷凝水儲存箱

可移動篩網可以攔住被風吹走的小塊垃圾。

氣體監測器

集水罐

集水罐用來收集冷凝水。這些冷凝水可以循環再利用,也可以噴灑在地面上,用來控制灰塵。

堆填區的地下設置了氣體監測器。監測器能夠發現泄漏到周圍土壤中的氣體。

氣體監測器

垃圾產生的多餘可燃氣體在火炬頂端燃燒。

這口井用來檢測地下深處的水質。工作人員能夠根據檢測結果,判斷出對環境有害的化學物質是否從廢物中泄漏了出來。

堆填區釋放出來的氣體儲存在儲罐中。這些氣體可以用來發電。

合理利用堆填區產生的氣體

堆填區產生的氣體含有甲烷等可燃物。甲烷是一種強大的溫室氣體,對環境的污染較大。甲烷燃燒後生成二氧化碳和水,它們對空氣的危害較小。甲烷燃燒時釋放的熱量可以用來發電。

清潔的氣體燃燒,驅動發電機

垃圾產生的氣體聚集在管道中

經過洗氣,氣體中的蒸氣和雜質被除去

變壓器產生高壓電流

利用垃圾生產的電力上傳到電網

回收再利用

可回收垃圾處理中心的功能是將混合在一起的可回收垃圾按照種類分開。可回收垃圾包括金屬、紙張、硬紙板、玻璃、塑膠等。分好類的垃圾會被運送到其他地方進行再加工，之後就變成製造新產品的原材料了。

電磁鐵

普通的磁鐵一直帶有磁性，而電磁鐵只有在通電時才會帶有磁性。也就是說，人們可以通過接通或斷開電流來控制電磁鐵。電磁鐵的用處非常大。

電流通過導線

導線中的電流使鐵心產生磁性

電源

電腦分析數據

發出激光

混合在一起的垃圾

噴氣器將識別出來的不同物品分類

不同箱子收集不同種類的垃圾

激光
束碰到物體之後會反射回來，光照揀選機根據物體反射回來的光識別物體的種類。噴氣器噴射出壓縮空氣，將物體吹到對應的箱子裏。

各種紙張

報紙

光照揀選機

篩選機

光照揀選機

光照揀選機發出激光來識別玻璃物品。

硬紙板

篩選機

玻璃破碎機

分揀工人將混合材料中的污染物（如食物殘渣）分揀出來。

玻璃製品被壓碎，這樣它們佔用的空間就變小了。

旋轉篩根據形狀和大小對物體進行分類。

汽車也可以被回收再利用！

垃圾車拉着各種垃圾到達垃圾處理中心，然後把垃圾倒在地上。之後，地面上的垃圾被放到傳送帶上運走。

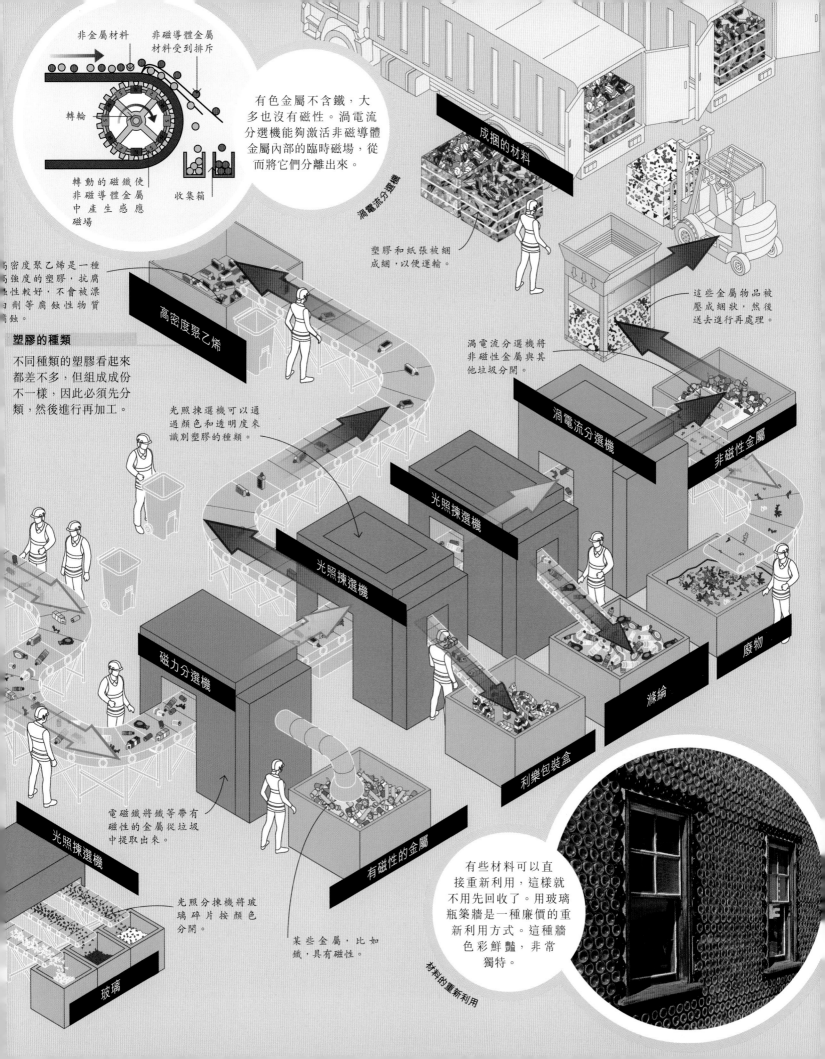

非金屬材料　　非磁導體金屬
材料受到排斥

轉輪

轉動的磁鐵使
非磁導體金屬
中產生感應
磁場

收集箱

有色金屬不含鐵，大
多也沒有磁性。渦電流
分選機能夠激活非磁導體
金屬內部的臨時磁場，從
而將它們分離出來。

渦電流分選機

成捆的材料

塑膠和紙張被綑
成綑，以便運輸。

這些金屬物品被
壓成綑狀，然後
送去進行再處理。

渦電流分選機將
非磁性金屬與其
他垃圾分開。

高密度聚乙烯是一種
高強度的塑膠，抗腐
蝕性較好，不會被漂
白劑等腐蝕性物質
腐蝕。

塑膠的種類

不同種類的塑膠看起來
都差不多，但組成成份
不一樣，因此必須先分
類，然後進行再加工。

光照揀選機可以通
過顏色和透明度來
識別塑膠的種類。

高密度聚乙烯

渦電流分選機

非磁性金屬

光照揀選機

光照揀選機

磁力分選機

廢物

滌綸

利樂包裝盒

電磁鐵將鐵等帶有
磁性的金屬從垃圾
中提取出來。

有磁性的金屬

有些材料可以直
接重新利用，這樣就
不用先回收了。用玻璃
瓶築牆是一種廉價的重
新利用方式。這種牆
色彩鮮豔，非常
獨特。

光照揀選機

光照分揀機將玻
璃碎片按顏色
分開。

某些金屬，比如
鐵，具有磁性。

玻璃

材料的重新利用

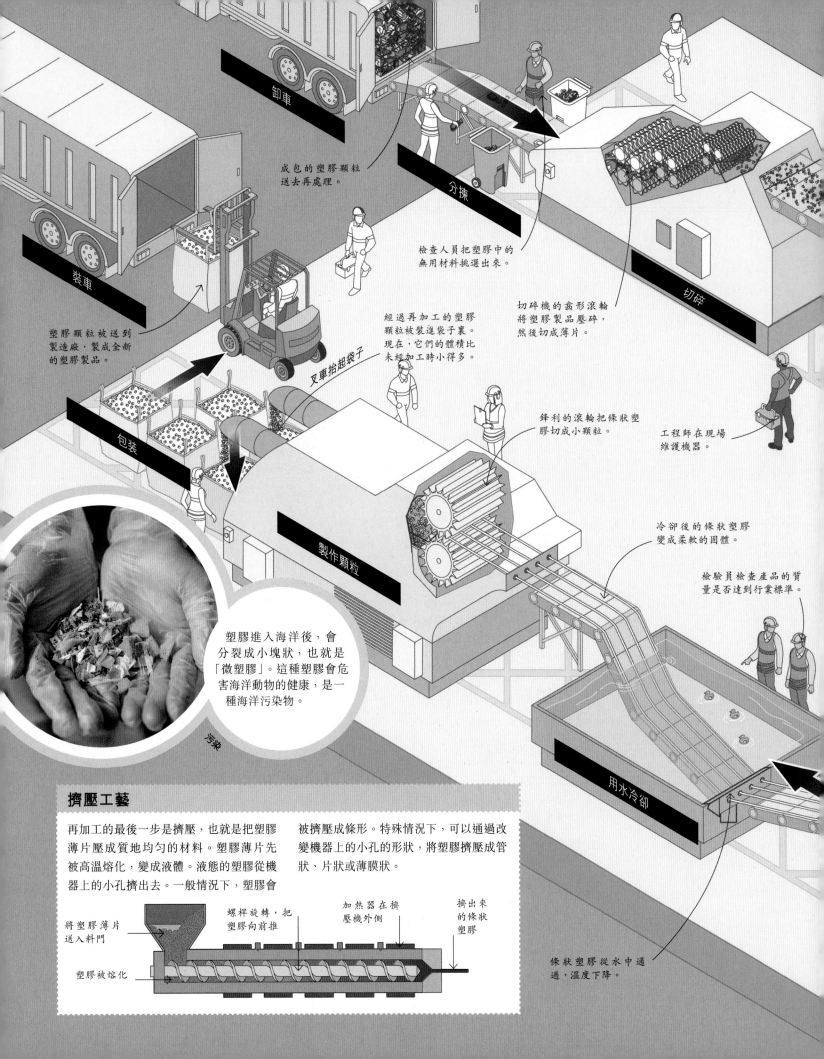

卸車

成包的塑膠顆粒
送去再處理。

分揀

切碎

檢查人員把塑膠中的
無用材料挑選出來。

切碎機的齒形滾輪
將塑膠製品壓碎，
然後切成薄片。

裝車

塑膠顆粒被送到
製造廠，製成全新
的塑膠製品。

經過再加工的塑膠
顆粒被裝進袋子裏。
現在，它們的體積比
未經加工時小得多。

叉車抬起袋子

鋒利的滾輪把條狀塑
膠切成小顆粒。

工程師在現場
維護機器。

包裝

製作顆粒

冷卻後的條狀塑膠
變成柔軟的固體。

檢驗員檢查產品的質
量是否達到行業標準。

塑膠進入海洋後，會
分裂成小塊狀，也就是
「微塑膠」。這種塑膠會危
害海洋動物的健康，是一
種海洋污染物。

污染

用水冷卻

擠壓工藝

再加工的最後一步是擠壓，也就把塑膠
薄片壓成質地均勻的材料。塑膠薄片先
被高溫熔化，變成液體。液態的塑膠從機
器上的小孔擠出去。一般情況下，塑膠會
被擠壓成條形。特殊情況下，可以通過改
變機器上的小孔的形狀，將塑膠擠壓成管
狀、片狀或薄膜狀。

將塑膠薄片
送入料門

螺桿旋轉，把
塑膠向前推

加熱器在擠
壓機外側

擠出來
的條狀
塑膠

塑膠被熔化

條狀塑膠從水中通
過，溫度下降。

材料的再處理

回收再利用的材料不能直接重新使用。這些材料必須經過清洗和改造，才能用來製造新產品。經過多次加工處理的金屬、玻璃和塑膠是很好的回收再利用材料。

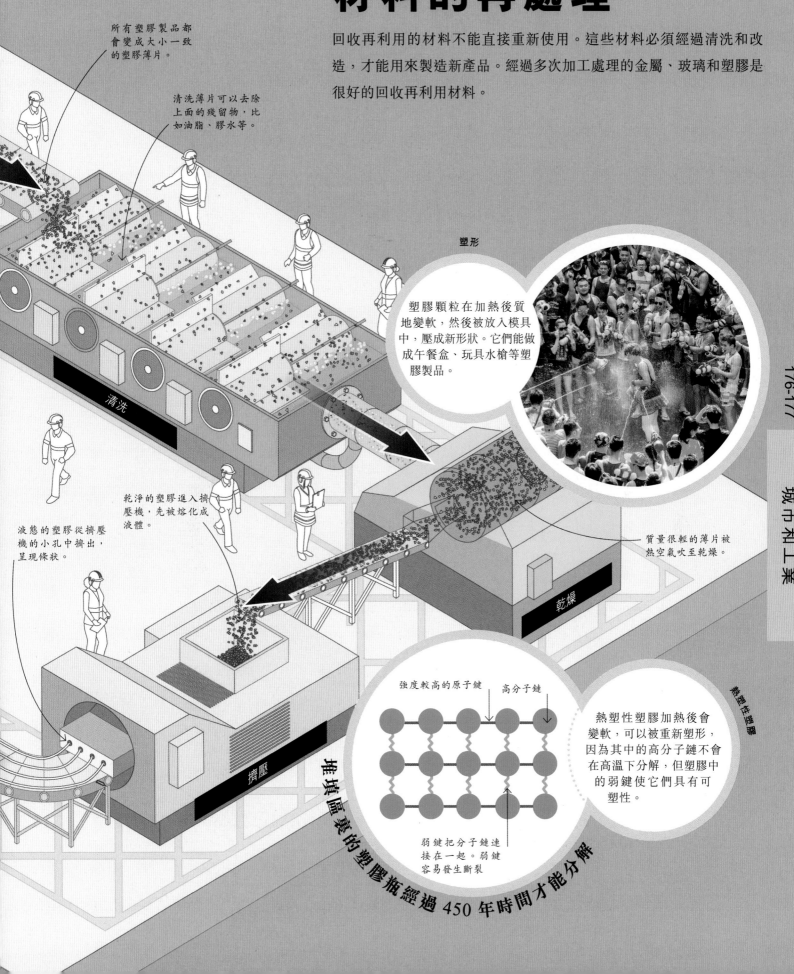

所有塑膠製品都會變成大小一致的塑膠薄片。

清洗薄片可以去除上面的殘留物，比如油脂、膠水等。

塑形

塑膠顆粒在加熱後質地變軟，然後被放入模具中，壓成新形狀。它們能做成午餐盒、玩具水槍等塑膠製品。

清洗

乾淨的塑膠進入擠壓機，先被熔化成液體。

液態的塑膠從擠壓機的小孔中擠出，呈現條狀。

質量很輕的薄片被熱空氣吹至乾燥。

乾燥

擠壓

強度較高的原子鍵　高分子鏈

熱塑性塑膠加熱後會變軟，可以被重新塑形，因為其中的高分子鏈不會在高溫下分解，但塑膠中的弱鍵使它們具有可塑性。

弱鍵把分子鏈連接在一起。弱鍵容易發生斷裂

堆填區裏的塑膠瓶經過 450 年時間才能分解

生活世界

在人類居住的城市和鄉村之外，是由大片的森林、沙漠和海洋組成的自然環境。無論是否有人類居住，自然環境都是一個有機的生物群落，小到細菌，大到熊，彼此間都既有競爭衝突，也有合作。

細菌

細菌是地球上最古老、最簡單的生命形式之一。這些單細胞微生物存在於所有自然環境中，從岩漿噴口到冰川，以及動植物的體表和體內。像所有的生命形式一樣，細菌受它們的基因短 DNA 代碼控制。與更高級的生物不同，細菌具有相互傳遞基因的特殊能力。

一層由脂肪構成的膜將細胞內部和外部隔開。只有某些化學物質可以通過它。

質粒是一種環的 DNA 鏈。它含有額外的基因，這些基因給了細菌優勢，例如對抗生素的抗性。

❶ 一個質粒分解，它的一條 DNA 鏈通過性菌毛到達受體菌。

細胞周圍有一層由糖和蛋白質網絡構成的堅硬的細胞壁。

食物的顆粒，如澱粉和油脂，儲存在細胞質中。

細胞壁　細胞膜

核糖體是解讀遺傳密碼和製造細菌生長生存所需蛋白質的場所。

細菌的所有 DNA 被稱為基因組。大部分基因組儲存在一個大的、纏結的環中。

主基因組

莢膜

供體菌

在 DNA 轉移完成之前，性菌毛將兩個細胞連接起來。

外包膜保護細胞，它可以是一層黏液或一層硬包膜。

鞭毛馬達轉動鞭毛。

堅硬的尾狀鞭毛可以用作觸角，或者像螺旋槳一樣旋轉來移動細菌。

鞭毛

小的毛狀菌毛（單個菌毛）可以讓細菌附着在表面或其他細胞上。

細胞質是充滿細胞的液體，成份主要是水。

桿菌

桿狀細菌被稱為桿菌。

供體菌

將有用的基因從一個細胞轉移到另一個細胞的過程叫作接合。一個細菌通過性菌毛接觸將一串質粒 DNA 輸送給附近的細胞。輸送的 DNA 給了接受者新的遺傳性狀。

DNA 無論是在細胞的主基因組中還是在它的一個較短的質粒中，都是以雙鏈形式出現。為了傳遞基因，細胞解開它的一個質粒，留下一條可以離開細胞進入受體細胞的單鏈。剩餘的單鏈質粒被重建成雙鏈。

質粒 DNA 供體鏈離開細胞。

DNA 鏈隨着化學結構的斷裂而分離。

質粒 DNA

每個鹼基與它的夥伴配對以恢復序列。

被稱為鹼基的游離 DNA 亞基重建雙鏈。

成鏈狀生長的球形細菌被稱為鏈球菌。

鏈球菌

古菌

在 20 世紀 70 年代，科學家發現某些看起來像細菌的微生物實際上與細菌化學性質截然不同，可以説完全沒有聯繫。這些被稱為古菌的微生物通常生活在極端環境中，如深海火山岩和溫泉水中，像是這裏展示的美國黃石國家公園的大稜鏡泉。

球形細菌被稱為球菌。

球菌

受體菌

這種細菌不含新的有用基因。一旦接收到輸入的 DNA，細胞就會變成一個供體菌，並將質粒傳遞給其他菌體。

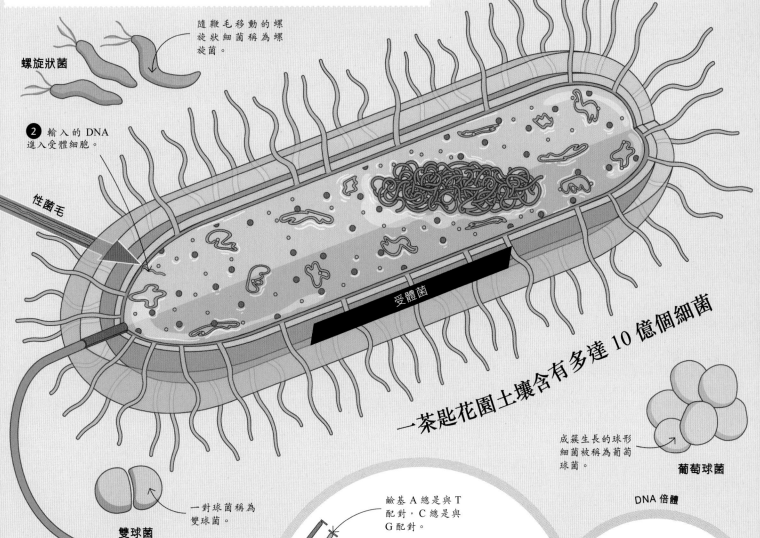

隨鞭毛移動的螺旋狀細菌稱為螺旋菌。

螺旋狀菌

2 輸入的 DNA 進入受體細胞。

性菌毛

受體菌

一茶匙花園土壤含有多達 10 億個細菌

成簇生長的球形細菌被稱為葡萄球菌。

葡萄球菌

DNA 倍體

一對球菌稱為雙球菌。

雙球菌

螺旋體是具有螺旋狀細胞的細菌。

螺旋體

鹼基 A 總是與 T 配對，C 總是與 G 配對。

複製的 DNA 鏈。

輸入的質粒 DNA 鏈進入細胞。

複製的質粒與原始質粒相同。

當受體菌接收到質粒 DNA 時，它需要複製來製造雙鏈。它使用單鏈作為模板來構建第二鏈。連接鏈的四個鹼基，總是以特定的配對相結合，因此序列保持不變。

植物細胞
和動物細胞

植物和動物的身體都是由被稱為細胞的微觀結構組成的。植物細胞與動物細胞有一些重要的區別，但它們也有許多共同之處。這兩種類型的細胞都包含更小的被稱為細胞器的一些單元，生命所必需的運轉過程就在細胞器中完成。

❶ 大多數細胞功能需要特定的蛋白質才能發揮作用。細胞核會發出指令，讓植物製造這些蛋白質。

細胞核儲存DNA，DNA是製造蛋白質的指令庫。

細胞核製造核糖體。

糙面內質網是一種複雜的細胞器，由相互連接成疊的膜組成。

核糖體使內質網顯得「粗糙」。

植物細胞特徵

所有植物細胞都有由纖維素構成的厚壁。許多堅硬的細胞壁共同賦予植物立體的形狀。植物的葉子和莖含有含葉綠體的細胞，葉綠體是進行光合作用的細胞器。

細胞壁為植物提供支撐和結構。

❷ 特定的蛋白質是在糙面內質網上製造的。遺傳密碼在核糖體上被轉換，然後蛋白質才能被合成。

細胞核

糙面內質網

光面內質網

光面內質網製造、運輸脂肪和激素。

高爾基體

細胞壁

$$6CO_2 + 6H_2O \rightarrow C_6H_{12}O_6 + 6O_2$$

二氧化碳 (CO_2)

陽光

水 (H_2O)

葉綠體

葡萄糖 ($C_6H_{12}O_6$)

氧氣 (O_2)

葉綠素囊體

植物利用光合作用的過程從陽光中獲取能量，並將水和二氧化碳轉化為葡萄糖燃料和氧氣。

❸ 蛋白質被帶至高爾基體，高爾基體會提純並包裹蛋白質，以備之後使用。

高爾基體是由一系列層疊膜構成的細胞器。

囊泡

❹ 高爾基體會長出一個含有蛋白質的囊泡，如果蛋白質的工作需在植物的不同部分完成，它可以在細胞內運輸蛋白質或將蛋白質發送到細胞外面。

細胞膜是一層薄薄的脂肪。它形成了一道屏障，控制着進出細胞的物質。

光合作用

線粒體是呼吸發生的主要場所，能為細胞提供能量。

有褶皺的內膜為化學反應創造了更大的表面積。

$$C_6H_{12}O_6 + 6O_2 \rightarrow 6CO_2 + 6H_2O$$

葡萄糖
($C_6H_{12}O_6$)

氧氣
(O_2)

水 (H_2O)

二氧化碳
(CO_2)

線粒體

化學能

細胞通過呼吸讓葡萄糖燃料釋放出所需的能量。該反應利用氧氣將葡萄糖分解成水和二氧化碳。

呼吸

原生動物

植物和動物是真核生物，被稱為原生動物的單細胞生物也是真核生物，它們的基本細胞結構相同。原生動物種類繁多，有尾狀鞭毛或毛狀纖毛。例如這種變形蟲，它可以通過伸展和收縮稱為偽足的臂狀突起來改變自身的形狀。

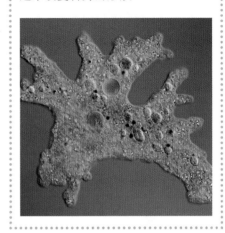

線粒體

液泡

液泡儲存水分和養分，並通過提供內部壓力幫助植物保持形狀。

葉綠體是進行光合作用的細胞器。它含有的綠色色素被稱作葉綠素，這種色素賦予了植物主要的顏色。

一種叫作細胞質的膠狀液體充滿了細胞，成份大部分是水。

葉綠體

囊泡是充滿特定蛋白質的膜囊。

溶酶體

溶酶體含有消化廢物的酶。

囊泡是由與膜相同的材料構成的，因此可以與膜融合。

細胞膜

科學家估計，人體平均含有大約 37 萬億個細胞

中心粒產生繩狀微管，將細胞拉成不同的形狀。

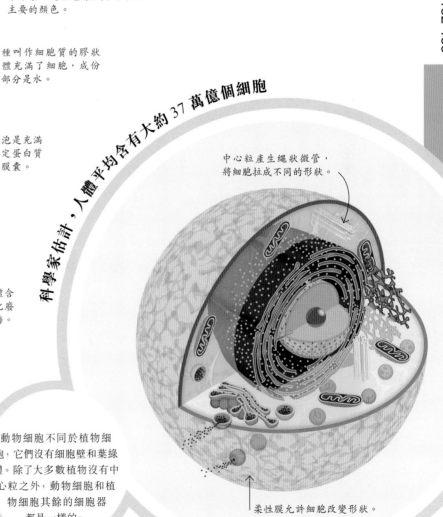

5 囊泡會與細胞膜融合，釋放蛋白質來執行任務，比如向其他細胞發出信號，以刺激生長或開花。

動物細胞不同於植物細胞，它們沒有細胞壁和葉綠體。除了大多數植物沒有中心粒之外，動物細胞和植物細胞其餘的細胞器都是一樣的。

柔性膜允許細胞改變形狀。

動物細胞

動物界

動物是多細胞生物，它們中的大多數都有神經，並利用肌肉來移動。它們通過進食來獲取能量。

起今為止，科學家已經對大約
150 萬種動物進行了分類

龍蝦用它們的大螯捕捉更小的動物作為食物。

鱸魚有數個用於在水中游動的鰭。

獼猴尋找食物時主要依賴視覺。

長腿讓狼能夠快速地追趕獵物。

貓的鬍鬚有末梢神經，可以感知周圍的環境。

獅子肌肉發達的身體有助於捕捉大型動物。

老虎可以轉動耳朵來定位聲音來源。

脊索動物

脊索動物在發育時都有堅韌的軸索。在大多數脊索動物中，脊索是柔性脊椎的一部分，也稱為脊柱。

有脊柱的脊索動物被稱為脊椎動物。

獼猴和所有脊椎動物一樣，身體內部有骨骼。

強壯的骨骼支撐並保護着狼的身體。

骨骼是一個可以被肌肉帶動的框架。

長而柔韌的脊柱使獅子在奔跑時能夠彎曲背部。

老虎的長尾有助於在移動時保持平衡。

哺乳動物

哺乳動物是溫血脊索動物，身體至少一部分有毛髮。成年雌性會用乳腺分泌的乳汁餵養幼兒。

雌性獼猴用柔軟的乳頭給幼兒餵奶。

狼的身體覆蓋着能保溫的皮毛。

非洲野貓一窩最多可產下五隻小貓。

獅群中的雌獅傾向於在同一時間分娩，並且會哺育彼此的幼獅。

老虎給幼兒哺乳，直到它們長到六個月大。

食肉目動物

食肉目是哺乳動物的一個分類有專門的犬齒和臼齒，可以捕捉、殺死和吃掉獵物。許多肉食動物主要食肉，擅長捕獵。

鋒利的臼齒用來切肉。

四顆又長又尖的犬齒用來刺傷獵物。

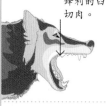

發達的頜有助於殺戮和進食。

犬齒在咆哮時會顯露出來。

貓科

貓科動物是頜較短的肉食動物，強健的爪子可用來捕捉獵物、爬樹和打架。大多數貓科動物的爪尖是可以完全縮回的。

鋒利彎曲的爪尖提供了良好的抓持力。

不需要時，爪尖會縮回。

貓科動物可通過抓磨使爪尖保持鋒利。

| 界 | 門 | 綱 | 目 | 科 |

生命之樹

生命形式之間的進化關係可以用生命樹的圖表來顯示。該圖各分支可顯示不同的群體如何從一個共同的祖先進化而來。這張圖顯示了三個最大的分類群，即細菌域、古菌域和真核生物域。最後一個分類群有五個分支，稱為界。

細菌域
這個領域的成員都是簡單、微觀的單細胞生物。它們通過一分為二來繁殖。

古菌域
這些單細胞生物看起來類似於細菌，但它們使用不同的化學物質來控制生命進程。

真核生物域
真核生物比細菌和古菌擁有更大更複雜的細胞。所有多細胞生物都是這個領域的成員。

原生生物界
這是一群種類繁多的單細胞生物，包括變形蟲和鞭毛蟲。

真菌界
有酵母、霉菌和蘑菇等，它們存在於陸地和水中。

動物界
所有動物都是多細胞生物，它們可以移動身體的部分或整體來捕食。

植物界
植物是利用光合作用生產「食物」的多細胞生物。大多數生活在陸地上。

色藻界
大多數原核生物是海藻或單細胞藻類，它們會進行光合作用，且生活在水中。

甚麼是物種？

物種是一組擁有許多相似的身體特徵和行為的生物，儘管它們並不完全相同。然而，因為它們如此相似，所以它們能夠繁殖並生出健康的後代，比如圖中所示的疣鼻天鵝。一般來說，分屬兩個不同物種的生物不能成功繁殖的。

分類

地球上的生物都被納入了分類系統，這種系統是根據生物的親緣關係來分類的。一個類群的所有成員都會擁有某種特定的特徵，因為它們是演化出這種新物種的第一個有身體的後代。這個有身體就是它們的共同祖先。物種是基本的分類單位，被編為逐步增大的組，直到最高被稱為域的級別。

貓科動物的所有成員都是擁有彎曲爪尖的極其專業的獵手

豹屬
豹屬的成員是大型貓科動物，已進化出扁平的方形聲帶，所以它們能夠吼叫和發出咕嚕聲。

咆哮時，張開嘴發出吼聲。

老虎（和獅子）的吼聲可高達 114 分貝——相當於一場搖滾音樂會的音量。

屬

老虎
老虎是豹屬中唯一成年後皮毛有條紋的成員。條紋能讓老虎隱藏在陽光斑駁的植被中，使它們不被獵物發現。

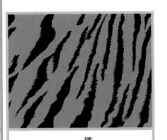

種

品種
品種是人類為家養動物或植物創造的分組。經過多年培育，育種者能夠通過選擇讓哪一對產生後代，創造出具有特定特徵的生物，如蓬鬆的皮毛或甜美的果實。儘管存在差異，但其實 100 種左右的品種貓其實都屬於同一個物種，那就是家貓。

品種

食物鏈

由植物、動物和微生物組成的生物群落可以視為一個食物鏈。食物鏈根據生物吃甚麼食物對生物進行排序。食物鏈顯示了為生命提供動力的能量和生命體所需的營養物質是如何在群落中流動的。

初級生產者

食物鏈從這裏開始。大多數生產者是植物和藻類，它們利用光合作用從陽光中獲取能量來製造養分。

初級消費者

動物必須吃食物才能獲得生存所需的能量和營養，以初級生產者為食的動物被稱為初級消費者。它們也被稱為草食動物。

箭頭顯示了能量和養分在食物鏈中如何流動。

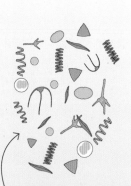

浮游動物是漂浮在海洋中以浮游植物為食的微小動物和原生動物。其中一些物種吃其他浮游動物，因此是二級消費者。

浮游植物是微藻，一種利用光合作用生產食物的微小海洋生物。它們在靠近海洋表面被陽光照射的水域中漂流。

大量被稱為磷蝦的小型甲殼類動物在夜間游向海面，以漂浮在那裏的浮游植物為食。

簡單的營養物質（無機物）返回海洋（或陸地上的土壤），在那裏被初級生產者吸收。

海藻是生長在海底的較大的藻類。它們需要陽光才能生存，就像陸地上的植物一樣，所以它們大多生活在靠近海岸的淺水區。

在淺海床上，一些螃蟹和其他主要消費者以海藻為食。住在陸地上的螃蟹必須等到退潮後才能進食。

分解者

死亡生物殘骸中的營養物質被一類叫分解者的生物循環回食物鏈的起點。真菌和細菌是常見的分解者。

分解者細菌分泌消化酶，將身體周圍的有機物轉化為無機物。

海洋雪

海洋雪是從海洋上層沉下的廢物和死亡生物的碎屑的統稱。它將食物鏈與深海連接起來，傳遞能量和養分，是海底底層動物的主要食物來源。捕蠅草海葵的觸鬚正收集飄過的海洋雪。

食碎屑動物

植物和動物死亡後，它們的殘骸會成為被稱作食碎屑動物的生物的食物。它們的另一個稱呼是清道夫。在海洋中，食碎屑動物在海底最為活躍。

海豬是海膽的親戚，生活在海底，尋找從上面沉下來的食物和廢物的小碎片。

二級消費者

二級消費者是吃初級消費者的動物。在許多食物鏈中，二級消費者既吃動物也吃植物，因此被稱為雜食動物。

三級消費者

處於食物鏈這一層的動物是專門捕食獵物的獵手。它們通常只以肉為食，因此也被稱為肉食動物。

頂級掠食者

頂級捕食者位於食物鏈的頂端，沒有天敵。頂級掠食者往往是數量很少的大型動物。

豹海豹是一種貪婪的肉食動物，會吃各種動物，包括魚、企鵝和其他種類的海豹。

鬚鯨是地球上最大的動物，是海洋食物鏈中的二級消費者。它們吞下大量的海水，過濾海水後留住所有食物，每天可吃掉成噸的磷蝦。

在開闊水域活動的魚會尋找並食用比自己小的動物。

企鵝會花很長時間在海上捕捉魚、烏賊和磷蝦等動物為食。它們需要回到陸地或冰面上休息和繁殖。

虎鯨在被稱為家庭群的小型群體中共同生活。這個家庭群會一起捕獵各種獵物，包括海豚、海豹、企鵝、鯊魚，甚至海鳥。

烏賊是魷魚和章魚的親戚，以生活在水中和海底的動物為食。吃某些魚時，它們是第三級消費者。

海豚都是肉食動物。這些海洋哺乳動物根據它們是生活在海岸附近還是深海來選擇它們的獵物。

一條普通大小的虎鯨每天要吃掉大約 225 公斤的食物

死亡

鯨落

一具鯨的屍體為海底提供了一片食物綠洲。海底大多幽暗，海藻無法生存，所以許多生活在那裏的動物都依賴從上面落下的食物。

鯨的屍體成為深海生物的天堂，如蠕蟲、軟體動物和螃蟹，它們生活在殘骸中。

殭屍蟲蠕

這些深海蠕蟲是專門食用海底碎屑的動物。它們會利用酸「鑽」入鯨魚屍體的骨頭，然後「吃」掉裏面的脂肪。

包括深海章魚、盲鰻和鯊魚在內的食碎屑動物會長途跋涉，尋找像這樣體積龐大的食物。

一具鯨的屍體可以餵養數百萬隻動物數月甚至數年

碳循環

地球上的所有生物都是碳基生物。所有生物都會以各種形式從空氣、水、土壤和其他生物中吸收碳，然後再釋放出來，經過風化作用等物理過程，形成了碳循環。這種循環是自然平衡的，但是人類活動正在破壞它。

一頭牛每年會排放大約 100 公斤的甲烷

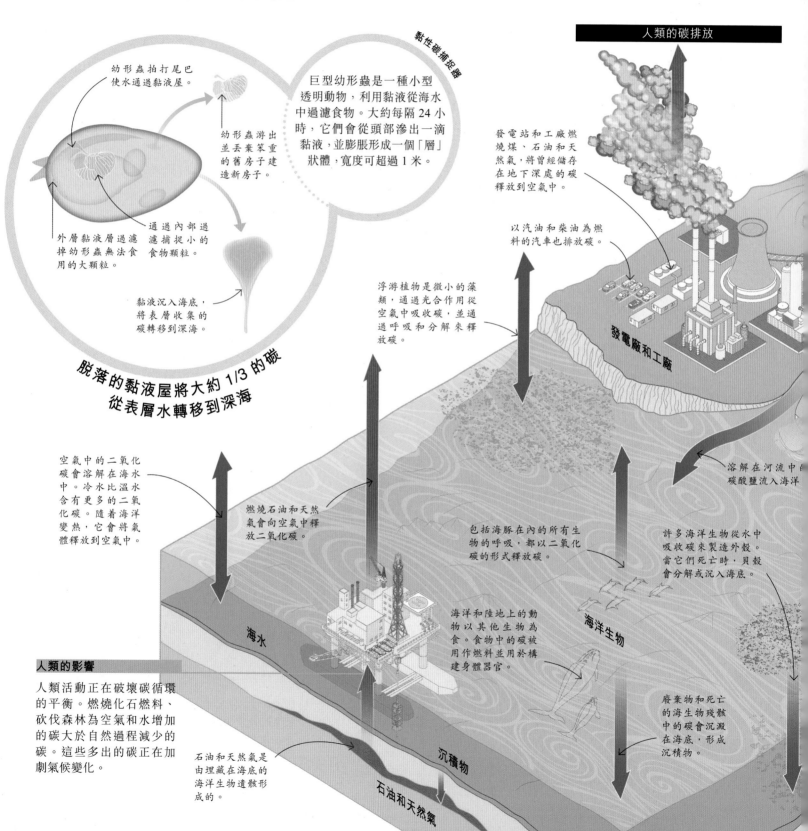

黏性碳捕捉器

幼形蟲拍打尾巴使水通過黏液屋。

幼形蟲游出並丟棄笨重的舊房子建造新房子。

巨型幼形蟲是一種小型透明動物，利用黏液從海水中過濾食物。大約每隔 24 小時，它們會從頭部滲出一滴黏液，並膨脹形成一個「層」狀體，寬度可超過 1 米。

外層黏液層過濾掉幼形蟲無法食用的大顆粒。

通過內部過濾捕捉小的食物顆粒。

黏液沉入海底，將表層收集的碳轉移到深海。

脫落的黏液屋將大約 1/3 的碳從表層水轉移到深海

人類的碳排放

發電站和工廠燃燒煤、石油和天然氣，將曾經儲存在地下深處的碳釋放到空氣中。

以汽油和柴油為燃料的汽車也排放碳。

浮游植物是微小的藻類，通過光合作用從空氣中吸收碳，並通過呼吸和分解來釋放碳。

發電廠和工廠

溶解在河流中的碳酸鹽流入海洋。

空氣中的二氧化碳會溶解在海水中。冷水比溫水含有更多的二氧化碳。隨着海洋變熱，它會將氣體釋放到空氣中。

燃燒石油和天然氣向空氣中釋放二氧化碳。

包括海豚在內的所有生物的呼吸，都以二氧化碳的形式釋放碳。

許多海洋生物從水中吸收碳來製造外殼。當它們死亡時，貝殼會分解或沉入海底。

海水

海洋和陸地上的動物以其他生物為食。食物中的碳被用作燃料並用於構建身體器官。

海洋生物

人類的影響

人類活動正在破壞碳循環的平衡。燃燒化石燃料、砍伐森林為空氣和水增加的碳大於自然過程減少的碳。這些多出的碳正在加劇氣候變化。

石油和天然氣是由埋藏在海底的海洋生物遺骸形成的。

廢棄物和死亡的海生物殘骸中的碳會沉澱在海底，形成沉積物。

沉積物

石油和天然氣

生活世界

光合作用

植物和藻類會從空氣和水中吸收二氧化碳，並通過光合作用製造糖分。這個過程是碳進入食物鏈的主要途徑。

植物無時無刻不在呼吸，向空氣中釋放二氧化碳。

森林覆蓋了地球陸地表面的 30%，樹木在生長過程中會將碳儲存在其體中。

樹木被焚燒或分解時，其中碳會釋放到大氣中。

其是牛這樣的畜，將碳以甲氣體的形式釋到空氣中。

自然的碳排放

火山爆發將儲存在岩石中的碳以二氧化碳的形式釋放到大氣中。

火山爆發

雨

二氧化碳會溶解在雨水中，產生侵蝕岩石的酸，向河水中注入碳酸鹽。

二氧化碳約佔大氣的 0.04%。這種氣體在碳循環的其他部分不斷被添加和移除。

由於永久凍土融化和火災，氣候變化使凍土帶土壤釋放的甲烷增加了。

泥炭土是由沼澤和泥沼，以及苔原上植物的腐爛殘留物形成的。

煤炭開採將儲存在地球沉積岩盆地中的碳移回地表。

森林

農場

泥炭

煤

石灰石

甲烷氣泡

煤是由古代植物殘骸腐爛之前埋入地下形成的。

鑽石是幾十億年前在地球地幔中形成的純碳晶體。火山爆發將一些鑽石帶到地表附近，在那裏它們會被開採。

鑽石

加拿大亞伯拉罕湖底的細菌產生了甲烷氣泡。它們在接近較冷的表面時被困在冰中。

分解

死去的生物被禿鷲和蠕蟲等食腐動物吃掉，然後再被細菌和真菌這樣的分解者分解。分解者將儲存在生物體中的碳轉移回環境中。

風化和侵蝕

碳酸鹽是在石灰石和白雲石中發現的含碳礦物。在風化和侵蝕的作用下，尤其是水的侵蝕，這些岩石中的碳酸鹽被移除。它們會融入土壤中或者被沖入大海。

貝殼中的碳酸鹽礦物被壓實形成石灰石。

許多土壤中的細菌分解者，如稻田中的細菌，在分解有機物時會產生甲烷氣體。

草原

在降雨不夠支持大量樹木的生長，但可供草本植物生長而避免沙化的地方，就形成了草原。在這裏快速生長的植物主要是草，大量的野生動物以草為食。

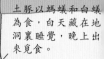

角馬的繁殖季非常集中，確保了幼兒能在大致相同的時間段內出生。這可以減小它們被天敵吃掉的概率。

同步分娩

傘形的金合歡樹

生長緩慢的金合歡樹在一片廣闊的草地上製造出諸多陰涼的區域。這種樹可以在 50 攝氏度的溫度下生長，還能承受夜間的低溫。

食腐動物

獵豹經常利用白蟻丘作為瞭望台，警惕地觀察其他捕食者和獵物。

熱空氣排出蟻丘。

禿鷲聚集在屍體上方，但它們必須等獅子吃完後才能進食殘渣。

頂級掠食者

獅子是以群體狩獵的。它們會隱藏在稀樹草原的高草叢中，悄悄地接近獵物，直到離獵物足夠近時才發起進攻。

草食者

角馬等草食動物無處可藏，因此會聚集成群以保障個體安全，並隨時準備着在第一個危險信號出現時逃跑。

牧食群

獨行的捕獵者

合作捕獵

涼爽的空氣被吸進通風口。

土豚以螞蟻和白蟻為食，白天藏在地洞裏睡覺，晚上出來覓食。

淺處的樹根向四面八方伸展，吸收土壤中滲入的雨水。

白蟻丘

數量龐大的白蟻會吃掉大量的草莖。這些昆蟲生活在高大的土丘內部的地下巢穴中，土丘中有一個豎井網絡，可以使涼爽的空氣在裏面流動循環。

金合歡樹更深的主根向下生長，可以長久地吸收地下水，因此它可以在旱季存活。

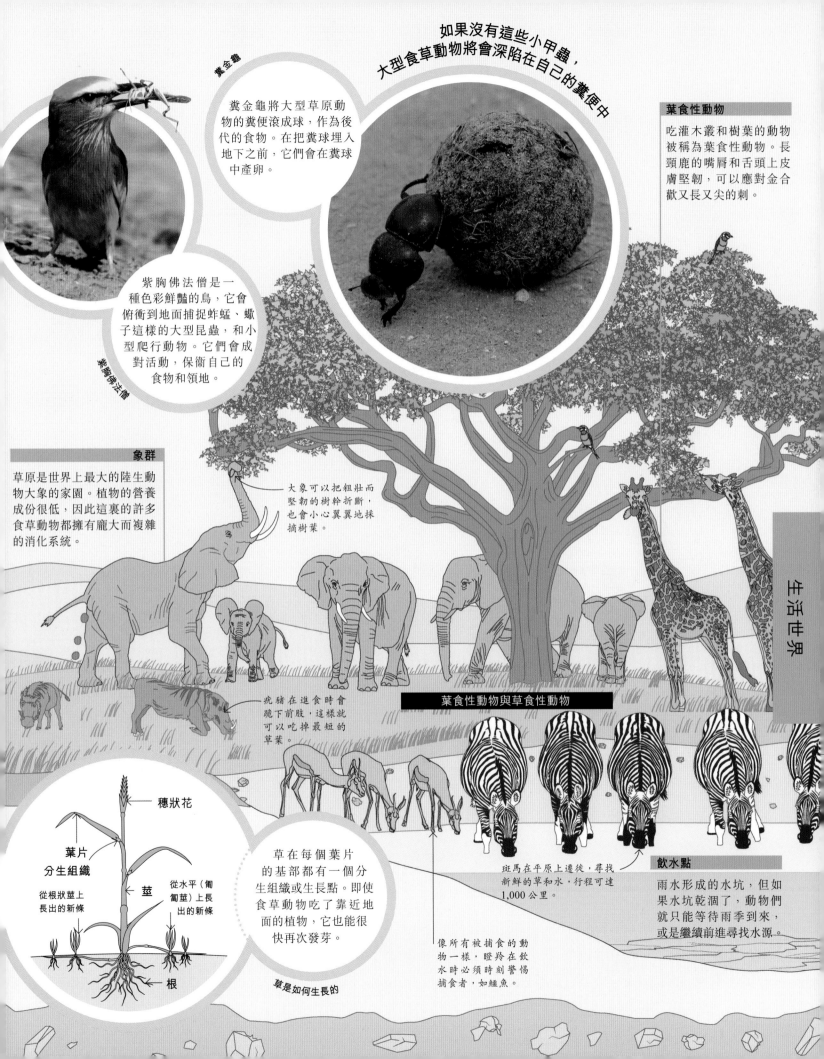

如果沒有這些小甲蟲，
大型食草動物將會深陷在自己的糞便中

糞金龜

糞金龜將大型草原動物的糞便滾成球，作為後代的食物。在把糞球埋入地下之前，它們會在糞球中產卵。

紫胸佛法僧是一種色彩鮮豔的鳥，它會俯衝到地面捕捉蚱蜢、蠍子這樣的大型昆蟲，和小型爬行動物。它們會成對活動，保衛自己的食物和領地。

紫胸佛法僧

葉食性動物

吃灌木叢和樹葉的動物被稱為葉食性動物。長頸鹿的嘴唇和舌頭上皮膚堅韌，可以應對金合歡又長又尖的刺。

象群

草原是世界上最大的陸生動物大象的家園。植物的營養成份很低，因此這裏的許多食草動物都擁有龐大而複雜的消化系統。

大象可以把粗壯而堅韌的樹幹折斷，也會小心翼翼地採摘樹葉。

疣豬在進食時會跪下前肢，這樣就可以吃掉最短的草葉。

葉食性動物與草食性動物

穗狀花

葉片

分生組織

從根狀莖上長出的新條

莖

從水平（匍匐莖）上長出的新條

根

草在每個葉片的基部都有一個分生組織或生長點。即使食草動物吃了靠近地面的植物，它也能很快再次發芽。

草是如何生長的

斑馬在平原上遷徙，尋找新鮮的草和水，行程可達1,000公里。

像所有被捕食的動物一樣，瞪羚在飲水時必須時刻警惕捕食者，如鱷魚。

飲水點

雨水形成的水坑，但如果水坑乾涸了，動物們就只能等待雨季到來，或是繼續前進尋找水源。

大遷徙

每年有超過 100 萬隻白須角馬在斑馬等其他草食動物的伴隨下，從非洲的塞倫蓋蒂草原遷徙。它們以順時針方向跟隨着矮草的生長而走，而矮草的生長依賴於季節性降雨的灌溉。它們在馬賽馬拉度過旱季，然後必須穿過馬拉河，那裏有數百隻飢餓的尼羅鱷在等待着它們，接下來獸群會在南部度過整個雨季——這一奇觀吸引了許多遊客到此觀賞。

維多利亞湖

馬拉河

馬賽馬拉

肯尼亞

格魯美地河

坦桑尼亞

塞倫蓋蒂草原

0 米　　　　　100

0 公里　　　　　100

雨影沙漠

一些沙漠形成於高山的雨影中。來自海洋的潮濕空氣必須越過山脈才能到達另一邊的陸地。隨着氣流上升，其冷卻後形成雲，然後下雨。當氣流到達陸地的另外一端時，水汽已消失殆盡，很少能產生降水，因此形成了沙漠。

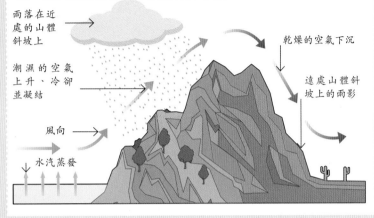

雨落在近處的山體斜坡上

潮濕的空氣上升、冷卻並凝結

風向

水汽蒸發

乾燥的空氣下沉

遠處山體斜坡上的雨影

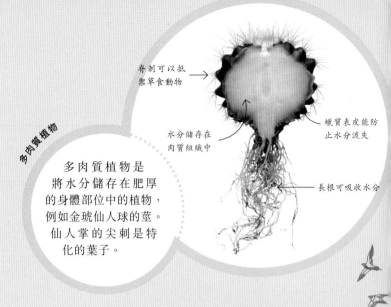

脊刺可以抵禦草食動物

水分儲存在肉質組織中

蠟質表皮能防止水分流失

長根可吸收水分

多肉質植物

多肉質植物是將水分儲存在肥厚的身體部位中的植物，例如金琥仙人球的莖。仙人掌的尖刺是特化的葉子。

耳廓狐毛茸茸的腳墊可以隔離炙熱的沙漠，並在行走時保持附着力

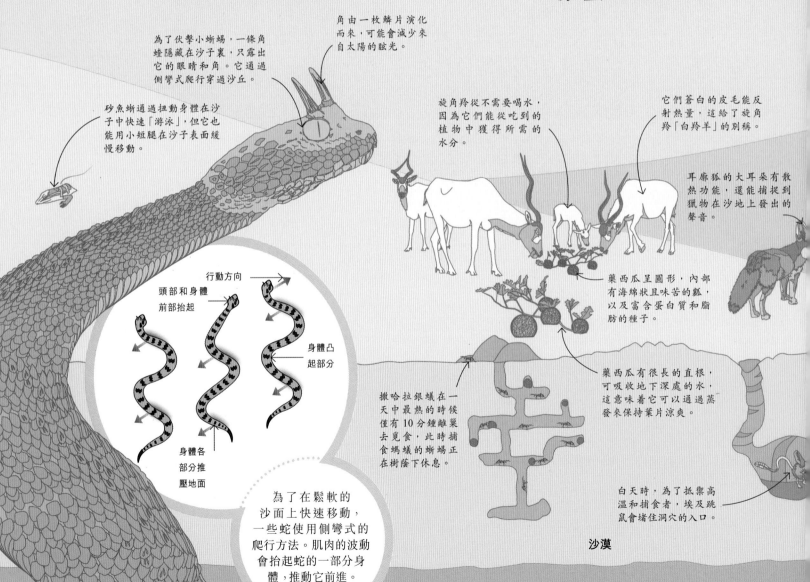

為了伏擊小蜥蜴，一條角蝰隱藏在沙子裏，只露出它的眼睛和角。它通過側彎式爬行穿過沙丘。

角由一枚鱗片演化而來，可能會減少來自太陽的眩光。

砂魚蜥通過扭動身體在沙子中快速「游泳」，但它也能用小短腿在沙子表面緩慢移動。

旋角羚從不需要喝水，因為它們能從吃到的植物中獲得所需的水分。

它們蒼白的皮毛能反射熱量，這給了旋角羚「白羚羊」的別稱。

耳廓狐的大耳朵有散熱功能，還能捕捉到獵物在沙地上發出的聲音。

藥西瓜呈圓形，內部有海綿狀且味苦的瓤，以及富含蛋白質和脂肪的種子。

藥西瓜有很長的直根，可吸收地下深處的水，這意味着它可以通過蒸發來保持葉片涼爽。

撒哈拉銀蟻在一天中最熱的時候僅有 10 分鐘離巢去覓食，此時捕食螞蟻的蜥蜴正在樹蔭下休息。

白天時，為了抵禦高溫和捕食者，埃及跳鼠會堵住洞穴的入口。

行動方向

頭部和身體前部抬起

身體凸起部分

身體各部分推壓地面

為了在鬆軟的沙面上快速移動，一些蛇使用側彎式的爬行方法。肌肉的波動會抬起蛇的一部分身體，推動它前進。

側彎式爬行

沙漠

一隻撒哈拉銀蟻
一秒鐘內移動的距離相當於其體長的 108 倍

沙漠

任何年降雨量少於 250 毫米的地方都可稱為沙漠。沙漠通常是炎熱的，至少在白天是這樣，但也可能溫度極低，而且可能是砂質、岩質，甚至是結冰的。生活在其中的動植物早已用各種方式適應了沙漠惡劣的環境。

葉子上的獨特的蠟質層可以經受住高達 70°C 的高溫，這意味着它們在沙漠的極端高溫下也不會變乾。

被稱作椰棗的果實結成串，成熟時從黃色變成紅啡色。

棗椰樹

幾千年前，棗椰樹的甜美果實幫助人類在撒哈拉和阿拉伯沙漠中生存下來。棗椰樹也是一種木材，樹葉可以用來搭建屋頂。

隨着樹幹向上生長，下部的葉子脫落，留下木質基部。

沙雞通常在遠離綠洲的環境中築巢，但它們必須每天飛到水坑喝水，並收集飲水帶給它們的幼鳥。

駝隊

大約 4,000 年前，單峰駝被馴化為用來駄行的家畜。由於駝峰中儲存的脂肪，它們可以在幾周不喝水、不進食。

單峰駝的鼻孔可以閉合，從而阻擋沙子進入。

沙丘

寬大的腳墊有助於在高溫的沙漠上行走。

遠山上降落的雨水會滲入被稱為蓄水層的多孔岩石層。綠洲中的水是地下水位接近地表，或壓力迫使水穿過岩石中的斷層後產生的。

綠洲是如何形成的

落在山上的雨水滲入地下蓄水層

泉水倒流的綠洲位於靠近地下水位的窪地

綠洲形成於斷層

地下水緩慢地流過含水層

不透水的岩石防止地下水滲走

水因斷層而上湧

不透水的岩層

綠洲

雄性沙雞的胸部羽毛有吸水性，它們會利用這些胸毛為幼鳥收集飲水。

生命之源

綠洲是沙漠中的水源地。水的獲取是沙漠生物的關鍵因素，因此其他區域很少有野生動物。

含水層

不透水的岩層

熱帶雨林

熱帶雨林位於赤道附近，那裏全年高溫，降雨充沛，是世界上生物多樣性最高的棲息地。這些叢林只覆蓋了地球陸地面積的 6%，卻包含了所有已知物種種類的一半。

露生層

林冠層

林下層

巴西堅果樹

紅眼樹蛙的腳趾上有吸盤狀的腳墊，可以抓住纖細的樹枝。

巨嘴鳥用它的長喙去拿取細樹枝末端的果實，如無花果。

五彩金剛鸚鵡這樣的大型鸚鵡，飛到樹冠尋找成熟的水果吃。

可食用的巴西堅果是一種重要的農作物，可以從雨林中收集。

黑框藍閃蝶在飛行時，亮藍色的上翅清晰可見，這有助於吸引異性。

木棉是雨林中的龐然大物。這棵樹可長到 60 米或更高，依靠巨大的板狀根支撐它的重量。

藤本植物是一種以為附着，趨光攀生藤蔓植物

木棉

林窗

當一棵樹倒下時，它會留下一片充滿陽光的空地。這會使種子發芽，樹苗迅速生長，競相成長為第一棵到達樹冠層的樹。

輕木的樹幹非常輕，生長迅速，僅 6 個月就能長到 3~4 米高。

一隻刺豚鼠啃咬巴西堅果堅硬的外殼，以獲得它的種子。

叢林地面

落葉在溫暖潮濕的地面上迅速腐爛，將養分釋放到薄薄的表土中，樹木會通過其淺而廣泛的根系吸收這些養分。

倒下的枯木為白蟻、甲蟲、蠐蟲和真菌這樣的分解者提供了饕餮盛宴。

雨水的奧秘

熱帶雨林每年有超過 3,000 毫米的降雨量。所有這些水都沉重地壓在植被上，所以許多雨林植物的葉子都有蠟質的防水表面和尖尖的葉尖，雨水滴到葉尖後會自動流走，流到較低的位置，最終流到地面。

作為世界上最大的猛禽之一，角鵰可以用強壯的爪子從樹冠上抓住一隻猴子或樹懶。

食蜜傳粉

附生植物和氣生植物，如附生蘭和空氣鳳梨可以生活在樹上，從潮濕的空氣中獲取水分，從鸚鵡和猴子的糞便中獲取養分。

許多熱帶植物依靠動物在花朵間傳粉，甜美的花蜜可吸引動物到來。除了昆蟲之外，森林中的傳粉者還包括蜂鳥、蝙蝠、猴子和蜜熊。為了吸引蜜熊這種夜行性哺乳動物，輕木的花只開放一個晚上，且花朵往往很大，色白而有奇香。

露生層

有些高大的樹會高出樹冠層，有些高達 75 米，吸收了最多的陽光。

林冠層

高大的常綠樹木重疊的樹枝構成了「屋頂」，阻擋了大部分光線。80% 的雨林物種都生活在林冠層。

蜜熊用它有抓握能力的四足和能捲住物體的尾巴在樹上敏捷地移動。

黎明或黃昏時，赤吼猴在樹梢上吼叫着，宣示着族群的領地。

生活世界

緩慢的樹懶靠彎曲的爪子在樹上活動，尋找樹葉為食。夜間行動的樹懶靠它們長而曲的爪子在樹上活動，尋找樹葉為食。

橡膠樹可以分泌乳白色汁液，這種白色汁液可以加工為天然橡膠。

橡膠樹

阿薩伊棕櫚因其果實和棕櫚芯備受歡迎而被廣泛種植。

巴西果

阿薩伊棕櫚

林下層

在樹冠以下大部分裸露着的森林地面上，生長着一層較小的樹木、灌木和蕨類植物。

貘隱藏在植被濃密的地面上，幼貘身上的條紋和斑點有偽裝功能。

數百萬計的切葉蟻生活在地下巢穴中，這個巢穴包含若干個巢室，真菌在這些巢室中的葉子上生長。

切葉蟻咬碎樹葉後，將碎片帶回它們的蟻巢。它們用樹葉培育真菌作為食物來源。

美洲豹是亞馬遜雨林中最大的肉食動物。它通常在夜間捕食貘、鹿和其他哺乳動物。

切葉蟻

在亞馬遜雨林中，
切葉蟻會吃掉多達 15% 的樹葉

溫帶森林

溫帶森林位於雨水充足但又不太冷或太熱的地區。這些區域四季分明，森林中的植物和動物的生命週期與全年的季節變化同步。

開春發芽

早春，氣溫變暖，白天變長。樹木長出新葉和花蕾，蚜蟲等昆蟲孵化後會以它們為食。

一對黑頂山雀每天必須找到多達 570 條毛蟲來養育它們的幼鳥

落葉樹，如橡樹、楓樹和樺樹，每年都會長出新葉。

前一年產下的蟲卵會在春天孵化。毛蟲和其他幼蟲是鳥類的重要食物來源，如這隻黑頂山雀及其幼鳥。

橫斑林鴞通常白天在樹上休息，晚上尋找嚙齒動物和其他小型獵物。

葉與花

晚春，樹木生長速度最快。樹枝長滿了葉子，花朵開始向風中釋放花粉，為其他樹木授粉或提供養分。

紅背蠑螈生活在倒木、落葉層或洞穴這些潮濕的地方。

白尾鹿吃樹苗和其他在森林地面長出的新芽。

春天的花朵鋪滿了森林的地面，陽光從光禿禿的樹枝間流淌下來。

雄性猩紅麗唐納雀正在尋找食物，以便增強體質來迎接春末夏初的繁殖季。

樹幹上的洞為啄木鳥和貓頭鷹等鳥類提供了安全的築巢場所。

灌木

橡樹

延齡草

山毛櫸

如果蠑螈被貓頭鷹抓住了尾巴，它可以斷掉部分尾巴並逃跑。

春天時這種植物會與時間賽跑，它會在樹葉生長並遮住照到地面的陽光之前就完成開花和繁殖。

山毛櫸的根在地下和上面的樹枝一樣伸展，除了吸收水分之外，還能抵禦狂風。

春季

許多森林動物，比如這隻北美花鼠，以秋季成熟的大量堅果和水果為食，有些還建立了食物倉庫來度過冬天。

為甚麼樹葉通常是綠色的？

夏季的溫帶森林是綠意盎然的，這是因為樹葉中有種叫作葉綠素的色素。它會吸收陽光並用於光合作用。因為葉綠素吸收紅光和藍光，但反射綠光，所以葉子看起來是綠色的。

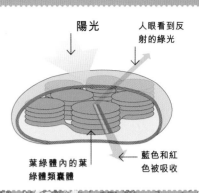

陽光

人眼看到反射的綠光

葉綠體內的葉綠體類囊體

藍色和紅色被吸收

在葉子掉落之前，葉綠素會被樹體回收，葉子也就變成了紅色或啡色。

在用樹枝和莖做的杯狀窩裏，雌性猩紅麗唐納雀正餵養它的雛鳥。

啄木鳥用它尖尖的喙挖出正在樹皮下啃食軟木的甲蟲幼蟲。

野火雞在落葉和土壤中搜尋可吃的種子和昆蟲。

夏季時，快速生長的蕨類植物遍布森林地面。

漿果和堅果

授粉的花發育出的種子被堅果或果實的外皮包裹。果皮裏充滿了營養物質，能為新植物的生長提供養分。

落葉

冬季的白晝太短且光照不足，無法進行光合作用，所以落葉樹在秋天落葉，以防止受到霜凍的傷害。

山毛櫸

蕨類植物

橡樹

楓樹

北美花栗鼠在從地面上收集種子時必須對捕食者時刻保持警惕。它不會把不能吃的東西藏在洞穴裏。

厚厚的一層落葉覆蓋在森林的地面上並開始腐爛，增加了土壤的養分。

朽爛的木頭

枯木是野生動物寶貴的食物來源。甲蟲幼蟲在裏面挖洞，真菌在上面生長，逐漸分解着木頭。

花栗鼠的洞穴除了一個主巢室，還有幾個食物儲藏室和一些排水用的通道。

夏季

秋季

北方針葉林

一條寬闊的綠色帶狀區域橫跨北極苔原以南的北方大陸。北方針葉林，也被稱為泰加林，其中主要是常綠針葉樹，如雲杉、松樹和冷杉，這些植物適應了那裏漫長又寒冷的冬天和短暫而涼爽的夏天。

西伯利亞泰加林的面積非常廣闊，區域內所有樹木的數量相當於世界所有雨林樹木的總和

雲杉

松

適應下雪的形狀

針葉樹的樹枝易於彎曲，朝側向生長，形成一個圓錐形，枝上的積雪過於厚重時會自行滑落，而不會折斷樹枝。

針葉樹利用毬果繁殖，在初冬時，雌性毬果會變乾並張開，種子會飄落雪中，這樣它們就可以在春天冰雪消融後發芽。

馴鹿在森林裏過冬，以樹枝和樹皮為食，也會在雪中挖掘苔蘚和地衣。

懷孕的雌馴鹿會帶着鹿角過冬，直到第二年春天分娩時鹿角才脫落，而雄馴鹿的角在深秋時就脫落了。

積雪過多時，就會自動從樹枝上滑落。

林蛙在冰雪下面冬眠。

前一年掉落的球果。

在冬天，白鼬雪白的體色讓它融入雪中有助於尋找田鼠和其他小型獵物。

一層厚厚的針葉覆蓋着土壤，使其呈酸性。苔蘚是為數不多的能在這裏茁壯成長的植被之一。

樹根向周圍伸展開來，將樹固定在薄薄的土層中。

北美林蛙在雪下的落葉中過冬，它們的皮膚和血液都凍住了。為了生存，它們會向細胞中注入一種特殊且具有防凍效果的葡萄糖。當天氣變暖時，它們又解凍復活了。

草原田鼠在雪地裏挖掘隧道網，其中包括用乾草堆積的巢室，雌性田鼠會在這裏產下幼兒。

冷凍復活

漫漫寒冬

冬天漫長而寒冷，氣溫在零度以下的時間可長達 8 個月之久。森林被雪覆蓋着，白天很短且經常是陰沉的。

落葉松

像雲杉這樣的常綠針葉樹有蠟質針狀葉，可以保持水分和抵禦霜凍。老葉脫落後，它們又會生長出新葉。

針狀葉

蟲害的入侵

雲杉樹皮甲蟲在夏季時會從受感染的樹上擴散出去，飛到新的宿主那裏。這些微小的昆蟲會鑽入樹皮中交配和產卵，並釋放氣味，吸引更多的同類來到樹上。它們的幼蟲會鑽入樹體內部，造成的傷害足以殺死宿主。

吸取養分

春天時冰雪融化，土壤中充滿液態水。樹根吸收着水分，用新鮮的養分滋潤着樹幹，為快速生長做好準備。

一小群北噪鴉終年生活在北方針葉林中，以昆蟲、漿果和種子為食。秋天，它們在鬆散的樹皮裏儲存過冬的食物。

雄毬果釋放的花粉被風帶到雌毬果上，雌毬果授粉後會發育成種子。

仲夏

與常綠樹種不同，落葉松會在冬天到來之前掉落針葉來保持水分，這也意味着它在春天時會很快長出新葉。

豹熊強而有力的領部使它能夠殺死和咬碎像馴鹿般大小的獵物的骨頭，但是在夏季，它會瞄準更小的獵物，比如鳥類，它也吃鳥蛋和漿果。

夏季，白鼬的皮毛會變成啡色，有助於讓它繼續保持偽裝。

生活世界

地下菌絲網

土壤中隱藏着被叫作菌絲的網狀結構體。它是一種真菌，只有當真菌產生子實體才會顯現，就是蘑菇。

菌絲通過網狀結構將土壤中的水分和養分傳遞到樹上，並從樹上獲得糖分作為回報。

樹根與一種叫作菌根的特殊真菌相連。土壤中的菌絲在森林中的樹木之間建立了聯繫。樹木由此共享着養分，化學信號也可以通過這個網絡發送，因此這個網絡被戲稱為「森林互聯網」。

成熟的樹木　年輕的樹木

養分和信息素在樹與樹之間移動

真菌子實體

菌根網絡連接着樹木　真菌菌絲包裹的樹根

短暫夏季

為了充分利用短暫的生長季節，常綠樹全年帶葉，一旦白天變長變暖，它們就準備進行光合作用。

森林互聯網

苔原

極地附近有動植物生存的陸地叫苔原。這裏終年寒冷，地下土層常年凍結，被稱為永久凍土層。凍土層阻礙了樹木的生長，只有淺根系植物才能在這裏生存。

苔原植物往往長得很低矮，這樣可以避免被寒冷乾燥的風吹到。這種熊果有小而厚的葉子，可幫助它保存珍貴的水分。

低矮的灌木

惡劣的環境

苔原上的植物生長在永久凍土層表面一層薄而又相對活躍的融凍層中。這些植物一年中有長達 10 個月的時間被埋在一層雪下。

麝牛體形粗壯且滿身長毛，是綿羊和山羊的近親，整年都生活在苔原上。

冬季

積雪

冬季凍結的融凍層

永久凍土層

植物在整個冬天都處於休眠狀態，由於氣溫極低，它們的新陳代謝非常緩慢，因而無法生長。

旅鼠在雪地裏挖掘通道，它們整個冬天都以草根為食。

極厚的外層體毛和保暖層可以保護麝牛抵禦時速高達 120 公里的大風。

這隻毛茸茸的毛蟲不會在一個夏天內快速生長並羽化成一隻成年燈蛾。相反，這個過程需要幾年時間，每個漫長的冬天，毛蟲都被凍得結結實實，但它仍然活着。

延長生長時間

北極燕鷗從南極一路遷徙到這裏，來享用夏季在苔原上大量繁殖的昆蟲。

迎接消融

在短暫的夏季，積雪融化後，上層土壤解凍了。苔原變成了沼澤濕地，地表水無法滲入永久凍土。

夏季

大量的馴鹿離開了北方針葉林的庇護，來到苔原上吃草。

快速生長的低矮植被，如草、莎草和苔蘚，在解凍的土壤中發芽，必須趕在冰凍期到來之前開花散葉。

馴鹿在晚春生產，幼兒會和母親一起生活大約 6 個月。

融凍層

永久凍土層

北極苔原的冬季溫度可低至 −50°C

雪鴞靠聽覺捕捉藏在雪下的旅鼠和其他小型獵物發出的聲音並鎖定位置。

足部的厚毛像雪靴一樣，讓貓頭鷹的腳在冰雪中保持溫暖。

北極兔在雪中挖掘殘存的植物充飢。它們的耳朵比其他野兔的更短小，可減少凍傷的風險。

北極狐全年都是活躍的獵手，白天會離開洞穴捕食齧齒動物、野兔和鳥類。

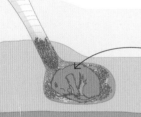

北極地松鼠在土壤層中挖掘的溫暖洞穴裏躲避寒冬。

永久凍土反循環

氣候變化導致永久凍土融化。儲存在永久凍土泥炭土中的甲烷被釋放到空氣中，使氣候變暖。這會融化更多的永久凍土，釋放出更多的甲烷，進而又導致更多的凍土融化，形成了一個反循環。

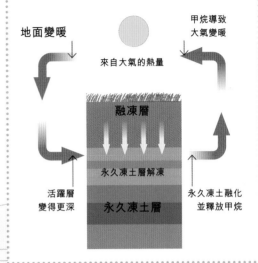

地面變暖 甲烷導致大氣變暖

來自大氣的熱量

融凍層

永久凍土層解凍

活躍層變得更深　永久凍土層　永久凍土融化並釋放甲烷

冰凍的河流

候鳥如這隻雪鵐，將苔原當作夏季的繁殖地。它們用沼澤棲息地的大量昆蟲餵養幼鳥。

生活世界

短暫的生長季節只有 50~60 天

夏季來客

雪雁在遙遠的南方越冬後返回。這些鳥會在這裏產卵，撫養幼鳥，然後在夏末時再離開。

此時數以百萬計的蚊子正蜂擁而來，這些吸血昆蟲在尋找馴鹿這樣的獵物。

北極罌粟和羽扇豆屬於開花植物，它們產生花蜜來吸引北極黃蜂這樣的傳粉者。

棕熊在捕食到此產卵的三文魚，這隻雌棕熊正在教孩子如何抓住它們。

紅翻石鷸在泥土中尋找昆蟲的幼蟲。

北極地松鼠在為冬天增肥，整個夏季是吃着種子、漿果和花度過的。

河流

三文魚洄游至河流的淺水區域產卵。

淡水棲息地

雨水流入小溪、河流、湖泊和其他地方，形成了淡水。淡水棲息地是包括河狸在內的多種水生野生動物的天堂。這些技能嫻熟的工程師會在河流上築壩來改造環境，以滿足生活需求。

蒼鷺耐心地等待青蛙或魚靠近，用它細長的喙來捕捉。

啃倒樹木

河狸用它又長又尖的門牙啃倒樹幹。一旦樹木倒下，這種大型嚙齒動物便會咬斷樹枝，將樹幹變成更小、更便於運輸的原木。

河狸挖了一條從池塘通向樹林的水上通道。

冬天，塗在樹枝上的泥土會凍結成可防禦捕食者的外殼，但河狸會留下一個通風孔，這樣它們就不會窒息而死了。

雄駝鹿在涼爽的水中打滾，並食用其中的水生植物。

樹枝可能會被帶回安全的巢中食用，或者儲存起來作為過冬食物。

青蛙是游泳健將。它們在陸地上捕獵，但需要在水中繁殖。

巢體

河狸正在用泥修補水壩的裂縫，讓池塘的水位保持不變。

下游

沉甸甸的石頭和原木嵌進了河床，可支撐下游的壩體。

水壩

大壩可高達 1.8 米，內部形成了一個大約 0.9 米深的池塘，這意味着水在冬天時底部不會凍結。

成年雌河狸在巢中的起居室裏看護着它的幼崽。

蜻蜓在池塘和溪流附近捕食其他昆蟲。夏季時，雌性會在水中產卵。

河狸壩

河狸用泥土把樹幹、樹枝、石頭黏合在一起，在淺溪或河流上築起一座大壩。水流變慢後，大壩上游會形成一個池塘。

河狸可以啃倒一棵直徑 1 米的樹，但極少會被倒下的大樹砸死。

河狸巢

在用石頭、泥土和樹枝堆砌而成的平台上，河狸用樹枝、泥土搭建了巢頂。河狸大多在夜間活動，它們的家庭成員白天會在巢中休息。

最小的淡水棲息地
是鳳梨科植物上的積
水，鳳梨科植物生長在
雨林樹木的高處。一些
樹蛙把這些水池當作
育兒所。

鳳梨池塘

河狸壩如何影響水的儲量

野生河狸可以幫助減少暴雨期
間洪水的影響。除了擴大濕地

面積，河狸壩及其後面的池塘
也能增加土壤深層的儲水量。

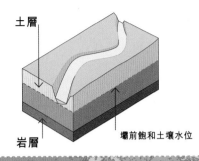

土層

岩層

壩前飽和土壤水位

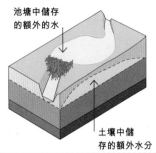

池塘中儲存
的額外的水

土壤中儲
存的額外水分

上游

隨着池塘的擴大，
它淹沒了周圍更
多的土地，擴大
了淡水棲息地的
面積。

河狸喜歡吃柳樹、樺樹、檀
木和白楊等喬木的嫩枝、莖
幹和樹皮。松樹、杉樹和
其他針葉樹可以用來建造
水壩。

蘆葦生長在池塘邊的
淺水中。

黑水雞在繁殖季會有
領地意識。鳥巢隱藏
在水邊的植被中。

翠鳥潛入水中，用喙捕捉
小魚。它會再落到棲木上
殺死小魚並吞下整條魚。

河狸池塘

水䶄生活在河岸的洞穴
裏，以水中和水邊的植
物為食。

龍蝨的翅膀下有一個氣
泡，讓它在水下追逐獵
物時可以呼吸。

蜻蜓若蟲花了大約一
年的時間在水下覓
食，然後會爬上一根
蘆葦羽化成蟲。

鰷魚棲息在淺灘
上，在池塘底部
附近覓食。

食物儲備

鱒魚捕食落在
水面上的蒼蠅
和其他昆蟲。

河狸的雪櫃

河狸用它巨大、有
蹼的後足推動自己
在水中前進，扁平
的槳狀尾巴像方向
舵一樣。

兩條或更多的水下
隧道讓河狸可以安
全地進出自己的
巢，免受狼、郊狼
和熊等肉食動物的
襲擊。

為了準備過冬，河狸會
在巢附近儲存大量的樹
枝。食物在冰下可保持
新鮮，以便不時之需。

世界上最大的河狸壩位於加拿
大的阿爾伯塔省，長 850 米。

池塘中的生物

淡水動物通常有非常多樣的生活習性。河螺是被動進食者，會通過虹吸過濾來吃浮游生物，因此它們能夠在水中呼吸。對螺類來說不同尋常的是，雌螺產下的幼螺是成年螺的縮小版。豆娘 (和蜻蜓) 的幼蟲被稱為若蟲，從卵中孵化，是兇猛的捕食者，會吃其他昆蟲的幼蟲和蝌蚪。當若蟲完全發育時，它會爬出水面，附着在植物的莖上蛻殼變態，羽化成為成蟲。

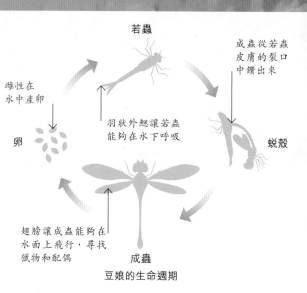

若蟲

成蟲從若蟲皮膚的裂口中鑽出來

雌性在水中產卵

卵

羽狀外鰓讓若蟲能夠在水下呼吸

蛻殼

翅膀讓成蟲能夠在水面上飛行，尋找獵物和配偶

成蟲

豆娘的生命週期

潮間帶

海洋和陸地交匯的區域是一個複合生境。這裏的大部分區域每天有兩次被浸泡在鹽水裏，但幾個小時後，又會暴露在空氣中。生活在這裏的動物、植物和海藻必須能夠應對這兩個極端之間的無盡循環。

大頭小眼睛
分節的外殼
蝦虎魚
有保護作用的刺
用於移動和捕捉獵物的「手臂」
蝦
海膽
海星

帶溝的捲曲葉片在根部形成一個凹槽，可以在等待漲潮的漫長過程中儲存水分。

岩基海岸

墨角藻是一種被黏液覆蓋着的海藻，退潮時可以防止寶貴的水分蒸發。

退潮時，帽貝固定在岩石中特定的位置上，緊緊吸在岩石上。

等指海葵離開水面，將觸角縮成一個緊密的、黏稠的保護球。

岩池中的生命

石縫中的水為小動物提供了避難所，這些小動物在退潮時會無法在空氣中存活。它們有些是長住居民，有些是臨時來到這裏的。

炎熱的太陽會使岩池中的水溫上升，水分的蒸發會增加其鹽度，但降水會降溫並稀釋鹽度。

像其他濱鳥一樣，蠣鷸會在退潮時找到大量食物，因為它的獵物，如貝類和軟體動物，此時會更容易捕捉。

鰻草床生長在海岸的最低處，只在最低潮時才會暴露在空氣中。

岩基海岸

強勁的海浪沖走沉積物和沙子後形成了岩基海岸。它們為潮間帶生物提供了一個堅固、持久的家園，但也暴露在自然環境中。

低潮帶

低低潮

高低潮

紅樹林依靠其粗大的木質根系支撐在水上。

紅樹林是唯一能在含鹽、浸滿水的淤泥中生長的植物群落

紅樹林海岸

在溫暖的熱帶海岸保護區，紅樹林一直延伸到潮間帶。這些樹的特性使其能在這種含鹽的環境中健康生長，並養活許多動物。

紅樹林海岸

紅樹林中高大的樹幹將枝葉繁茂的樹枝托起，使它們永遠不會被淹沒。

退潮時，招潮蟹從洞裏鑽出來，在淤泥中尋找食物。

呼吸根向上生長，能像通氣管一樣工作，為紅樹林的根部提供空氣。

雄性招潮蟹有一隻大螯夾，它們通過揮舞螯夾來吸引雌性。這隻是左撇子。

彈塗魚是一種「兩棲」魚類，大部分時間都生活在陸地上，可以通過潮濕的皮膚呼吸。

低潮帶

潮汐

潮汐是月球的引力引發的，月球的引力使海水上升，隨着地球的轉動，上升的海水會橫掃海洋。太陽對潮汐的產生也有影響。當太陽和月球在滿月和新月在一條直線上時，就會產生極端的春潮，即高潮。更溫和的「小潮」，即低潮，會在每次滿月與新月之間形成。

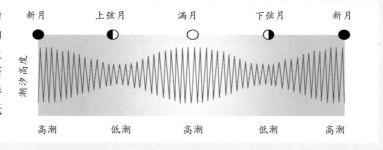

新月	上弦月	滿月	下弦月	新月
高潮	低潮	高潮	低潮	高潮

潮汐高度

巨型海藻一天可以長 45 厘米，長度可超過 50 米

海岸高處的海藻只有在高潮時才會完全被淹沒。

高高潮

低高潮

海帶是一種高大的啡色海藻，漲潮時會在深水中像樹一樣直立漂蕩。

紅藻總是生長在岸邊較低的地方，是一種能夠在較大海藻的陰影下生存的海藻。

藻葉下的小氣囊可幫助墨角藻的葉子直立漂浮以獲取陽光。

海葵張開的觸手上布滿了用來捕捉小魚和其他小型獵物的刺。

帽貝用強壯的足四處移動並尋找海藻吃。

海馬是一種小型魚類，它用尾巴纏繞住一片大葉藻。

柔軟的牙齒

高潮帶

帽貝為了收集藻類伸出了它的齒舌，是條布滿小齒的研磨帶。被其刮過的地方會留下割痕，其牙齒比岩石還硬。

鱷是體形最大的爬行動物，它是一個可怕的獵手，漲潮時會安靜地在水中搜尋獵物。

一團糾纏在一起的紅樹林根為幼魚提供了一個可以藏身和成長的地方。

高潮帶

珊瑚礁

熱帶珊瑚礁是溫暖、淺而清澈的海洋中才會出現的繁盛棲息地。珊瑚礁是一個海底平台，由多代造礁珊瑚蟲的碳酸鈣遺骸構造而成，澳洲著名的大堡礁的一部分估計約有 50 萬年歷史。珊瑚是水母的近親，生活在珊瑚礁表面的珊瑚叢中，珊瑚礁也是許多其他海洋野生動物的天堂。

生長在礁湖中的海草床，是海龜和海牛的重要食物來源。

年幼的綠海龜傾向於食肉，會吃水母和海綿，但成年海龜在近岸海洋以海草為食。

潟湖

潟湖是一個淺水池，海水被困在海岸和礁石之間。其水域溫暖而隱蔽。

藍環章魚有劇毒。遭受威脅時，它的環會變成亮藍色作為警告。

礁灘

脊珊瑚是一種軟珊瑚，它的珊瑚蟲群體會形成褶皺的形狀，在水流中輕輕搖擺。

造礁者

用帶刺的觸手收集食物

口部

薄薄的組織層連接息肉

文石骨架

珊瑚蟲是像倒置的水母一樣的組織結構。其身體是一個柔軟的圓柱體，大部分不到 15 毫米長，由文石（碳酸鈣）的骨架支撐。珊瑚蟲死亡後，骨骼仍然存在，為新珊瑚的生長創造了一個堅實的平台。日積月累，這些骨骼就逐漸形成了礁石。

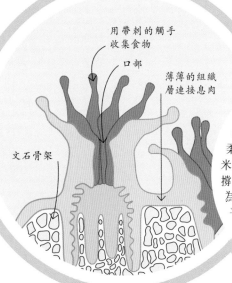

土壤

鳥巢狀珊瑚像一團堅硬的刺狀樹枝。

手指珊瑚有許多短的管狀裂片。

珊瑚礁是由珊瑚蟲殘骸堆積而成的石灰質岩礁。

火山岩

石灰質岩礁

冷水珊瑚林

並不是所有的珊瑚都能在溫暖的熱帶水域形成珊瑚礁。冷水珊瑚不依賴蟲黃藻來獲取營養。相反，它們用觸手從水中收集浮游動物和磷蝦，因此可以生活在黑暗的深水中。它們大多數生活在 300 米以下的水域，但也可以在更深的地方發現它們。它們生長得非常緩慢，但是可以形成支持重要野生動物群落的大型珊瑚林，就像在北冰洋的這塊珊瑚林。

珊瑚礁供養 25% 的海洋生物在這裏生活

礁頂

這是礁石上最淺的地方，形成了潟湖和公海之間的屏障。海浪會衝擊這部分珊瑚礁，所以這裏的動物非常少。

礁灘

珊瑚礁的這一部分位於靠近海岸的淺水中。退潮時,它經常暴露在空氣中。

管狀海綿是種簡單的動物,它通過中空的身體吸水並濾取食物。

海扇是直立生長、枝條柔韌且可伸展的軟珊瑚。

擬刺尾鯛用它又小又尖的牙齒從礁石上刮下海藻為食。

鹿角珊瑚在珊瑚礁上很常見,但它們非常脆弱,很容易因風暴受損。

腦珊瑚可以長到1.8米高,壽命可達900年。它們是重要的造礁珊瑚。

鐮魚通常單獨或成對生活。

維繫生命

被稱作蟲黃藻的微小藻類生活在熱帶珊瑚中,賦予珊瑚神奇的顏色。藻類會為它們的宿主提供光合作用產生的糖分。

珊瑚礁正受到污染和氣候變化的威脅。自然保護工作者正在珊瑚苗圃中培育瀕臨滅絕的珊瑚,如鹿角珊瑚,為了讓它們免於滅絕。

拯救珊瑚礁

雙髻鯊的寬頭讓它可以搜索到隱藏在海底的獵物所產生的生物電流和氣味。

小丑魚生活在海葵帶刺的觸角中,這樣可免受捕食者的傷害。

桌珊瑚生長出巨大的平板,盡可能多地暴露在陽光下,幫助珊瑚蟲體內的蟲黃藻為自己和宿主進行光合作用。

礁面

這是珊瑚礁中最擁擠、最富饒的地方。最大的珊瑚就生長在這裏,深達55米。

色彩鮮艷的鸚嘴魚用它們堅硬的喙狀唇啃食活珊瑚,但它們也吃生長在珊瑚礁上的藻類,這些藻類與珊瑚蟲存在競爭關係。

大堡礁覆蓋345,000平方公里,是地球上最大的生命體結構

礁頂

礁面

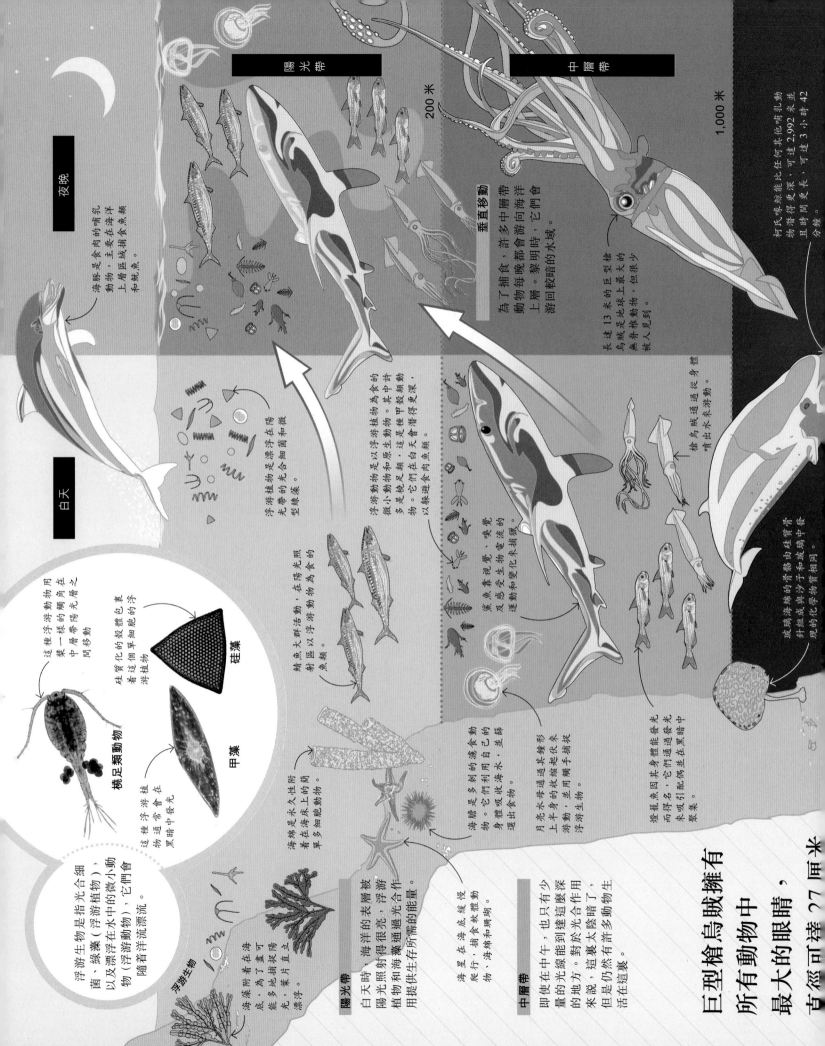

陽光帶

中層帶

200 米

1,000 米

夜晚

白天

海豚是食肉的哺乳動物，主要在海洋上層區域捕食魚類和魷魚。

垂直移動
為了捕食，許多中層帶動物每晚都游向海洋上層。黎明時，它們會游回黑暗的水域。

長達 13 米的巨型槍烏賊是地球上最大的無脊椎動物，但很少被人見到。

柯氏喙鯨能比任何其他哺乳動物潛得更深，可達 2,992 米，並且時間更長，可達 3 小時 42 分鐘。

浮游植物是漂浮在陽光帶中的光合細菌和微型綠藻。

浮游動物是以浮游植物為食的微小動物和原生動物。其中許多是幼蟲和幼蟲動物，多是幼甲殼類動物。它們通常在白天會潛得更深，以躲避食肉類的魚類。

槍烏賊通過從身體噴出水來游動。

玻璃海綿的骨骼由硅質組成，與黃沙子和玻璃中發現的化學物相同。針狀……

鯖魚大群活動，在陽光照射區以浮游動物為食的魚類。

這種浮游動物用葉綠素在陽光帶之中層之間移動。

橈足類動物

硅質化的殼體包着這個單單細胞的浮游植物。

硅藻

這種浮游植物通常會在黑暗中發光。

甲藻

浮游生物是指浮游植物（浮游植物），綠藻，漂浮在水中的微小動物（浮游動物），它們會隨着洋流漂流。

海藻附着在海底，為了盡可能多地捕捉陽光。葉片直立漂浮。

海綿是永久性地附着在海床上的簡單生物。它們利用自己的身體過濾海水，進食從中篩選出的食物。

海星在海底緩慢爬行，捕食軟體動物、海綿和珊瑚。

月亮水母通過收縮起伏的上半身的收縮來游動，並用觸手捕捉浮游生物。

燈籠魚因其身體能發光而得名。它們通過在黑暗中發光來吸引獵物並聚集。

鯊魚靠視覺、嗅覺、敏感受生物的電流及運動和變化來捕捉獵物。

陽光帶
白天時，海洋的表層被陽光照射得很亮，浮游植物和海藻通過光合作用，提供生存所需的能量。

中層帶
即使在中午，也只有少量的光線能到達這麼深的地方，對於光合作用來說，這裏太陰暗了，但仍然有許多動物生活在這裏。

深海生物

巨型槍烏賊擁有所有動物中最大的眼睛，直徑可達 27 厘米。

深層帶

4,000 米

櫛水母生活在世界各地的深海中。它游動時會噴出一股水。

小豬魷魚因其物狀虹吸管而得名，它們用噴出一股水。

小飛象章魚以深海底的螺和蝸蟲為食。

海豬通過「腿」的末端在海底爬行走。

深淵帶

6,000 米

深海珊瑚通過從水中過濾食物來獲得所需的全部營養。因此它們不需要像其他珊瑚一樣生活在陽光下。

蛇尾是海底清道夫。它們爬來爬去尋找物或屍體，有需要的時候也會游起來。

深海蝦身體上有特殊的器官，可以發射和探測到生物螢光。

超深淵帶

馬里亞納獅子魚生活在海平面高1,000倍的壓力下

馬里亞納蝸牛魚是馬里亞納海溝的頂級捕食者，在7,966米深的地方被發現。

海百合通過一根細長的莖附着在海底，用它們用羽狀的手臂捕捉顆粒食物。

深層帶

由於沒有光可到達這個深度，所以這裏是黑暗的一天24小時都是這裏的動物會發出亮光。

青鱔是深海腐動物，以沉到海底的較大動物的殘骸為食。

深淵帶

靠近深海海床的區域是一片深淵，這是面積最寬廣且極空曠的區域。隨着深度的增加，生存變得極為艱難，因為周圍的食物極為稀少。

許多深海生物可以產生彩色光，這被稱為生物光。這條鮟鱇魚可用發光的誘餌將獵物吸引到它的大嘴邊。

鮟鱇魚的誘餌發出的光是由生活在裏面的發光細菌產生的

海洋

海洋是廣闊的，大多數區域都有幾千米深。海洋學家是研究與海洋相關學科的科學家，他們根據深度將海洋分成不同的幾個區域。隨着深度的增加，海水變得越來越冷，越來越暗，食物也隨之增加，壓力也隨之增加，每個區域的生命都適應了不同的深度。

超深淵帶

最深的海洋層是海洋層海床上凹陷的海溝。

城市棲息地

地球陸地約 3% 的面積是城鎮。全球有超過一半的人口居住在城市和城市附近。城市是人工棲息地，但它們與野外環境還是有一些共同特徵，許多動植物也適應了那裏的生活。

光污染

城市中明亮的燈光照耀着漫漫長夜，它們是光污染的主要來源。這可能會讓生活在城市中或經過城市的鳥類感到困惑，因為它們根據白天和黑夜的自然交替來安排它們的活動，如覓食、休息、繁殖和遷徙。擾亂這些活動會讓它們有性命之憂。

蜂巢可能在屋頂上。這些昆蟲四處覓食，會造訪城市公園和花園。

高層建築的頂部是花園最理想的位置，因為那裏有充足的陽光。

海鷗經常出現在海岸附近，沿着海邊覓食。這種生存方式意味着它們非常適應搜尋街上的食物殘渣。

一隻赤狐被發現生活在英國倫敦碎片大廈第 72 層的地板中，而這座摩天大廈當時還在建造

城市中心

游隼在城市的摩天大廈上築巢。在遠離城市的地方，它們會在懸崖峭壁上築巢。

建築物的垂直牆面可以種植攀緣植物。一道綠色的牆可容納一些土壤和網格，讓植物的莖幹攀附在上面。

二球懸鈴木的樹皮成片剝落，這可能會防止樹幹表皮的氣孔被污染的空氣堵塞。

游隼在街道上空翱翔，以極快的速度俯衝並捕殺在下面飛行的小型鳥類。

繁忙的街道上懸掛的花籃為昆蟲打造了一個小小的花園。

鴿子在城市中是常見的遊蕩鳥類，它們的野生種被稱為原鴿，通常棲息在乾燥、多岩石的環境中。

在城市中生活的赤狐會獵殺更小的動物，如囓齒動物、鳥類和家兔，同時也吃食物垃圾。

城市中心

城市中的高樓和狹窄的街道很像山脈的峭壁和峽谷。像海鷗和鴿子這樣的鳥類能在這種城市環境中繁衍生息。

灰松鼠已經從北美東部的原生林地擴散到美國其他地區以及歐洲的一些城市。

池塘和湖泊為昆蟲提供了繁殖場所，同時也是鴨子和其他水鳥的家園。

在南非西蒙鎮的博爾德斯海灘上，南非企鵝的數量已經增長很多了，有些個體甚至不顧交通風險，選擇在鎮上築巢。

一個普通美國家庭附近生活着大約 100 種不同種類的昆蟲

果樹，如蘋果樹、櫻桃樹和李子樹，在春天能為蜜蜂和其他昆蟲提供花蜜，在秋天為許多動物提供了果實。

黃蜂群把巢掛在房樑上，而不是樹枝上。

蝙蝠需要在黑暗的地方休息，在全世界 1,000 多種蝙蝠中，至少有 35% 會將建築物作為棲息地。

郊區住宅

花園裏的一些本地植物可以為蝴蝶和蜜蜂提供花蜜，還可以為它們的幼蟲提供食物。

浣熊有靈活的前爪，它們可以掀開蓋子，打開插銷，轉動門把手來尋找食物。

花園中有種子、堅果、脂肪球和花蜜，可以吸引鳥類和其他野生動物的到來。

安裝在樹上或房屋上的人工鳥箱為雀形目鳥類提供了繁殖空間，讓它們在缺乏自然築巢場所的情況下也能繁育後代。

蜘蛛的自然棲息地包括洞穴和樹洞，但是它們也很容易適應住在建築物裏。

水盆為鳥類提供了一個可以飲水和清洗的小水池。

樹籬可為鳥類提供築巢和棲息的場所，以及秋天結出的漿果，也可為其他動物提供食物和庇護所。

草坪在滿是蠕蟲的健康土壤中生長，蠕蟲是旅鶇等鳥類的食物。

許多昆蟲會在枯木的裏面或周圍生活，但枯木通常是從花園裏清理出來的。這些昆蟲旅館是木質空間，昆蟲可以在裏面築巢繁殖。

郊區住宅

許多人住在城市周圍的郊區。這裏有更多的綠色空間，花園也可以成為野生動物的天堂。

幾乎所有的野生啡色老鼠都生活在與人類關係密切的地方。它們能找到甚麼就吃甚麼，甚至包括雪糕。

城中赤狐

由於城市中有豐富的食物、水源和庇護所，從而吸引了眾多野生動物選擇在城鎮中安家落戶。小型鳥類等野生動物，被吸引到花園，其他動物則很少被注意到，如地面上的螞蟻。而還有一些動物，如浣熊、狐狸，甚至是在垃圾箱裏尋找食物的熊，正在變得越來越常見。赤狐於 1855 年作為狩獵動物被引入澳洲，現在已極為常見。它的種群密度取決於可利用的資源。

美國紐約百老匯人行道上的螞蟻在不到一年的時間裏吃掉了 544 公斤被丟棄的食品垃圾 —— 相當於 6 萬個熱狗。

 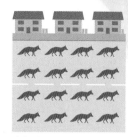

乾旱的鄉野地區　　城市地區

澳洲的赤狐領地

在乾旱地區，由於食物匱乏，每隻赤狐至少需要 1.1 平方公里的覓食區域。然而，像墨爾本這樣的城市，每平方公里可以養活多達 16 隻狐狸。

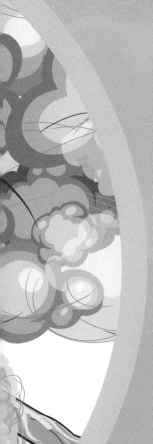

我們的星球

我們居住的地方只佔地球表面的一小部分。地表之下是又熱又厚、巨大而緩慢移動的岩石層（地幔）和金屬層（地核）；地表之上是逐漸稀薄、含有人類呼吸所需氧氣的氣體層，保護我們不被寒冷而惡劣的太空環境所傷害。

大洋和大陸

地殼主要有兩種類型：海洋型地殼（洋殼）和大陸型地殼（陸殼）。形成大部分海床的洋殼，相對年輕且密度大，其厚度可達 10 千米。陸殼較輕，最厚可達 70 千米。陸殼更加古老且多樣，有些陸殼岩石的年齡超過 40 億年。

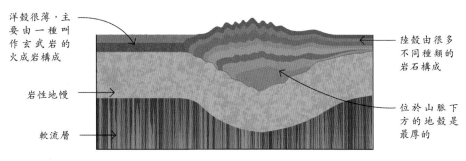

洋殼很薄，主要由一種叫作玄武岩的火成岩構成

岩性地幔

軟流層

陸殼由很多不同種類的岩石構成

位於山脈下方的地殼是最厚的

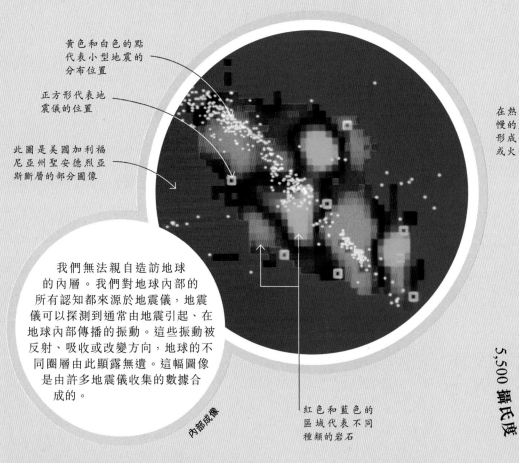

黃色和白色的點代表小型地震的分布位置

正方形代表地震儀的位置

此圖是美國加利福尼亞州聖安德烈亞斯斷層的部分圖像

我們無法親自造訪地球的內層。我們對地球內部的所有認知都來源於地震儀，地震儀可以探測到通常由地震引起、在地球內部傳播的振動。這些振動被反射、吸收或改變方向，地球的不同圈層由此顯露無遺。這幅圖像是由許多地震儀收集的數據合成的。

內部成像

紅色和藍色的區域代表不同種類的岩石

在擴張脊處，岩漿上升進入板塊之間的空隙，形成新的地殼。

在熱點處，來自地幔的岩漿在地殼上形成一連串的火山或火山島。

地幔中的對流會向地表傳輸熱量。

地核的溫度約為 5,500 攝氏度

地球的圈層

一個充滿熾熱物質的巨大球體——行星地球形成於大約 46 億年前。隨着這顆新生行星的冷卻，星球上的混合物質開始分離，形成了一系列的層。最重的金屬下沉到星球的球體中心，而較輕的金屬則漂浮在更靠近球體表面的位置。現在，地球仍然保持着這種分層結構。我們居住的地球表層叫作地殼，包裹着裏面的其他圈層，像一層薄薄的皮膚。

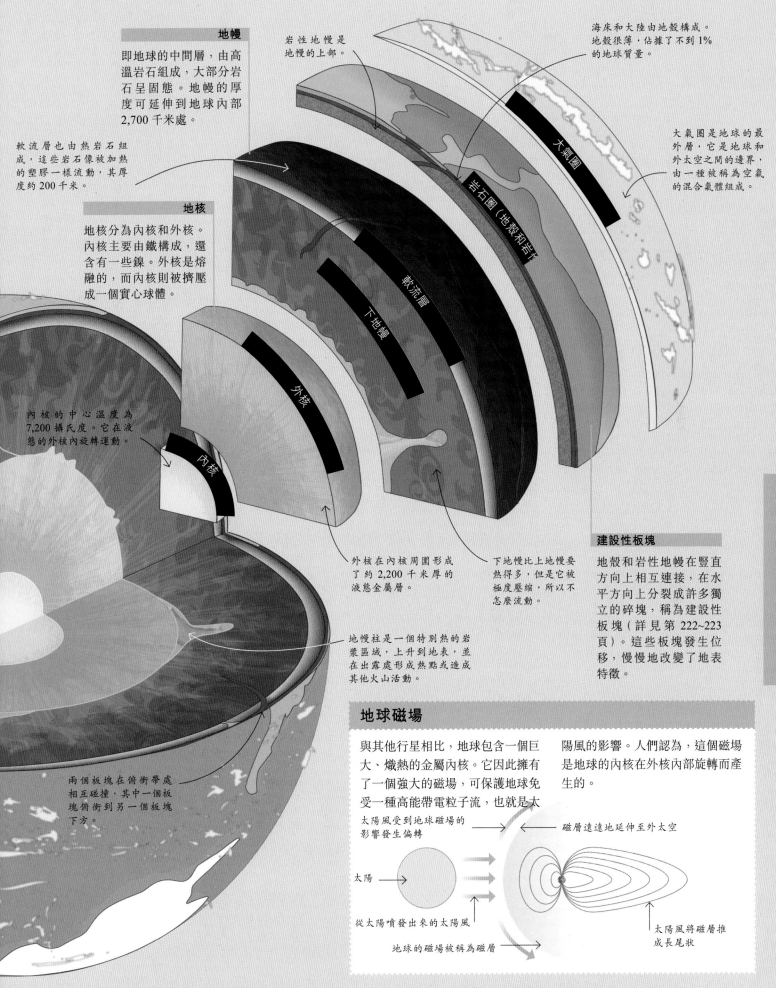

地幔

即地球的中間層,由高溫岩石組成,大部分岩石呈固態。地幔的厚度可延伸到地球內部2,700千米處。

岩性地幔是地幔的上部。

海床和大陸由地殼構成。地殼很薄,佔據了不到1%的地球質量。

軟流層也由熱岩石組成,這些岩石像被加熱的塑膠一樣流動,其厚度約200千米。

大氣圈是地球的最外層,它是地球和外太空之間的邊界,由一種被稱為空氣的混合氣體組成。

大氣圈

岩石圈(地殼和岩性

軟流層

下地幔

外核

地核

地核分為內核和外核。內核主要由鐵構成,還含有一些鎳。外核是熔融的,而內核則被擠壓成一個實心球體。

內核的中心溫度為7,200攝氏度。它在液態的外核內旋轉運動。

內核

外核在內核周圍形成了約2,200千米厚的液態金屬層。

下地幔比上地幔要熱得多,但是它被極度壓縮,所以不怎麼流動。

建設性板塊

地殼和岩性地幔在豎直方向上相互連接,在水平方向上分裂成許多獨立的碎塊,稱為建設性板塊(詳見第222~223頁)。這些板塊發生位移,慢慢地改變了地表特徵。

地幔柱是一個特別熱的岩漿區域,上升到地表,並在出露處形成熱點或造成其他火山活動。

兩個板塊在俯衝帶處相互碰撞,其中一個板塊俯衝到另一個板塊下方。

地球磁場

與其他行星相比,地球包含一個巨大、熾熱的金屬內核。它因此擁有了一個強大的磁場,可保護地球免受一種高能帶電粒子流,也就是太陽風的影響。人們認為,這個磁場是地球的內核在外核內部旋轉而產生的。

太陽風受到地球磁場的影響發生偏轉

磁層遠遠地延伸至外太空

太陽

從太陽噴發出來的太陽風

地球的磁場被稱為磁層

太陽風將磁層推成長尾狀

建設性板塊

地球的岩石外層被分割成很多塊，叫作板塊。這些板塊四處運動，推動並擠壓與它們相鄰的板塊，這一過程被稱為板塊運動。板塊運動速度非常緩慢，但能引起地震和火山噴發。在數百萬年的時間裏，板塊運動會重塑地球表面，讓大陸發生位移，使海洋變寬或變窄。

地球上總共有 7 個主板塊、8 個小板塊和幾十個微板塊

南美洲板塊

這個建設性板塊包含大部分南美洲大陸以及大部分南大西洋海床。它正在以每年 3 厘米的速度從非洲向西移動。

當岩漿沿着板塊邊界噴出，而後冷卻並在海床上形成新的岩石時，被稱為大西大洋中脊的海底山脈就誕生了。

岩漿穿過地殼上升到地表，在板塊邊界的上方形成火山。

密度較大的洋殼俯衝到密度較輕的陸殼之下，在海床形成了一條深海溝。

安第斯山脈縱貫整個南美洲西海岸，由南美洲板塊被位於其下方的滑動的納斯卡板塊擠壓並推高而形成。

陸殼的平均厚度為 25 千米，比洋殼厚得多。陸殼岩石的密度也更小，所以建設性板塊漂浮在地慢上的位置更高。

洋殼在地球表面形成低窪盆地，托住海洋，其厚度約 5 千米。洋殼的岩石密度較高，所以會下沉至陸殼之下。

岩地慢是地慢的最外層。它由堅硬的岩石構成，與上方的地殼相互融合。

軟流層主要由固態岩石構成，但由於溫度太高，岩石具有流動性。

安第斯山脈

海溝

火山

陸殼

岩性地慢

軟流層

當俯衝板塊升溫並向慢釋放出水分，導致慢融化時，就形成了岩囊。

納斯卡板塊和南美洲板塊相互碰撞的區域被稱為聚合邊界。

俯衝是一個板塊運動到另一個板塊下方，並滑入地慢的過程。

密度較大的納斯卡板塊滑動到密度較小的南美洲板塊之下，然後下沉進入地慢。

安第斯山脈中部的這片高原非常平坦且乾燥。其西部邊緣的山脈中存在一些由納斯卡板塊俯衝形成的巨大火山。

阿爾蒂普拉諾高原

納斯卡板塊

納斯卡板塊構成了西太平洋的部分海床。它下沉到南美洲板塊之下，以每年 5 厘米的速度向東移動。

大西大洋中脊的運動方式並不是直線型，而是階梯型，沿着被稱為轉換斷層的分割線被分割成一段一段的（見下圖）。

當建設性板塊朝着相反方向運動時，熔融的岩漿會在板塊之間湧出，進入裂谷區域，形成新的地殼。大多數裂谷位於海底，但也有一些裂谷位於陸地，比如埃塞俄比亞的阿法爾凹地（如圖所示）。這張照片上的地殼由被硫黃染色的鹽晶體構成。

擴張的裂谷

大西大洋中脊

大西大洋中脊長約 16,000 公里

洋殼

非洲板塊和南美洲板塊朝着相反的方向運動，他們之間的邊界被稱為擴張性邊界。

來自地球深處的岩漿上湧，擠入板塊之間的縫隙，將兩個板塊分開。當板塊因自身重量的作用下沉到地慢中時，也會引發板塊運動。

岩漿上湧

岩漿是熔融和半熔融岩石的混合物。

非洲板塊

非洲板塊覆蓋了大西洋東部和非洲的大部分地區。它正在向東移動。

南美洲的東海岸是被動邊緣。在這裏，陸殼轉變為洋殼，但它們都位於同一個板塊上。

轉換板塊邊界

兩個板塊之間發生相對錯動時，這樣的板塊邊界被稱為轉換型邊界。世界著名的轉換邊界之一位於北美洲板塊和太平洋板塊之間的美國加利福尼亞州。轉換型邊界處的板塊運動通常是劇烈的。被卡住的板塊一直在積聚能量，直到驅動力變得足夠大而使岩石發生斷裂，繼而板塊也沿着叫作轉換斷層的方向被猛地撕裂，從而引發地震。大西大洋中脊中也有轉換斷層。

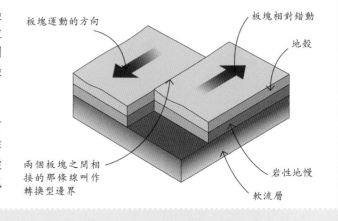

板塊運動的方向
板塊相對錯動
地殼
兩個板塊之間相接的那條線叫作轉換型邊界
岩性地慢
軟流層

如果把地球比喻成蘋果，那麼建設性板塊的厚度就類似蘋果皮的厚度

岩漿是大多數岩石中的礦物的來源。當這種熱的、來自地下深處的熔融混合物到達地表時，就形成了熔岩。

熔岩和其他火山物質從地下噴出，在地表快速冷卻形成火成岩。玄武岩就是一種火成岩。

岩石被冰川侵蝕，形成更小的碎塊，並被帶到山下。

雨雪為河流和冰川提供了水和冰。雨水中的化學物質也能侵蝕岩石。

火成岩

冰川

河流

火山

當岩石暴露在地表時，它們會慢慢風化。這個過程可能是物理過程，如反覆的冷凍和解凍，可能是來自空氣或水中化學物質作用的化學過程，抑或是生物過程。風化產生的岩石碎塊會被風、移動的水或冰帶走。

風化

火成岩

侵入型火成岩，例如花崗岩，來自地下緩慢冷卻的岩漿。

湖泊

沉積岩可以在陸地上形成。例如從湖底上採集的岩石沉積物，就是一種沉積岩。

岩漿房

變質岩

岩漿房邊緣的岩石因岩漿房的高溫而發生變質。

被推擠到地下深處的岩石開始熔化並重新變成岩漿。隨着岩漿凝固，新的岩石形成了。

地殼運動讓岩石上升到地表，這些岩石被侵蝕之後又變成新的岩石。

岩石的種類

岩石有三種主要類型：火成岩、沉積岩和變質岩。岩石循環可以把一種岩石變成另一種岩石。有一小部分岩石屬於隕石，它們來自太空，穿過大氣層落到地球表面。

花崗岩

火成岩

岩漿或熔岩冷卻成固體，這個過程中產生的晶體構成了火成岩。

砂岩

沉積岩

沉積岩通常呈層狀排列，由較老的岩石被風化侵蝕的碎塊構成。

大理岩

變質岩

火成岩和沉積岩被埋在地下受熱後變成變質岩。

高溫和壓力可以改變原有的岩石中的礦物，讓它變成一種新的岩石。這個過程叫作變質。

岩石循環

地球上的岩石不斷地被創造、破壞，從一種類型轉變成另一種類型，這一過程稱為岩石循環。所有的岩石都由不同礦物的混合物構成。地質學家可以根據礦物在岩石中的組合方式來判斷岩石的形成過程。

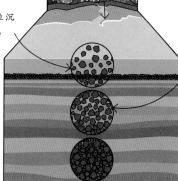

侵蝕作用產生的岩石顆粒被運到大海

岩石顆粒沉積在海底

岩石顆粒受到擠壓，大部分水分溢出，顆粒之間的空隙減小

溶解在水中的化學物質會變成固體，填補顆粒之間的縫隙，形成堅實的膠結物

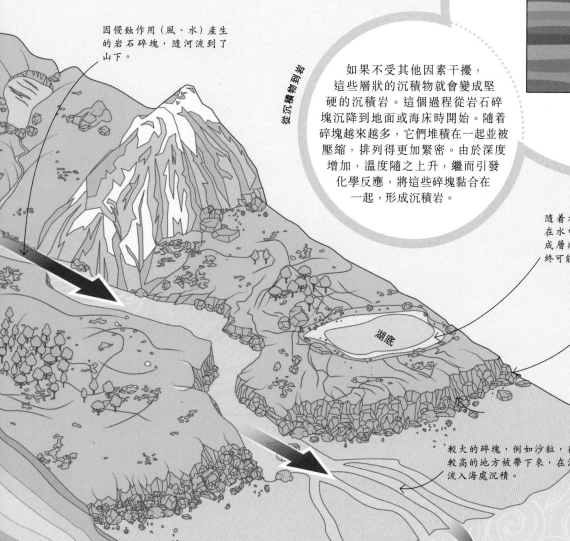

因侵蝕作用（風、水）產生的岩石碎塊，隨河流到了山下。

從沉積物到岩

如果不受其他因素干擾，這些層狀的沉積物就會變成堅硬的沉積岩。這個過程從岩石碎塊沉降到地面或海床時開始。隨着碎塊越來越多，它們堆積在一起並被壓縮，排列得更加緊密。由於深度增加，溫度隨之上升，繼而引發化學反應，將這些碎塊黏合在一起，形成沉積岩。

隨着水分的蒸發，溶解在水中的化學物質沉積成層狀。這些沉積物最終可能會變成新的岩石。

海浪和水流侵蝕着海岸線上的岩石。它們還沿着海岸搬運沉積物或將其帶入海中。

湖底

石灰岩是一種沉積岩，由動物遺體形成，或由淺海、湖泊中的礦物在水中沉澱而成。

較大的碎塊，例如沙粒，從較高的地方被帶下來，在河流入海處沉積。

較小的碎屑，例如黏土，被沖進大海，最終以厚層沉積物的形式沉積在海底。

沉積岩

地球上最古老的岩石是加拿大綠石帶的片麻岩，有 42.8 億年

沉積層或地層被其上方較新的層所覆蓋。最終，巨大的重量將沉積物壓實成岩塊。

地殼運動把在地表附近形成的沉積岩下拉至地球內部。

褶皺和斷層

造山過程中產生的巨大動力可以使地殼彎曲，形成褶皺結構。這些褶皺的頂部會成為山脊。這種力量也會在岩石中形成斷層線或者深裂縫。在斷層處，岩石的相互擠壓會引發震動，甚至造成地震。

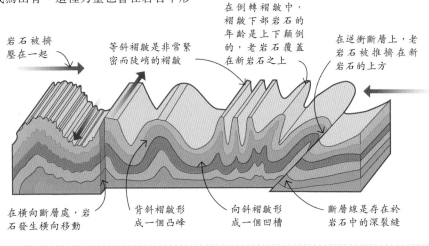

岩石被擠壓在一起

等斜褶皺是非常緊密而陡峭的褶皺

在倒轉褶皺中，褶皺下部岩石的年齡是上下顛倒的，老岩石覆蓋在新岩石之上

在逆衝斷層上，老岩石被推擠在新岩石的上方

在橫向斷層處，岩石發生橫向移動

背斜褶皺形成一個凸峰

向斜褶皺形成一個凹槽

斷層線是存在於岩石中的深裂縫

壁是一座山的陡峭面。

雪線是終年積雪區域的下邊界，雪線以上非常寒冷，常年有雪。

山谷是兩個山峰之間的凹地，由河流穿過岩石切割而成。

山麓丘陵是山脈中海拔較低的山，靠近山谷區域。

河流的水源地位於海拔較高的地方。

樹線是樹木生長區域的上邊界。在樹線之上，因環境溫度低、風大且乾燥，樹木無法生存。

樹線

河流

平坦的低地平原通常位於俯衝板塊中較低板塊表面的山脈附近。

印度洋板塊

地殼和岩性地幔共同組成了建設性板塊。在亞洲，印度洋板塊向北運動，被推擠到歐亞板塊之下，經過 5,000 多萬年的時間，造就了喜馬拉雅山脈。

平原

陸殼

岩性地幔

軟流層

軟流層是位於地幔的固體層，然而巨大的壓力和高溫讓它像液體一樣具有流動性。

山脈

大多數山脈在兩個建設性板塊相互碰撞和擠壓的過程中形成。當板塊發生碰撞時，地殼岩石會向上隆起，上升高度可以超過 8,000 米。彎折、扭曲的岩石會破裂並被侵蝕，隨着時間的推移，沿着板塊邊界逐漸形成陡峭山峰長長的山脊線。

岩基是由一整塊巨大的花崗岩或其他岩石構成的山體，這些岩石是地下岩漿冷卻後形成的。美國優勝美地谷的半穹頂山就是典型的岩基，經過數千年的侵蝕作用，包圍在堅硬花崗岩周圍的較軟的岩石逐漸剝落，巨大的半穹頂山才最終顯露在世人面前。

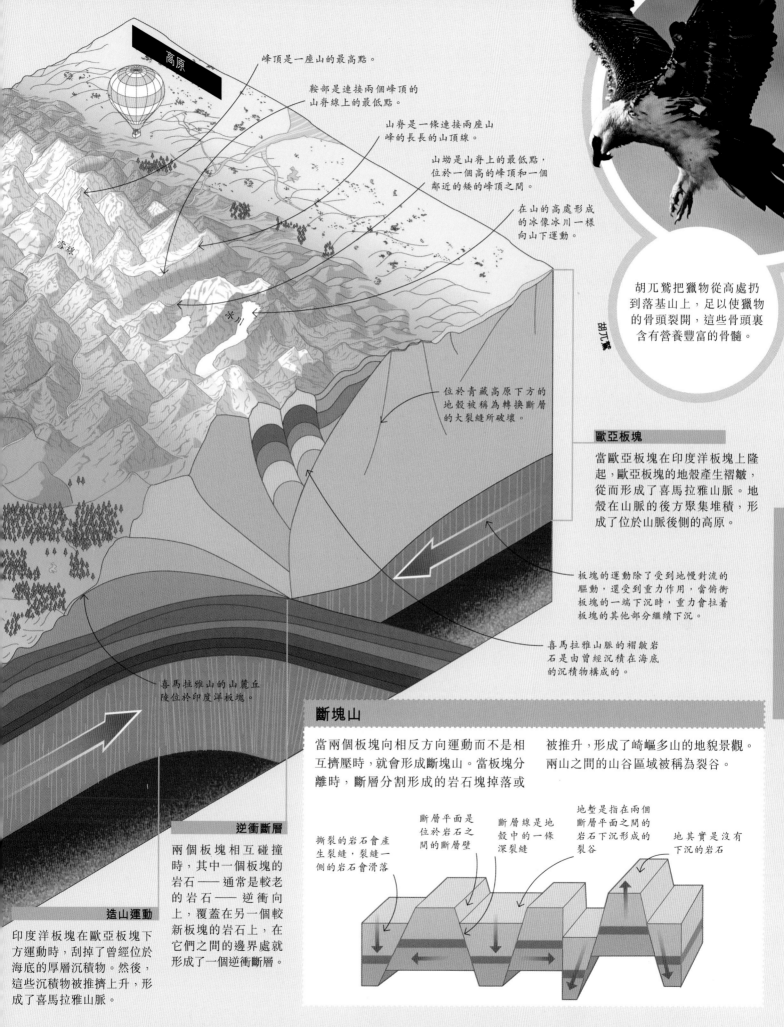

我們的星球

高原

峰頂是一座山的最高點。

鞍部是連接兩個峰頂的山脊線上的最低點。

山脊是一條連接兩座山峰的長長的山頂線。

山坳是山脊上的最低點，位於一個高的峰頂和一個鄰近的矮的峰頂之間。

在山的高處形成的冰像冰川一樣向山下運動。

雪線

冰川

胡兀鷲把獵物從高處扔到落基山上，足以使獵物的骨頭裂開，這些骨頭裏含有營養豐富的骨髓。

胡兀鷲

位於青藏高原下方的地殼被稱為轉換斷層的大裂縫所破壞。

歐亞板塊

當歐亞板塊在印度洋板塊上隆起，歐亞板塊的地殼產生褶皺，從而形成了喜馬拉雅山脈。地殼在山脈的後方聚集堆積，形成了位於山脈後側的高原。

板塊的運動除了受到地慢對流的驅動，還受到重力作用，當俯衝板塊的一端下沉時，重力會拉着板塊的其他部分繼續下沉。

喜馬拉雅山脈的褶皺岩石是由曾經沉積在海底的沉積物構成的。

喜馬拉雅山的山麓丘陵位於印度洋板塊。

斷塊山

當兩個板塊向相反方向運動而不是相互擠壓時，就會形成斷塊山。當板塊分離時，斷層分割形成的岩石塊掉落或被推升，形成了崎嶇多山的地貌景觀。兩山之間的山谷區域被稱為裂谷。

撕裂的岩石會產生裂縫，裂縫一側的岩石會滑落

斷層平面是位於岩石之間的斷層壁

斷層線是地殼中的一條深裂縫

地塹是指在兩個斷層平面之間的岩石下沉形成的裂谷

地其實是沒有下沉的岩石

逆衝斷層

兩個板塊相互碰撞時，其中一個板塊的岩石——通常是較老的岩石——逆衝向上，覆蓋在另一個較新板塊的岩石上，在它們之間的邊界處就形成了一個逆衝斷層。

造山運動

印度洋板塊在歐亞板塊下方運動時，刮掉了曾經位於海底的厚層沉積物。然後，這些沉積物被推擠上升，形成了喜馬拉雅山脈。

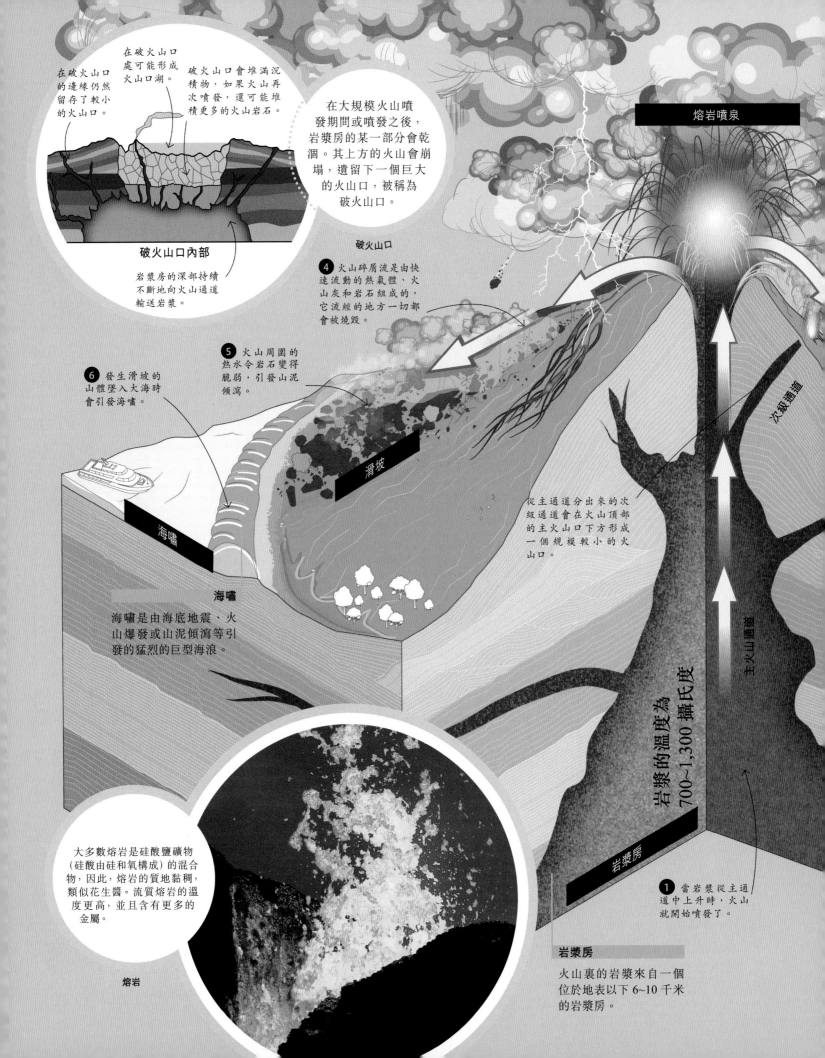

在破火山口的邊緣仍然留存了較小的火山口。

在破火山口處可能形成火山口湖。

破火山口會堆滿沉積物，如果火山再次噴發，還可能堆積更多的火山岩石。

在大規模火山噴發期間或噴發之後，岩漿房的某一部分會乾涸。其上方的火山會崩塌，遺留下一個巨大的火山口，被稱為破火山口。

破火山口內部

岩漿房的深部持續不斷地向火山通道輸送岩漿。

破火山口

4 火山碎屑流是由快速流動的熱氣體、火山灰和岩石組成的，它流經的地方一切都會被燒毀。

5 火山周圍的熱水令岩石變得脆弱，引發山泥傾瀉。

6 發生滑坡的山體墜入大海時會引發海嘯。

滑坡

從主通道分出來的次級通道會在火山頂部的主火山口下方形成一個規模較小的火山口。

海嘯

海嘯

海嘯是由海底地震、火山爆發或山泥傾瀉等引發的猛烈的巨型海浪。

熔岩噴泉

次級通道

主火山通道

岩漿的溫度為 700~1,300 攝氏度

大多數熔岩是硅酸鹽礦物（硅酸由硅和氧構成）的混合物，因此，熔岩的質地黏稠，類似花生醬。流質熔岩的溫度更高，並且含有更多的金屬。

熔岩

岩漿房

1 當岩漿從主通道中上升時，火山就開始噴發了。

岩漿房

火山裏的岩漿來自一個位於地表以下 6~10 千米的岩漿房。

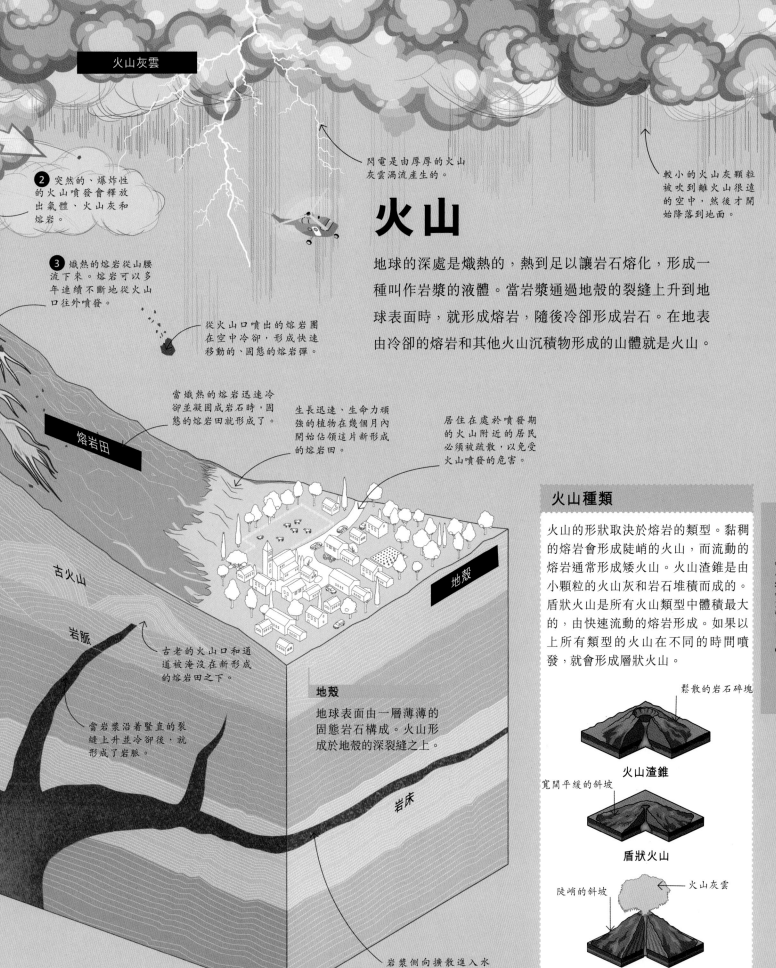

火山灰雲

2 突然的、爆炸性的火山噴發會釋放出氣體、火山灰和熔岩。

閃電是由厚厚的火山灰雲渦流產生的。

較小的火山灰顆粒被吹到離火山很遠的空中，然後才開始降落到地面。

3 熾熱的熔岩從山腰流下來。熔岩可以多年連續不斷地從火山口往外噴發。

從火山口噴出的熔岩圍在空中冷卻，形成快速移動的、固態的熔岩彈。

火山

地球的深處是熾熱的，熱到足以讓岩石熔化，形成一種叫作岩漿的液體。當岩漿通過地殼的裂縫上升到地球表面時，就形成熔岩，隨後冷卻形成岩石。在地表由冷卻的熔岩和其他火山沉積物形成的山體就是火山。

當熾熱的熔岩迅速冷卻並凝固成岩石時，固態的熔岩田就形成了。

生長迅速、生命力頑強的植物在幾個月內開始佔領這片新形成的熔岩田。

居住在處於噴發期的火山附近的居民必須被疏散，以免受火山噴發的危害。

熔岩田

古火山

古老的火山口和通道被淹沒在新形成的熔岩田之下。

岩脈

當岩漿沿着豎直的裂縫上升並冷卻後，就形成了岩脈。

地殼

地殼

地球表面由一層薄薄的固態岩石構成。火山形成於地殼的深裂縫之上。

岩床

岩漿側向擴散進入水平裂縫中。隨後冷卻成岩石，這就是岩床的形成過程。

我們的星球

火山種類

火山的形狀取決於熔岩的類型。黏稠的熔岩會形成陡峭的火山，而流動的熔岩通常形成矮火山。火山渣錐是由小顆粒的火山灰和岩石堆積而成的。盾狀火山是所有火山類型中體積最大的，由快速流動的熔岩形成。如果以上所有類型的火山在不同的時間噴發，就會形成層狀火山。

鬆散的岩石碎塊

火山渣錐

寬闊平緩的斜坡

盾狀火山

陡峭的斜坡

火山灰雲

層狀火山

火山熔岩流

俄羅斯托爾巴克火山的噴發造就了壯觀景象。有些火山噴發時程度劇烈，會向空中噴出火山灰、岩石、氣體和熔岩彈。另一些火山噴發時則較為安靜，但持續不斷地從裂隙和裂縫中傾瀉出熔岩流。火山噴發的強度取決於熔岩中溶解的氣體，以及熔岩是流動的還是黏稠的。

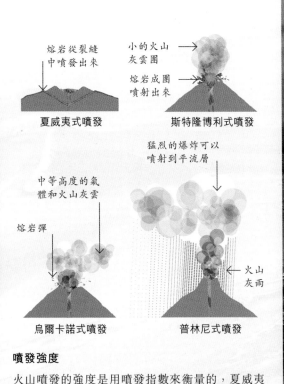

夏威夷式噴發
熔岩從裂縫中噴發出來

斯特隆博利式噴發
小的火山灰雲團
熔岩成團噴射出來

烏爾卡諾式噴發
中等高度的氣體和火山灰雲
熔岩彈

普林尼式噴發
猛烈的爆炸可以噴射到平流層
火山灰雨

噴發強度

火山噴發的強度是用噴發指數來衡量的，夏威夷式噴發強度最小，而普林尼式噴發的強度最大。

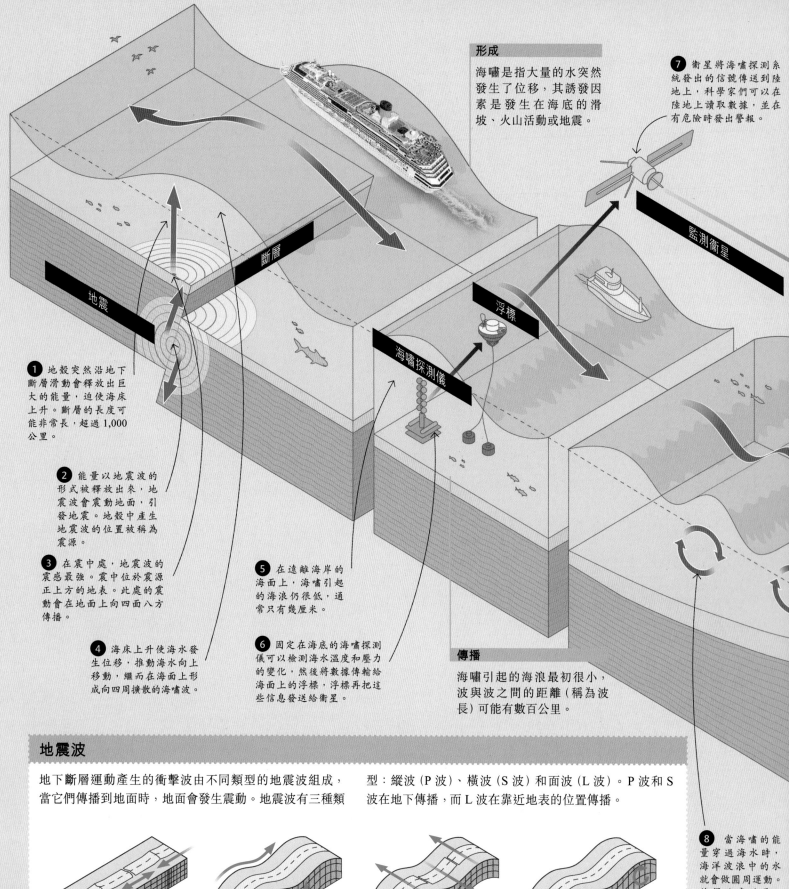

形成

海嘯是指大量的水突然發生了位移，其誘發因素是發生在海底的滑坡、火山活動或地震。

7 衛星將海嘯探測系統發出的信號傳送到陸地上，科學家們可以在陸地上讀取數據，並在有危險時發出警報。

斷層

地震

監測衛星

浮標

海嘯探測儀

1 地殼突然沿地下斷層滑動會釋放出巨大的能量，迫使海床上升。斷層的長度可能非常長，超過 1,000 公里。

2 能量以地震波的形式被釋放出來，地震波會震動地面，引發地震。地殼中產生地震波的位置被稱為震源。

3 在震中處，地震波的震感最強。震中位於震源正上方的地表。此處的震動會在地面上向四面八方傳播。

4 海床上升使海水發生位移，推動海水向上移動，繼而在海面上形成向四周擴散的海嘯波。

5 在遠離海岸的海面上，海嘯引起的海浪仍很低，通常只有幾厘米。

6 固定在海底的海嘯探測儀可以檢測海水溫度和壓力的變化，然後將數據傳輸給海面上的浮標，浮標再把這些信息發送給衛星。

傳播

海嘯引起的海浪最初很小，波與波之間的距離（稱為波長）可能有數百公里。

8 當海嘯的能量穿過海水時，海洋波浪中的水就會做圓周運動。值得注意的是，海水本身並沒有流向陸地。

地震波

地下斷層運動產生的衝擊波由不同類型的地震波組成，當它們傳播到地面時，地面會發生震動。地震波有三種類型：縱波（P 波）、橫波（S 波）和面波（L 波）。P 波和 S 波在地下傳播，而 L 波在靠近地表的位置傳播。

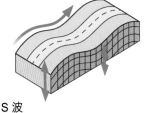

P 波

P 波是傳播速度最快的波。它們在地下運動時會擠壓並延展岩石。

S 波

S 波在地下緩慢運動。當 S 波經過時，地面會像連漪一樣發生。

勒夫波

勒夫波是一種面波，能讓陸地左右搖晃。

瑞利波

瑞利波也是一種面波，它讓地面產生海浪樣的搖晃。

地震和海嘯

地球的建設性板塊持續地相互擠壓，可能導致壓力在兩個板塊之間的邊界上不斷積聚。如果壓力太大，岩石會沿着斷層線斷裂，釋放出一股能量，劇烈地震動地面。當這種情況發生在海岸附近或者海底時，就可能引發海嘯，這種巨型海浪可以到達並淹沒遠方的內陸地區。

水災

在靠近海岸的地方，海嘯波浪越來越近，高度可以達到10米。海嘯巨大的能量會衝擊海岸，並可能淹沒至內陸數公里的地方。

海嘯能以大於每小時800公里的速度穿過整個海洋。現代海嘯預警系統遍布太平洋和印度洋，能為陸地上的人們發出重要的潛在危險預警。

海嘯預警

監測站

沿海社區的居民可以根據較早的海嘯預警疏散到類似疏散塔等各處的高地。

一些現代的抗海嘯建築是用可摺疊的牆壁建造的，因為這樣的構造可以在不破壞房子的主體結構的前提下讓海水順利流過。

9 靠近海岸時，海浪由於接觸上升的海床而被迫減速並變高。

海嘯通常不像沿海的海浪那樣在靠近海岸時破碎，反而會攜帶巨大的能量湧向內陸。海嘯能摧毀樹木和房屋，在行進時甚至還能捲走船和汽車。

巨大的力量

人們在木樁上建造房屋，海嘯帶來的水就可以從房屋下方流過，而不會造成嚴重的損壞。

流域

流域裏面匯集了來自不同源頭的水，然後通過河流向下流淌。每一條小的溪流都起始於海拔較高的源頭，匯聚成大的河流。最終，流域內所有以雨或雪的形式匯聚的水都將通過同一條河流進入大海。

瀑布和急流

軟質岩石比硬質岩石被侵蝕的速度更快。水流就像一台挖掘機，迅速侵蝕瀑布下方跌水潭中的軟質岩石，當瀑布上游的硬質岩石崩塌時，上游的位置就會後移。急流通常位於被侵蝕的軟質岩石和未被侵蝕的硬質岩石相間形成的不均勻的地表之上。

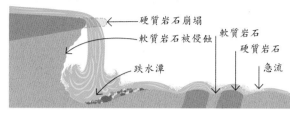

硬質岩石崩塌
軟質岩石被侵蝕
軟質岩石
硬質岩石
跌水潭
急流

三角洲濕地

三角洲內遍布潮濕的、營養豐富的沉積物，這裏是各種動植物的天堂。博茨瓦納的奧卡萬戈三角洲對於當地的野生動物來說非常重要，儘管冬季會有洪水，但動物們的繁殖週期已經適應了這種條件，可以確保它們會得到更有利的生存機會。

曲流的彎折形狀形成於河流的容量和能量驅使其側向流動而造成河岸侵蝕和泥沙沉積的過程。

兩條或多條河流匯合的地方叫作匯流。

泛濫平原是指河水泛濫時被淹沒的低窪平原。

曲流內側平緩而低矮的河岸由沉積物沉積形成。

曲流外側的堤岸又高又陡，因為它比內側堤岸受到流速更快的水流的侵蝕。

曲流

牛軛湖

牛軛湖是一段從河流主河道截斷的曲流。

亞馬遜河流域的面積達 705 萬平方公里

一條流域分界線具有類似山脊的特徵，標誌着水被河流帶走的區域的邊緣，被稱為分水嶺。落在分水嶺一側的雨水與落在分水嶺另一側的雨水會分別流入不同的河流。

分水嶺

三角洲

下游

許多城鎮都選址在河流附近，河流提供了水源，運輸方式和用於耕種的肥沃的土壤。

流入大海的河流會被泥沙沉積形成的淤泥島分割成多條河道。這樣就形成了一個三角洲。

河流的出海口是河流最終流入大海，或者流入另一個如湖泊一樣的更廣闊水體的地方。

下游

就要到達大海時，河流會變得更寬更直。河流的容量以及攜帶的泥沙量都會增加。

山脈是許多河流的發源地。舉個例子,至有 10 條世界上的主要河流發源於喜馬拉雅山。

大多數河流發源於高山上的小山泉。這些小山泉被稱為河流之源。

冰川是緩慢移動的大塊冰體。部分冰體在氣候溫暖的月份會融化,然後流入河流。

支流是流入主河道的較小的溪流。

水蝕

沒有甚麼能逃過水的侵蝕作用。美國的科羅拉多河穿越了總長度達 300 米的岩石,通過侵蝕作用形成了圖上的曲流。

融化的水匯集在山谷窪地,就可能形成湖泊。當窪地被填滿時,水會溢出,流入河流。

冰川

春天,山上的融雪向下流入河流,河流的水量劇烈增加。

溪流是微型河流。溪流比河流更小、更窄,而且通常是暫時性的,不會存在很長時間。

當河流流過硬質岩石和軟質岩石呈層狀分布的土地時,就會侵蝕軟質岩石,形成瀑布。

峽谷

急流

瀑布會侵蝕周圍的泥土和岩石,從而形成峽谷,即陡峭的山谷。

上游

當河底的軟質岩石到侵蝕,硬質岩石突出而擾亂了水流時,就產生了急流。

中游

上游

這裏是河流形成的地方,通常是河流流域中最陡的區域。小的溪流會在這裏匯合,形成一條更大的河流。

河谷形狀

在河流流域的上游,由於河水能量的限制,侵蝕作用發生的方向是豎直向下的,繼而形成一個陡峭的 V 形河谷。隨着河流進入中游,河道逐漸變寬,不斷增長的能量向側面擴展,河谷變得比上游更淺。在河流的下游,河谷幾乎被水蝕成了平坦的平面。

豎向(向下)的侵蝕作用形成一條狹窄的河谷

水量低,但水流湍急

上游

橫向(側向)的侵蝕作用拓寬了河谷

水量增加,流速減緩

中游

河流的容量已到達極限

侵蝕變弱,沉積變多

下游

中游

河流蜿蜒曲折地在地面流淌,流經平緩傾斜的土地時常常引發洪水。

辮狀河

當河流攜帶的淤泥和沙子太重,無法繼續搬運時,這些泥沙就會被河流遺棄並形成小島,小島會把河流分成小的溪流或辮狀的水流,就形成了辮狀河。

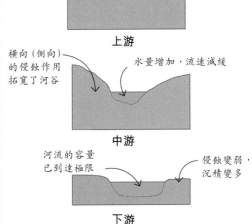

洶湧的洪水

當大量的降雨或融雪匯聚到河流中，導致河流容量突然達到峰值時，河流就會泛濫，引發洪水。河流的水位被迫抬高，導致河水溢出。如果這些水流集中在一處狹窄的河道裏，例如圖片所示的中國金沙江上的這個峽谷，水流的速度會迅速增加，本來平靜的水流會變成洶湧的洪流。在地勢較為平坦的地區，河流會衝垮堤壩，洪水會淹沒周圍的土地，從上游攜帶的淤泥和碎屑也會沉積下來。洪水會對河流周邊地區的人口和財產造成毀滅性的損害。

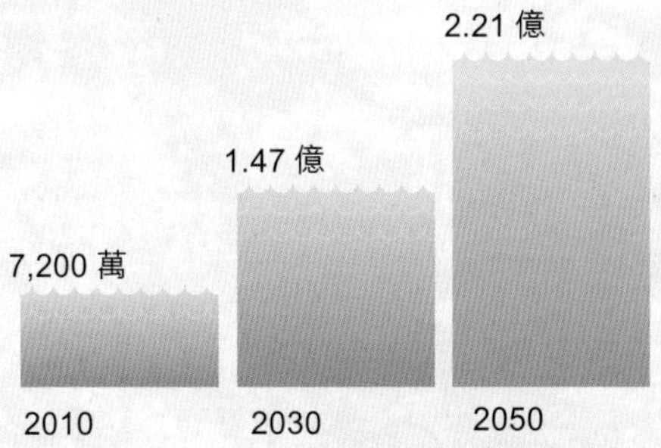

2.21 億

1.47 億

7,200 萬

2010   2030   2050

洪水受災人數

世界資源研究所的研究預測，到 2050 年，洪水為人口和財產造成的損失可能會大幅增加。

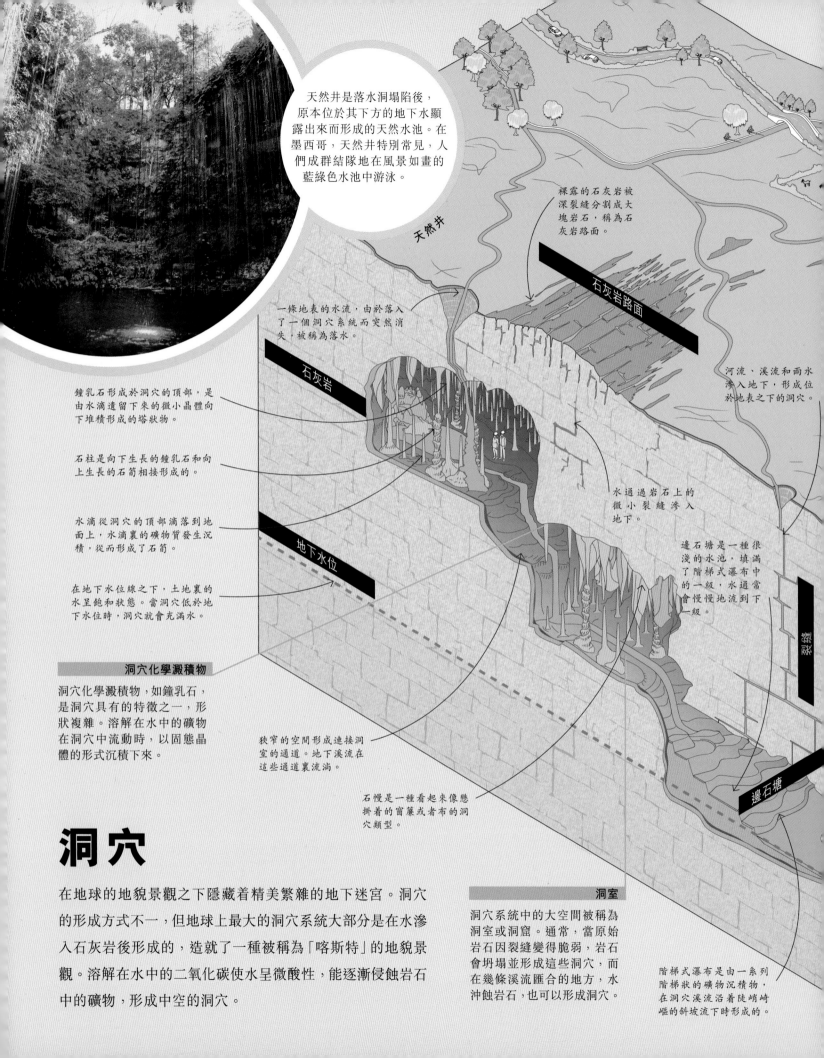

天然井是落水洞塌陷後，原本位於其下方的地下水顯露出來而形成的天然水池。在墨西哥，天然井特別常見，人們成群結隊地在風景如畫的藍綠色水池中游泳。

天然井

裸露的石灰岩被深裂縫分割成大塊岩石，稱為石灰岩路面。

石灰岩路面

一條地表的水流，由於落入了一個洞穴系統而突然消失，被稱為落水。

石灰岩

河流、溪流和雨水滲入地下，形成位於地表之下的洞穴。

鐘乳石形成於洞穴的頂部，是由水滴遺留下來的微小晶體向下堆積形成的塔狀物。

石柱是向下生長的鐘乳石和向上生長的石筍相接形成的。

水滴從洞穴的頂部滴落到地面上，水滴裏的礦物質發生沉積，從而形成了石筍。

水通過岩石上的微小裂縫滲入地下。

地下水位

在地下水位線之下，土地裏的水呈飽和狀態。當洞穴低於地下水位時，洞穴就會充滿水。

邊石塘是一種很淺的水池，填滿了階梯式瀑布中的一級，水通常會慢慢地流到下一級。

裂縫

洞穴化學澱積物

洞穴化學澱積物，如鐘乳石，是洞穴具有的特徵之一，形狀複雜。溶解在水中的礦物在洞穴中流動時，以固態晶體的形式沉積下來。

狹窄的空間形成連接洞室的通道。地下溪流在這些通道裏流淌。

石慢是一種看起來像懸掛着的窗簾或者布的洞穴類型。

邊石塘

洞穴

在地球的地貌景觀之下隱藏着精美繁雜的地下迷宮。洞穴的形成方式不一，但地球上最大的洞穴系統大部分是在水滲入石灰岩後形成的，造就了一種被稱為「喀斯特」的地貌景觀。溶解在水中的二氧化碳使水呈微酸性，能逐漸侵蝕岩石中的礦物，形成中空的洞穴。

洞室

洞穴系統中的大空間被稱為洞室或洞窟。通常，當原始岩石因裂縫變得脆弱，岩石會坍塌並形成這些洞穴，而在幾條溪流匯合的地方，水沖蝕岩石，也可以形成洞穴。

階梯式瀑布是由一系列階梯狀的礦物沉積物，在洞穴溪流沿着陡峭崎嶇的斜坡流下時形成的。

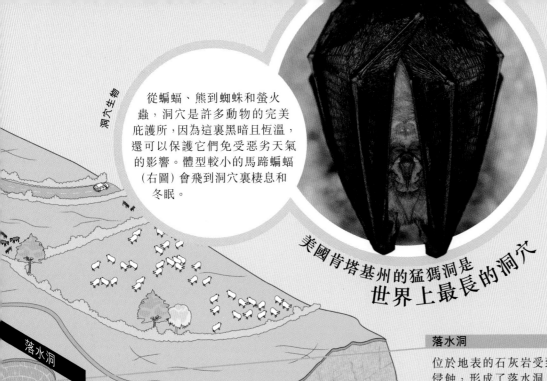

從蝙蝠、熊到蜘蛛和螢火蟲，洞穴是許多動物的完美庇護所，因為這裏黑暗且恆溫，還可以保護它們免受惡劣天氣的影響。體型較小的馬蹄蝙蝠（右圖）會飛到洞穴裏棲息和冬眠。

美國肯塔基州的猛獁洞是
世界上最長的洞穴

熱帶喀斯特

熱帶地區的喀斯特地貌由於受到強降雨的影響，被侵蝕的速度比溫帶地區更快。在熱帶喀斯特平原上，落水洞在形成後會逐漸合併，並在山丘周圍形成凹陷區，稱為峰叢，最終，這些山丘進一步演化，成為許多孤立的岩溶塔，稱為峰林。

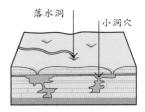

落水洞 小洞穴

喀斯特平原

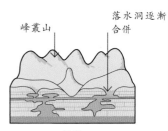

峰叢山 落水洞逐漸合併

峰叢

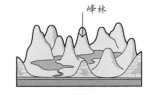

峰林

峰林

我們的星球

落水洞

位於地表的石灰岩受到侵蝕，形成了落水洞。一般情況下，水會通過落水洞進入洞穴系統。

落水洞

落水洞

豎井是軟質石灰岩受到水的豎向侵蝕後形成的。

如果落水洞和下方洞穴之間的岩石變得太脆弱，落水洞就可能坍塌。

水從落水洞和岩石裂縫中滲出，侵蝕成一條穿透石灰岩的通道，稱為地下河。

豎井

洞穴生物

不透水岩石迫使水流到地表形成泉水。

乾燥的洞穴

這個乾燥的洞穴位於地下水位以上，而且地表水的供應途徑也被切斷了。

顧名思義，水不能滲入不透水岩石，如花崗岩。

地下湖 **不透水岩石**

地下湖的水填滿了與地下水位相接的洞室。

當冰川表面的冰融化並流到底部時，冰川的內部也會形成臨時洞穴。因為水的溫度比冰川的冰略高，冰川中間有水流過時就會融化並形成一條通道。

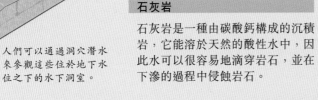

水下洞穴

人們可以通過洞穴潛水來參觀這些位於地下水位之下的水下洞室。

冰川洞穴

石灰岩

石灰岩是一種由碳酸鈣構成的沉積岩，它能溶於天然的酸性水中，因此水可以很容易地滴穿岩石，並在下滲的過程中侵蝕岩石。

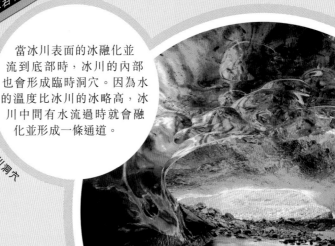

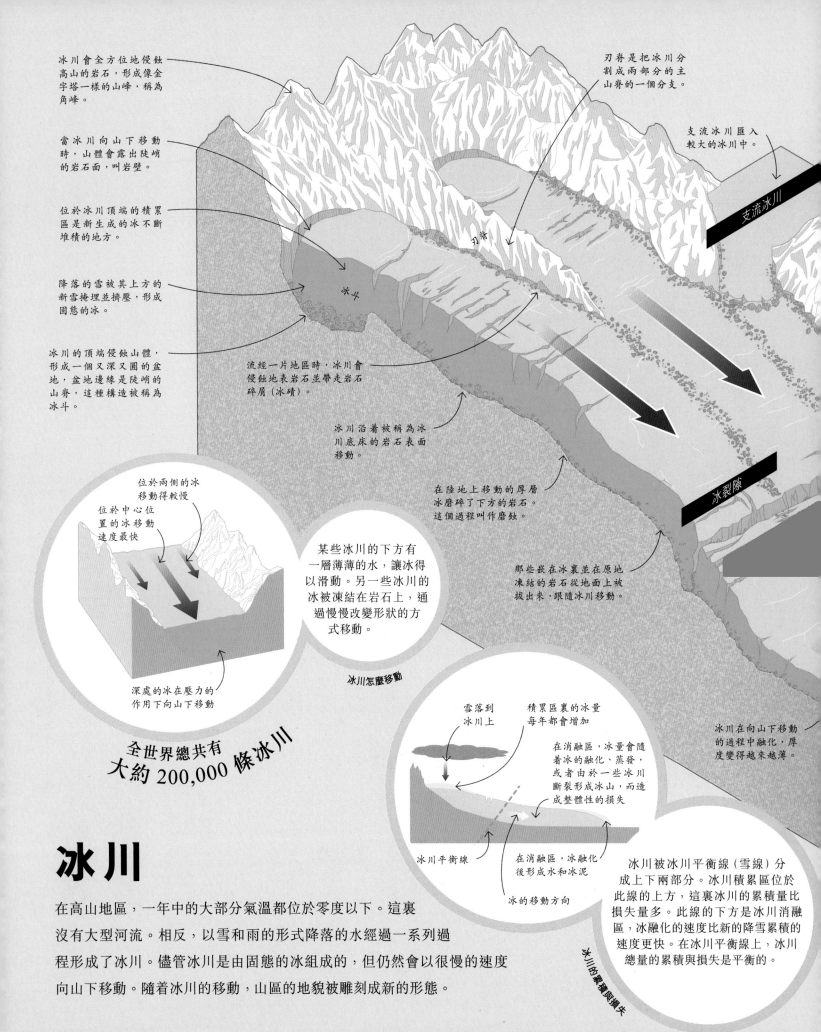

冰川會全方位地侵蝕高山的岩石，形成像金字塔一樣的山峰，稱為角峰。

當冰川向山下移動時，山體會露出陡峭的岩石面，叫岩壁。

位於冰川頂端的積累區是新生成的冰不斷堆積的地方。

降落的雪被其上方的新雪掩埋並擠壓，形成固態的冰。

冰川的頂端侵蝕山體，形成一個又深又圓的盆地，盆地邊緣是陡峭的山脊，這種構造被稱為冰斗。

刃脊是把冰川分割成兩部分的主山脊的一個分支。

支流冰川匯入較大的冰川中。

支流冰川

刃脊

冰斗

流經一片地區時，冰川會侵蝕地表岩石並帶走岩石碎屑（冰磧）。

冰川沿着被稱為冰川底床的岩石表面移動。

在陸地上移動的厚層冰磨碎了下方的岩石。這個過程叫作磨蝕。

冰裂隙

那些嵌在冰裏並在原地凍結的岩石從地面上被拔出來，跟隨冰川移動。

冰川在向山下移動的過程中融化，厚度變得越來越薄。

位於兩側的冰移動得較慢

位於中心位置的冰移動速度最快

深處的冰在壓力的作用下向山下移動

某些冰川的下方有一層薄薄的水，讓冰得以滑動。另一些冰川的冰被凍結在岩石上，通過慢慢改變形狀的方式移動。

冰川怎麼移動

全世界總共有大約 200,000 條冰川

雪落到冰川上

積累區裏的冰量每年都會增加

在消融區，冰量會隨着冰的融化、蒸發，或者由於一些冰川斷裂形成冰山，而造成整體性的損失

冰川平衡線

在消融區，冰融化後形成水和冰泥

冰的移動方向

冰川的累積與損失

冰川

在高山地區，一年中的大部分氣溫都位於零度以下。這裏沒有大型河流。相反，以雪和雨的形式降落的水經過一系列過程形成了冰川。儘管冰川是由固態的冰組成的，但仍然會以很慢的速度向山下移動。隨着冰川的移動，山區的地貌被雕刻成新的形態。

冰川被冰川平衡線（雪線）分成上下兩部分。冰川積累區位於此線的上方，這裏冰川的累積量比損失量多。此線的下方是冰川消融區，冰融化的速度比新的降雪累積的速度更快。在冰川平衡線上，冰川總量的累積與損失是平衡的。

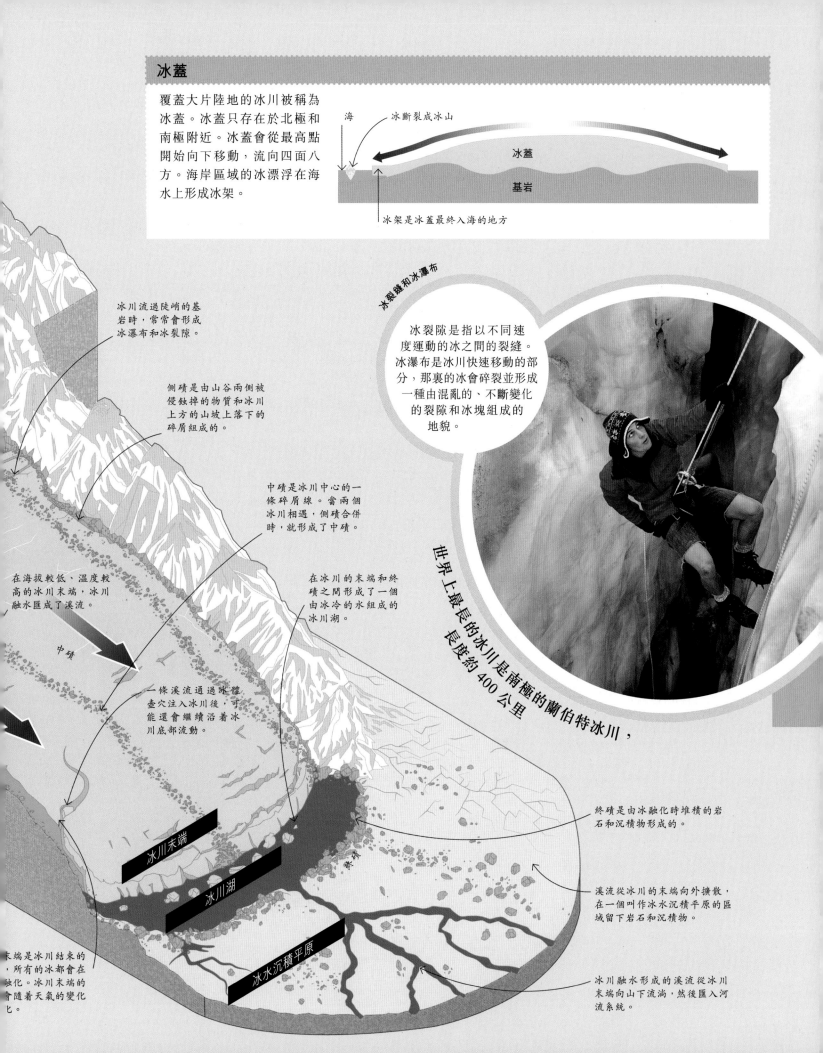

冰蓋

覆蓋大片陸地的冰川被稱為冰蓋。冰蓋只存在於北極和南極附近。冰蓋會從最高點開始向下移動,流向四面八方。海岸區域的冰漂浮在海水上形成冰架。

海

冰斷裂成冰山

冰蓋

基岩

冰架是冰蓋最終入海的地方

冰川流過陡峭的基岩時,常常會形成冰瀑布和冰裂隙。

側磧是由山谷兩側被侵蝕掉的物質和冰川上方的山坡上落下的碎屑組成的。

中磧是冰川中心的一條碎屑線。當兩個冰川相遇,側磧合併時,就形成了中磧。

在海拔較低、溫度較高的冰川末端,冰川融水匯成了溪流。

在冰川的末端和終磧之間形成了一個由冰冷的水組成的冰川湖。

中磧

一條溪流通過冰體,壺穴注入冰川後,可能還會繼續沿着冰川底部流動。

冰裂縫和冰瀑布

冰裂隙是指以不同速度運動的冰之間的裂縫。冰瀑布是冰川快速移動的部分,那裏的冰會碎裂並形成一種由混亂的、不斷變化的裂隙和冰塊組成的地貌。

世界上最長的冰川是南極的蘭伯特冰川,長度約 400 公里

冰川末端

冰川湖

終磧

冰水沉積平原

末端是冰川結束的,所有的冰都會在融化。冰川末端的會隨着天氣的變化化。

終磧是由冰融化時堆積的岩石和沉積物形成的。

溪流從冰川的末端向外擴散,在一個叫作冰水沉積平原的區域留下岩石和沉積物。

冰川融水形成的溪流從冰川末端向山下流淌,然後匯入河流系統。

漂浮冰山的危害

冰山是從冰蓋或冰川上脫落下來的大塊冰體。冰山的大小從 5 米到一個小國家的尺寸不等，小於 5 米的冰山被稱為「冰山塊」(約一座房子大小) 或「小冰山」(約一輛汽車大小)。圖片中的冰山看起來遠遠高於船的高度，但是船很遙遠，而冰山從小船上看僅僅是一座小冰山。整座冰山大約有 90% 都隱藏在海面之下，所以它仍然很危險。在從兩極向赤道漂移的過程中，冰山會斷裂、轉動、崩解和融化。

板狀	楔狀	穹頂狀
旱塢狀	尖柱狀	塊狀

冰山類型

大多數冰山因融化和風化作用的影響，會斷裂成板狀或塊狀的碎塊，並逐漸改變形狀。

海洋輸送帶

海洋輸送帶是一個洋流系統，它的作用是把海洋表層水緩慢地混入深層水中。溫暖的海水會從赤道向兩極擴散，在兩極地區冷卻並下沉，然後沿着海床流回赤道，之後海水被加熱變暖並上升到海面，再次開始新的循環。

海水的熱量散失到空氣中

溫暖的表層洋流

寒冷的深層洋流

暖流

從赤道流向兩極的洋流攜帶着溫暖的海水。因為赤道的強烈陽光讓海水的溫度升高。

太平洋垃圾帶由超過一萬億塊漂浮的塑膠垃圾組成，這些垃圾被一個環流系統聚集到一起。它的面積比美國得克薩斯州的面積還要大。

赤道逆流是由風驅動的，它在位於太平洋、大西洋和印度洋的赤道附近向東流動。

大洋環流是由幾個相互關聯的洋流形成的規模巨大的循環。

秘魯寒流造就了一片富饒的海洋區域。寒冷的海水裏富含營養物質。

寒流帶來寒冷乾燥的天氣。寒流附近的海岸通常是沙漠，就像箭頭指示的南美洲西部。

太平洋

赤道逆流

繞極環流

南冰洋

南美洲

大西洋

南極洲

海洋輸送帶循環一圈需要花費
1,000 年的時間

地球的旋轉方向

北半球的洋流向右偏轉

南半球的洋流向左偏轉

赤道

洋流和氣流（風）並不是呈直線流動的，會因科里奧里力（一種因地球自西向東旋轉而引起的現象）的影響發生偏轉。隨着地球的自轉，位於地球表面的水和空氣的流動由於受到力的作用，在北半球向右偏轉，在南半球向左偏轉。

科里奧里力

熱鹽環流

洋流可能因海水密度不同而產生。這被稱為熱鹽環流，因為密度的差異是溫度和鹽度造成的。冰冷的海水比溫暖的海水密度大，所以總是下沉。下沉的海水為密度較小、溫度較高的海水留出了上升的空間。這形成了一個持續不斷的循環，即冷的、密度大的海水下沉，熱的、密度小的海水上升。

表層海水的熱量散失

溫暖的海水在海面擴散

太陽加熱了海水

極點

赤道

冰冷的海水下沉

溫暖的海水上升至海面

在洋流交匯的地方，表層海水相互碰撞。衝擊和壓力迫使海水向下流動，這個過程叫作「下降」，有助於將氧氣輸送到海洋更深的地方。

墨西哥灣流是流速最快的洋流，最高流速可達每小時 9 公里

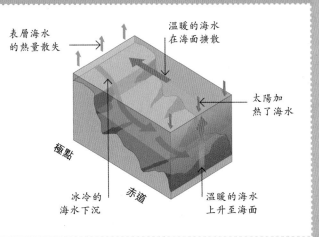

洋流

海洋中的海水會被洋流混合。洋流通常在海面上或海面附近水平流動，但也可以垂直流動，在某處下沉至海底，在另一處上升到海面。洋流在海面上的流動更加明顯，部分原因是受到吹過水面的強風的驅動。位於大陸之間的表層洋流形成了一個類似陸地上的河流系統般的網絡。

寒流
流向赤道的洋流往往溫度很低。這些海水來自常年寒冷的極地海域。

沿岸的上升海水中遍布從海底攜帶上來的營養豐富的動植物殘骸。當它們上升到海面時，大量的魚、鳥和一些高級捕食者，如鯨，就會聚集於此獲取食物。

北冰洋

北美洲

墨西哥灣流

歐洲

墨西哥灣流將溫暖的海水從墨西哥灣輸送到西歐海域，那裏的氣候因此變暖。

海洋的表面並不是完全平坦的。暖而咸的海水會膨脹，比兩極地區的冷水可高出 2 米以上。

赤道把地球分成南、北兩個半球。這裏的溫度、天氣和洋流都相對穩定、變化不大。

印度洋季風環流的流動方向隨着季節的變化而改變。冬天，風從陸地吹向海洋，而夏天，風從海洋吹向陸地。

這片深色區域是高鹽區。顏色較淺的區域鹽度較低。

非洲

赤道逆流

印度洋

亞洲

太平洋

南極洲的周邊存在一個連續的環流，稱為繞極環流。繞極環流的水含量比其他任何洋流都多。

大洋洲

赤道

沿岸上升流

鹽度
岩石中的化學物質被河流攜帶入海，海水因此有了鹽度並變成咸水。海水鹽度還與降水量以及水分的蒸發量有關。

當風吹走溫暖的表層海水，較深、較冷的海水就會上升到海面，形成上升流。

火山島

在海底的某些位置，熔融岩石形成的岩漿在被稱為熱點的地區向上穿過地殼，或者沿着建設性板塊之間的邊界形成新的海床岩石。如果流出的熔岩足夠多，就會形成一座水下山，甚至是山脈——當這些山的高度高於海面時，其頂端就會形成島嶼。

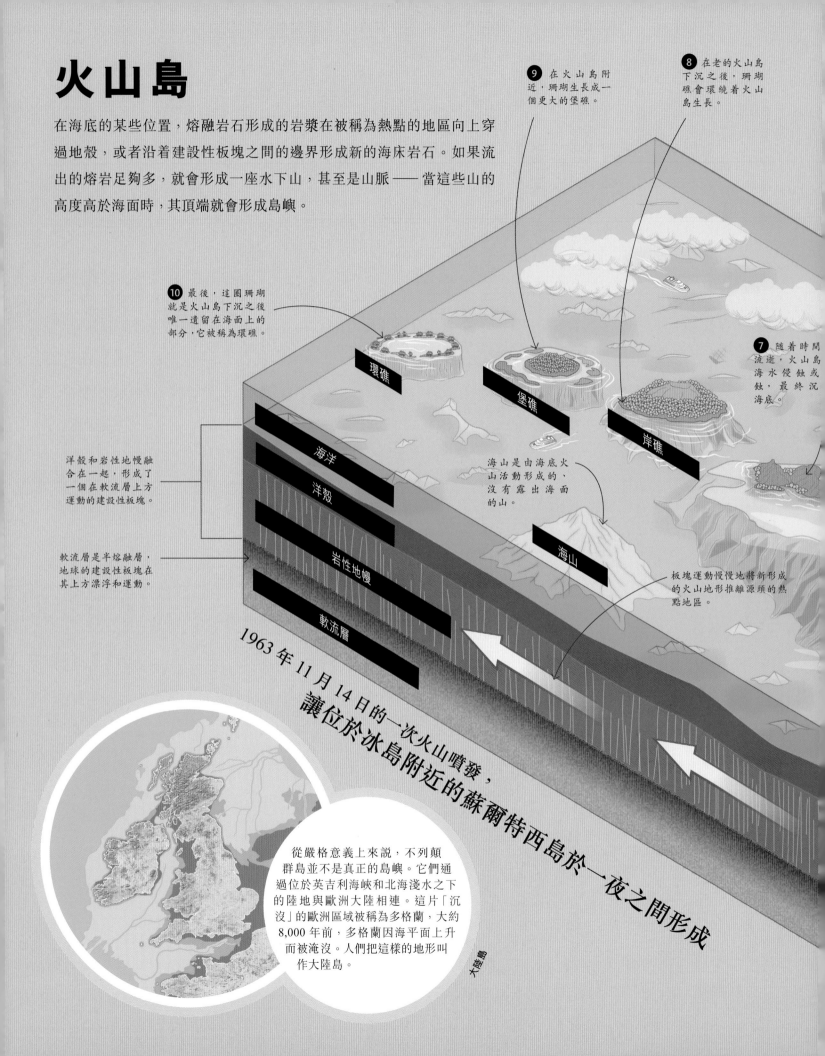

9 在火山島附近，珊瑚生長成一個更大的堡礁。

8 在老的火山島下沉之後，珊瑚礁會環繞着火山島生長。

10 最後，這圈珊瑚就是火山島下沉之後唯一遺留在海面上的部分，它被稱為環礁。

7 隨着時間流逝，火山島被海水侵蝕或蝕，最終沉入海底。

環礁

堡礁

岸礁

洋殼和岩性地慢融合在一起，形成了一個在軟流層上方運動的建設性板塊。

海洋

洋殼

海山是由海底火山活動形成的、沒有露出海面的山。

軟流層是半熔融層，地球的建設性板塊在其上方漂浮和運動。

岩性地慢

海山

軟流層

板塊運動慢慢地將新形成的火山地形推離源頭的熱點地區。

1963 年 11 月 14 日的一次火山噴發，讓位於冰島附近的蘇爾特西島於一夜之間形成

從嚴格意義上來說，不列顛群島並不是真正的島嶼。它們通過位於英吉利海峽和北海淺水之下的陸地與歐洲大陸相連。這片「沉沒」的歐洲區域被稱為多格蘭，大約 8,000 年前，多格蘭因海平面上升而被淹沒。人們把這樣的地形叫作大陸島。

大陸島

熱點追蹤

你可以通過建設性板塊上形成的火山島的軌跡來追蹤板塊在熱點地區的運動位置，較古老、不活躍的火山島通常位於板塊的最遠端。另一種追蹤線索是「溢流玄武岩」區，它被認為是在熱點首次到達地殼底部時留下的火山玄武岩的沉積物。

地球的熱點

圖例
■ 溢流玄武岩　　● 熱點　　--- 熱點追蹤　　—— 板塊邊界

由於位於大西洋下方的建設性板塊向相反方向運動，大西洋的寬度每年會增加 10 厘米。從板塊邊界流出來的熔岩形成了大西大洋中脊，它是一條長 1.6 萬公里的海底山脈。位於冰島的大西大洋中脊非常高，其山峰比海面還高，你甚至可以在某些地方看到這條處於兩個板塊之間的邊界。

遠洋群島

火山島鏈

熔岩在熱點上運動時穿過地殼裂縫，形成了一系列水下山。當這些山脈高出海面時，就形成了火山島鏈。

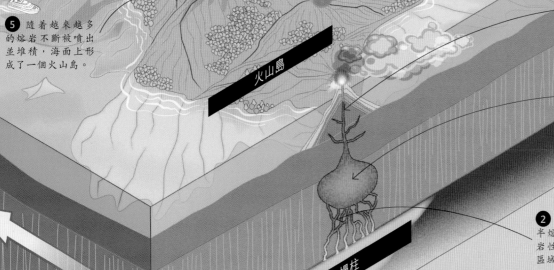

6 當建設性板塊把火山島拖離熱點時，火山島的熔岩供給途徑就被切斷了。

一些位於非常活躍的熱點地區的火山島上有活火山。

5 隨着越來越多的熔岩不斷被噴出並堆積，海面上形成了一個火山島。

火山島

4 來自地下的壓力迫使岩漿通過地殼的裂縫流出，形成新的水下山。

3 岩漿聚集在一個巨大的岩漿房中。

2 被稱為岩漿的半熔融岩石，通過岩性圈地慢的薄弱區域的通道上升。

1 在地表之下，過熱的岩石在巨大的壓力作用下上升，形成了地慢柱。

地慢柱

海床

海面之下，從深切大陸架的峽谷到橫跨海底綿延數千公里的海底山脈，這些隱藏於深處的海底地貌有着多樣而迷人的特性。海洋覆蓋了超過70%的地球表面，但這個水世界80%以上的區域尚未被人類探索。

海底製圖

測量船搭載回聲探測儀來測量海洋的深度。聲波被儀器發送到海床，然後反射回船上。聲波返回所花費的時間揭示了海洋的深度。之後，這些信息會被收集起來用於繪製海底地圖。

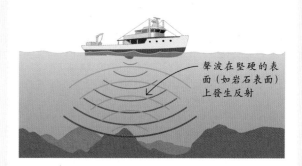

聲波在堅硬的表面（如岩石表面）上發生反射

海底探險

據統計，去過月球的人比去過海洋最深處的人還多。海洋探險家乘坐潛水器去往海底，往返一趟需要花費幾個小時。潛水器的設計構造使其可以承受深海的極端壓力，否則那麼大的壓力會損壞潛水器，也會為探險者生命帶來危險。

海溝

在聚合板塊邊界，一個板塊向下俯衝到相鄰板塊的下方，形成一條深海溝。這些海溝所處的位置即海底最深處。

斷層線是位於地殼上的裂縫，其成因是海床各個部分的運動速度或方向存在差異。

火山上升到高出海面時，就形成了火山島。

深海丘陵是指比深海平原僅高出幾百米的小山丘。

海山是指未露出海面的海底火山。許多海山已經不再噴發，變成了死火山。

海溝

火山弧

火山弧

位於板塊俯衝帶附近的火山噴發時會形成一連串沿着板塊邊界分布的火山。隨着新的噴發活動發生，堆積在火山上的岩石增多，火山的體積變大，進而形成海山和島嶼。

當熱的岩漿從海底之下的板塊俯衝帶噴出並硬化成固體時，就會在海床上形成火山。

俯衝帶是一個建設性板塊被迫移動到另一個板塊之下，形成聚合邊界的地帶。當板塊進入炙熱的地球內部，地慢會融化成岩漿。

大陸隆

從大陸坡上落下的沉積物和碎屑在海床堆積，形成了一個緩慢上升的區域，稱為大陸隆。大陸隆位於大陸坡和深海平原之間。

大陸架

位於海岸附近的淺水區的海床被稱為大陸架。它是大陸的一部分。

海岸是水與陸的交匯處。沿岸的海水塑造海洋形態、侵蝕岩石並為各種生物提供了多樣化的棲息地。

陸殼的年齡可能非常老，它的厚度比洋殼更厚，因此受到的浮力更大。

深海平原

大陸架以外的大部分深海區域被深海平原所佔據。這片近乎平坦的區域覆蓋着沉積物。

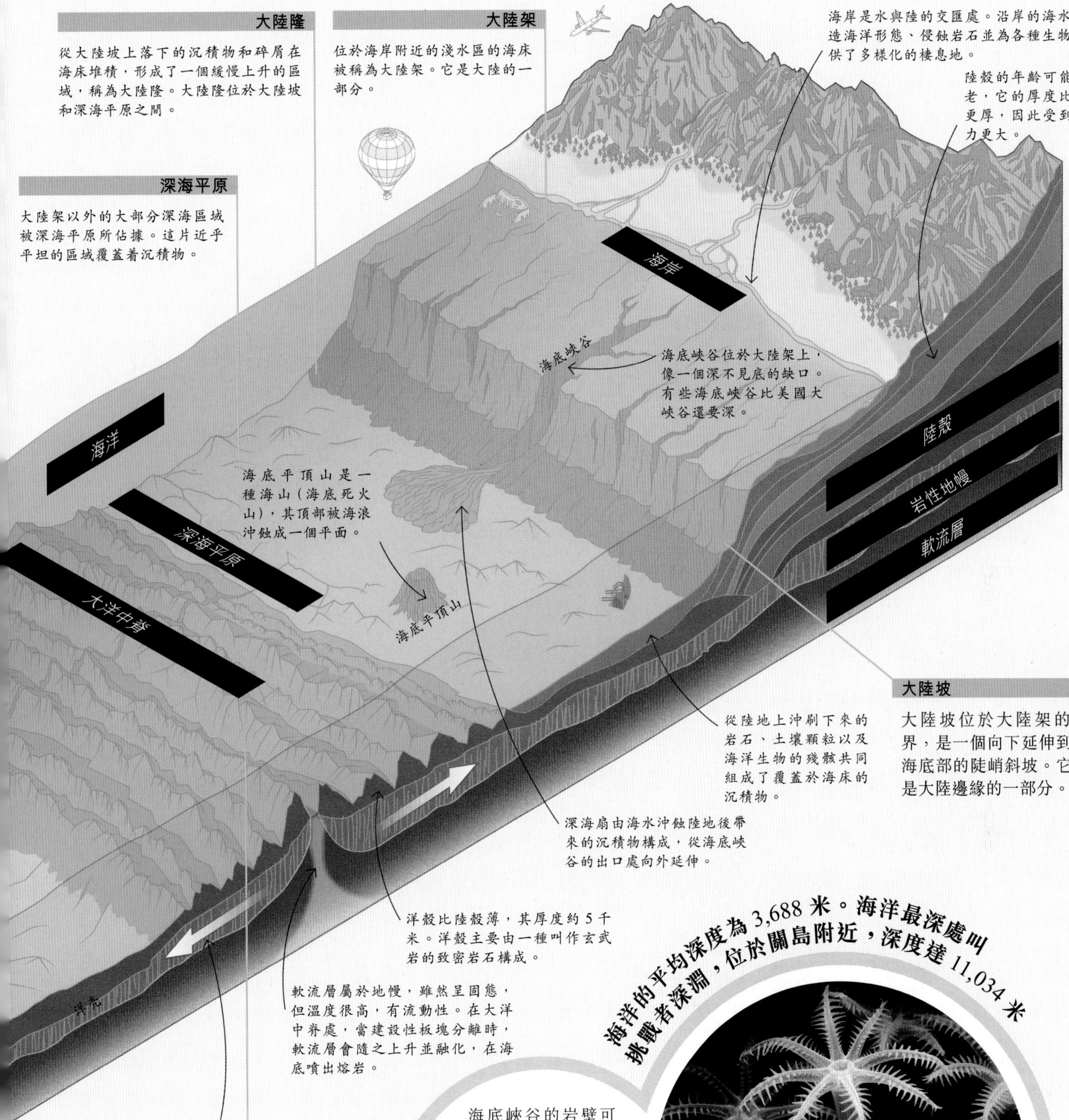

海岸

海底峽谷

海底峽谷位於大陸架上，像一個深不見底的缺口。有些海底峽谷比美國大峽谷還要深。

陸殼

岩性地幔

軟流層

海洋

深海平原

大洋中脊

海底平頂山是一種海山（海底死火山），其頂部被海浪沖蝕成一個平面。

海底平頂山

從陸地上沖刷下來的岩石、土壤顆粒以及海洋生物的殘骸共同組成了覆蓋於海床的沉積物。

大陸坡

大陸坡位於大陸架的邊界，是一個向下延伸到深海底部的陡峭斜坡。它也是大陸邊緣的一部分。

深海扇由海水沖蝕陸地後帶來的沉積物構成，從海底峽谷的出口處向外延伸。

洋殼比陸殼薄，其厚度約5千米。洋殼主要由一種叫作玄武岩的致密岩石構成。

軟流層屬於地幔，雖然呈固態，但溫度很高，有流動性。在大洋中脊處，當建設性板塊分離時，軟流層會隨之上升並融化，在海底噴出熔岩。

洋流

海洋的平均深度為3,688米。海洋最深處叫挑戰者深淵，位於關島附近，深度達11,034米

岩性地幔位於軟流層之上，是地幔上部的固態層。

大洋中脊

大洋中脊出現在擴張板塊邊界上，軟流層的熔融岩石在邊界處上升，填補了板塊之間的裂隙。隨着熔岩的堆積，沿着海床形成了山脊。

海底峽谷生物

海底峽谷的岩壁可高達2,600米。由於動植物的遺骸等營養豐富的有機質會落進這片區域，海底峽谷因此成為海洋野生動物的天堂。這些富含營養的物質支撐着一個巨大的食物網，涉及的生物種類從珊瑚，比如圖上展示的這種蘑菇軟珊瑚，到水獺和鯨不等。

海底熱泉

海洋深處大多寒冷而空曠。然而，在少數區域，熱液從噴口噴湧而出，形成熱泉。這些神秘的區域是微生物和其他生物的天堂，它們在遠離陽光、富含礦物質的熱水中大量繁殖。

黑煙

熱泉口釋放出看起來像黑煙的雲圍。事實上，它們由一些遇到冰冷海水就變成黑色粒子的化學物質構成。

噴口處的章魚是頂級捕食者。它們以螃蟹和其他貝類為食。

噴口處的蜆在它們的鰓中培養細菌，並以這些細菌為食。

生命的起源？

許多科學家認為生命起源於海底熱泉。這些對人類來說條件極端的區域，卻是地球上最穩定的生物棲息地之一。在噴口煙囪的內部，簡單的化學物質可能會在又熱又濕的環境中發生反應，形成生命所必需的化合物，如 DNA 和蛋白質。

❶ 這個熱泉源自流入海床裂隙或裂縫的冰冷海水。

海床之下的岩石被下方更深處的岩漿房加熱。

❷ 水被熱岩石加熱。這些熱量是熱泉生物賴以生存的能量來源。

熱液：熱液中的水通風口的溫度足以熔化鉛

白色的「煙」由富含硅和鈣的化學物質構成。

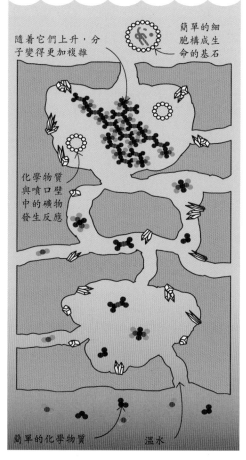

隨着它們上升，分子變得更加複雜

簡單的細胞構成生命的基石

化學物質與噴口壁中的礦物發生反應

簡單的化學物質　　　溫水

噴口煙囪內部

如果噴口裏的水溫低於 300 攝氏度，噴口處就會形成白「煙」。它們通常比黑「煙」的流速慢，範圍也更小。

白「煙」

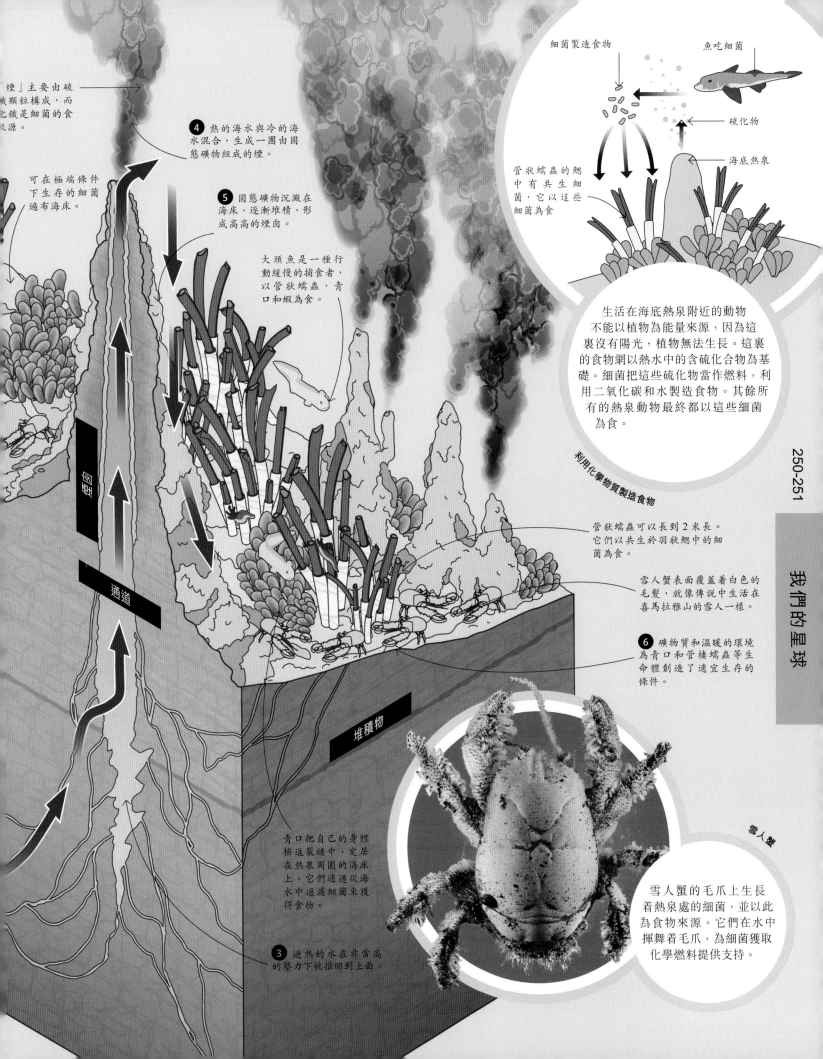

「煙」主要由硫
鐵顆粒構成，而
化鐵是細菌的食
源。

可在極端條件
下生存的細菌
遍布海床。

細菌製造食物　　　魚吃細菌

硫化物

海底熱泉

管狀蠕蟲的鰓
中有共生細
菌，它以這些
細菌為食

❹ 熱的海水與冷的海
水混合，生成一圍由固
態礦物組成的煙。

❺ 固態礦物沉澱在
海床，逐漸堆積，形
成高高的煙囱。

大頭魚是一種行
動緩慢的捕食者，
以管狀蠕蟲、青
口和蝦為食。

生活在海底熱泉附近的動物
不能以植物為能量來源，因為這
裏沒有陽光，植物無法生長。這裏
的食物網以熱水中的含硫化合物為基
礎。細菌把這些硫化物當作燃料，利
用二氧化碳和水製造食物。其餘所
有的熱泉動物最終都以這些細菌
為食。

250-251

煙囱

利用化學物質製造食物

通道

管狀蠕蟲可以長到 2 米長。
它們以共生於羽狀鰓中的細
菌為食。

雪人蟹表面覆蓋着白色的
毛髮，就像傳說中生活在
喜馬拉雅山的雪人一樣。

我們的星球

❻ 礦物質和溫暖的環境
為青口和管棲蠕蟲等生
命體創造了適宜生存的
條件。

堆積物

青口把自己的身體
擠進裂縫中，定居
在熱泉周圍的海床
上。它們通過從海
水中過濾細菌來獲
得食物。

雪人蟹

雪人蟹的毛爪上生長
着熱泉處的細菌，並以此
為食物來源。它們在水中
揮舞着毛爪，為細菌獲取
化學燃料提供支持。

❸ 過熱的水在非常高
的壓力下被推回到上面。

沙丘是在風的作用下，由沙子堆積而成的。位於沙丘之間的被遮蔽的空間叫作低地。

風的強度和方向對塑造海岸景觀至關重要。

沙丘

河口是河流入海的地方。種類豐富的動植物在淡河水和咸海水混合的環境中茁壯成長。

濕地是部分或完全處於水下的沿海區域，因此，濕地受到潮汐和海浪侵蝕的影響較小。沿海的濕地包括紅樹林濕地、鹽沼或類似墨西哥濕地的淡水濕地。這些濕地區域裏生活着各種各樣的野生動物，從涉水鳥到鱷魚這類兇猛的捕食者等。

沙嘴是呈長條型的沙質沉積物，一端與陸地相連。

海灣

沿岸泥沙流

沉積

在海岸線上，河流、海浪和潮汐沉積了大量物質，形成了不斷變化的海岸線地貌景觀。

沿岸泥沙流是指海浪與海灘保持一定的角度來回流動，將泥沙等物質沖上海岸並沿着海岸移動。

障壁島

輸運

海浪攜帶着沙子、淤泥和卵石。這些沉積物大部分沉積在近海的海底，但也有一些停留在水中，隨波浪移動並準備在海岸上沉積。

障壁島是與海岸線平行的泥沙沉積物。

沼澤

1958 年，美國阿拉斯加州沿岸的一次山泥傾瀉產生了有史以來最高的海浪，其高度達到了 30.4 米

海浪的種類

海浪是在潮汐（因月球和太陽的引力產生）和風的共同作用下形成的。強風暴潮汐、海嘯或狂風會產生毀滅性的巨浪，淹沒或傾覆海岸線，導致遍地殘骸；正常的潮汐和較小的風可以產生有益的海浪，這些海浪有助於建立、塑造以及維持海岸線。

在較緩的海岸上，位於浪尖的海水快速翻倒在位於浪底的、低速流動的海水上

在較陡的海岸上，波浪的頂部會升高，然後以圓周運動的方式破碎

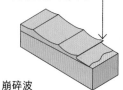

崩碎波

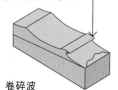

卷碎波

在非常陡的海岸上，奔湧而來的海浪被迫抬升得很高，繼而自發性地破碎

大型水體撞擊平緩的海岸時，會滐成一面來勢洶洶的波浪牆，類似大潮或海嘯

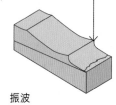

振波

激碎波

與在海浪作用下形成的海岸不同，冰川海岸是大量冰川在流入大海的過程中侵蝕其下方的土地形成的。冰川融化後，留下了一個陡峭的海岸山谷，被稱為峽灣。峽灣海灘由粗顆粒的岩石沉積物沉積而成，這些沉積物是冰川在移動的過程中遺留下來的。

冰川海岸

當海浪侵蝕海岸線上的軟質岩石時，兩側較硬的岩石岬角被留下，形成了海灣。

潟湖是一個海灣，但它幾乎不與大海相連，其入口處的通道被波浪沉積的淤泥所阻隔。

連接大陸和島嶼的沙洲被稱為連島沙洲。

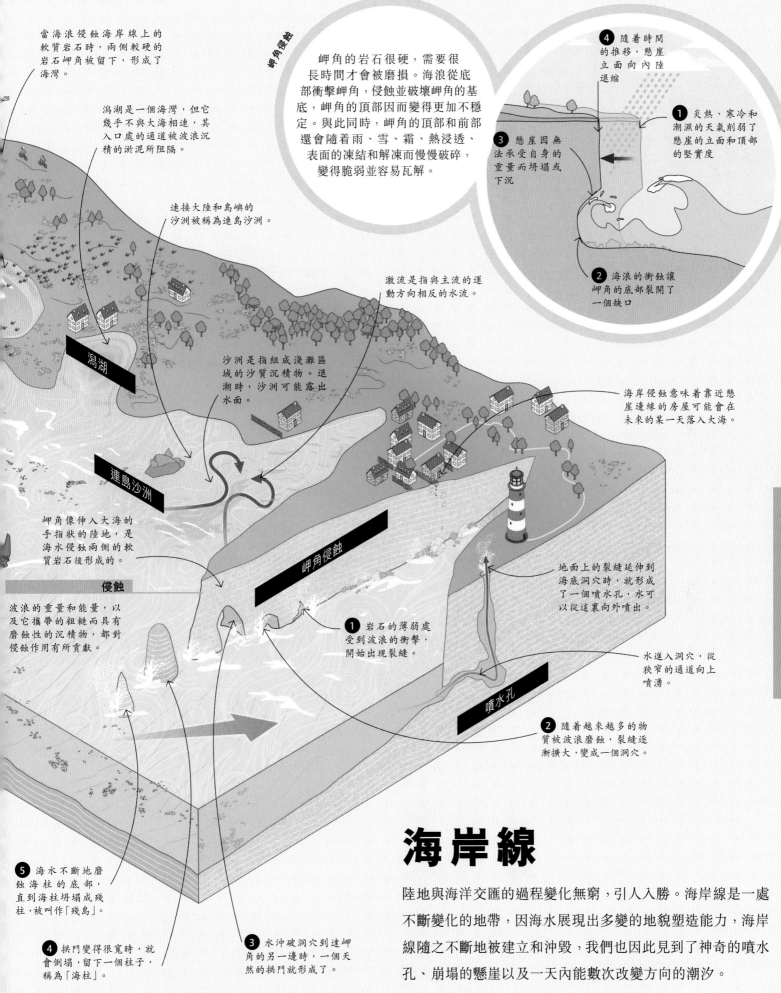

岬角侵蝕

岬角的岩石很硬，需要很長時間才會被磨損。海浪從底部衝擊岬角，侵蝕並破壞岬角的基底，岬角的頂部因而變得更加不穩定。與此同時，岬角的頂部和前部還會隨着雨、雪、霜、熱浸透、表面的凍結和解凍而慢慢破碎，變得脆弱並容易瓦解。

❹ 隨着時間的推移，懸崖立面向內陸退縮

❶ 炎熱、寒冷和潮濕的天氣削弱了懸崖的立面和頂部的堅實度

❸ 懸崖因無法承受自身的重量而坍塌或下沉

❷ 海浪的衝蝕讓岬角的底部裂開了一個缺口

激流是指與主流的運動方向相反的水流。

沙洲是指組成淺灘區域的沙質沉積物。退潮時，沙洲可能露出水面。

海岸侵蝕意味着靠近懸崖邊緣的房屋可能會在未來的某一天落入大海。

岬角像伸入大海的手指狀的陸地，是海水侵蝕兩側的軟質岩石後形成的。

侵蝕

波浪的重量和能量，以及它攜帶的粗糙而具有磨蝕性的沉積物，都對侵蝕作用有所貢獻。

地面上的裂縫延伸到海底洞穴時，就形成了一個噴水孔，水可以從這裏向外噴出。

❶ 岩石的薄弱處受到波浪的衝擊，開始出現裂縫。

水進入洞穴，從狹窄的通道向上噴湧。

噴水孔

❷ 隨着越來越多的物質被波浪磨蝕，裂縫逐漸擴大，變成一個洞穴。

❺ 海水不斷地磨蝕海柱的底部，直到海柱坍塌成殘柱，被叫作「殘島」。

❹ 拱門變得很寬時，就會倒塌，留下一個柱子，稱為「海柱」。

❸ 水沖破洞穴到達岬角的另一邊時，一個天然的拱門就形成了。

海岸線

陸地與海洋交匯的過程變化無窮，引人入勝。海岸線是一處不斷變化的地帶，因海水展現出多變的地貌塑造能力，海岸線隨之不斷地被建立和沖毀，我們也因此見到了神奇的噴水孔、崩塌的懸崖以及一天內能數次改變方向的潮汐。

大氣

大氣是地球上的生命賴以生存的重要條件之一。它是一層被地球的引力固定於地球外層的混合氣體，阻隔了大部分太陽光的熱量，為地球表面提供了遮蔽。它也相當於一層保護層，裏面包含了我們人類生存所需的所有氣體，特別是氧氣。

1,500℃　　　2,000℃

700km

地球　星光　恆星

穿越不同溫度和密度的氣體層時，光線會發生彎曲。

當恆星發出的光進入大氣，穿越大氣層中多個不同溫度的冷熱氣體層時，光線會彎曲或折射。這顯得恆星的亮度甚至顏色似乎都發生了變化。這種發光效應也被稱為閃爍現象。

外逸層

熱層

中氣層

電離層

外逸層

氣象衛星

氣象衛星繞地球測記並追蹤地球的氣候數據。

人造衛星

從地球上看，地球同步軌道上的人造衛星會始終停留在一個固定的點上，發送並接收電視和電信信號。

國際太空站

自 1998 年發射升空以來，國際太空站一直在開展太空的科學研究。

哈勃空間望遠鏡

哈勃空間望遠鏡於1990年發射升空，它拍攝遙遠宇宙中遙遠的恆星和星系。

極光

當來自太陽的帶電粒子與地球大氣中的氮氣和氧氣等氣體粒子相互作用時，這些綠色、紅色、黃色或白色的極光就會出現在極地地區的上空。

極光可以持續幾分鐘，甚至幾小時。

大部分衛星都在外逸層運行。外逸層裏含有少量的氣體和原子微粒。該層之外就是宇宙太空，外逸層的溫度高達1,500攝氏度。

電離層由熱層以及部分外逸層組成，中間層和部分的氣層原子因受太陽輻射而帶電或電離。

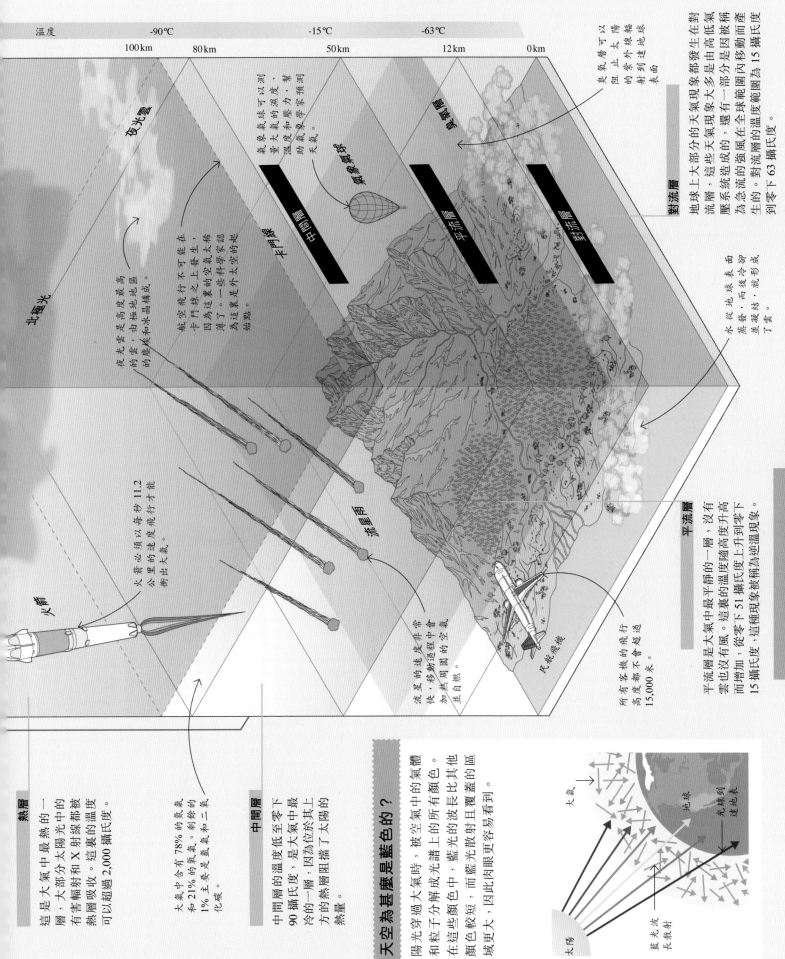

溫度　-90℃　-15℃　-63℃

100km　80km　50km　12km　0km

夜光雲

北極光

火箭

流星雨

氣象氣球

卡門線

中間線

臭氧層

平流層

對流層

尺式飛機

臭氧層可以阻止太陽的紫外線輻射到達地球表面

對流層

地球上大部分的天氣現象都發生在對流層，造成這些天氣現象的，還有全球範圍內高速移動的強風。對流層頂的溫度範圍為15攝氏度到零下63攝氏度。

水從地球表面蒸發，而後冷卻並凝結，就形成了丁雲。

平流層

平流層是大氣中最平靜的一層，沒有雲也沒有風。這裏的溫度隨高度升高而增加，從零下51攝氏度上升到零下15攝氏度。這種現象被稱為逆溫現象。

所有客機的飛行高度都不會超過15,000米。

熱層

這是大氣中最熱的一層，大部分太陽光中的有害輻射和X射線都被熱層吸收。這裏的溫度可以超過2,000攝氏度。

中間層

中間層的溫度低至零下90攝氏度，是大氣中最冷的一層，因為位於其上方的熱層阻擋了太陽的熱量。

大氣中含有78%的氮氣和21%的氧氣，剩餘的1%主要是氫氣和二氧化碳。

夜光雲是高度最高的雲，由極地地區的塵埃和冰晶構成。

航空飛行不可能在卡門線之上發生，因為這裏的空氣太稀薄了。一些科學家認為這裏是外太空的起始點。

火箭中必須以每秒11.2公里的速度飛行才能衝出大氣。

流星的速度非常快，移動過程中會加熱周圍的空氣並自燃。

氣象氣球可以測量大氣的濕度、溫度和壓力，幫助氣象學家預測天氣。

天空為甚麼是藍色的？

陽光穿過大氣時，被空氣中的氣體和粒子分解成光譜上的所有顏色。在這些顏色中，藍光的波長比其他顏色較短，而藍光散射且覆蓋的區域更大，因此肉眼更容易看到。

大氣

地球

光線到達地表

太陽

藍光散射

長光波

火山蒸氣

火山噴出的氣體中大約有四分之三是蒸氣。空氣、海洋以及陸地表面或附近大部分的水最初來源於地球深處，由古代的火山以蒸氣的形式噴出。

蒸氣

水降落到地面，形成雨或雪，這個過程稱為降水。

降雨

有些水以冰的形式儲存在冰川和冰蓋中。

冰

當天氣變暖時，雪和冰在海拔高、溫度低的地方，如山區，融化成水，然後匯入河流系統。

部分雨水向山下流，直到匯入河流或小溪。

固態的冰和雪可以直接變成氣態的蒸氣，這一過程被稱為昇華。

一些水進入地面，這個過程稱為入滲，一些水不止入滲地面，還繼續穿透地面，這個過程稱為滲透。

水從地下流出地表，形成泉。它形成於地下水位與地表相接觸的地方。

河流

在地下水位的邊界之下，水呈飽和狀態，土壤和岩石都被水浸透。

植被

一旦入滲地面，水就會變成地下水，在土壤和岩石顆粒之間的微小空隙中流動，有時還會一直流向大海。

湖泊

地下水

水滲透地面時會溶解某些岩石，尤其是石灰岩。這個過程會侵蝕地下的岩石，形成壯觀的洞穴系統。

河流流進陸地上一個空曠的區域，水在這裏形成湖。在大多數情況下，水會繼續流入另一條河或蒸發到空氣中。

植物的根會把滲入土壤上層的水吸出來。

地下水侵蝕

水循環

地球上的水的數量是固定的 —— 沒有被創造，也沒有被削減。事實上，水會在大氣、陸地和海洋之間不斷循環，從液體變成氣體和固體，然後再回到初始的狀態，這個過程被稱為水循環。整個水循環由太陽光的能量驅動。

樹木和其他植物通過葉片將蒸氣釋放到空氣中，這一過程被稱為蒸騰。

當空氣的溫度下降時，蒸氣會凝結成水滴並形成雲。這些水滴是在空氣中漂浮的灰塵或真菌孢子上凍結的。

洪水

當雨水或融雪持續匯入到河流中，超過了河流的容量，同時水也無法入滲地面時，就會發生洪水。這時，水會衝出河岸，並蔓延到周圍的地面上。

太陽的熱量將海洋表面的水轉化為蒸氣，這個過程被稱為蒸發。

地球上 97% 的水都儲存在海洋中

河流將水從海拔較高的高地輸送到海洋，然後水循環在海洋中再次啟動。

海水

世界上大部分的水都以液態的形式充盈於大陸之間的深海盆地中。

地球上 68% 的淡水儲存在冰蓋和冰川中

自流井

利用天然的高壓，人們可以通過自流井開採地下水。當位於高地的地下水通過多孔的岩層流入低地，並被困在不透水的岩層之間時，就會產生壓力。如果在這樣的高壓水中鑽一口自流井，水就會自動流到地表。

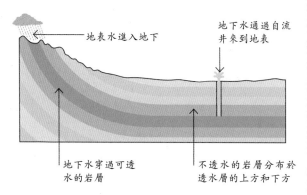

地表水進入地下

地下水通過自流井來到地表

地下水穿過可透水的岩層

不透水的岩層分布於透水層的上方和下方

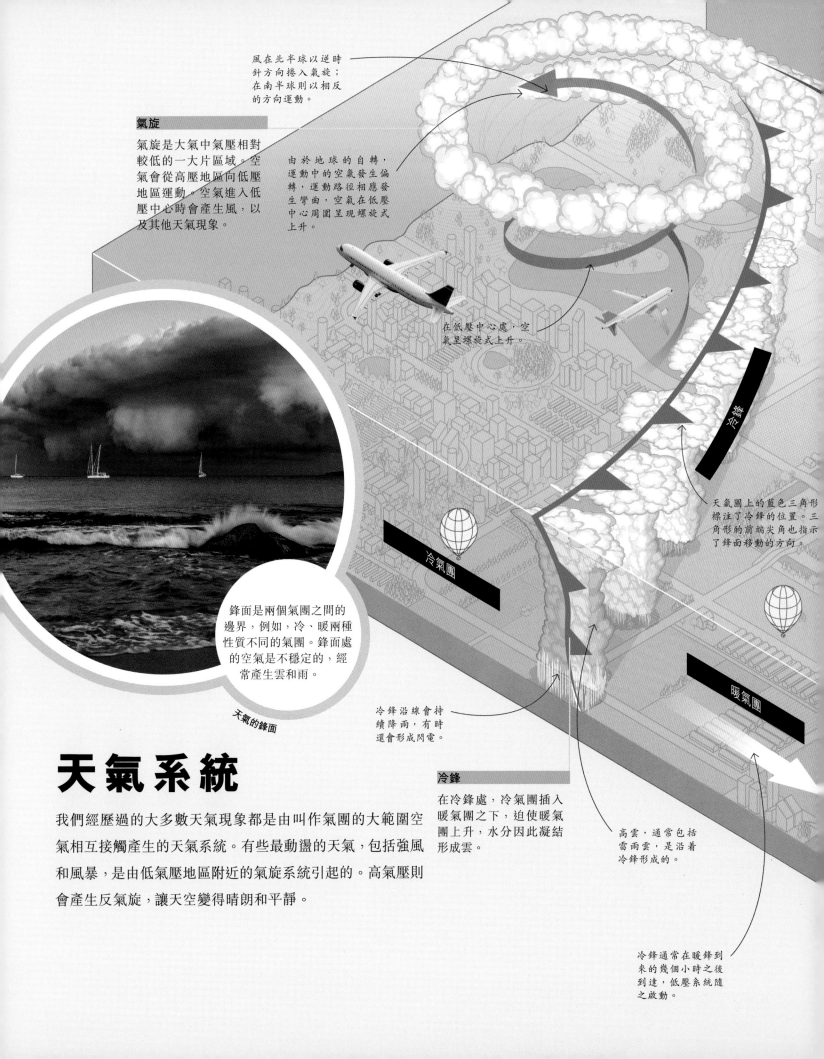

風在北半球以逆時針方向捲入氣旋；在南半球則以相反的方向運動。

氣旋

氣旋是大氣中氣壓相對較低的一大片區域。空氣會從高壓地區向低壓地區運動。空氣進入低壓中心時會產生風，以及其他天氣現象。

由於地球的自轉，運動中的空氣發生偏轉，運動路徑相應發生彎曲，空氣在低壓中心周圍呈現螺旋式上升。

在低壓中心處，空氣呈螺旋式上升。

冷鋒

天氣圖上的藍色三角形標注了冷鋒的位置。三角形的前端尖角也指示了鋒面移動的方向。

冷氣團

鋒面是兩個氣團之間的邊界，例如，冷、暖兩種性質不同的氣團。鋒面處的空氣是不穩定的，經常產生雲和雨。

天氣的鋒面

冷鋒沿線會持續降雨，有時還會形成閃電。

暖氣團

天氣系統

我們經歷過的大多數天氣現象都是由叫作氣團的大範圍空氣相互接觸產生的天氣系統。有些最動盪的天氣，包括強風和風暴，是由低氣壓地區附近的氣旋系統引起的。高氣壓則會產生反氣旋，讓天空變得晴朗和平靜。

冷鋒

在冷鋒處，冷氣團插入暖氣團之下，迫使暖氣團上升，水分因此凝結形成雲。

高雲，通常包括雷雨雲，是沿着冷鋒形成的。

冷鋒通常在暖鋒到來的幾個小時之後到達，低壓系統隨之啟動。

暖鋒

當暖氣團向冷氣團移動時，就會形成這種鋒面。暖氣團密度較低，會沿着鋒面上升，產生陣雨、霧和稀薄的、位置較高的雲。

位置較高的捲雲位於鋒面附近或前方，通常代表天氣即將發生變化。

天氣圖上的紅色半圓標注了暖鋒的位置。

位於暖鋒後方的低矮、密集的雲會產生持續性的降雨。

暖鋒

冷氣團

反氣旋

與氣旋運動方向相反的是反氣旋。這個空氣區域的中心氣壓很高。高壓迫使空氣從中心向外流出，產生往各個方向擴散的螺旋式風。反氣旋不會形成鋒面，隨之而來的是穩定而晴朗的天氣，在夏季會帶來炎熱的天氣，在冬季帶來寒冷的天氣。

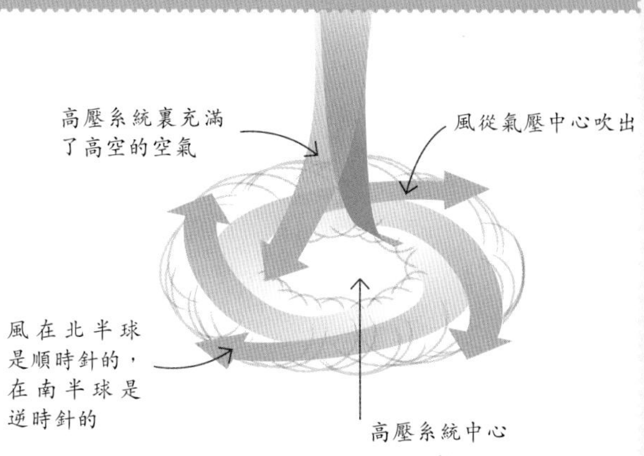

高壓系統裏充滿了高空的空氣

風從氣壓中心吹出

風在北半球是順時針的，在南半球是逆時針的

高壓系統中心

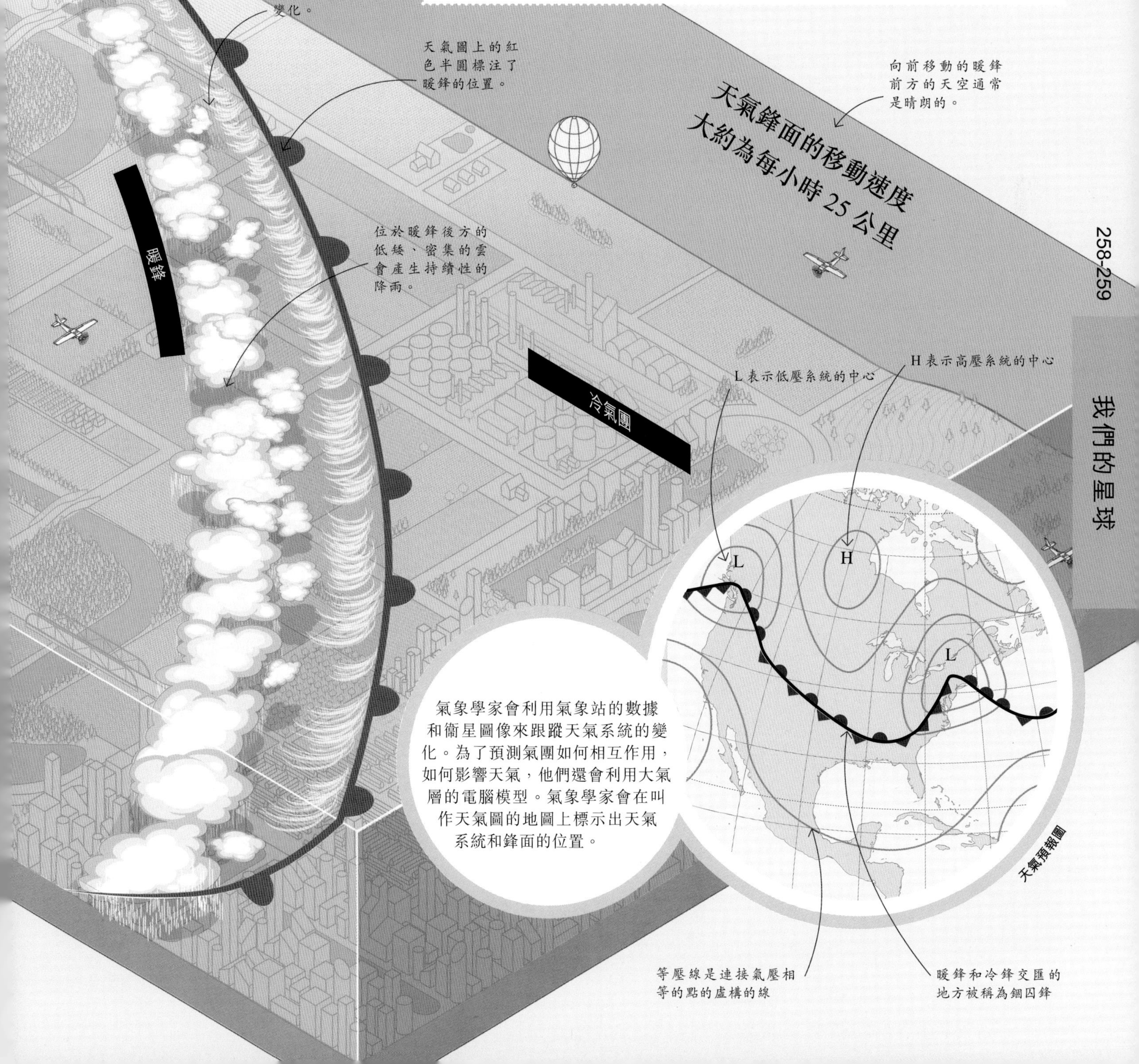

向前移動的暖鋒前方的天空通常是晴朗的。

天氣鋒面的移動速度大約為每小時 25 公里

L 表示低壓系統的中心

H 表示高壓系統的中心

氣象學家會利用氣象站的數據和衛星圖像來跟蹤天氣系統的變化。為了預測氣團如何相互作用，如何影響天氣，他們還會利用大氣層的電腦模型。氣象學家會在叫作天氣圖的地圖上標示出天氣系統和鋒面的位置。

天氣預報圖

等壓線是連接氣壓相等的點的虛構的線

暖鋒和冷鋒交匯的地方被稱為錮囚鋒

我們的星球

在一年之中的這段時間裏，由於地球既不朝向太陽也不遠離太陽，因此北半球和南半球的光照強度是相等的。

地球每 24 小時繞地軸自轉一週。若從北極上空俯視，地球看起來是呈逆時針方向旋轉的。

三月

地球每天繞地軸自轉一週，造成太陽在天空中的升起和降落。夏季，當地軸朝太陽傾斜時，太陽在天空中的運動軌跡會變長（如上圖），白天也因此變長。冬季，地軸遠離太陽，太陽在天空中運動的弧度降低，白天因此變短。

太陽軌跡

在三月中的某一天，地球上任何地方的白天和黑夜的長度都幾乎完全相等，因為此時太陽位於赤道的正上方。這一天被稱為春分。

夏季

北半球的夏季大約在六月開始。夏季的白天是最長最熱的。南半球在十二月開始經歷夏季。

溫帶和熱帶季節

溫帶位於極圈和熱帶之間，一年可以劃分為四個明確的季節，而熱帶地區沒有明顯的季節劃分，因為在這個位於地球中部、南北回歸線之間的炎熱地區，太陽一年四季都會高懸掛於天空，所以這裏通常只有兩個季節：一個是雨季，一個是旱季。

六月

溫帶

秋天，由於光照減少，許多樹木會落葉。

熱帶

茂密的雨林在炎熱潮濕的熱帶茁壯成長。

地球繞太陽運動的路徑叫作軌道。繞軌道一週需要花費一年的時間，365¼ 天。

季節

地球表面的天氣狀況會在一年之中經歷一次循環，這種變化被稱為季節。季節形成的原因是地球自轉軸的傾斜。在地球繞太陽公轉一週的過程中，地球表面的不同地區會朝向或遠離太陽。這就意味着地球上某個特定的地方在一年中的某些時候會比其他時候更熱。

這一天，南半球即將遠離太陽，這是南半球的一年中白天最短的一天（稱為冬至），然而，北半球這一天的白天是最長的（即夏至）。

冬季

南半球的冬季大約在六月開始，因為這段時間南半球遠離太陽，白天最短且氣候最涼爽。而北半球的冬季大約在十二月開始。

如果地軸
不傾斜，
那麼地球就不會經歷
四季的變化

每41,000年，地軸的
傾斜度會在 22.1 度到 24.5 度之間變化

當南半球或北半球遠離太陽時，陽光的直射會減少，而陽光到達地球時，會擴散到更廣闊的區域。因此，這時的陽光並不會像直射時那樣明亮和強烈。

陽光

每年的這個時候，北極由於遠離太陽，全天 24 小時都沒有光照，完全處於黑暗中。

十二月，太陽位於赤道以南，正對着南回歸線。北極遠離太陽，此時北半球的白天最短，而南半球的白天最長。

十二月

每年至少有一天，太陽不會在某條線以北的區域升起或降落，這條線被稱為北極圈。在南半球，這條線被稱為南極圈。

太陽

在赤道地區，由於太陽光線是直射的，並且集中在一小塊區域上，因此陽光總是很強烈。

赤道以南的季節與北半球的季節相反。

太陽直射區域的最北邊界是北回歸線，該區域的最南邊界位於南半球，被稱為南回歸線。

北極圈

北回歸線

赤道

南回歸線

赤道位於南極和北極的最中間，是環繞地球中部的一條虛構的線。這裏的季節變化並不明顯。

我們的星球

秋季

北半球在九月左右迎來秋季，這意味着白天變得越來越冷、越來越短。南半球的秋天在三月左右開始。

九月

春季

九月，南半球處於春天，這意味着白天會變得越來越暖和、越來越長。北半球的春天則在三月左右開始。

地球繞着一條被稱為地軸的虛構線旋轉。地軸與垂直方向線的夾角為23.5度。

在九月的某一天，由於太陽位於赤道的正上方，地軸既不朝太陽傾斜，也不遠離太陽，所以地球上任何地方的白天和黑夜幾乎一樣長。

極晝

地軸傾斜造成的影響在兩極附近表現得最明顯，那裏的夏季很長，至少有一天太陽不會落山。在這一天，也就是一年中白天最長的一天，你可以看到午夜時分的太陽位於地平線附近，然後又再次升起，而不會消失在地平線之下。

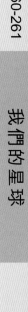
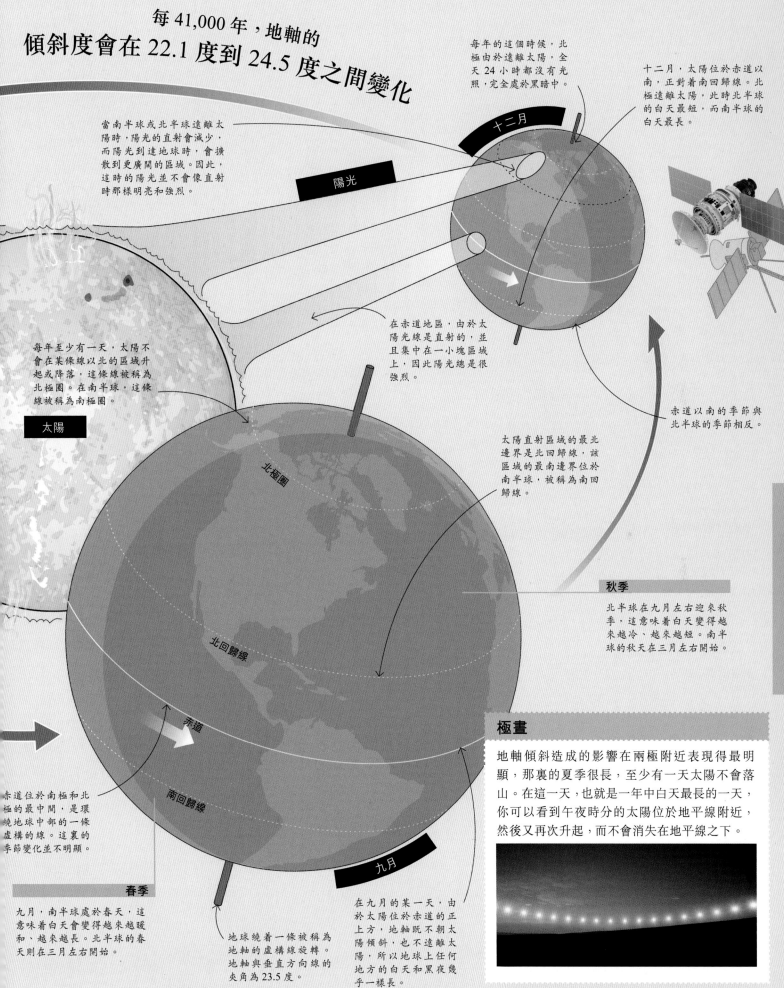

太陽

溫室效應會受到自然表面反射光線量，或稱反射率的影響。冰面反射了光線中的大部分能量，因此可以幫助地球降溫。

反射率

地球表面釋放出的一些熱量會輻射到太空中。這部分熱量與進入地球的光的能量相平衡，能讓地球保持恆定的溫度。

自然溫室效應

溫室效應對地球上的生命至關重要。它能確保地球的大部分表面都被液態水覆蓋。如果沒有溫室效應，地球將變成一個冰凍星球。

如果沒有自然存在的溫室效應，地球的平均溫度將下降至零下 20 攝氏度

雲能阻擋光線到達地表，因此具有降溫作用。

溫室氣體

一些陽光直接從地球的大氣散射到太空。

從地表輻射出來的一些熱量被溫室氣體吸收，如二氧化碳、蒸氣和甲烷。這讓大氣變得更加溫暖。

雲層會反射從地面上升的熱量，將低層的熱空氣困在下方。

自然因素

土地吸收了大部分陽光帶來的能量。這種能量讓土地變暖。

海洋

冰

水能直接將更多的陽光反射回去，因此與陸地相比，水吸收的光熱更少。

陸地

森林

熱量會以不可見的紅外輻射的形式從地球表面輻射出去。然後被溫室氣體吸收，再輻射回地球。

冰幾乎反射了所有照射表面的陽光。這就是為它看起來是白色的，同解釋了為甚麼即使在陽足的情況下，冰融化的也很慢。

火山灰在空氣中傳播時，會阻擋光線，從而降低到達地球表面的光線的亮度。這個過程被稱為全球黯化。

全球黯化

森林和其他植物會吸收空氣中的二氧化碳。這是控制空氣中的溫室氣體數量的重要環節。

溫室效應

溫室是一種允許陽光照射進來，但阻止其內部熱量流失的結構。地球大氣中的一些氣體也有相同的功能，它們可以捕獲熱量，讓地球變得更加溫暖。這些氣體被稱為溫室氣體。人類活動正在破壞自然存在的溫室效應，導致地球變暖的速度加快。

所有讓地球變暖的能量都來自陽光和太陽輻射的熱量。

除了光和熱，太陽輻射還含有紫外線。其中大部分被大氣阻擋，無法到達地表。

太陽輻射

更多的溫室氣體會吸收更多的熱量，散射回太空中的熱量也相應減少。

溫室氣體

人為因素

人類正在向空氣中排放大量的溫室氣體。這加劇了溫室效應，正改變着整個地球的氣候。

隨着空氣中溫室氣體的增加，整個地球正在逐漸變暖。

人為因素

城市

地球的大氣中存在兩種主要的溫室氣體，即二氧化碳和甲烷。

燃燒燃料用來取暖、運輸和發電的過程中，會向空氣中釋放更多的二氧化碳。

砍伐森林減少了植物從空氣中吸收的二氧化碳量。這進一步增加了空氣中的溫室氣體量。

農業

濕地

養殖的牲畜釋放了大量的溫室氣體。

濕地儲存着二氧化碳和甲烷。因此，濕地被破壞會加劇氣候變化。

原油、煤和天然氣都是化石燃料。化石燃料中含有數百萬年前被封存在地下的碳。燃燒這些燃料會釋放出那些被封存在其中的碳，增加溫室氣體的含量。

隨着地球變暖，冰會融化。冰的覆蓋面積減少後，地球表面會吸收更多的光熱。

城市之所以成為熱島，是因為建築物釋放了更多的熱量。例如混凝土等建築材料會比自然表面吸收並釋放出更多的熱量。

在過去的 250 年內，大氣中的二氧化碳含量增加了 50%

我們的母星地球與宇宙的其他部分相比，簡直微不足道。宇宙飛船和人造衛星使我們能夠回望地球並探索太陽系的其他區域，以及看到銀河系之外的遙遠太空。

太空

奧爾特雲

天文學家們發現了 46 億年前太陽系形成時遺留下的冰粒、岩石天體的痕跡。奧爾特雲位於太陽系的邊緣，與太陽的距離比地球遠 2,000 到 20 萬倍。當奧爾特雲的天體受到碰撞干擾時，它們會墜向太陽，成為彗星。

奧爾特雲的外邊緣是距太陽最近的恆星（比鄰星）與太陽距離的一半

奧爾特雲中的天體以各種角度的軌道圍繞太陽運行

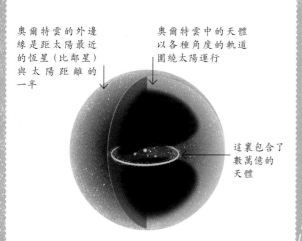

這裏包含了數萬億的天體

冥王星是一顆矮行星，坐落於柯伯伊帶——一個由塵埃和氣體等物質累積而成的圓盤。

太陽系形成於 46 億年前
——大約在銀河系形成的 80 億年後

彗星是由岩石和冰塊組成的小天體。

彗星

巨行星

海王星是離太陽最遠的行星，由於大氣中含有甲烷，所以它是藍色的。

海王星

太陽系

太陽系由離我們最近的恆星 —— 太陽主導。它的質量如此之大，以至於有數以百萬計的天體圍繞着它運行。這些天體包括 4 顆擁有稀薄氣態大氣的小型岩質行星，以及 4 顆擁有液態或固體核心的巨型氣體行星。另外圍繞太陽運行的還有幾百萬小天體，如小行星、彗星和矮行星。所有這些以太陽為中心的天體組成了太陽系。

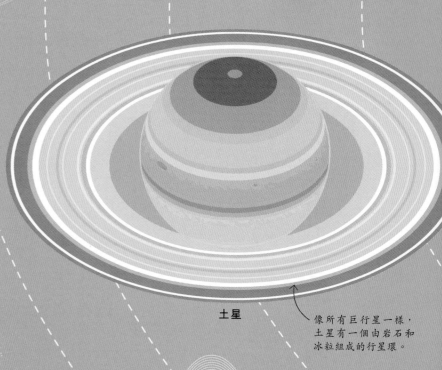

土星

像所有巨行星一樣，土星有一個由岩石和冰粒組成的行星環。

天王星有一個獨特的傾斜角——它的赤道與軌道平面的夾角接近 90 度（地球赤道與軌道平面的夾角是 23.5 度）。

天王星

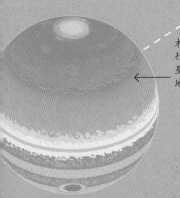

木星是一顆氣態巨行星，它是所有的行星中最大的：質量是地球的 300 多倍。

木星

太陽是一個熱的、發光的氣體球，表面溫度約為 5,500 攝氏度。

我們的母星——地球，是宇宙中已知唯一孕育了生命的地方，其大部分被液態水覆蓋。

太陽

小行星帶包含 100 多萬個被稱為小行星的小型、形狀不規則的岩質天體。

軌道是由太陽的引力使天體圍繞太陽運動的路線。

地球

水星是太陽系中最小的行星，圍繞太陽旋轉一週只需要 88 天。

太陽的質量是如此之大，它獨佔了太陽系質量的 99.8%

岩質行星

火星

火星是太陽系中最靠外的岩質行星。

金星

水星

金星的大小與地球差不多，其大氣中充滿了二氧化碳和二氧化硫。

冰線

在距離太陽一定的範圍內（冰線或稱為霜線），圍繞太陽的行星能接收到足夠的熱量來維持其表面的液態水。一般來說，岩質行星都在冰線之內，但氣態和冰質巨行星則不在冰線之內。

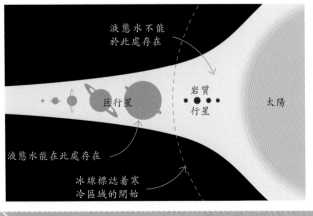

液態水不能於此處存在

岩質行星

巨行星

太陽

液態水能在此處存在

冰線標誌着寒冷區域的開始

行星的衛星

正如行星圍繞太陽運行一樣，太陽系中的大多數行星都有圍繞它們運行的衛星。地球有一顆叫月球的衛星，而木星和土星的衛星則非常多。

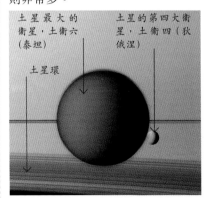

土星最大的衛星，土衛六（泰坦）

土星的第四大衛星，土衛四（狄俄涅）

土星環

行星的距離

太陽系中行星的軌道隨着與太陽距離的增加而間隔越來越遠。

海王星　天王星　土星　木星　火星　金星　地球　太陽

太陽

太陽位於太陽系的中心，所有的行星、衛星、彗星和其他天體都圍繞着它運行。它是一顆恆星：一個因為熾熱而耀眼發光的巨大氣體球。它的表面（即光球），溫度為 5,500 攝氏度。太陽中心的核反應釋放了巨大的能量，使核心溫度維持在 1,500 萬攝氏度。

日冕的大小與形狀變化多端，肉眼通常不可見。

在對流區，較熱的氣體會爬升到較冷的氣體上面，然後冷卻並回落。

在輻射區，能量以電磁輻射的形式傳播。

對流區

氣體環流將輻射能量帶到對流區的頂部，繼而冷卻並下沉到輻射區。

核心的高溫和致密足以產生核聚變。

太陽中的核聚變

對流區

核心

輻射區

在太陽核心中的極端高溫和高壓下，氫核（氫原子的中心部分）結合在了一起，或者說發生了核聚變，形成了氦核。這種核聚變所釋放出來的能量維持了太陽的高溫。太陽內部的氫足夠再燒 50 億年。

核心

核心內的聚變過程將氫轉化為氦，釋放光和熱。

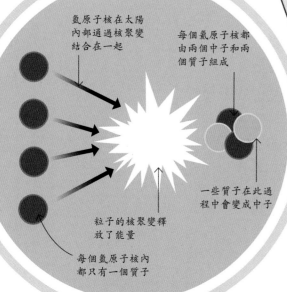

氫原子核在太陽內部通過核聚變結合在一起

每個氦原子核都由兩個中子和兩個質子組成

一些質子在此過程中會變成中子

粒子的核聚變釋放了能量

每個氫原子核內都只有一個質子

輻射區

核心中生成的能量緩慢地穿過密度很高的輻射區，不斷向外擴散。

日珥

日珥是被太陽磁場拋射到太空中的帶電氣體流。

日珥

持續數天至數周，每個日珥都比地球，甚至比木星還要大。它釋放出大量的氣體到日冕之外。

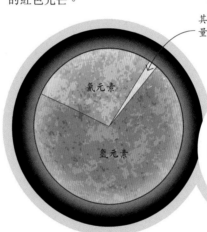

日冕

日冕

太陽大氣層的極熱的外層延伸至太空數百萬千米。

色球

色球

太陽大氣層的中間層，只有在日全食期間才能看到它在太陽邊緣發出的紅色光芒。

太陽內部可以容納大約 100 萬個地球

其他元素，包括了少量的氧、碳、鐵和氖

氦元素

氫元素

太陽的組成

太陽幾乎全部是由化學元素氫和氦組成的。其他所有的元素加起來都僅僅佔它總質量的 2% 不到。

光球

太陽黑子是光球中相對較冷的區域，通常會存在數周。

光球

太陽大氣層的最底層就是我們能看到的太陽的最內層。它發出了到達地球的絕大多數光。

日食

通常情況下，從地球上看，月球總是高於或者低於太陽。但有時，它也會處在地球和太陽的連線上擋住全部的太陽光。這就是日食。

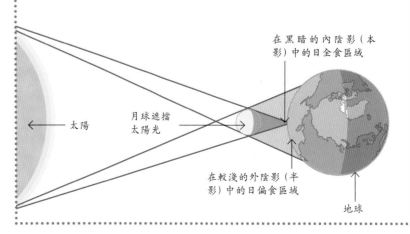

在黑暗的內陰影（本影）中的日全食區域

太陽

月球遮擋太陽光

在較淺的外陰影（半影）中的日偏食區域

地球

行星

太陽系中有八大行星，其中也包括了我們的母星——地球。其中離太陽最近的 4 顆行星是小型岩質行星。另外 4 顆遠離太陽的行星是被深厚稠密的大氣層包裹着固態或者液態核心的巨行星。岩質行星僅有少量的衛星，有的甚至一個也沒有。而每一個巨行星都有很多衛星。

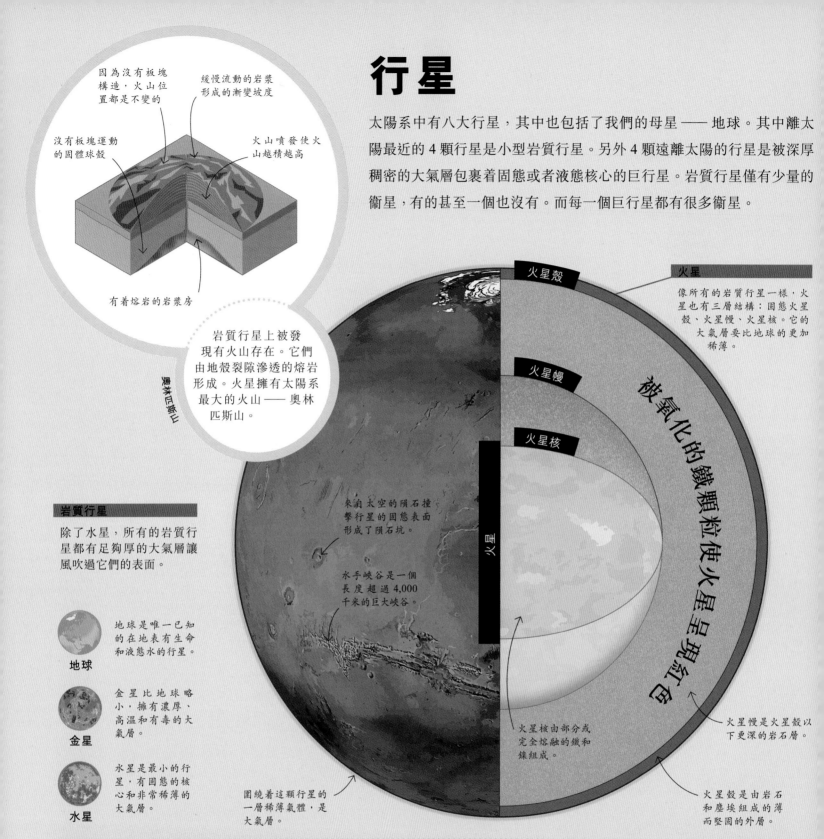

因為沒有板塊構造，火山位置都是不變的

緩慢流動的岩漿形成的漸變坡度

沒有板塊運動的固體球殼

火山噴發使火山越積越高

有着熔岩的岩漿房

奧林匹斯山

岩質行星上被發現有火山存在。它們由地殼裂隙滲透的熔岩形成。火星擁有太陽系最大的火山——奧林匹斯山。

火星殼

火星慢

火星核

火星

被氧化的鐵顆粒使火星呈現紅色

火星

像所有的岩質行星一樣，火星也有三層結構：固態火星殼、火星慢、火星核。它的大氣層要比地球的更加稀薄。

岩質行星

除了水星，所有的岩質行星都有足夠厚的大氣層讓風吹過它們的表面。

來自太空的隕石撞擊行星的固態表面形成了隕石坑。

水手峽谷是一個長度超過 4,000 千米的巨大峽谷。

地球
地球是唯一已知的在地表有生命和液態水的行星。

金星
金星比地球略小，擁有濃厚、高溫和有毒的大氣層。

水星
水星是最小的行星，有固態的核心和非常稀薄的大氣層。

圍繞着這顆行星的一層稀薄氣體，是大氣層。

火星核由部分或完全熔融的鐵和鎳組成。

火星慢是火星殼以下更深的岩石層。

火星殼是由岩石和塵埃組成的薄而堅固的外層。

忒伊亞（Theia）撞擊

月球是地球唯一的衛星。火星有兩顆衛星，而水星和金星一顆也沒有。月球可能是由一個巨大的岩質天體（科學家命名為忒伊亞，Theia）在大約 45 億年前太陽系形成後不久撞擊我們的星球後拋出的碎片形成的。

忒伊亞是我們太陽系中一顆小的行星

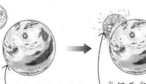

年輕的地球非常炙熱，幾乎都是熔融的岩石

忒伊亞與地球高速相撞

撞擊產生了大量的碎片

這些碎片在數百萬年間聚集起來，形成了月球

太空

巨行星

太陽系中的所有的巨行星都有由冰塊和岩石塊組成的行星環。土星和木星是氣態巨行星。天王星和海王星是冰巨星。

天王星的大氣成份主要是水冰、氨和甲烷。

天王星

海王星的大氣中富含甲烷，因此呈現出藍色。

海王星

土星是僅次於木星的第二大行星，擁有最壯觀的行星環。

土星

木星

木星主要由液體和氣體組成。同其他的巨行星一樣，它的大氣越接近行星中心越致密。

大紅斑是一個巨大的風暴系統。

母星上的氣旋

美國國家航空航天局的「朱諾」號探測器目前正圍繞木星的兩極運行，它捕捉到了在木星南極旋轉的巨大氣旋的驚人照片。這些氣旋直徑為 1,000 公里，並聚集在一起。它們是由熱氣體膨脹並上升穿過木星大氣層而產生的。

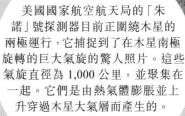

極光形成於兩極，由行星的強磁場產生（太陽風與行星的強磁場相互作用）。

大氣層

木星幔外層

木星幔內層

木星核

木星

高層大氣厚度有 5,000 千米。

按體積計，氫氣佔上層大氣的 90%。

木星核是一個致密的岩質固體。

氫氣在上層大氣下的高壓下呈液態。

金屬氫，一種可以導電的氫，需要在非常高的壓力下形成。

木星的雲帶

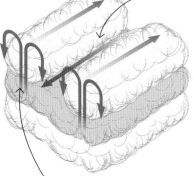

風在雲帶的上方和下方吹往不同的方向

在高層的大氣中形成了白色和啡色的雲帶

被加熱的白色雲團上升到了啡色雲團的上方

就像地球上的雲一樣，木星的雲也是由無數微小的液滴和冰晶組成的。但它們不是水。啡色的雲是由硫化物組成的霧，白色的雲是由氨冰晶組成的。受到來自下方的加熱，白雲會升起，在啡色的雲層上方形成雲帶。

木星擁有太陽系中最短的一天，只有 9 小時 56 分鐘

風暴星球

木星主要由氣體加一個小的固體內核組成。
目前已派出 9 個探測器對其進行調查。最新
的探測器「朱諾」號拍攝了這張木星大氣的照
片。改進的成像技術使我們能夠看到木星的動
態 —— 不間斷的風暴將旋轉的氣體雲吹成漩
渦狀。

0.04% 水
0.06% 氫
0.1% 其他氣體
0.2% 甲烷
0.4%
13.6% 氦
86% 氫

大氣的組成

木星的大氣層與地球的大氣層非常不同。它由輕質
氣體組成，主要是氫和氦，以及少量的其他氣體。

流星體可以是太空
中的任何物體，從小
小的太空塵埃到一
整顆小行星都可以。

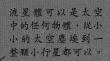

流星

流星體進入地球大氣層
時會因為摩擦而燃燒，
一道明亮的光劃過天
際，那就是流星。

在彗核周圍明亮
的氣體層被稱之
為彗髮。

隕星是穿越大氣層
並撞擊到地面後幸
存下來的流星體。

一些極其明亮的流星
被稱之為火流星。火
流星一般是由大型的
流星體穿越大氣層而
產生的。它撞擊到地
面時，往往會砸出一
個隕擊坑。

岩石和冰塊組成
了彗星的核。當
它靠近太陽時，
冰融化並蒸發，
釋放出蒸氣和
塵埃。

偶爾，會有大型隕星
撞擊地球留下隕擊坑，
就像在月球上那些坑。
這種事情在太陽系早
期的歷史中更加
常見。

隕擊坑

塵埃彗尾

小行星、彗星和流星

圍繞太陽轉動的不僅僅是行星及其衛星，還有在太陽系形成過程中遺留下來的各種
物質。那些大大小小的岩石被稱之為小行星和流星體；當靠近太陽時會長出尾巴的
冰、塵埃和岩石的混合體被稱之為彗星。有一些流星體會被地球吸引掉落，在大氣
層中燃燒變成流星。

彗尾

彗星在靠近太陽時會產
生兩條尾巴，一條由塵
埃（塵埃彗尾）組成，另
一條由電離（帶電的）水
蒸氣和其他氣體（離子彗
尾或氣體彗尾）組成。

6,600萬年前，一顆巨大的
小行星撞擊了地球，導致
了恐龍大滅絕。

太空

小行星

小行星是太陽系內比較大的太空岩石。大多數小行星都位於木星和火星之間的小行星帶中。

2005 年，隼鳥號探測器降落在一顆名為糸川 (Itokawa) 的小行星上並從其表面採集樣本。

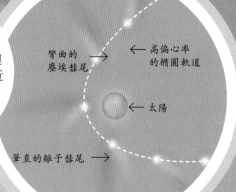

核

這個核包含較重的元素，比如金屬。

小行星的表面通常是灰的，有許多岩石和塵埃。

流星

當流星體進入大氣層時，它們會快速升溫並在幾秒鐘內發出明亮的光芒——成為流星。大多數流星是由塵埃彗尾留下的塵埃進入大氣層導致的。地球在每年的同一時刻會穿過一些彗星遺留在地球運轉軌道上的塵埃，形成了可見和可預測的「流星雨」。

哈雷彗星每 75 年才能見一次

一種被稱之為弓形激波的衝擊波，它是由太陽風（帶電粒子流）將電離的蒸氣和氣體推開而形成的。

太陽發出的高速粒子流與彗星彗髮中的帶電粒子流相互作用時，就會形成離子彗尾。

氣體彗尾

氣體彗尾是筆直的，方向與太陽所在位置相反。

彗星被加熱時釋放的固體顆粒會形成彎曲的塵埃彗尾。

彗星以偏心率非常大的橢圓軌道圍繞太陽運行。大多數在足夠靠近太陽以形成彗尾前要待在外太陽系數百年。

彎曲的塵埃彗尾 →

← 高偏心率的橢圓軌道

← 太陽

彗星軌道

筆直的離子彗尾 →

美國國家航空航天局的「飛鏢」(DART)

小行星有非常小的可能會撞上地球並摧毀我們的文明，所以天文學家會追蹤任何靠近地球的大型天體。如果他們發現一顆將要撞到地球的小行星，空間科學家會派出一艘宇宙飛船將小行星推入另一個軌道，使它錯過我們的星球。2022 年，作為雙小行星重定向測試任務 (DART) 的一部分，美國國家航空航天局成功地將一艘宇宙飛船撞向了小行星孿小星 (Dimorphos)，作為對這項新技術的測試。

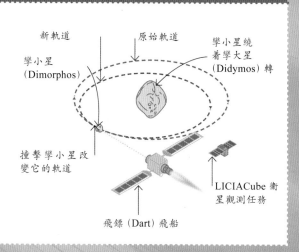

新軌道

原始軌道

孿小星繞着孿大星 (Didymos) 轉

孿小星 (Dimorphos)

撞擊孿小星改變它的軌道

LICIACube 衛星觀測任務

飛鏢 (Dart) 飛船

恆星

恆星是一種巨大的等離子體球。它的溫度非常高，能發出明亮的光。它保持高溫的方式就是在它核心發生的核反應。我們的太陽就是一顆恆星，晚上還可以看到數千顆其他恆星，而我們的銀河系中還有數十億顆恆星。恆星的質量決定了它發出光的亮度、發光時長，以及它停止發光時會發生甚麼。

恆星托兒所

恆星誕生在被稱為分子雲的巨大氣體和塵埃中。在這些恆星托兒所中，重力導致氣體和塵埃聚集在一起。這些團塊湊在一起成了更大的團塊，最終變成了一個被稱之為原恆星盤的旋轉盤面。當核反應在原恆星盤炙熱的中心開始時，一顆新的恆星就誕生了。

這個分子雲是船底星雲的一部分，位於船底星座南側，距離我們約 7 500 光年。炙熱的年輕恆星將星雲塑造成令人驚嘆的形狀。

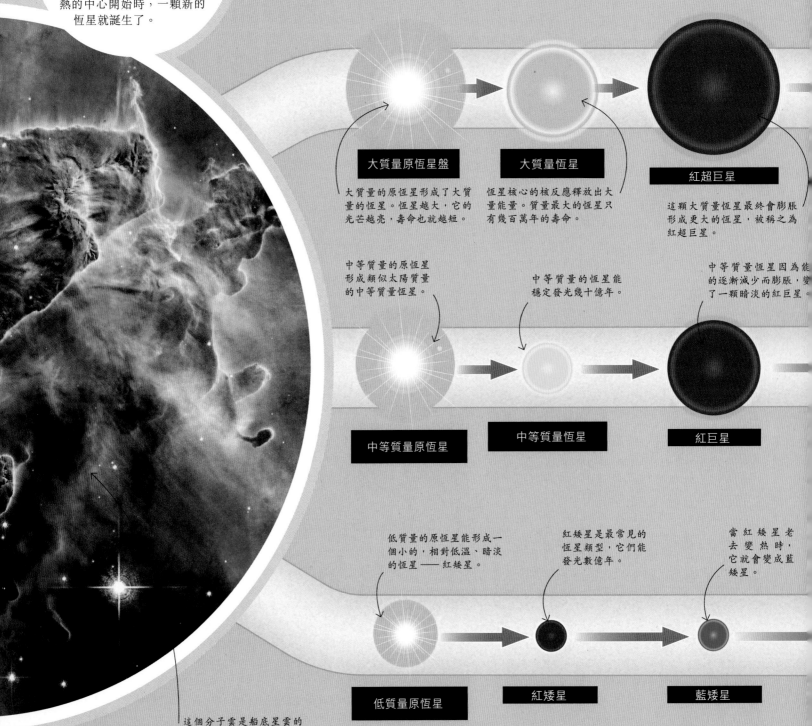

大質量原恆星盤

大質量的原恆星形成了大質量的恆星。恆星越大，它的光芒越亮，壽命也就越短。

大質量恆星

恆星核心的核反應釋放出大量能量。質量最大的恆星只有幾百萬年的壽命。

紅超巨星

這顆大質量恆星最終會膨脹形成更大的恆星，被稱之為紅超巨星。

中等質量的原恆星形成類似太陽質量的中等質量恆星。

中等質量原恆星

中等質量的恆星能穩定發光幾十億年。

中等質量恆星

中等質量恆星因為能的逐漸減少而膨脹，變了一顆暗淡的紅巨星。

紅巨星

低質量的原恆星能形成一個小的，相對低溫、暗淡的恆星——紅矮星。

低質量原恆星

紅矮星是最常見的恆星類型，它們能發光數億年。

紅矮星

當紅矮星老去變熱時，它就會變成藍矮星。

藍矮星

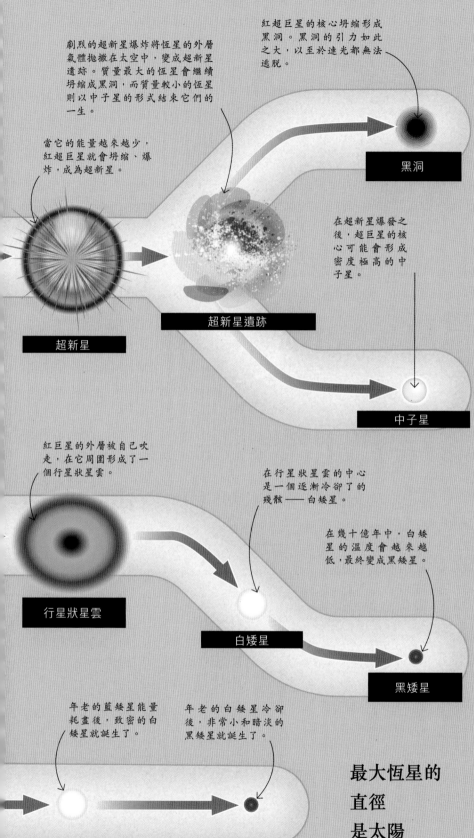

劇烈的超新星爆炸將恆星的外層氣體拋撒在太空中，變成超新星遺跡。質量最大的恆星會繼續坍縮成黑洞，而質量較小的恆星則以中子星的形式結束它們的一生。

當它的能量越來越少，紅超巨星就會坍縮、爆炸，成為超新星。

紅超巨星的核心坍縮形成黑洞。黑洞的引力如此之大，以至於連光都無法逃脫。

黑洞

在超新星爆發之後，超巨星的核心可能會形成密度極高的中子星。

超新星遺跡

超新星

中子星

紅巨星的外層被自己吹走，在它周圍形成了一個行星狀星雲。

在行星狀星雲的中心是一個逐漸冷卻了的殘骸——白矮星。

在幾十億年中，白矮星的溫度會越來越低，最終變成黑矮星。

行星狀星雲

白矮星

黑矮星

年老的藍矮星能量耗盡後，致密的白矮星就誕生了。

年老的白矮星冷卻後，非常小和暗淡的黑矮星就誕生了。

白矮星

黑矮星

最大恆星的直徑是太陽直徑的 1 500 倍

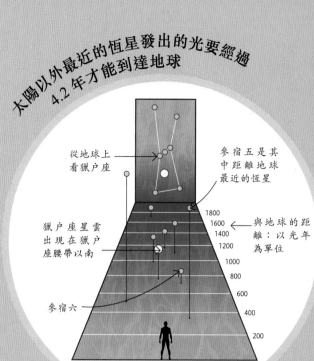

太陽以外最近的恆星發出的光要經過 4.2 年才能到達地球

從地球上看獵戶座

參宿五是其中距離地球最近的恆星

獵戶座星雲出現在獵戶座腰帶以南

與地球的距離：以光年為單位

1800
1600
1400
1200
1000
800
600
400
200

參宿六

天文學家以星座劃分夜空。每個區域都包含虛構的恆星圖案，其中的一些可以追溯到遠古時期的神話人物和動物。在地球上看起來彼此靠近的恆星在太空中並不靠近——從圍繞着不同恆星的行星上看，看到的星座會有很大的不同。

星座

太空

系外行星

系外行星是圍繞着除太陽以外恆星運行的行星。1992 年，第一次確認發現的系外行星是在室女座中兩顆圍繞着恆星 PSR B1 257+12 的行星——距離我們有 2,300 光年。在此之後天文學家又發現了大約 5,000 顆系外行星。這些系外行星屬於與我們太陽系中行星相似的類別：小的或大的岩質行星（類地球），大型冰巨星（類海王星）和巨大的氣態巨行星（類木星）。

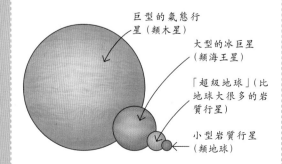

巨型的氣態行星（類木星）

大型的冰巨星（類海王星）

「超級地球」（比地球大很多的岩質行星）

小型岩質行星（類地球）

超新星

有時，一顆非常巨大的恆星會在極其劇烈和明亮的爆炸中走到生命的盡頭，成為超新星。在超新星爆發事件中產生的新化學元素會被拋散到垂死恆星外層的太空中。在爆炸的中心，恆星的殘餘物質則坍縮成中子星或黑洞。

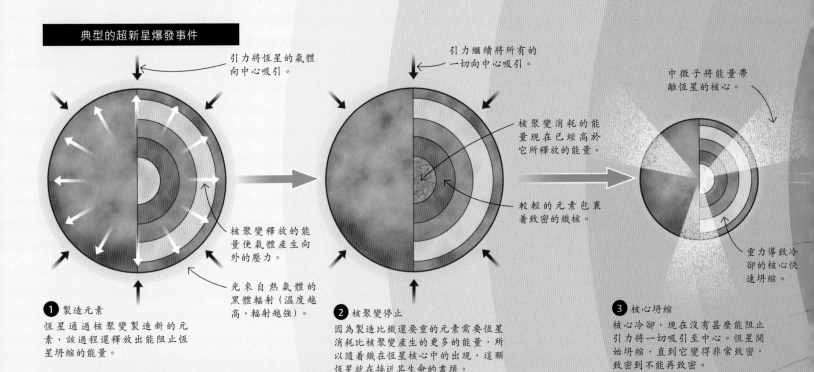

典型的超新星爆發事件

引力將恆星的氣體向中心吸引。

核聚變釋放的能量使氣體產生向外的壓力。

光來自熱氣體的黑體輻射（溫度越高，輻射越強）。

1 製造元素
恆星通過核聚變製造新的元素，該過程還釋放出能阻止恆星坍縮的能量。

引力繼續將所有的一切向中心吸引。

核聚變消耗的能量現在已經高於它所釋放的能量。

較輕的元素包裹著致密的鐵核。

2 核聚變停止
因為製造比鐵還要重的元素需要恆星消耗比核聚變產生的更多的能量，所以隨着鐵在恆星核心中的出現，這顆恆星就在接近其生命的盡頭。

中微子將能量帶離恆星的核心。

重力導致冷卻的核心快速坍縮。

3 核心坍縮
核心冷卻，現在沒有甚麼能阻止引力將一切吸引至中心。恆星開始坍縮，直到它變得非常致密，致密到不能再致密。

黑洞

大多數超新星的核心坍縮到一定程度會形成中子星。但是那些超大質量恆星的質量是如此之大，它們會一直坍縮，直到所有的物質都集中到了一個被稱之為「奇點」的無限小空間裏。由於這個極端致密天體的引力是如此之大，連光都無法逃脫，所以它被稱為「黑洞」。如果將引力想像成一種時空扭曲的宇宙結構，那麼黑洞就是在太空中創造了一口無限深的井。

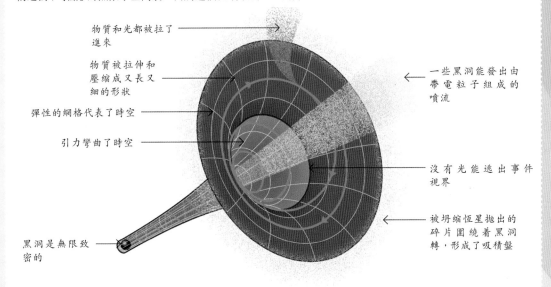

物質和光都被拉了進來

物質被拉伸和壓縮成又長又細的形狀

彈性的網格代表了時空

引力彎曲了時空

黑洞是無限致密的

一些黑洞能發出由帶電粒子組成的噴流

沒有光能逃出事件視界

被坍縮恆星拋出的碎片圍繞着黑洞轉，形成了吸積盤

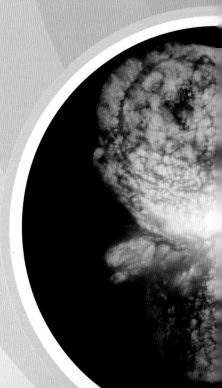

附近的行星被高溫、高速的氣體流摧毀。

恆星的外層被吹走。

在超新星爆發期間，垂死恆星的外層被拋撒到太空中，形成一片巨大而美麗的星雲。蟹狀星雲是發生在1054年的超新星遺跡，在爆發時它明亮到了白天也能被肉眼看到。

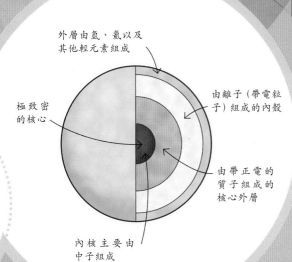

爆炸中新產生的重元素被拋散在太空中。

在中心留下中子星或黑洞。

超新星爆發所釋放的能量能讓它和整個星系一樣亮。

4 超新星爆發
坍縮的核心反彈，產生激波。這會引起新的聚變，創造出更重的元素。這些元素將在巨大的爆炸中被拋散在太空中。

我們體內的許多化學元素都起源於超新星爆發

準備爆炸

在過去的兩個世紀裏，這顆位於船底座的海山二 (Eta Carinae) 亮度變化很大。天文學家預測它會在接下來的幾千年內變成超新星。

中子星

經歷過超新星爆發的恆星核心會變得非常致密。核心內最初的物質是由質子、中子和電子組成。爆炸的壓力讓質子和電子結合，形成了更多的中子。最後，核心就完全由中子組成了。這種變化阻止了除了超大質量恆星以外的其他恆星進一步的坍縮。

外層由氫、氦以及其他輕元素組成

極致密的核心

由離子 (帶電粒子) 組成的內殼

由帶正電的質子組成的核心外層

內核主要由中子組成

星系

我們的星球是一個由恆星、行星、塵埃和氣體組成的龐大系統的一部分，這個系統被稱為銀河系。除此之外，宇宙中還有數十億個星系。銀河系是一個漩渦星系，其中心被一個分成幾個旋臂的扁平圓盤包圍。它所有的一切都圍繞着中心的巨大黑洞旋轉。銀河系的組成物質中還有一種尚未得到確定的物質——暗物質。

一些非常古老的星團存在於一個稱為銀暈的球形區域中。在銀暈之外是銀冕，由稀薄而熱的氣體組成。

太陽系所在的位置

球形暈

老年星團

中心核球

銀盤存在翹曲

銀河系的銀暈

暈中的恆星軌道

恆星組成了核球，而且它們的運行軌道是隨機的，因此這個核球本身或多或少是球形。

在銀河系的中心是一個超大質量黑洞——它的質量是太陽的 400 萬倍。

星系中心

盤星系中心的核球擠滿了比盤面上更密集的恆星。在星系的中心有一個超大質量的黑洞。

星系核球中的恆星軌道

中心核球

旋臂含有大量的氣體和塵埃，這裏也是活躍的恆星形成區。

英仙臂

獵戶臂

旋臂之間的區域的物質比旋臂內和中央核球中的物質要少很多。

外臂

星系盤中的恆星軌道

旋臂集中了銀河系中的大部分物質。旋臂是一個穩定的結構，不會逐漸扭曲和纏繞在一起。

引力將恆星吸引到星系盤上，恆星本身具有的動量又讓它們離開星系盤，然後引力再把它們拉回來。

我們的太陽系就坐落在銀河系的獵戶臂上。

我們的恆星太陽是銀河系中超過 1,000 億顆恆星之一

星系的種類

天文學家將星系分為三種主要類型。橢圓星系是球形或橢圓形的，通常由老年恆星組成，在它們中新恆星很少產生。漩渦星系有很多年輕熾熱的恆星，使星系看起來是藍白色的。既不是橢圓星系也不是漩渦星系的則被稱之為不規則星系。

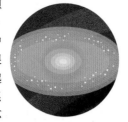

橢圓星系

漩渦星系

不規則星系

星系暈中恆星的軌道也是隨機的。

銀河系

盾牌－半人馬臂

距離銀河系最近的星系距離太陽有 25,000 光年

暗物質是一種假設的、不能被看到，但可以吸引其他可見物質的物質。現有理論認為在宇宙歷史的早期，暗物質能通過自己的引力坍縮形成巨大的暗物質暈（圖中電腦模擬的黃色部分），並吸引可見物質形成星系。

太空

暗物質

星系盤上的恆星在軌道上下穿越。

類星體

類星體是一個在星系的中心能釋放出巨量的光和輻射的系統。類星體發出的輻射是銀河系中所有恆星加起來的數千倍。這些輻射來自於塵埃、氣體、恆星掉落到一個超大質量黑洞時產生的極高溫氣體。高速的粒子流（噴流）從類星體的上方和下方盤旋而出。

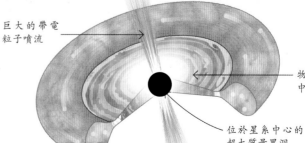

巨大的帶電粒子噴流

物質掉落到中心黑洞裏

位於星系中心的超大質量黑洞

大爆炸

該理論提出，宇宙始於一次高能爆炸事件（宇宙大爆炸），但它沒有解釋這個爆炸如何無中生有。

暴脹

在宇宙大爆炸後的一瞬間，宇宙就以驚人的速度從比原子還小膨脹到柚子那麼大。

宇宙微波背景輻射

大爆炸理論預言最初形成原子時發出的輻射現在依然能被觀測到——儘管它發出的電磁波被膨脹的宇宙拉伸成了微波。1964 年，這種宇宙微波背景輻射（CMB）被發現。

在暴脹結束時，電磁力與弱力分離。電子、正電子以及光子誕生了。

強力分離出來了，宇宙充滿了夸克和膠子的「湯」。

在暴脹期間，宇宙的大小增加了 100 萬億倍。

質子和中子出現了，每一個都由三個緊密結合在一起的夸克組成。

氫和氦的原子核出現了，它們由質子和中子組成。

相互作用力

如今，有四種基本相互作用力：強力、引力和電磁力都是影響粒子的相互作用；而弱力則控制了放射性衰變。在宇宙的早期，這些所有的力都是從單一的合力中分離開來的。

引力是第一個從合力中分離開來的。

宇宙大爆炸

大爆炸理論是一個比較流行的宇宙起源理論。該理論認為宇宙是從 138 億年前的一個極熱、極密的「奇點」開始膨脹的。它描述了所有的關於空間、時間和物質是如何形成的。從微小的粒子間相互作用到對宇宙的大尺度觀測，有大量的科學證據支持大爆炸理論。

大爆炸後的萬億分之一秒

大爆炸後的百萬分之一秒

大爆炸之後的 1~3 分鐘

大爆炸 380,000 年之後

這個宇宙對於中子和質子的形成來說依舊太熱了。

在宇宙冷卻到能讓電子與原子核結合的溫度之前，沒有原子可以形成。

當電子和原子核結合成原子時會產生輻射。

起初，宇宙所有的能量都包含在一個比質子還小的空間裏

粒子物理

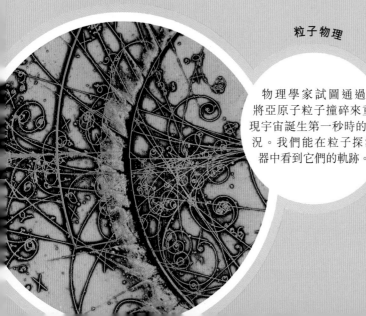

物理學家試圖通過將亞原子粒子撞碎來重現宇宙誕生第一秒時的情況。我們能在粒子探測器中看到它們的軌跡。

詹姆斯·韋布空間望遠鏡

當天文學家觀察太空時，他們也在回望過去——因為來自宇宙遙遠地區的光和其他輻射需要數十億年才能到達地球。在太空中工作的詹姆斯·韋布空間望遠鏡（右圖）將對早期的恆星和星系成像，捕捉它們在宇宙中發出的第一道光，並試圖揭示它們的形成時間。

亞原子粒子

儘管原子直到大爆炸後至少 380,000 年才產生，但在宇宙存在的第一秒內出現了許多更小的（亞原子）粒子。一些粒子具有除了電荷相反外其他性質相同的「孿生」粒子，這些互相對立的粒子被稱為反粒子。

正電子
帶正電的電子（電子的反粒子）。

電子
帶負電的亞原子粒子。

光子
電磁場的量子，是傳遞電磁相互作用的媒介粒子，又稱光量子。

膠子
強力的載體。它把夸克「黏」在一起。

夸克
構成質子和中子的粒子。

反夸克
夸克的反粒子，存在於反質子和反中子中。

反質子
帶負電的質子（質子的反粒子）。

質子
由夸克組成的帶正電粒子。

中子
由夸克組成的中性粒子。

反中子
中子的反粒子，由反夸克組成。

氫和氦原子形成了，現在宇宙已經足夠冷了。

黑暗宇宙時期

因為沒有光源，宇宙是完全黑暗的，直到第一顆恆星誕生。

在引力的作用下，大量的氫和氦的分子雲坍縮並在內部發生核聚變反應，恆星誕生了。

當引力將大量的恆星吸引到一起之後，第一批星系誕生了。

我們的星系——銀河系，包括太陽有數千億顆恆星。

大爆炸 380,000~2,000,000 年之後

大爆炸 5 億~6 億年之後

大爆炸 20 億~30 億年之後

當前宇宙

宇宙的年齡幾乎是太陽的三倍

膨脹的空間

隨着宇宙的膨脹，每一個星系都在遠離彼此

氣球上的二維表面代表了我們的三維空間

科學家們在注意到我們周圍的星系正在遠離地球後，提出了大爆炸理論。他們認為是宇宙本身正在膨脹和冷卻，而且它曾經一定更小、更熱。一個形象的說明就是想像有很多星系被畫在氣球上，當氣球開始膨脹時，氣球上的星系就會散開。

宇宙仍在膨脹，因此我們能觀察到各個方向都在遠離我們的星系。

現在

如今，宇宙仍在膨脹。星系相互並合，舊的恆星死亡，新的恆星誕生。

光學望遠鏡

天文學家的望遠鏡用曲面鏡或者透鏡來收集和聚焦來自行星、恆星、星系以及其他天體的光。主鏡的直徑越大，聚集的光也就越多。副鏡會產生放大物體的像，使這些像能夠被肉眼看到或者被數碼相機中的傳感器捕捉到。天文學家使用不同類型的望遠鏡來收集無線電波、X 射線或其他輻射（參見第 286~287 頁）

一些大型望遠鏡的反射鏡由 90 多面小鏡子組成，這些小鏡子可以彼此分開移動

天文台大樓

天文學家在一棟大型建築物內工作，該建築物還裝有控制望遠鏡並處理其捕獲的圖像的強大電腦。

台址選擇

天文台通常位於高海拔地區，以減少地球大氣對來自遙遠天體的光的干擾。這些望遠鏡位於夏威夷的一座死火山上。

6 強大的電腦儲存和處理數字圖像。

電腦房

折射式與反射式望遠鏡

多數大型天文望遠鏡是反射式望遠鏡：它們使用曲面鏡作為主鏡來收集光線。許多小的望遠鏡是折射式望遠鏡，用透鏡做主鏡。主鏡（或稱物鏡）聚焦光線，產生圖像，另一個透鏡（或稱目鏡）放大圖像來讓眼睛看到（或被傳感器檢測和記錄到）。

來自天體的光，比如某顆恆星

成像在物鏡的焦點處（望遠鏡鏡筒內）

目鏡放大圖像以便於肉眼觀看

折射式望遠鏡用透鏡（物鏡）收集光線並將其匯聚以產生圖像

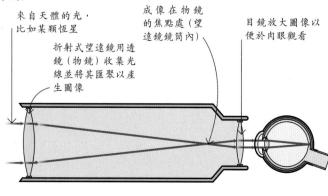

7 天文學家利用電腦研究來自望遠鏡的圖像。

世界上最大的單一望遠鏡的鏡面直徑為 10.4 米

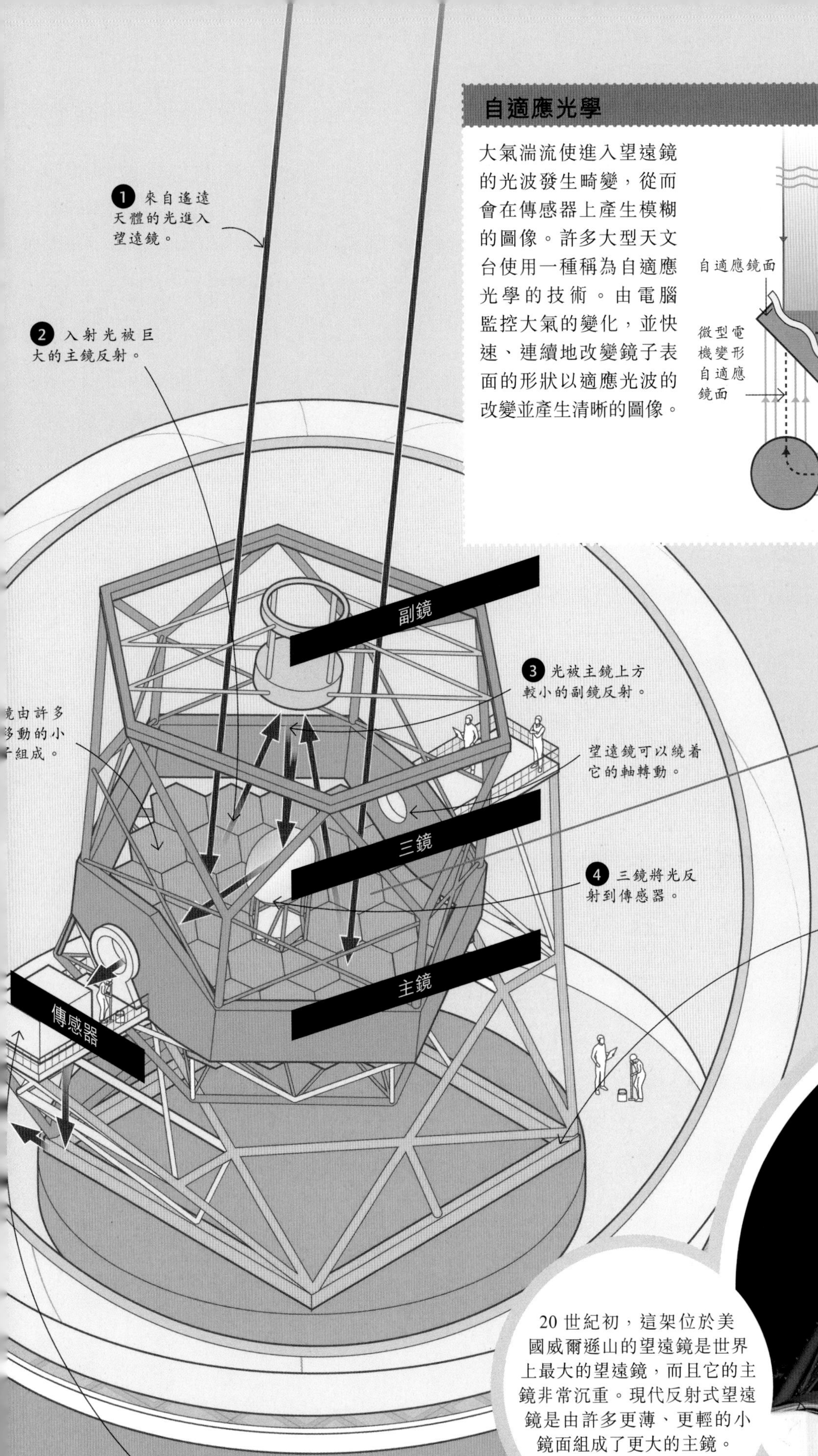

自適應光學

大氣湍流使進入望遠鏡的光波發生畸變，從而會在傳感器上產生模糊的圖像。許多大型天文台使用一種稱為自適應光學的技術。由電腦監控大氣的變化，並快速、連續地改變鏡子表面的形狀以適應光波的改變並產生清晰的圖像。

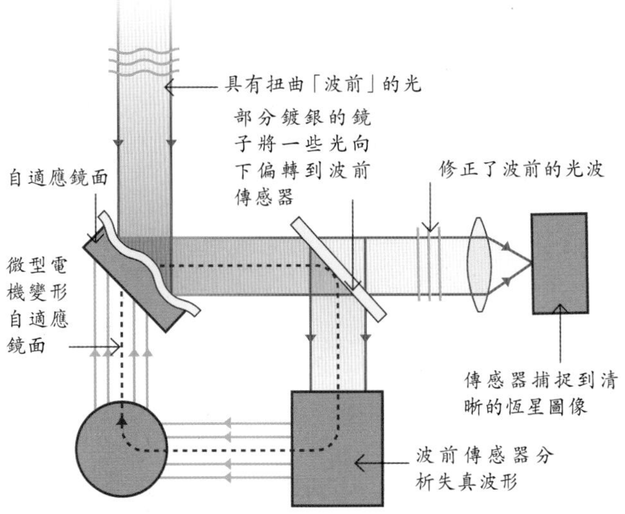

具有扭曲「波前」的光

自適應鏡面

部分鍍銀的鏡子將一些光向下偏轉到波前傳感器

修正了的波前的光波

微型電機變形自適應鏡面

傳感器捕捉到清晰的恆星圖像

波前傳感器分析失真波形

① 來自遙遠天體的光進入望遠鏡。

② 入射光被巨大的主鏡反射。

③ 光被主鏡上方較小的副鏡反射。

望遠鏡可以繞着它的軸轉動。

副鏡

三鏡

主鏡

傳感器

鏡由許多移動的小子組成。

④ 三鏡將光反射到傳感器。

鏡面望遠鏡

主鏡由大約 30 個單獨的六邊形鏡面組成，它們相互配合，就好像它們是一整塊反射鏡一樣。

一個移動平台可以幫助望遠鏡旋轉。

20 世紀初，這架位於美國威爾遜山的望遠鏡是世界上最大的望遠鏡，而且它的主鏡非常沉重。現代反射式望遠鏡是由許多更薄、更輕的小鏡面組成了更大的主鏡。

⑤ 傳感器上形成圖像，產生數字信號。傳感器位於一個包含多個檢測器的盒子中。其中一些會收集其他類型的輻射，例如紅外線。

鏡面望遠鏡

射電望遠鏡圖像的分辨率可以通過將兩台或多台望遠鏡的觀測信號組合成一個「陣」來提高。這種技術稱為干涉測量法。陣中的望遠鏡越多，它們之間的距離越遠，分辨率就越高。在某些陣中，望遠鏡可以移動到不同的位置，達到不同的測量效果。在這裏顯示的地點，望遠鏡可以沿着軌道移動。

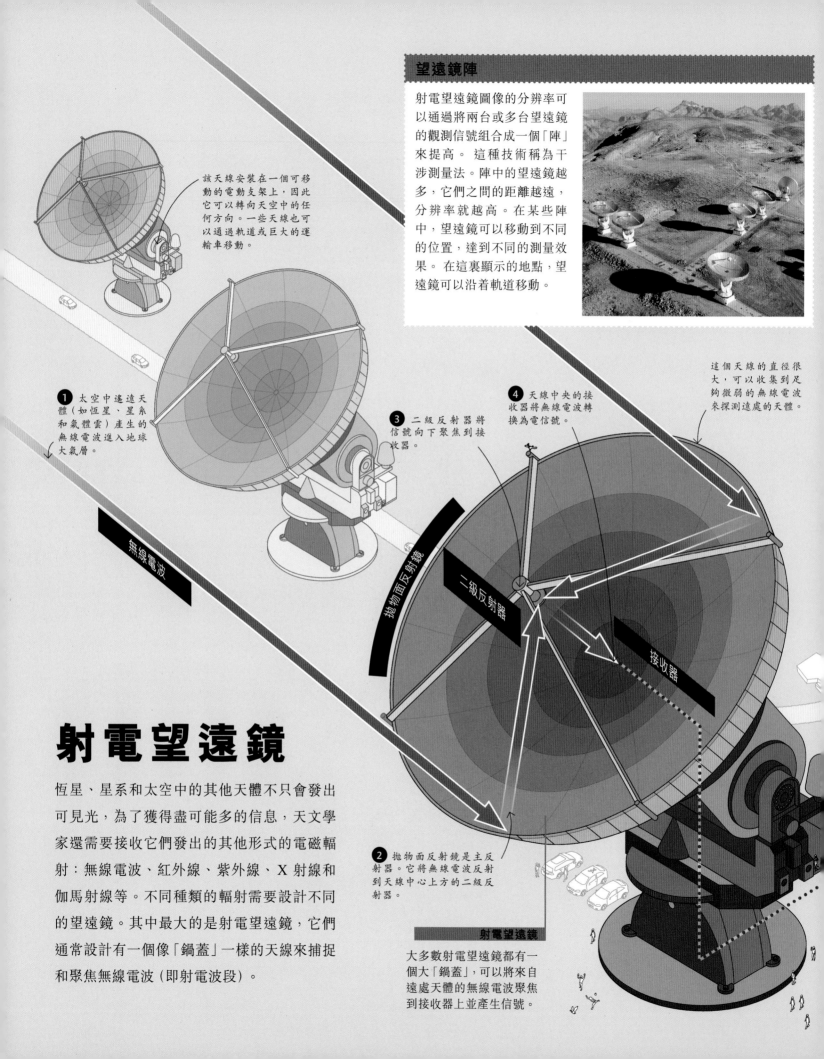

該天線安裝在一個可移動的電動支架上，因此它可以轉向天空中的任何方向。一些天線也可以通過軌道或巨大的運輸車移動。

這個天線的直徑很大，可以收集到足夠微弱的無線電波來探測遠處的天體。

❶ 太空中遙遠天體（如恆星、星系和氣體雲）產生的無線電波進入地球大氣層。

❹ 天線中央的接收器將無線電波轉換為電信號。

❸ 二級反射器將信號向下聚焦到接收器。

無線電波

拋物面反射鏡

二級反射器

接收器

射電望遠鏡

恆星、星系和太空中的其他天體不只會發出可見光，為了獲得盡可能多的信息，天文學家還需要接收它們發出的其他形式的電磁輻射：無線電波、紅外線、紫外線、X 射線和伽馬射線等。不同種類的輻射需要設計不同的望遠鏡。其中最大的是射電望遠鏡，它們通常設計有一個像「鍋蓋」一樣的天線來捕捉和聚焦無線電波（即射電波段）。

❷ 拋物面反射鏡是主反射器。它將無線電波反射到天線中心上方的二級反射器。

射電望遠鏡

大多數射電望遠鏡都有一個大「鍋蓋」，可以將來自遠處天體的無線電波聚焦到接收器上並產生信號。

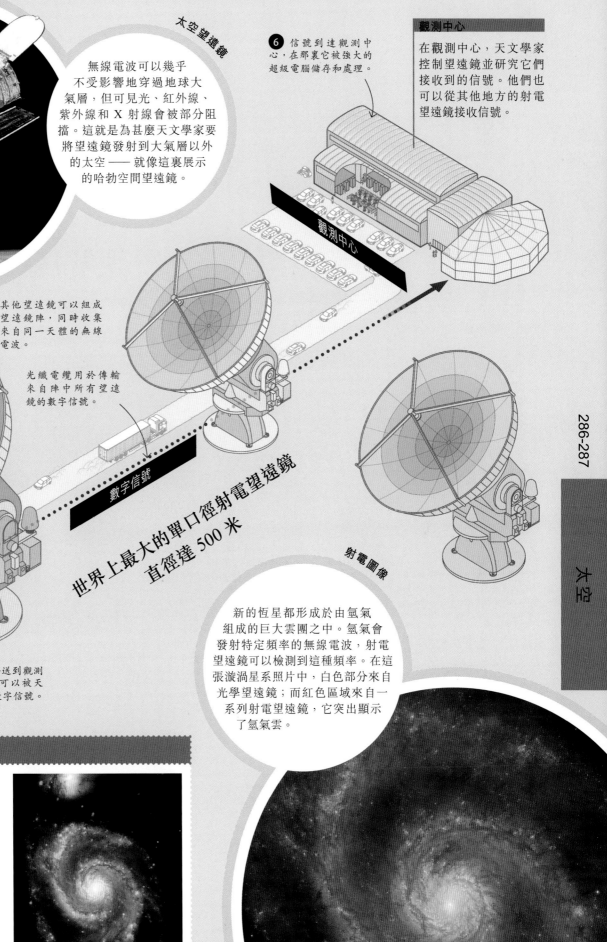

無線電波可以幾乎不受影響地穿過地球大氣層，但可見光、紅外線、紫外線和 X 射線會被部分阻擋。這就是為甚麼天文學家要將望遠鏡發射到大氣層以外的太空——就像這裏展示的哈勃空間望遠鏡。

6 信號到達觀測中心，在那裏它被強大的超級電腦儲存和處理。

觀測中心

在觀測中心，天文學家控制望遠鏡並研究它們接收到的信號。他們也可以從其他地方的射電望遠鏡接收信號。

其他望遠鏡可以組成望遠鏡陣，同時收集來自同一天體的無線電波。

光纖電纜用於傳輸來自陣中所有望遠鏡的數字信號。

數字信號

世界上最大的單口徑射電望遠鏡
直徑達 500 米

射電圖像

5 接收器的信號被發送到觀測中心。它現在是一種可以被天文學家的電腦處理的數字信號。

新的恆星都形成於由氫氣組成的巨大雲團之中。氫氣會發射特定頻率的無線電波，射電望遠鏡可以檢測到這種頻率。在這張漩渦星系照片中，白色部分來自光學望遠鏡；而紅色區域來自一系列射電望遠鏡，它突出顯示了氫氣雲。

不同種類的「光」

天體的某些特徵僅能在紅外望遠鏡拍攝的圖像中可見，而其他特徵可能在射電、紫外線或 X 射線望遠鏡捕獲的圖像中更加突出。天文學家經常對比來自不同望遠鏡的圖像。像最右側的圖片，它展示了一個漩渦星系，但包含了來自更多類型輻射（光）的信息，也揭示了更多的細節。

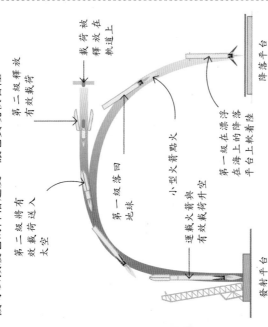

履帶式運輸車可以運送美國航空航天局的巨型太空發射系統（SLS）以及它的移動式大空發射平台。運輸車上的運載火箭以最高以1.6公里/小時的速度從總裝總廠被運送至發射平台。

宇航員通道

勤務塔

乘員艙連接「臍帶」

燃料「臍帶」

履帶式運輸車

如果運載火箭發生故障，逃生裝置會將機組人員帶到安全地帶。

乘員艙將宇航員運送到目的地。

服務艙給船員的支持系統以及水、氧氣和推進劑的供應。

服務艙的發動機隱藏在裝有效載的主發動機到的適配器內。

較小的燃料箱為主發動機儲存液氧。

與發射平台的連接「臍帶」，為太空飛行器提供電力、冷卻和必要的化學試劑。

可回收火箭

為了使太空飛行更實惠、減少浪費，一些現代運載火箭是可以重複使用的，將一枚火箭送回地球，以及它攜帶的小型火箭發動機可以減緩它的降落速度，讓它實現軟著陸。

第二級將有效載荷送入太空

第二級釋放有效載荷

小型火箭點火

載荷在軌道上

運載火箭與有效載荷升空

第一級落回地球

第一級在海上的降落平台上軟著陸

載荷在釋放上

降落平台

發射平台

運載火箭發射時產生的功率與18架波音747客機相同

火箭

為了將沉重的有效載荷送到地球大氣層以外的太空，火箭需要體積龐大，並且能攜帶大量的燃料。大多數運載火箭分為幾個部分（稱之為「級」），每個部分都有一部強勁的火箭發動機。在每一級的燃料耗盡後，它就會自己脫離、由下一級點火繼續推進。

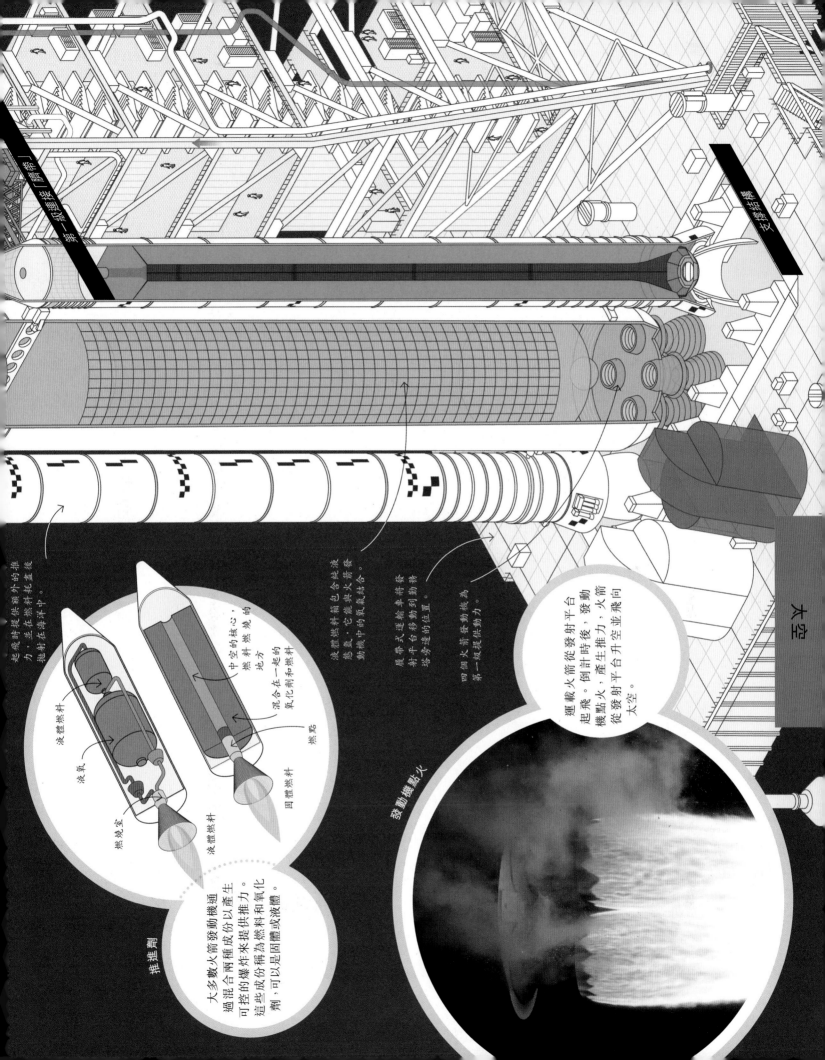

起飛時提供額外的推力，並在燃料耗盡後拋射至海洋中。

液體燃料箱包含純液態氫，它能與火箭發動機中的氧氣結合。

履帶式運輸車將發射平台移動到指定位置。

四個火箭發動機為第一級提供動力。

運載火箭從發射平台起飛。倒計時後，發動機點火，產生推力，火箭從發射平台並升空並飛向太空。

中空的核心，燃料燃燒的地方

混合在一起的氧化劑和燃料

液體燃料

液氫

燃燒室

液體燃料

固體燃料

燃點

推進劑

大多數火箭發動機通過混合兩種成份以產生可控的爆炸來提供推力。這些成份稱為燃料和氧化劑，可以是固體或液體。

發動機點火

離開地球

獵鷹 9 號火箭發射升空，執行為國際太空站補給的任務。位於其頂部的太空艙可以將 7 名宇航員和多達 6 噸的食物和設備運送到近地軌道。如果人類要返回月球甚至到達火星，就需要能攜帶更多載荷的更大運載火箭。

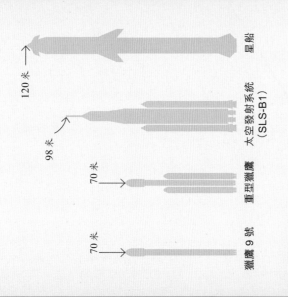

獵鷹 9 號　　　重型獵鷹　　　太空發射系統　　　星船
70 米　　　　　70 米　　　　　(SLS-B1)　　　　120 米
　　　　　　　　　　　　　　　98 米

重型運載火箭

重型獵鷹火箭和 SLS 等新型火箭目前正在進行試射。星船 (Starship) 被設計為完全可重複使用。

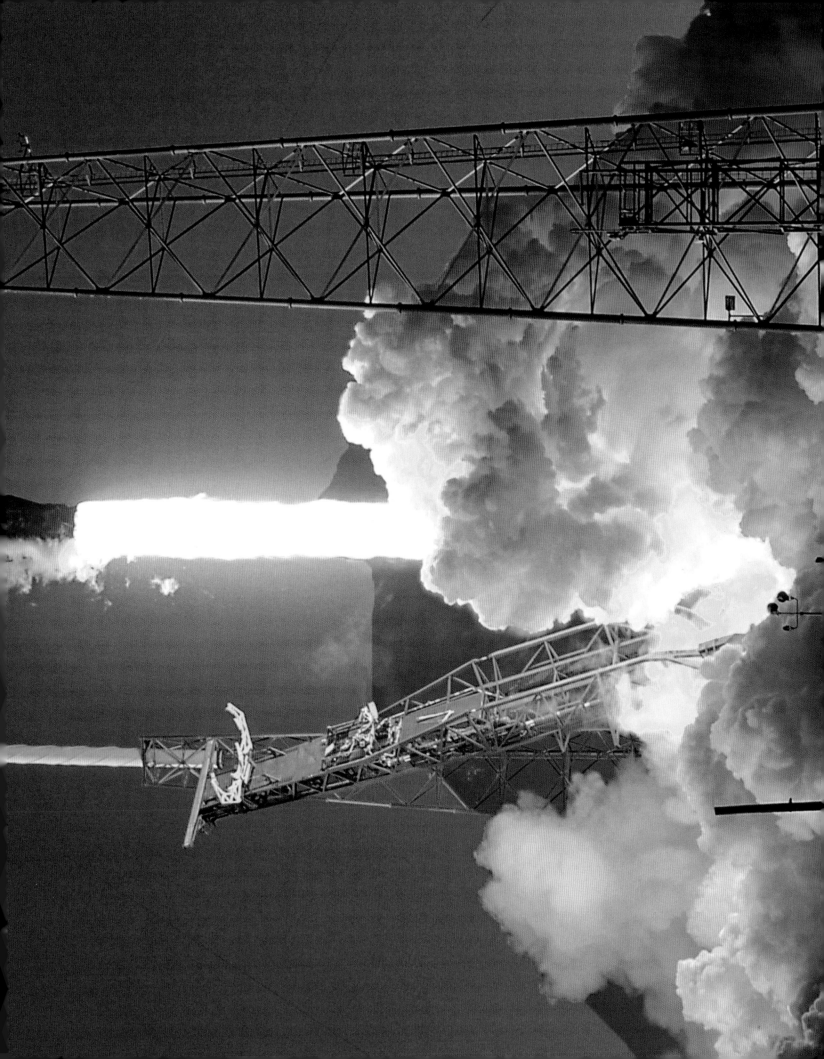

脫落

將太空飛行器送入軌道需要強大的火箭。這裏展示的是由巨型 SLS 火箭發射的獵戶座飛船，它旨在將宇航員帶到月球並返回。

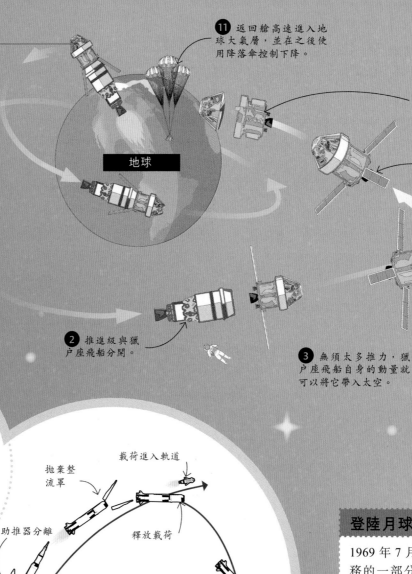

11 返回艙高速進入地球大氣層，並在之後使用降落傘控制下降。

10 服務艙與返回艙分離並丟棄。

9 在再次入軌前次發動機點火，調整獵戶座飛船至正確方向。

地球

1 點燃發動機讓飛船離開軌道。

獵戶座飛船由乘員艙和服務艙組成。此時，它仍與推進級相連。

2 推進級與獵戶座飛船分開。

3 無須太多推力，獵戶座飛船自身的動量就可以將它帶入太空。

大多數發射器由兩個或多個部分組成，或分階段發射。第一階段是最大的，它通常有一對助推器。一旦燃料耗盡，助推器和主火箭就會脫落，以減輕負載。然後有效載荷 (貨物) 被釋放到軌道上，在那裏，該部分的火箭幫助它在太空中操作。

拋棄整流罩

載荷進入軌道

助推器分離

釋放載荷

耗盡的火箭級返回地球

燃料耗盡後，助推器會返回地球

第一級和助聽器發射

太空飛行

一旦火箭升空，它運送的宇宙飛船就會進入軌道。衛星和太空站既可以維持在同一軌道高度上，也可以通過改變速度來改變軌道高度。其他的太空飛行器，比如太空探測器或者飛向月球的載人飛船，它們就需要加速到足以擺脫地球的引力。這些任務通常需要宇宙飛船在太空中執行許多複雜的操作。

登陸月球

1969 年 7 月，作為阿波羅 11 號任務的一部分，宇航員尼爾·岩士唐成為第一個踏上月球的人。6 次阿波羅任務總共有 12 名宇航員登上月球。他們乘坐月球登陸器從月球軌道降落到月球表面，然後從月球表面起飛返回月球軌道，最後返回地球。

軌道速度

扔上天的東西一定會掉下來——除非它能沿着地球軌道飛行。當飛船達到某一在軌速度時，地球對飛船向下拉的引力和飛船阻止其速度（慣性）變化的阻力是平衡的，於是飛船就可以留在軌道上了。這對飛船而言並不是很容易，理想的情況是 27,360 公里 / 小時的速度和 242 千米的高度。

速度太慢不能克服地球的引力

慣性與重力的平衡使飛船保持在軌道上

4 發動機點火以調整飛船的航向進入月球軌道。

7 在第一次任務期間，無人駕駛的獵戶座飛船繞月球運行了數圈。

登月之旅

前往月球的旅程需要三天時間。大部分時間都不需要燃料，因為太空中沒有空氣可以減慢飛船的速度。

5 引力使飛船維持在月球軌道上，與在地球軌道上的時候一樣。

月球

太空

8 點燃發動機是為了擺脫月球的引力朝地球前進。

回家

在繞月球運行數周後，飛船開始準備返回地球。在未來的任務中，一艘飛船將降落在月球上，然後再次發射。

6 當獵戶座飛船繞月飛行的時候，太陽能電池板用於發電。

飛船受到引力的作用被往下拉

運動方向的動量

自由落體

飛船會像靜止的物體一樣下落——但它高速沿地平面方向運動的情況意味着它永遠不會「墜落」到地球上。

導致飛船在不斷地自由落體中運動路徑被彎曲

1965 年，蘇聯宇航員阿列克謝·列昂諾夫成為第一個進行太空行走的人

GCOM-WI 為氣
候變化預測收集
數據

Aqua 研究地
球上的水循環

OCO-2 監測二
氧化碳濃度

Aura 監測地球的臭
氧層和空氣質量

A-TRAIN

那些在一起工作的衛星群也
被稱之為「衛星星座」。通常，
衛星星座內的衛星既可以互相通
信，也可以和地球上的設備通信。
衛星導航系統是衛星星座，衛星互
聯網系統也是。有一些衛星星座，
例如美國國家航空暨太空總署
的 A-train，是由地球觀測
衛星組成的。

高橢圓軌道

大多數軌道幾乎是圓形的。
但在一些偏心率更高的軌道
中，軌道是橢圓形的——軌
道上衛星的高度會變化很大。

反射盤接收傳入的
無線電信號並將
它們重新定向到
天線。

推進器點火以使衛
星能夠調整其位置。

太陽能電池板發電為
衛星的電子設備供電。

為推進器提供動
力的液體燃料儲
存於加壓罐中。

地球靜止軌道的高
度為 35,800 公里。

環繞地球的人造衛星
大約有 6,500 之多

人造衛星

大多數太空飛行器被發射到太空中都是為了環繞地球而設計的。它們被稱
之為人造衛星，其中還包括了太空站和太空望遠鏡。但大多數在軌道上運
行的太空飛行器是數以千計的氣象及地球觀測衛星（它們從大氣層上方監
測地球的狀況）和通信衛星（它們為電視和互聯網通信信號提供中繼）。

地球靜止軌道

在地球上看，地球靜止
軌道上的通信衛星保持
在天空中的同一地點。

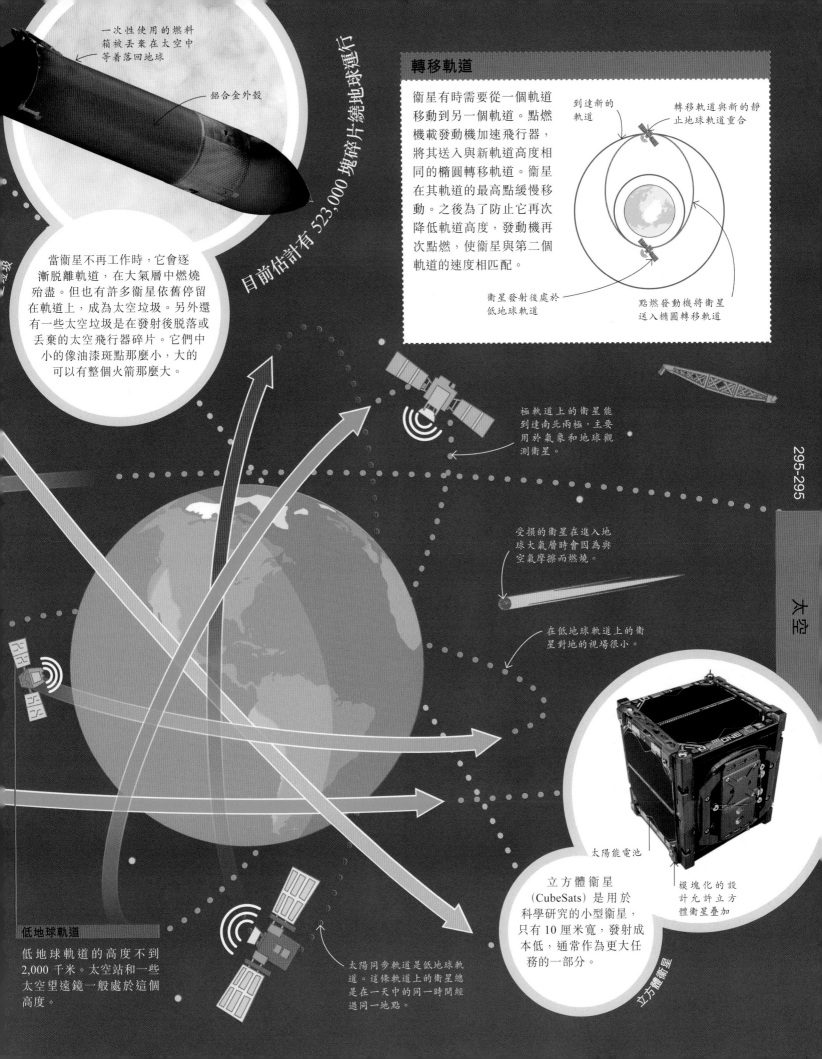

一次性使用的燃料箱被丟棄在太空中等着落回地球

鋁合金外殼

當衛星不再工作時，它會逐漸脫離軌道，在大氣層中燃燒殆盡。但也有許多衛星依舊停留在軌道上，成為太空垃圾。另外還有一些太空垃圾是在發射後脫落或丟棄的太空飛行器碎片。它們中小的像油漆斑點那麼小，大的可以有整個火箭那麼大。

目前估計有 523,000 塊碎片繞地球運行

轉移軌道

衛星有時需要從一個軌道移動到另一個軌道。點燃機載發動機加速飛行器，將其送入與新軌道高度相同的橢圓轉移軌道。衛星在其軌道的最高點緩慢移動。之後為了防止它再次降低軌道高度，發動機再次點燃，使衛星與第二個軌道的速度相匹配。

到達新的軌道

轉移軌道與新的靜止地球軌道重合

衛星發射後處於低地球軌道

點燃發動機將衛星送入橢圓轉移軌道

極軌道上的衛星能到達南北兩極，主要用於氣象和地球觀測衛星。

受損的衛星在進入地球大氣層時會因為與空氣摩擦而燃燒。

在低地球軌道上的衛星對地的視場很小。

太空

太陽能電池

立方體衛星 (CubeSats) 是用於科學研究的小型衛星，只有 10 厘米寬，發射成本低，通常作為更大任務的一部分。

模塊化的設計允許立方體衛星疊加

立方體衛星

低地球軌道

低地球軌道的高度不到 2,000 千米。太空站和一些太空望遠鏡一般處於這個高度。

太陽同步軌道是低地球軌道。這條軌道上的衛星總是在一天中的同一時間經過同一地點。

其他太空站

國際太空站並不是太空中唯一的太空站。除了曾經幾個在軌工作的太空站，2021 年中國國家航天局發射了中國太空站的第一部分 —— 天和核心艙（如圖所示）。2022 年，問天實驗艙、夢天實驗艙與天和核心艙對接成功。2022 年底，中國太空站全面建成。印度和俄羅斯的航天機構也有計劃發射自己的太空站。

由日本宇宙航空研究開發機構建造的希望號實驗艙是其中最大的艙室，其機械臂總長度為 12 米。

實驗艙是宇航員控制和監測實驗的地方。

哥倫布號實驗艙

由歐洲太空總署製造的哥倫布號實驗艙，自 2008 年以來一直是國際太空站的一部分。

密封性良好的連接端口允許通過連接更多艙室來擴展太空站。

桁架是連接艙室和太陽能電池板的框架。

實驗後勤模塊

和諧號節點艙

希望號實驗艙

國際太空站

哥倫布號實驗艙

命運號實驗艙

太空站允許宇航員研究材料和生物（如植物）如何應對失重條件，即所謂的微重力。

太空實驗

由不同材料層組成的絕緣層使國際太空站內部保持舒適的溫度。

太空站實驗艙經過空氣加壓，可以讓宇航員無須穿宇航服便可正常呼吸。

運動器材可幫助宇航員在失重條件下防止肌肉萎縮並保持骨骼強度。

大型散熱器包含冷卻劑，可將對溫度敏感的電子和機械系統中的多餘熱量帶走。

太空站

太空站是繞地球飛行的太空飛行器。宇航員在其中可以一次生活數周或者數月，進行實驗並研究在太空中生活對人體的影響。太空站由許多預製組件艙室拼接組合而成。目前最大的太空站是 16 個國家合作建設的國際太空站。自 2000 年以來一直都有人在國際太空站駐守。

命運號實驗艙

命運號是一個科學實驗艙。在實驗艙內進行的實驗會將結果發送給世界各地的科學家。

萊奧納爾多號多功能後勤艙

從 2001 年到 2011 年，萊奧納爾多號被用來運送貨物進出國際太空站，2011 年起它成為太空站的永久組成部分。現在用於存放備件和用品。

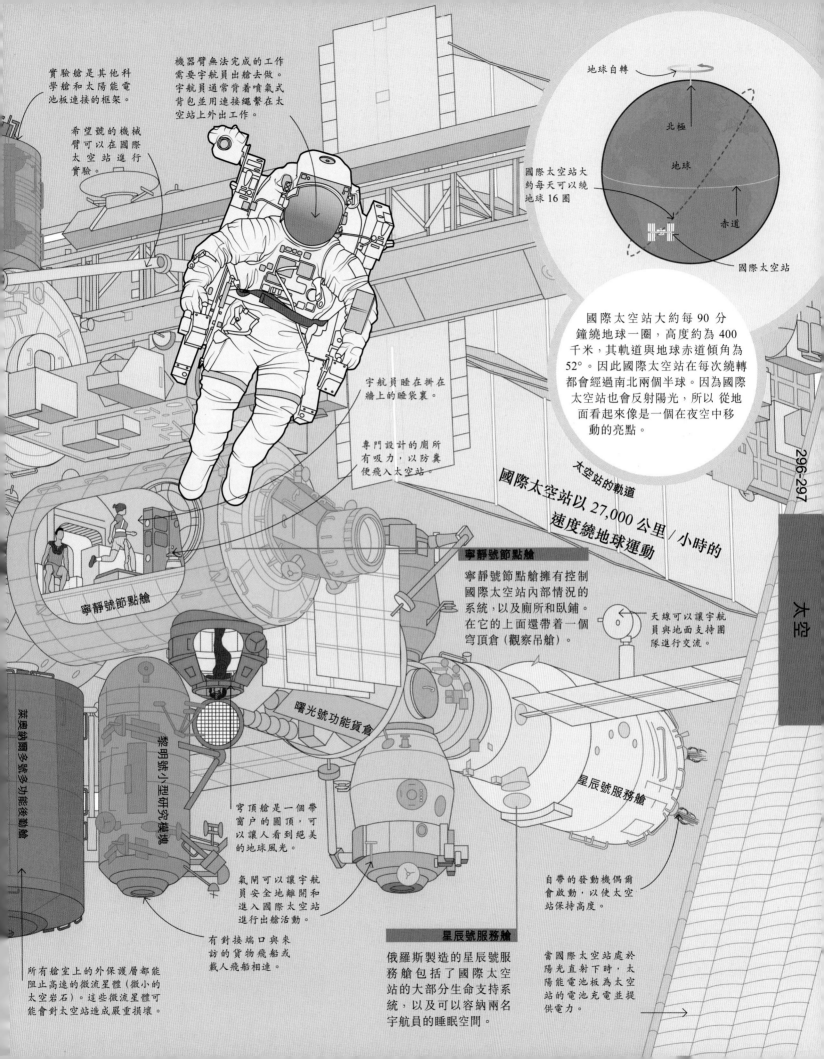

實驗艙是其他科學艙和太陽能電池板連接的框架。

機器臂無法完成的工作需要宇航員出艙去做。宇航員通常背着噴氣式背包並用連接繩繫在太空站上外出工作。

希望號的機械臂可以在國際太空站進行實驗。

宇航員睡在掛在牆上的睡袋裏。

專門設計的廁所有吸力，以防糞便飛入太空站。

地球自轉

北極

地球

赤道

國際太空站大約每天可以繞地球 16 圈

國際太空站

國際太空站大約每 90 分鐘繞地球一圈，高度約為 400 千米，其軌道與地球赤道傾角為 52°。因此國際太空站在每次繞轉都會經過南北兩個半球。因為國際太空站也會反射陽光，所以 從地面看起來像是一個在夜空中移動的亮點。

太空站的軌道
國際太空站以 27,000 公里/小時的速度繞地球運動

太空

寧靜號節點艙

寧靜號節點艙擁有控制國際太空站內部情況的系統，以及廁所和臥鋪。在它的上面還帶着一個穹頂倉 (觀察吊艙)。

寧靜號節點艙

天線可以讓宇航員與地面支持團隊進行交流。

萊奧納爾多號多功能後勤艙

黎明號小型研究模塊

曙光號功能貨倉

星辰號服務艙

穹頂艙是一個帶窗戶的圓頂，可以讓人看到絕美的地球風光。

氣閘可以讓宇航員安全地離開和進入國際太空站進行出艙活動。

自帶的發動機偶爾會啟動，以使太空站保持高度。

星辰號服務艙

俄羅斯製造的星辰號服務艙包括了國際太空站的大部分生命支持系統，以及可以容納兩名宇航員的睡眠空間。

所有艙室上的外保護層都能阻止高速的微流星體 (微小的太空岩石)。這些微流星體可能會對太空站造成嚴重損壞。

有對接端口與來訪的貨物飛船或載人飛船相連。

當國際太空站處於陽光直射下時，太陽能電池板為太空站的電池充電並提供電力。

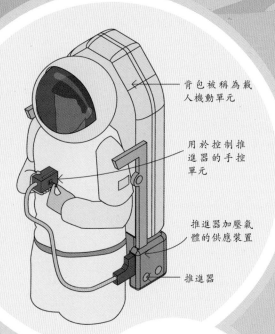

美國國家航空暨太空總署的 Robonaut 是一種人形機器人，旨在與人類一起在太空中工作，完成宇航員的許多作業任務。它在國際太空站上已經服役 7 年，可以使用簡單的工具完成常規和重複性的工作。

宇航服

當宇航員在太空站外的軌道上或在月球上行走時，需要保護他們免受太空惡劣環境的影響。他們身上精巧的宇航服創造了一個可以維持生命並自由移動的便攜環境以方便他們工作。宇航服為宇航員提供加壓氧氣以供呼吸，並為他們提供飲水和空調。它還可以保護他們免受輻射的傷害。

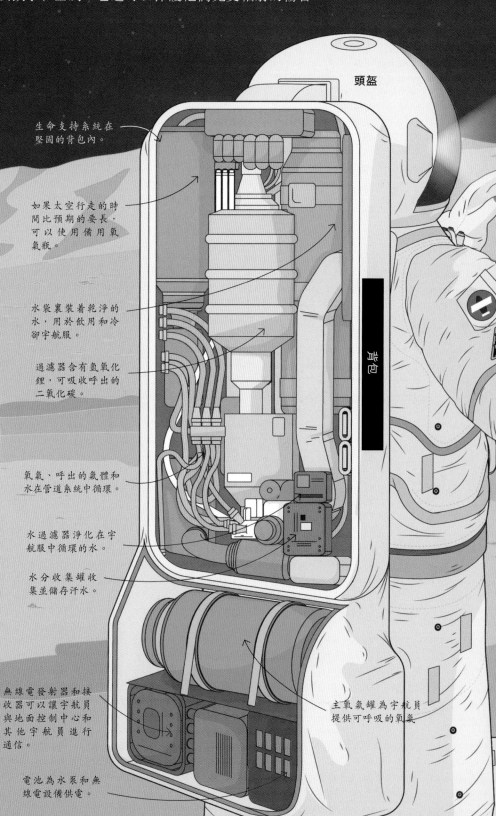

頭盔

生命支持系統在堅固的背包內。

如果太空行走的時間比預期的要長，可以使用備用氧氣瓶。

水袋裏裝着乾淨的水，用於飲用和冷卻宇航服。

過濾器含有氫氧化鋰，可吸收呼出的二氧化碳。

氧氣、呼出的氣體和水在管道系統中循環。

水過濾器淨化在宇航服中循環的水。

水分收集罐收集並儲存汗水。

背包

無線電發射器和接收器可以讓宇航員與地面控制中心和其他宇航員進行通信。

主氧氣罐為宇航員提供可呼吸的氧氣

電池為水泵和無線電設備供電。

背包被稱為載人機動單元

用於控制推進器的手控單元

推進器加壓氣體的供應裝置

推進器

噴氣式噴射背包

宇航員可以使用噴氣背包進行不受束縛的出艙活動，在太空中自由漂浮。大多數宇航員在出艙活動期間都被拴在宇宙飛船上，但為了安全起見，他們也會背着噴氣背包。噴氣背包有小型氣動推進器，如果連接繩斷裂，宇航員可以用其返回太空飛行器。

吸收和回收汗水

水在管道中循環

管道總長 90 米

連接到連接繩或背包的進水口

連接到連接繩或背包的出水口

冷卻服

頸盔的面罩由堅韌的聚碳酸酯塑膠製成，內部有一層薄薄的箔片以防止宇宙輻射，並帶有除霧劑以防止產生冷凝水。

麥克風和耳機用於通信。

穿一般的衣服時，人體通過汗液蒸發來散熱。而在密封的太空服中，一件貼身的冷卻服代替了這項工作。

控制單元

登陸艇

當宇航員在月球上時，宇航服必須提供完整的生命支持系統，因為他們沒有與飛船連接。

手套內的加熱元件使宇航員的手指保持溫暖。

可以輕鬆控制背包的控制面板。

控制面板允許宇航員調節壓力、溫度和通信設置。

宇航服的外層可阻擋有害輻射並防止異物撞擊，例如微流星體。

冷卻服

手套由多層製成，但不妨礙宇航員抓握工具。

月球上的重力較小，這意味着掉落的物體需要更長的時間才能落到地面上——就像這個專門設計的電鑽所表現的。

電鑽

宇航服的內層可以儲存氧氣並保持內部的溫度和壓力。

堅韌的布料可防止加壓後的宇航服膨脹和爆裂。

堅固的套鞋可以保護宇航員的雙腳。

2001 年，有宇航員在國際太空站外工作了 9 個小時，這是目前時間最長的出艙任務

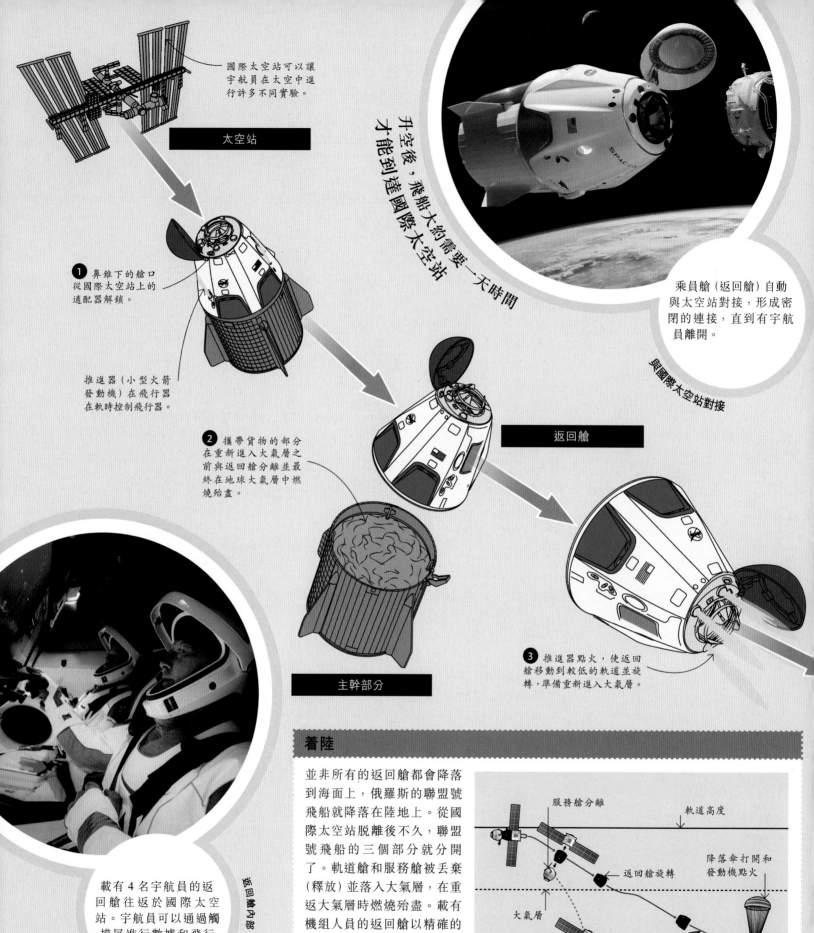

國際太空站可以讓宇航員在太空中進行許多不同實驗。

太空站

升空後，飛船大約需要一天時間才能到達國際太空站

乘員艙（返回艙）自動與太空站對接，形成密閉的連接，直到有宇航員離開。

與國際太空站對接

❶ 鼻錐下的艙口從國際太空站上的適配器解鎖。

推進器（小型火箭發動機）在飛行器在軌時控制飛行器。

❷ 攜帶貨物的部分在重新進入大氣層之前與返回艙分離並最終在地球大氣層中燃燒殆盡。

返回艙

主幹部分

❸ 推進器點火，使返回艙移動到較低的軌道並旋轉，準備重新進入大氣層。

載有 4 名宇航員的返回艙往返於國際太空站。宇航員可以通過觸摸屏進行數據和飛行控制。

返回艙內部

着陸

並非所有的返回艙都會降落到海面上，俄羅斯的聯盟號飛船就降落在陸地上。從國際太空站脫離後不久，聯盟號飛船的三個部分就分開了。軌道艙和服務艙被丟棄（釋放）並落入大氣層，在重返大氣層時燃燒殆盡。載有機組人員的返回艙以精確的角度進入大氣層。降落傘和火箭發動機用於減緩它的降落速度。

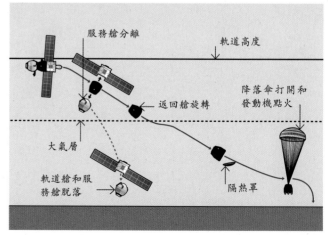

服務艙分離

軌道高度

返回艙旋轉

降落傘打開和發動機點火

大氣層

軌道艙和服務艙脫落

隔熱罩

返回艙再入大氣層

從太空重返地球的大氣層時，返回艙（將宇航員送回地球的太空飛行器）將面臨獨特的挑戰。它們必須承受因與大氣層摩擦而產生的危險高溫，並且要在着陸或降落在海面上之前降低至安全速度。

返回艙回收

在降落到海面後，返回艙會被回收。其中大部分會在未來的任務中被重複使用，除了隔熱罩因損壞太嚴重，無法被再次利用。

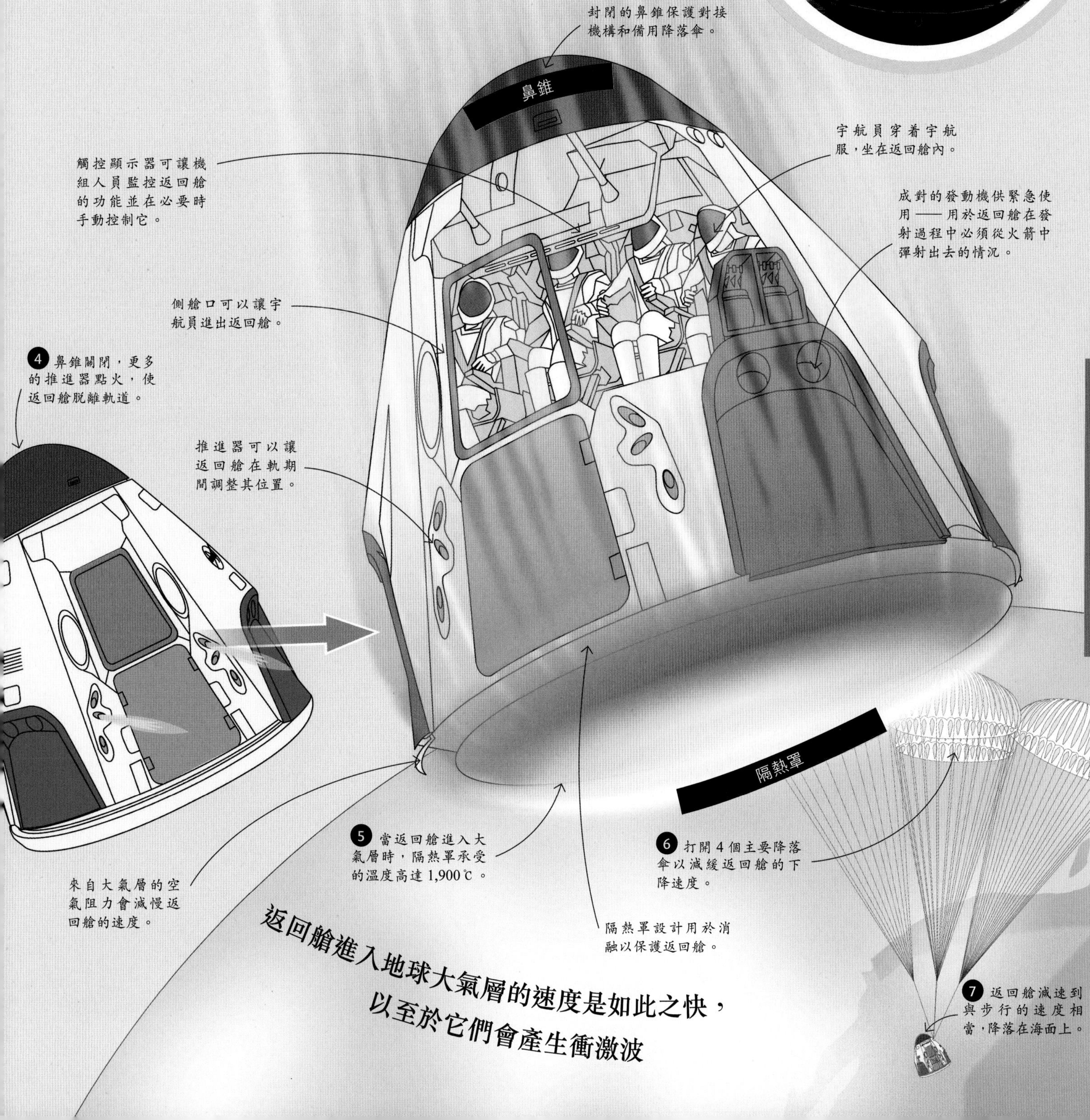

封閉的鼻錐保護對接機構和備用降落傘。

鼻錐

觸控顯示器可讓機組人員監控返回艙的功能並在必要時手動控制它。

宇航員穿着宇航服，坐在返回艙內。

成對的發動機供緊急使用——用於返回艙在發射過程中必須從火箭中彈射出去的情況。

側艙口可以讓宇航員進出返回艙。

❹ 鼻錐關閉，更多的推進器點火，使返回艙脫離軌道。

推進器可以讓返回艙在軌期間調整其位置。

來自大氣層的空氣阻力會減慢返回艙的速度。

❺ 當返回艙進入大氣層時，隔熱罩承受的溫度高達 1,900℃。

隔熱罩設計用於消融以保護返回艙。

隔熱罩

❻ 打開 4 個主要降落傘以減緩返回艙的下降速度。

返回艙進入地球大氣層的速度是如此之快，
以至於它們會產生衝激波

❼ 返回艙減速到與步行的速度相當，降落在海面上。

① 2006 年 1 月 19 日，新視野號從美國佛羅里達州卡納維拉爾角發射升空。

冥王星之旅

新視野號花了 9 年時間到達冥王星。一路上，它也傳回了經過木星時的數據。

引力彈弓

空間探測器可以利用行星、衛星和恆星的引力來飛行。由於探測器在太空中只能攜帶很少甚至不攜帶燃料，因此依靠天體的引力彈弓效應是科學家用來使探測器加速或改變方向的便捷方法。

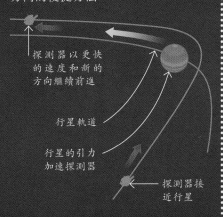

探測器以更快的速度和新的方向繼續前進

行星軌道

行星的引力加速探測器

探測器接近行星

天王星

海王星

木星

土星

柯伊伯帶

冥王星

③ 新視野號於 2015 年 7 月到達冥王星，並開始向地球傳輸數據。

④ 探測器以高達 53,000 公里／小時的速度飛越有很多小行星和彗星的柯伊伯帶。

② 探測器於 2007 年 2 月經過木星，利用木星的引力將自身彈射到太陽系邊緣。

新視野號的路線

飛躍冥王星

2015 年，新視野號空間探測器飛到冥王星 12,500 公里範圍內。它為這顆矮行星拍攝的照片是對之前從地球和地球軌道望遠鏡拍攝的模糊圖像的重大更新。新視野號的機載儀器還能夠分析冥王星的化學成份。

新視野號以 58,000 公里／小時的速度刷新了有史以來最快的發射速度

新視野號

新視野號空間探測器計劃訪問矮行星冥王星，並裝備了可以分析冥王星及其衛星組成的儀器。

空間探測器

空間探測器是一種無人太空飛行器。它可以在太陽系以及其他地方旅行，記錄圖像、蒐集數據並利用無線電傳回地球。一些空間探測器會返回地球，也有一些探測器是單程的，如美國國家航空暨太空總署的新視野號。

太空

撞擊

美國國家航空航局的深度撞擊號空間探測器於 2005 年被派去攔截坦普爾 1 號彗星。到達彗星後，深度撞擊號向坦普爾 1 號發射了一個「撞擊器」裝置，該裝置收集了有關彗星核心的重要信息。在 2013 年與探測器失去聯繫之前，深度撞擊號在其任務期間拍攝了 500,000 張圖像。

低增益天線是一種雙向通信設備，用於在任務前期與地球保持聯繫。

中等增益天線是一個應急備用通信系統。

該裝置測量有多少來自太陽風帶電粒子到達冥王星。

用於記錄冥王星的大氣壓力和溫度，並測量其直徑。

放射性實驗儀器

新視野號的動力源是放射性同位素熱電發動機。它僅用很少的核燃料運行，在最初能產生 250 瓦的電力。

鏑源喇叭將天線從冥王星或其他天體中捕獲的信號集中起來，並將它們發射回地球。

發動機

高能粒子頻譜議能記錄太陽的高能粒子到達冥王星的情況

天線

太陽風粒子頻譜儀

太陽風分析儀

新視野號空間探測器

遠程探測成像儀

這是一款數碼相機和望遠鏡，配備 20.8 厘米孔徑鏡頭，能在惡劣的太空環境中使用。

紫外成像光譜儀

可見光和紅外成像儀和光譜儀

紫外成像光譜儀可以讓新視野號分析冥王星大氣的構成。

推進器改變探測器位置以使相機對準並將其天線方向指向地球。

該設備由可見光成像相機和紅外成像儀和光譜儀，可捕獲圖像並對其進行評估。

星體跟蹤儀追蹤恆星的位置，以幫助探測器定位和調整其位置。

月球車

此處展示的是綽號為「Moon Buggy」的月球漫遊車。在 1971 年和 1972 年的阿波羅 15、16、17 號任務中由登月宇航員駕駛，行駛總裏程為 91 公里。

聯繫地球

環繞探測器

X 波段

環繞探測器

地球

超高頻無線電信號

X 波段信號

超高頻

火星車

火星車接收地球上工程師的命令，並使用無線電信號發回圖像和信息。一些信號直接在地球和火星車之間傳播，但大多數信號是由繞火星運行的探測器傳遞的。地球上不同地方的三個地面站確保在地球自轉時至少有一個站始終對火星處於可視範圍內。

X 波段無線電天線可以直接與地球上的無線電天線通信。

高分辨率相機能用激光束清除岩石上的灰塵以獲得更好的觀測，還有一個光譜儀可以計算出岩石的成份。

照相機

全景相機用於拍攝火星的廣角 3D 圖。

超高頻無線電天線與繞火星運行的探測器通信。

無線電天線

該電源利用放射性鈈發出的熱量發電。

氣象站測量風速和風向、溫度和濕度以及大氣中塵埃顆粒的大小。

激光束

探地雷達可以探測到地表以下 10 米的水。

在火星車降落到地面的這段時間，有一個朝上的相機在拍攝照片。

主體

靈活的懸架使火星車能在不平坦的表面上移動時保持水平。

火星車

儲存空間保存從岩石、土壤和大氣中收集的樣本。

寬輪軸帶有凸起的條帶，以提供額外的抓地力。

毅力號

毅力號火星車在 2021 年登陸火星。它的大小與家用汽車差不多，但最高只能以 0.15 公里／小時的速度移動。

6 個輪子可以讓火星車在原地旋轉 360 度。

2004 年至 2018 年間，機遇號火星車在火星上行駛了超過 45 公里

彎曲的鈦輻條可以車輪在小岩石上行駛時彎曲。

① 毅力號以 20,000 公里/小時的速度進入火星大氣層。

隔熱罩保護火星車和登陸器免受進入大氣層過程中的高溫侵害。

每個火星車都有自己的着陸方式以避免損壞。毅力號依靠降落傘和火箭動力空中吊車以減速降落到火星。

② 火星空氣的阻力減緩了下降速度，並產生了大量熱量。

③ 降落傘在地表以上 11 千米處展開。

④ 隔熱罩在大約 8 千米的高度，在 580 公里/小時的速度下被拋棄。

天鶴號在釋放火星車後飛離並墜毀。

⑤ 在下降階段，大約離地面 2 千米的高度釋放着陸器。

⑥ 空中吊車點燃發動機以將着陸器減速到步行速度，然後通過堅固的電纜將火星車下放到地面。

機智號

2021 年，一架名為機智號的小型直升機在另一個星球上進行了首次飛行。從那時起，它已經進行了許多次自主飛行。

太陽能電池板為直升機的電池充電，為飛行和機載儀器提供動力。

直升機旋翼長 1.2 米，每秒旋轉 45 次。

直升機

機械臂的「肩」「肘」和「腕」關節使其極其靈活。它的「手」攜帶着用於挖掘和測試樣品的工具。

紫外光譜儀和照相機可以調查 5 厘米距離內的礦物。

機械臂

光譜儀

X 射線光譜儀可以檢測岩石中的化學成份。

旋轉鑽頭具有圓柱形鑽頭，可採集岩石和風化層（沙子和灰塵）中心的樣本。

毅力號大約花了大約 7 個月到達火星

彈簧球鎖將樣品密封在試管中

樣品

15 厘米長的樣品管

氧化鋁塗層

鈦

一些火星車採集並分析樣本。毅力號正在收集火星的土壤、岩石和大氣樣本，並將其儲存在管子裏，直到它們被送到地球。

儲存樣品

火星車

行星漫遊車是可以在另一個行星或者衛星表面移動的交通工具。它們攜帶相機和設備來觀測地形和大氣，並將圖像和測試結果發送回地球。大多數漫遊車是由地球上的一群人控制。有的團隊會將指令上傳到驅動火星車的車載電腦，因為來自地球的無線電信號需要 1 小時或更長時間才能到達這顆紅色星球。

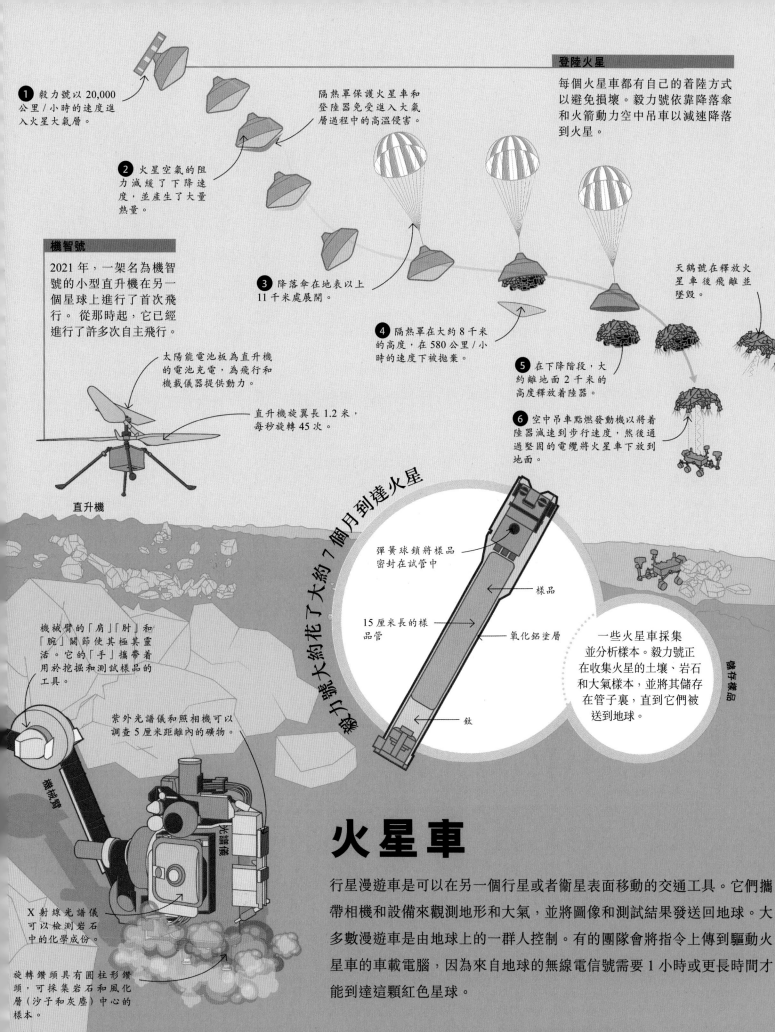

來自火星的快照

火星可能將是第一個被人類訪問的行星。但在此之前，我們需要更多地了解它的環境。美國國家航空暨太空總署的好奇號火車（如圖所示）有十台儀器，用於探測輻射、監測風和大氣運動、化學分析土壤和岩石樣本、獲取溫度讀數和尋找回地球。它還有 17 台相機，可以將照片發回地球，包括偶爾的自拍。

索引

致謝

DK 在此感謝以下人員對本書的貢獻：Tom Jackson 在內容方面的工作；Bharti Bedi、Tom Booth 和 Ian Fitzgerald 的補充文本；Steve Setford 的補充編輯；Sharon Spencer 和 Duncan Turner 負責的設計工作；Satish Gaur、Tarun Sharma 和 Rajdeep Singh 用於 DTP 設計；Ann Baggaley 校對；和 Elizabeth Wise 編製索引。

出版商感謝以下人員允許複製他們的照片：
（縮寫：a-above；b-below/bottom；c-center；f-far；l-left；r-right；t-top）

致謝